软件入门与提高丛书

UML2 软件建模入门与提高

李 勇 杨晓军 编 著

清华大学出版社
北京

内 容 简 介

本书从初学者的角度出发，由浅入深、循序渐进地介绍统一建模语言 UML 的相关知识，书中提供了大量操作 UML 的示例。另外，还向读者提供了很多实战案例和上机练习，用于演练。

本书共分为 16 章，内容包括面向对象思想和软件建模分类，UML 发展历史、组成元素、体系结构、建模流程和应用领域，常用的 UML 建模工具，用例图、类图、对象图和包图、状态机图、活动图、顺序图和时间图、通信图和交互概览图、组件图和部署图，UML 到关系型数据库的映射，UML 与统一过程，UML 与 Java 语言的映射，以及 UML 与设计模式等。最后一章提供了一个综合的案例。

本书示例新颖，内容丰富，涉及面广泛，适合所有的 UML 初学者学习，也可以帮助有基础知识的读者提高创建 UML 模型图的技能。另外，对于大中专学生和培训班的学生来说，本书更是一本不可多得的教材和自学用书。

图书在版编目(CIP)数据

UML2 软件建模入门与提高/李勇，杨晓军编著.--北京：清华大学出版社，2015（2022.8重印）
（软件入门与提高丛书)
ISBN 978-7-302-38610-0

Ⅰ.①U…　Ⅱ.①李…　②杨…　Ⅲ.①面向对象语言—程序设计　Ⅳ.①TP312

中国版本图书馆 CIP 数据核字(2014)第 276811 号

责任编辑：杨作梅
装帧设计：刘孝琼
责任校对：周剑云
责任印制：杨　艳
出版发行：清华大学出版社
　　　　　网　　　址：http://www.tup.com.cn, http://www.wqbook.com
　　　　　地　　　址：北京清华大学学研大厦 A 座　　　邮　　编：100084
　　　　　社 总 机：010-83470000　　　　　　　　　邮　　购：010-62786544
　　　　　投稿与读者服务：010-62776969, c-service@tup.tsinghua.edu.cn
　　　　　质量反馈：010-62772015, zhiliang@tup.tsinghua.edu.cn
　　　　　课件下载：http://www.tup.com.cn, 010-62791865
印 装 者：天津鑫丰华印务有限公司
经　　销：全国新华书店
开　　本：185mm×260mm　　印　张：27　　字　数：658 千字
版　　次：2015 年 1 月第 1 版　　　　印　次：2022 年 8 月第 6 次印刷
定　　价：79.00 元

产品编号：057495-03

前　言

UML 是英文 Unified Modeling Language 的缩写，又称为统一建模语言，或者标准建模语言，它是始于 1997 年的一个 OMG 标准，是一个支持模型化和软件系统开发的图形化语言，可为软件开发的所有阶段提供模型化和可视化支持。面向对象的分析与设计方法在 20 世纪 80 年代末至 90 年代中出现了一个高潮，UML 正是这个高潮的产物，它不仅统一了 Booch、Rumbaugh 和 Jacobson 的表示方法，而且做了进一步的发展，并最终统一为大众所接受的标准建模语言。

本书内容

全书共分 16 章，主要内容如下。

第 1 章：面向对象和软件建模。从模型开始介绍，接着介绍面向对象思想的三大要素、三大模型、常用的三层开发方法、软件建模知识，最后介绍常用的建模分类。

第 2 章：UML 入门基础。着重介绍 UML 的基础知识，包括 UML 的概念、发展历史、目标、组成元素、体系结构、建模流程以及应用领域等内容。

第 3 章：UML 建模工具。从目前众多的 UML 建模工具中挑选出应用最广泛且在建模工具中最有影响力的 3 种工具(Visio、Enterprise Architect 和 PowerDesigner)进行介绍。

第 4 章：用例图。介绍用例图的构成、设计和使用，包括用例图的组成部分、各个部分成员的确定和使用，以及如何绘制完整的用例图等。

第 5 章：类图。详细介绍 UML 中的类图，包括类图中的类、抽象类、接口和各种关系的实现等内容，还介绍如何使用类图进行建模。

第 6 章：对象图和包图。首先介绍对象图，包括概念、组成、绘制和阅读，以及如何建模等；然后介绍包图，包括概念、组成、分类、设计原则以及如何建模等。

第 7 章：状态机图。详细介绍状态机图的绘制，首先介绍状态机图的基本内容，包括概念、标记、状态类型和状态机图的应用等，然后介绍状态机图中的转移元素，最后介绍组合状态。

第 8 章：活动图。详细介绍活动图的绘制，其内容包括活动图的定义、作用、与状态机图的区别、组成元素和活动转换等。

第 9 章：顺序图和时间图。介绍 UML 中的两种交互图，即顺序图和时间图。顺序图描述系统对象之间的交互顺序，但是这个顺序没有细致的时间刻度，只是一个大概的流程，而时间图弥补了这个不足，它们共同绘制了系统对象间交互的顺序和时间。

第 10 章：通信图和交互概览图。首先对通信图的概念进行介绍，然后介绍通信图中的消息、对象的创建和消息迭代等内容，最后介绍交互图和交互概览图的绘制。

第 11 章：绘制 UML 的实现图。首先介绍组件图的绘制和建模，然后介绍部署图的绘制和建模。

第 12 章：UML 到关系型数据库的映射。着重介绍如何将 UML 类图中的类和关系映射到关系型数据库表。首先介绍基本结构的映射，然后介绍泛化关系和关联关系的映射，最后介绍完整性与约束检查以及存储过程、触发器和索引等内容。

第 13 章：UML 与统一过程。首先讨论软件开发过程和成熟标准，然后详细介绍一种使用 UML 的过程，即统一过程，最后简单介绍使用 UML 过程的一般特征。

第 14 章：UML 与 Java 语言映射。主要介绍 UML 类图映射为 Java 语言实现的方法，包括转换为 Java 类、转换原则、转换类之间的关联、泛化关联以及包和接口等。

第 15 章：UML 与设计模式。首先介绍模式的一些基本概念，接着介绍 UML 对设计模式的支持，然后通过具体的示例讨论如何使用设计模式进行系统设计。

第 16 章：即时通信系统。综合 UML 建模系统的各类模型，通过对即时通信系统的分析，绘制该系统的 UML 模型图，包括用例图、静态图、行为图和交互图等多种图形。

本书特色

本书内容详细、示例丰富，知识面广，全面地讲解了 UML 的应用和开发。本书最大的特点体现在如下几个方面。

(1) 知识全面，内容丰富

本书紧密围绕 UML 的相关知识展开详细的讲解，涵盖了实际开发应用中的具体应用代码。

(2) 理论和示例结合

书中几乎每一个知识点都有丰富而典型的示例，而且每一章最后都会通过一个或多个综合的实战介绍该章的知识。作为一本 UML 入门类型的书，将理论和实践很好地结合起来进行讲解，让读者最容易快速掌握。

(3) 应用广泛，提供文档

对于大多数的精选实战案例，都会向读者提供详细的实现步骤，结构清晰简明，分析深入浅出，而且有些实战案例贴近实际。

(4) 网站技术支持

读者在学习或者工作的过程中，如果遇到实际问题，可以直接登录 www.itzcn.com 与我们取得联系，作者会在第一时间给予帮助。

(5) 贴心的提示

为了便于读者阅读，书中还穿插着一些技巧、提示等小贴士，体例约定如下。

● 提示：通常是一些提醒，让读者加深印象或提供建议及解决问题的方法。

● 注意：提出学习过程中需要特别注意的一些知识点和内容，或者相关信息。

● 技巧：通过简短的文字，指出知识点在应用时的一些小窍门。

读者对象

本书适合作为软件开发入门者的自学用书，也适合作为高等院校相关专业的教学参考书，还可供开发人员查阅、参考。本书特别适合下列人员阅读：

- UML 初学者。
- 各大中专院校的在校学生和相关授课教师。
- 准备从事与 UML 应用相关工作的人员。

作者团队

除了封面署名作者之外,参与本书编写的人员还有程朝斌、王咏梅、郝军启、王慧、郑小营、张浩华、王超英、张凡、赵振方、张艳梅等,在此表示感谢。在本书的编写过程中,我们力求精益求精,但难免存在一些不足之处,恳请广大读者批评指正。

编　者

目 录

第1章

面向对象和软件建模

　　面向对象是软件开发的方法，它的概念和应用已经超越了程序设计和软件开发，扩展到如数据库系统、交互式界面、应用结构、应用平台、分布式系统、网络管理结构、CAD 技术以及人工智能等领域。软件建模则体现了软件设计的思想，在系统需求和系统实现之间架起了一座桥梁。软件工程师按照设计者建立的模型，能够开发出符合设计目标的软件系统，而且软件的维护和改变也是基于软件分析模型的。

　　本书所介绍的 UML 是一种定义良好的、易于表达的、功能强大的且普遍适用的建模语言，它不仅可用于建立软件系统的模型，同样也可用于描述非软件领域内的系统以及具有实时要求的工业系统等。但是在介绍 UML 的内容之前，本章会向读者介绍面向对象和软件建模的知识。

本章重点：

- ❱ 了解模型的作用和特点
- ❱ 熟悉面向对象的优点
- ❱ 掌握面向对象的三大要素
- ❱ 熟悉面向对象的三大模型
- ❱ 掌握面向对象的常用三层

➜ 熟悉面向对象的常用开发方法
➜ 了解软件建模的目的
➜ 熟悉软件建模的三要素
➜ 掌握面向对象建模的 3 个特征
➜ 熟悉建模的分类

1.1 模　　型

由于人们对复杂性的认识能力有限，从而会导致系统的设计者在系统设计之初无法全面理解整个系统，这时，就需要对系统进行建模。举例来说，开发商要建造一座大楼，为了方便工人在动工前对大楼有清晰的认识，通常需要完成这座大楼的建筑设计图。建模可以使设计者从全局上把握系统及其内部的联系，而不会导致陷入每个模块的细节之中。而模型可以使具有复杂关系的信息简单易懂，使人们容易洞察复杂的原始数据背后的规律，并且能够有效地让人们将系统需求映射到软件结构上。

简单地说，模型是对现实的简化和抽象化。它是抓住现实系统的主要方面而忽略次要方面的一种抽象。因此，可以说模型既反映现实系统，却又不等同于这个现实系统。模型是理解、分析、开发或者改造现实系统的一种常用手段。图 1-1 显示了模型与现实系统之间的关系。

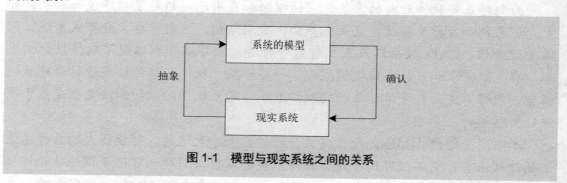

图 1-1　模型与现实系统之间的关系

模型是基于图形的表示，它以可视化方式、形象直观地描述系统的特征。一个模型往往针对同一个被建模事物，由多个图形组成，这些图大致可以分为结构图和行为图两类，分别描述事件的结构特征和行为特征。模型具有多种作用，说明如下。

(1) 促进项目有关人员对系统的理解和交流。

模型对于问题的理解、项目有关人员(例如客户、分析人员和设计人员等)之间的交流、文档的准备以及程序和数据库的设计都非常有益。它能促进人们对需求的理解，从而有利于人们直接研究一个大型的复杂软件系统。

(2) 缩短系统的开发周期。

模型实际上是通过过滤掉一些不必要的细节而刻画复杂问题或者结构的必要特性的抽象，它使问题更加容易理解。有了模型以后，软件系统的开发过程变得更快，同时也降低了系统的开发成本。

(3) 有助于挑选出代价较小的解决方案。

在研究一个比较大型的软件系统的模型时，人们可以提出多个实际方案并对它们进行相互比较，然后挑选出一个最好的方案。

现实生活中模型的例子有很多。例如，房地产公司为了提前销售未完工的楼盘，通常会建立一个楼盘模型，其目的是使用户了解楼盘的性质，能够快速确认是否满足要求。楼盘模型不仅形象直观地说明每一栋楼的位置、层高、外观和采光条件等信息，还能表现出各个单元房间的结构布局，也能表现出周围道路、花草和娱乐场所等设施。

在一个软件工程中，要开发的软件具有复杂性，而且有多种角色的人员参与，往往需要建立一系列的软件模型，使不同的人员能进行交流、达成共识、协作配合。

模型具有 4 个特点，说明如下：

- 模型是局部性的，以反映事物的不同侧面。
- 模型不是实际的、物理性的系统，而是抽象的，且有不同的抽象级别。
- 模型的目的非常明确，一个模型总是出于特定的目的或意向而建立的。
- 模型与原型不同。原型是一个缩小的、局部的、可执行的系统；而模型无论多么详细，具体的模型都是难以直接执行的。

1.2　面向对象的思想

面向对象是一种对现实世界理解和抽象的方法，是计算机编程技术发展到一定阶段后的产物。它是一种以对象为基础，以事件或消息来驱动对象执行处理的程序设计技术。

从程序设计方法上来讲，面向对象是一种自下而上的程序设计方法，它不像面向过程程序设计那样，一开始就需要使用一个主函数来概括出整个程序，面向对象程序设计往往从问题的一部分着手，一点一滴地构建出整个程序。

1.2.1　了解面向对象

在面向对象出现之前，传统的程序设计方法大都是面向过程的，还有一少部分是面向数据结构的。面向过程的程序设计结构清晰，为缓解软件危机做出了贡献。但是，它的模块独立性较差，各个模块之间的耦合度非常高，一个模块的修改可能会造成许多其他模块功能上的改变。因此，面向对象的程序设计方法应运而生。

面向对象是一种新兴的程序设计方法，它是对面向过程程序设计强有力的补充。它使用类、对象、继承、封装和消息等基本概念来进行程序设计，从现实世界中客观存在的事物(即对象)出发来构造软件系统，并且在系统构造中尽可能运用人类的自然思维方式。开发一个软件是为了解决某些问题，这些问题所涉及的业务范围称作该软件的问题域，问题域关注的不仅仅是软件本身，还可以是计算机体系结构和人工智能等。

使用 UML 进行系统建模时，必须弄清楚什么是对象，以及在系统的分析与设计过程中如何利用对象。

1. 面向对象程序设计的优点

面向对象程序设计特别有利于大型、复杂软件系统的生成，它的优点如下。

(1) 方便理解

问题空间与解空间的结构一致，符合人们的日常思维习惯，降低了大规模系统的分析和设计难度。

(2) 概念连贯

软件开发全过程始终以"类和对象"为中心概念，方便阶段性结果的跟踪、管理和持续演进。

(3) 结构良好

对象具有良好的内聚性和局部独立性，从而使软件体系结构的可靠性、可维护性和可扩展性显著增强。

(4) 便于复用

它表现在两个方面：一是对象的内聚性和"粒度"便于复用；二是继承机制为代码复用提供了内在支持。

2. 面向对象程序开发

面向对象只是一种思想，或者说是一种开发方法，而不是一种编程技术。它的最大好处在于帮助规划人员、开发者和客户清晰地表达抽象的概念，并将这些概念互相传达。面向对象的思想已经涉及到软件开发的各个方面，例如面向对象分析、面向对象设计、面向对象编程等。

(1) 面向对象分析

面向对象分析的英文是 Object Oriented Analysis，简称 OOA。它是面向对象方法从编程领域向分析领域发展的产物。从根本上讲，面向对象是一种方法论，不仅仅是一种编程技巧和编程风格，更是一套可用于软件开发全过程的软件工程方法，OOA 是其中的第一个环节。

OOA 的基本任务是运用面向对象方法，从问题域中获取需要的类和对象，以及它们之间的各种关系。

(2) 面向对象设计

面向对象设计的英文是 Object Oriented Design，简称 OOD。OOD 在软件设计生命周期中发生于 OOA 之后或者后期。在面向对象的软件工程中，OOD 是软件开发过程中的一个大阶段，其目标是建立可靠的、可实现的系统模型；其过程是完善 OOA 的成果，细化分析。

OOD 与 OOA 的关系是：OOA 表达了"做什么"，而 OOD 则表达了"怎么做"。简单地说，OOA 只解决系统"做什么"，不涉及"怎么做"；而 OOD 涉及解决"怎么做"的问题。

(3) 面向对象编程

面向对象编程的英文是 Object Oriented Programming，简称 OOP。它就是使用某种面向对象的语言，实现系统中的类和对象，并使得系统能够正常运行。在理想的 OO 开发过程中，OOP 只是简单地使用编程语言实现 OOA 和 OOD 分析和设计的模型。

1.2.2　面向对象的三大要素

面向对象包含抽象、封装、继承、多态、关联、聚合和消息等多个特征。一般情况下，将封装、继承和多态称为面向对象的三大要素或三大特性。

1．封装(Encapsulation)

封装是指把对象的状态(属性)和行为(动作)绑定到一起的机制，把对象形成一个独立的整体，并且尽可能地隐藏对象的内部细节。封装包含两个含义：一是把对象的全部状态和行为结合在一起，形成一个不可分割的独立整体，对象的私有属性只能够由这个对象的行为来读取和修改；二是尽可能隐藏对象的内部细节，对外形成一道屏障，这样与外界的联系只能通过外部接口来实现。

封装的信息隐藏作用反映了事物的相对独立性，这样使开发者可以只关心它对外所提供的接口，即能够提供什么样的服务，而不用去关注其内部的细节问题。例如，对于一台计算机，我们不需要知道它的具体实现细节(例如 CPU、主板、显示器和内存等是怎么制造和工作的)，只要知道它能够做什么(例如上网购物、充话费和聊天等)即可。

【例 1.1】

有编程经验的读者都知道，Java 或者 C#等语言开发的程序都会用到封装。例如，如下代码显示了 C#中的一段封装代码：

```csharp
public class CustomerInfo
{
    private string customNo;          //客户编号
    private int customAge;            //客户年龄
    public string CustomNo
    {
        get { return customNo; }
        set { customNo = value; }
    }
    public int CustomAge
    {
        get { return customAge; }
        set
        {
            if (customAge < 10 || customAge > 100)
                customAge = 10;
            else
                customAge = value;
        }
    }
}
```

上面一段代码首先通过 private 声明两个私有变量，然后将它们封装为公有属性。在 CustomAge 中，还对 customAge 变量的值进行了判断。这样，用户可以直接调用该类的公有属性并进行赋值，而不必关心是怎么实现的，直接调用即可。

2. 继承(Inheritance)

继承是一种类与类之间的层次模型，它是指特殊类的对象拥有其一般类的属性和行为。继承意味着"自动地拥有"，即在特殊类中不必对已经在一般类中定义过的属性和行为重新进行定义，而是特殊类自动地、隐含地拥有其一般类的属性和行为。

继承对类的重用性提供了一种明确表述共性的方法，即一个特殊类既有自己定义的属性和行为，又有继承下来的属性和行为。

【例 1.2】

水果的种类有多种，苹果、香蕉、橘子、甘蔗和柚子都属于水果，这些水果存在一些共同的属性，例如都有名称、颜色和产地等，有些水果还有自己的属性和行为。将水果的共同属性和行为提取出来，这时可以得到一个父类，也称为超类。在该类的基础上，再考虑抽象过程中单个对象的特性，这时就可以形成一个新的类，该类具有前一个类的全部属性，是前一个类的子类，从而会形成一个继承结构。

例如，图 1-2 展示了一个简单的继承结构。该图中，苹果、香蕉和橘子等都继承了水果的属性和行为。其中香蕉又被分为高杆型香蕉、中杆型香蕉和矮杆型香蕉等多个品种，它们不仅继承了香蕉的属性和行为，还继承了水果的属性和行为。

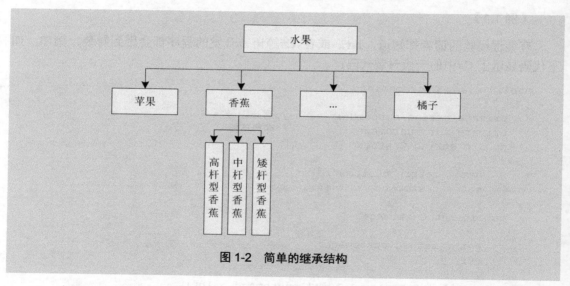

图 1-2 简单的继承结构

3. 多态(Polymorphism)

多态是指不同子类中使用同一函数名的多个函数具有相似但各自不同的功能，可以通过父类使用相同的调用方式来调用这些具有不同功能的同名函数。

多态性就是有多种表现形式，具体地说，可以使用"一个对外接口，多个内在实现方法"来表示。举例说，计算机中的堆栈可以存储各种格式的数据，包括整型、浮点或字符。不管存储的是何种数据，堆栈的算法实现是一样的，针对不同的数据类型，开发者不必手工选择，只需要使用统一接口名，系统可以自动选择。

【例 1.3】

动物都具有叫的行为，但是不同的动物，其叫的方式也不相同。例如，小狗的叫是"汪汪"；小羊的叫是"咩咩"；小牛的叫是"哞哞"。将动物的属性和行为抽象出来进行封装，作为一个父类，在其不同动物的子类中调用同一个动作，这样，不同子类的对象接收到动作后会执行不同的函数，这就是多态性的表现。

下面通过 C#语言完成上述多态性的例子。实现步骤如下。

(1) 创建一个表示动物的 Animal 类，它包含字段、属性和方法，其中属性是对字段的封装。代码如下：

```
class Animal
{
    private string name;
    public string Name
    {
        get { return name; }
        set { name = value; }
    }
    public void AnimalSound(string sound)
    {
        Console.WriteLine(this.Name + "的叫声是: " + sound);
    }
}
```

(2) 分别创建两个继承自 Animal 类的 Dog 类和 Sheep 类。以 Dog 类为例，代码如下：

```
class Dog : Animal
{
}
```

(3) 在 main()方法中分别创建 Dog 类和 Sheep 类的实例，为 Name 属性赋值，然后调用 AnimalSound()方法。代码如下：

```
static void Main(string[] args)
{
    Dog dog = new Dog();
    dog.Name = "牧羊犬";
    dog.AnimalSound("汪汪");
    Sheep sheep = new Sheep();
    sheep.Name = "小绵羊";
    sheep.AnimalSound("咩咩");
}
```

(4) 运行程序查看输出结果，控制台的输出内容如下：

```
牧羊犬的叫声是: 汪汪
小绵羊的叫声是: 咩咩
```

1.2.3 面向对象的三大模型

一般情况下，开发者可以使用三种模型从不同的视角来描述软件系统，这三种模型分别是：描述系统数据结构的对象模型、描述系统控制结构的动态模型，以及描述系统功能的功能模型。

1. 对象模型

对象模型表示了静态的、结构化的系统数据性质，描述了系统的静态结构，它是从客观世界实体的对象关系角度来描述，表现了对象的相互关系。该模型主要关心系统中对象的结构、属性和操作，它是分析阶段三个模型的核心，是其他两个模型的框架。

2. 动态模型

动态模型是与时间和变化有关的系统性质，该模型描述了系统的控制结构，表示了瞬时的、行为化的系统控制性质。动态模型关心的是系统的控制、操作的执行顺序，它从对象的事件和状态的角度出发，表现出对象的相互行为。

动态模型描述的系统属性是触发事件、事件序列、状态、事件与状态的组织。它使用状态图作为描述工具，用来描绘对象的状态、触发状态转换的事件，以及对象的行为(对事件的响应)。

每个类的动态行为用一张状态图来描绘，各个类的状态图通过共享事件合并起来，从而构成系统的动态模型。

3. 功能模型

功能模型描述了系统的所有计算。功能模型指出发生了什么，动态模型确定什么时候发生，而对象模型确定发生的客体，即对象可感知或可想象到的任何事物。功能模型表示一个计算如何从输入值得到输出值，它不考虑计算的次序。

功能模型通常由多张数据流图组成，数据流图用来表示从源对象到目标对象的数据值的流向，它不包含控制信息，控制信息在动态模型中表示，同时数据流图也不表示对象中值的组织，值的组织在对象模型中表示。

数据流图包含有处理、数据流、动作对象和数据存储对象。在面向对象方法中，数据流图没有在结构化分析中重要，有时可以省略。

- 处理：数据流图中的处理用来改变数据值，最低层处理是纯粹的函数，一张完整的数据流图是一个高层处理。
- 数据流：数据流图中的数据流将对象的输出与处理、处理与对象的输入、处理与处理联系起来。计算机中使用数据流表示中间数据值，数据流不能改变数据值。
- 动作对象：它是一种主动对象，通过生成或者使用数据值来驱动数据流图。
- 数据存储对象：数据流图中的数据存储是被动对象，用来存储数据。它与动作对象不一样，数据存储本身不产生任何操作，它只响应存储和访问的要求。

1.2.4 面向对象的常用三层

面向对象的程序开发过程中，通常会将面向对象系统中关联的对象分为三层，它们分别是数据访问层、业务逻辑层和界面表示层。将面向对象分为常用的三层，这样做的目的是为了实现"高内聚，低耦合"的思想。

（1）数据访问层

数据访问层又被称为 DAL 层或者持久层，主要是对原始数据(数据库或者文本文件等存放数据的形式)的操作层，而不是指原始数据。

也就是说，数据访问层是对数据操作的，而不是数据库，具体为业务逻辑层或表示层提供数据服务。

（2）业务逻辑层

业务逻辑层是针对具体的问题操作的，也可以理解成对数据层的操作，对数据业务逻辑进行处理。如果说数据层是积木，那么逻辑层就是负责对这些积木进行搭建的。

（3）界面表示层

界面表示层又被称为界面层、用户界面层、表示层或者 UI 层。简单地说，表示层就是向用户展现界面的，即用户在使用一个系统时的所见所得，例如菜单、列表、按钮和输入框等都属于这一层。

以上三层很容易进行区分：数据访问层负责查看数据层里面有没有包含逻辑处理，实际上它的各个方法主要完成对数据文件的操作，而不必管其他操作；业务逻辑层负责对数据层进行操作，它将一些数据层的操作进行组合；表示层负责接收用户的请求并返回数据，为客户端提供应用程序的访问途径。

【例 1.4】

在一个学校的图书管理系统中，管理员可以执行多个操作，例如图书的基本操作(添加、查询、修改和删除)和学生借阅图书时的操作等。

图 1-3 展示了一个简单的图书管理系统中的三层，包含图书列表显示和借阅图书时的订单处理两个功能。

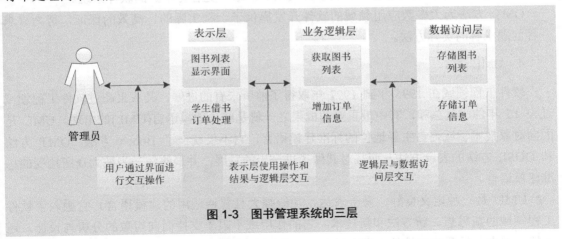

图 1-3　图书管理系统的三层

表示层、业务逻辑层和数据访问层构成了系统的物理模型，在构造系统模型的过程中，开发者可以使用 UML 作为构建模型的工具。

1.2.5 面向对象的开发方法

面向对象开发方法的研究日趋成熟，国际上已有不少面向对象产品出现。面向对象开发方法有 Booch 方法、Coad 方法和 OMT 方法等。

1. Booch 方法

Booch 方法最先描述了面向对象的软件开发方法的基础问题，指出面向对象开发是一种根本不同于传统的功能分解的设计方法。面向对象的软件分解更接近人对客观事物的理解，而功能分解只通过问题空间的转换来获得。

2. Coad 方法

Coad 方法是 1989 年 Coad 和 Yourdon 提出的面向对象的开发方法，该方法的优点在于：通过多年来大型系统开发的经验与面向对象概念的有机结合，在对象、结构、属性和操作的认定方面提出了一套系统的原则。

Coad 方法完成了从需求角度进一步进行类和类层次结构的认定。尽管该方法没有引入类和类层次结构的术语，但事实上已经在分类结构、属性、操作、消息关联等概念中体现了类和类层次结构的特征。

3. OMT 方法

OMT 方法是 1991 年由 James Rumbaugh 等 5 人提出来的，其经典著作为《面向对象的建模与设计》。该方法是一种新兴的面向对象的开发方法，开发工作的基础是对真实世界的对象建模，然后围绕这些对象使用分析模型来进行独立于语言的设计。面向对象的建模和设计促进了对需求的理解，有利于开发出更清晰、更容易维护的软件系统。

OMT 方法为大多数应用领域的软件开发提供了一种实际的、高效的保证，努力寻求一种问题求解的实际方法。

4. UML 语言

软件工程领域在 1995 年到 1997 年取得了前所未有的进展，其成果超过软件工程领域过去 15 年的成就总和，其中最重要的成果之一就是统一建模语言(UML)的出现。UML 是面向对象技术领域内占主导地位的标准建模语言，它不仅统一了 Booch 方法、OMT 方法和 OOSE 方法的表示方法，而且对其做了进一步的发展，并最终统一为被大众所接受的标准建模语言。

UML 是一种定义良好、易于表达、功能强大且普遍适用的建模语言。它融入了软件工程领域的新思想、新方法和新技术。它的作用域不限于支持面向对象的分析与设计，还支持从需求分析开始的软件开发全过程。本章不会对 UML 进行详细介绍，UML 的具体内容可以参考第 2 章。

1.3　软　件　建　模

尽管面向对象具有多种优点，但它并不是万能的，还存在一些缺陷。例如需要一定的软件支持环境、不太适合大型的 MIS 开发、只能在现有业务基础上进行分类管理等。

本节将详细介绍软件建模。广义地说，建模是一项经过检验并被广泛接受的工程技术。对于软件来说，建模是一种规范的设计技术，而不是随便画几张示意图。

1.3.1　软件建模概述

软件建模体现了软件设计的思想，在系统需求和系统实现之间架起了一座桥梁。软件工程师按照设计人员建立的模型，可以开发出符合设计目标的软件系统，而且软件的维护、改进也是基于软件分析模型的。

面向对象建模语言起源于 20 世纪 70 年代中期。从 1989 年到 1994 年，其数量从不到 10 种迅速增加到了 50 多种。各种建模语言的设计者都努力推崇自己的语言产品，并且在实践中不断完善。

建模是为了能够更好地理解复杂系统。面对一个复杂系统，一个人或者一个团队都面临理解困难的问题。这是由于人的大脑一次只能处理有限的信息，人对复杂问题的理解能力是有限的。建模的根本目的就是在动手构建系统之前先理解它。软件建模希望能够达到以下 4 个目标。

(1)　规范化设计

模型可以规范设计复杂系统的结构和行为，设计是建模的一个主要目的。统一建模语言 UML 具有规范性和标准化的特点，可以确定复杂系统的结构和行为，以完成设计，并验证设计的正确性。

(2)　可视化表达

模型能以可视化图形形象直观地反映系统的重要特征。图形是模型的主要表现形式，UML 提供了丰富的、标准的图形元素，方便人们对复杂系统的理解。

(3)　构建

模型能给出构建系统的模板，它是一种蓝图，描述了要构建系统的目标和途径，可以指导大型软件的开发，同时也具有一致性、规范性的作用。

(4)　存档

模型是对设计决策的一种文档，它是软件文档的一个重要组成部分，是软件可维护性和可理解性的重要保障。

1.3.2　建模的三要素

软件建模时包含三个要素，它们分别是建模对象、建模规范和建模方法。

(1)　建模对象

即被建模的事物是什么。每个模型或者每张图都应明确被建模事物究竟是什么，否则建模的目的就含糊不清。另外，对于同一个事物的同一个侧面，应避免在同一个抽象级别上重复建模，否则就容易产生不一致。

(2) 建模规范

即按什么规范来表示。模型中每个建模元素的概念和图符都应符合一定规范，否则模型可能会有相同含义。一个模型应该仅采用一种建模规范，本书所采用的建模规范是UML 2.0。

(3) 建模方法

即如何建模。针对建模对象的特定侧面，采用合适的建模元素，在恰当的抽象级别上进行描述，需要一定的方法指导，也需要相当的实践积累。

1.3.3　面向对象建模

传统的软件开发是从算法的角度进行建模。按照这种方法，所有的软件都用过程或者函数作为其主要构造块，这种观点导致开发者把精力集中于控制流程和对大的算法进行分解。当需求发生变化以及系统增长时，使用这种方法建造的系统就会变得难以维护。

现在的软件开发采用面向对象的观点进行建模。按照这种方法，所有软件系统都用对象或者类作为其主要构造块。

简单地说，对象通常是指一个具体的东西，例如一张桌子、一只猫；类是对具有相同属性的一组对象的描述。每一个对象都有标识、属性和行为。

1.　面向对象建模的特征

从建模的三要素来看，面向对象建模(Object Oriented Modeling)具有 3 个特征，说明如下。

(1) 面向对象建模将被建模事物都看作对象，然后再描述其结构和行为。

整个运行系统可以看作一个对象，来考察其用例所表现的功能。系统的结构可以递归地分解为多个更小粒度的对象和类，分别加以描述。系统的行为也可以递归地分解为更详细的描述。

(2) 面向对象建模是一种建模规范。

典型的 UML 就是一种国际化建模语言规范，其规范是一组元模型，它本身就是一套面向对象的模型。规范具有强制性，不能随意画几张示意图就称为对象建模。每一张图都有确切的种类，图中每一个节点、每一条线都具有明确的规范，围绕着节点和边的多种文字标注以及位置都具有明确的定义。

(3) 面向对象建模是一种软件建模方法。

面向对象建模是一种软件建模方法，即采用对象、类和接口等基本概念，采用封装性、继承性和多态性等进行建模，得到的模型被称为对象模型。对象模型容易映射到面向对象的编程实现，例如 C++或者 Java 等。面向对象建模要排斥一些传统的建模方法，例如，不允许出现流程图、数据流图等非标准的图，也不允许出现全局变量或者全局函数，这是因为它们违背了封装性。

2. 面向对象建模的开发模式

模型有助于按照实际情况或所需要的样式对系统进行可视化操作。以面向对象建模为基础的开发模式有 4 种，说明如下。

(1) 瀑布模型

瀑布模型也被称为生存周期模型，其核心思想是按照相应的工序将问题进行简化，将系统功能的实现与系统的设计工作分开，便于项目之间的分工与协作，即采用结构化的分析与设计方法将逻辑实现与物理实现分开。

瀑布模型将软件生命周期划分为项目计划、需求分析、软件设计、软件实现、软件测试、软件运行和维护这 6 个阶段，并且规定了它们自上而下的顺序，如同瀑布一样下落。瀑布模型的每一个阶段都是依次衔接的，如图 1-4 所示为瀑布模型的基本流程。

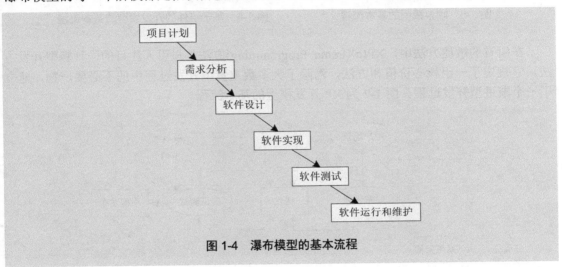

图 1-4　瀑布模型的基本流程

(2) 喷泉模型

喷泉模型是一种以对象为驱动、以用户需求为动力的模型，主要用于描述面向对象的软件开发过程。

喷泉模型认为软件开发过程自下而上周期的各个阶段是相互重叠和多次反复的，就像水喷上去又可以落下来一样，类似一个喷泉。图 1-5 为喷泉模型的基本流程。

(3) 基于组件的开发模型

基于组件的开发模型利用模块化方法将整个系统模块化，并且在一定组件模型的支持下复用组件库中的一个或者多个软件组件，通过组合手段高效率、高质量地构建应用软件系统。图 1-6 为基于组件的开发模型的基本流程。

(4) XP 开发模型

敏捷方法是一种以人为核心、迭代、循序渐进的开发方法。它强调适应性而非预测性，强调以人为中心，而不是以流程为中心。其特点是轻载、基于时间、紧凑、并行且基于组件。

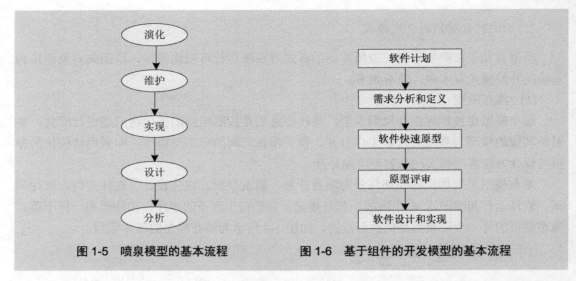

图 1-5 喷泉模型的基本流程　　　图 1-6 基于组件的开发模型的基本流程

在所有的敏捷方法中，XP(eXtreme Programming)方法是最引人注目的一种轻型开发方法。它规定了一组核心价值和方法，消除了大多数重量型开发过程中的不必要产物，建立了一个渐进型开发过程。图 1-7 为 XP 开发模型的基本流程。

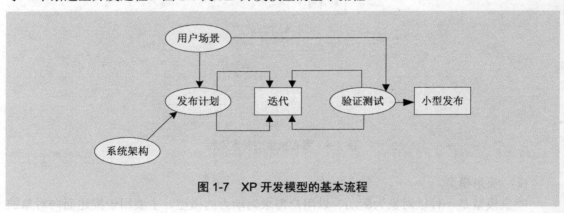

图 1-7 XP 开发模型的基本流程

1.4 建 模 分 类

随着软件工程理论研究的深入和软件技术的不断发展，软件分析建模也日益完善。尽管不同的软件分析建模平台的建模工作存在差异，但大体可以把软件建模分成 3 类，即业务建模、数据建模和应用程序建模。

1.4.1 业务建模

业务建模(Business Modeling)是以软件模型方式描述企业管理和业务所涉及的对象和要素，以及它们的属性、行为和彼此关系，业务建模强调以体系的方式来理解、设计和构架企业信息系统。

业务建模是一种建模方法的集合，目的是对业务进行建模。这方面的工作可能包括对业务流程建模、对业务组织建模、改进业务流程和领域建模等方面。

业务建模的目的在于以下几个方面：

- 了解目标组织(将要在其中部署系统的组织)的结构以及机制。
- 了解目标组织中当前存在的问题并确定改进的可能性。
- 确保客户、最终用户和开发者就目标组织达成共识。
- 导出支持目标组织所需的系统需求。

根据环境和需求的不同，业务建模工作可能有不同的规模，下面列出了 6 种场景。

1. 组织图

为了便于更好地了解正在构建的应用程序的需求，建模时可能需要构建组织及其流程的简图。在这种情况下，业务建模是软件工程项目的一部分，主要在先启阶段执行。这些类型的工作在开始时常常没有打算更改组织，只是进行绘图，但实际上，构建和部署新应用程序总是包括一定程度的业务改进。

2. 领域建模

如果构建应用程序时的主要目的是管理和提供信息(例如订单管理系统或者银行系统)，那么开发者可以选择在业务级别上构建该信息的模型，而无须考虑业务的工作流程，这就称为领域建模。通常，领域建模是软件工程项目的一部分，在项目的先启阶段和精化阶段执行。

3. 单业务多系统

如果正在构建一个系统或者一系列应用程序，那么可能有一项业务建模工作将要作为多个软件工程项目的输入。业务模型帮助开发者找出功能性需求，并且作为构建应用程序系列构架的输入。在这种情况下，业务建模工作常常被视为一个独立的项目。

4. 通用业务模型

如果正在构建将由多个组织使用的应用程序(例如销售支持应用程序或者记账应用程序)，在整个业务建模工作中，使这些组织都在开展业务时避免对于系统而言过于复杂的需求(业务改进)是很有用的。但是，如果无法使这些组织就这一点取得一致，那么业务建模工作能帮助开发者了解和管理这些组织在对应用程序的使用方法上的差异，并且使开发者更轻松地确定哪些应用程序功能应优先。

5. 新业务

如果某个组织决定要启动一项全新的业务(业务创建)，并且将构建信息系统来支持该业务，那么就需要进行业务建模工作。在这种情况下，业务建模的目的不仅是要找出对系统的需求，还要确定新业务线的可行性。在这种情况下，通常将业务建模工作本身当作一个项目。

6. 修改

如果某个组织决定要对其经营方式进行彻底修改(业务重建)，那么业务建模本身通常就是一个或多个项目。通常，业务重建分多个阶段完成，包括新业务展望、对现有业务实施逆向工程、对新业务实施正向工程以及启动新业务。

1.4.2 数据建模

数据建模是指对现实世界各类数据的抽象组织，确定数据库需管辖的范围、数据的组织形式等，直到转换成现实的数据库。将经过系统分析后抽象出来的概念模型转化为物理模型后，在 Visio 或者 Erwin 软件环境中建立数据库实体及各实体之间的关系，这里的实体一般是指表。

数据建模过程中的主要活动包括以下几个方面：

- 确定数据及其相关过程。例如，实地销售人员需要查看在线产品目录并提交新客户订单。
- 定义数据。例如，数据类型、大小和默认值等。
- 确保数据的完整性(使用业务规则和验证检查)。
- 定义操作过程，例如，安全检查和备份。
- 选择数据存储技术，例如，关系、分层或者索引存储技术。

数据建模大致上分为 3 个阶段，分别是概念建模阶段、逻辑建模阶段和物理建模阶段。其中，概念建模和逻辑建模与数据库厂商毫无关系，换句话说，与 MySQL、SQL Server 和 Oracle 没有关系。物理建模与数据库厂商存在很大的联系，因为不同厂商对同一功能的支持方式有所不同，例如高可用性、读写分离，甚至是索引和分区等。

(1) 概念建模阶段

实际工作中，概念建模阶段做三件事情：客户交流、理解需求和形成实体。

(2) 逻辑建模阶段

该阶段对实体进行细化，细化成具体的表，同时丰富表结构。这个阶段的产物是：可以在数据库中生成具体表及其他数据库对象，包括主键、外键、属性列、索引、约束，甚至是视图和存储过程等。

(3) 物理建模阶段

大多数的建模工具都可以将在逻辑建模阶段创建的各种数据库对象生成为相应的 SQL 代码，用来创建相应的具体数据库对象。但是在物理建模阶段中不仅仅创建数据库对象，针对业务需求，开发者还可能做数据分析。另外，在该阶段还会涉及到集群。

1.4.3 应用程序建模

近几年来，IT 业出现了一条新的术语，那就是"Web 应用程序"。参与业务软件系统的所有人似乎都有构建 Web 应用程序的计划，而在与业务不相关的软件方面也有很多人对此感兴趣。对于很早之前就采用这种架构的多数人来说，"Web 应用程序"这个词就像系统本身一样，已经从成功的小型 Web 站点插件发展成了强壮的多层应用程序。

在实际应用中，Web 应用程序对不同的人而言含义也有所不同。一部分人认为凡是用到 Java 的都是 Web 应用程序，而另一部分人则认为凡是使用 Web 服务器的都是 Web 应用程序。大多数人的意见介于这两者之间，这里将 Web 应用程序大体定义为 Web 系统(Web 服务器、网络、HTTP、浏览器)。

Web 应用程序正在变得越来越复杂，也越来越重要。为了帮助管理这种复杂性，需要为 Web 应用程序建模。UML 是软件密集型系统的标准建模语言。在尝试用 UML 为 Web 应用程序建模时，它的部分组件不能与标准的 UML 建模元素一一对应。为了让整个系统(Web 组件，以及传统的中间层组件)使用同一种建模表示法，则必须扩展 UML。进行扩展是为了让 Web 特有的组件能与系统模型的其余部分集成，向 Web 应用程序的设计者、实施者以及架构设计者展示适当的抽象和明细级别。

Web 应用程序实现的是业务逻辑，它的使用改变了业务的状态，其状态被系统捕获，这是很重要的，因为它确定了建模工作的重点。Web 应用程序执行业务逻辑，因此大多数重要的系统模型都侧重于业务逻辑和业务状态，而不是表示细节。

> **提示**：本章仅仅对面向对象和软件建模进行了简单的说明，简单地提到了 UML 语言。在下一章及其后面章节中会详细介绍 UML 及其各种图形，例如用例图、类图、包图、状态机图和通信图等。

1.5 思考与练习

1. 填空题

(1) 面向对象的三大要素是封装、_____和多态。

(2) OOA 是英文_____的缩写，中文被称为"面向对象分析"。

(3) 面向对象的三大模型是_____、动态模型和功能模型。

(4) _____、建模规范和建模方法是软件建模的三要素。

(5) 大体上将软件建模分为 3 类，分别是业务建模、数据建模和_____。

2. 选择题

(1) 下面关于模型的作用，说法不正确的是_____。

    A. 模型可以缩短系统的开发周期

    B. 模型有助于挑选出代价较小的解决方案

    C. 模型是一个缩小的、局部的、可执行的系统

    D. 模型可以促进项目有关人员对系统的理解和交流

(2) _____是指把对象的属性和行为绑定到一起的机制，把对象形成一个独立的整体，并且尽可能地隐藏对象的内部细节。

    A. 封装   B. 继承   C. 多态   D. 抽象

(3) 在面向对象的常用三层中，_____对数据业务逻辑进行处理，针对具体的问题进行操作。

    A. 界面表示层   B. 业务逻辑层   C. 数据访问层   D. 模型层

(4) 在面向对象建模的开发模式中，_____是一种以对象为驱动、以用户需求为动力的模型，主要用于描述面向对象的软件开发过程。

    A. 瀑布模型   B. 喷泉模型

    C. 基于组件的开发模型   D. 4XP 模型

第**2**章

UML 入门基础

在第 1 章介绍面向对象和软件建模时，就已经提到了 UML 建模语言。UML 是一种能够描述问题、描述解决方案、起到沟通作用的语言。通俗地说，它是一种用文本、图形和符号的集合来描述现实生活中各类事物、活动及其关系的语言。UML 也是一种很好的工具，可以贯穿于软件开发周期中的每一个阶段，最适用于数据建模和业务建模等。UML 作为一种模型语言，它使开发者专注于建立产品的模型和结构，而不是选用什么程序语言和算法来实现。当模型建立之后，该模型可以被 UML 工具转化成指定的程序语言代码。

本章只是对 UML 进行总体上的概述，通过本章的学习，读者不仅能够对 UML 的概念、发展历史和目标有所了解，也能够对 UML 的基本组成、建模流程以及 UML 2.0 有所了解。

本章重点：

- ➥ 了解 UML 的特点和发展历史
- ➥ 熟悉 UML 的目标
- ➥ 掌握 UML 中的建模元素
- ➥ 掌握 UML 中的关系
- ➥ 了解 UML 中的各种图

➡ 了解 UML 中的建模规则
➡ 熟悉 UML 的通用机制
➡ 掌握 UML 的体系结构
➡ 熟悉 UML 的建模流程
➡ 了解 UML 的应用领域
➡ 熟悉 UML 2.0 的新特性

2.1 UML 概述

UML 是英文 Unified Modeling Language 的缩写，又称为统一建模语言或者标准建模语言。它始于 1997 年的一个 OMG 标准，是一个支持模型化和软件系统开发的图形化语言，为软件开发的所有阶段提供模型化和可视化支持。本节将简单了解一下 UML 的内容，包括简介、发展历史和目标等。

2.1.1 UML 简介

UML 是一个通用的可视化建模语言，用于对软件进行描述、可视化处理、构造和建立软件系统制品的文档。其中，制品(artifact)是指软件开发过程中产生的各种类型的产物，例如模型、代码和测试用例等。UML 的定义包括 UML 语义和 UML 表示法两部分：UML 对语义的描述使开发者能在语义上取得一致认识，消除了因人而异的表达方法所造成的影响；UML 表示法用于定义 UML 符号，为开发者或开发工具使用这些图形符号和文本语法进行系统建模提供了标准。

UML 记录了对必须构造的系统的决定和理解，可用于对系统的理解、设计、浏览、配置、维护和信息控制。UML 适用于各种软件开发方法、软件生命周期的各个阶段、各种应用领域以及各种开发工具，是一种总结了以往建模技术的经验并吸收了当今优秀成果的标准建模语言。

UML 并没有定义一种标准的开发过程，但是它适用于迭代的开发过程。它是为支持大部分现存的面向对象开发过程而设计的。UML 描述了一个系统的静态结构和动态行为。它包括概念的语义、表示法和说明，提供了静态、动态、系统环境及组织结构的模型。它可以被交互的可视化建模工具所支持，这些工具提供了代码生成器和报表生成器。它还可以包括将模型分解成包的结构组件，以便于软件小组将大的系统分解成易于处理的块结构，并理解和控制各个包之间的依赖关系，在复杂的开发环境中管理模型单元。它还包括用于显示系统实现和组织运行的组件。

UML 具有以下几个特点。

(1) 统一标准

UML 统一了各种方法对不同类型的系统、不同开发阶段以及不同内部概念的不同观点，从而有效地消除了各种建模语言之间不必要的差异。它是一种通用的建模语言，可以被许多面向对象建模方法的用户广泛使用。

（2）面向对象

UML 吸取了面向对象技术领域中其他流派的长处。

UML 符号考虑了各种方法的图形表示，删除了大量易引起混乱的、多余的和极少使用的符号，也添加了一些新符号。

（3）可视化、表示能力强

系统的逻辑模型或实现模型都能用 UML 模型清晰地表示，UML 可以用于复杂软件系统的建模。

（4）独立于过程

UML 是系统建模语言，独立于软件过程，不依赖于特定软件开发过程。

（5）易用、易掌握

UML 概念明确，建模表示法简洁明了，图形结构清晰，易于掌握和使用。

UML 不是一门程序设计语言，但是可以使用代码生成器工具将 UML 模型转换为多种程序设计语言代码，或者使用反向生成器工具将程序源代码转换为 UML。UML 不是一种可用于定理证明的高度形式化的语言，这样的语言有很多种，但是它们通用性较差，不易理解和使用。

UML 是一种通用建模语言，对于一些专门领域，例如用户图形界面设计、超大规模集成电路设计、基于规则的人工智能领域，使用专门的语言和工具可能会更适合些。UML 同时也是一种离散的建模语言，不适合对诸如工程和物理学领域中的连续系统建模。

2.1.2 UML 发展历史

UML 最初起始于 1994 年 8 月，当时 Rational 软件公司的 Booch 和 Rumbaugh 着手统一 Booch 方法和 OMT 方法，以便以后得到一种统一的建模语言。1995 年 10 月，他们发布了统一方法的初级版本，同年秋天，Jacobson 加盟联合开发小组，并力图把 OOSE 方法也统一进来。

经过 Booch、Rumbaugh 和 Jacobson 的努力，UML 0.9 和 0.91 版分别在 1996 年 6 月和 10 月发布。

1996 年，OMG(对象管理组)发布了向外界征集关于面向对象建模标准方法的消息。UML 的 3 位创始人开始与来自其他公司的软件工程方法专家和开发者一起制定一套 OMG 感兴趣的方法，并设计了一种被软件开发工具提供者、软件开发方法学家和开发者这些最终用户接受的建模语言。

与此同时，其他一些相关人员也在做这项富有竞争性的工作。

1997 年 9 月 1 日产生了 UML 1.1，并提交到 OMG 进行讨论。

OMG 于 1997 年 11 月正式接纳了 UML 1.1，然后成立任务组不断修订，并产生了 UML 1.3、1.4 和 1.5 版本，其中 UML 1.3 是较为重要的修订版本。

随后，经过几年不断的发展，UML 2.0 版本在 2005 年发布，目前最新的版本已经是 UML 2.5。

图 2-1 针对上述内容进行了概括说明，该图非常清晰地显示了 UML 的发展历史。

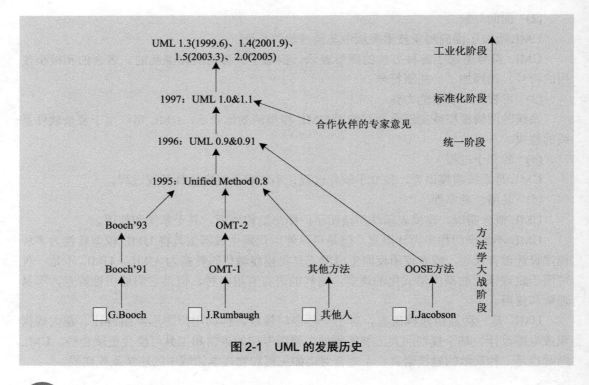

图2-1　UML 的发展历史

2.1.3　UML 的目标

UML 成功的关键在于它能够反映软件开发者各种真实的需要。UML 语言的开发有多个目标，简单说明如下。

1.　开发有意义的模型

为建模者提供现成可用的、富有表达力的、可视化的建模语言，以便开发出有意义的模型。UML 必须被定义成实用的建模标准，使建模者不用针对不同的开发环境、编程语言和应用修改符号就可以创建 UML 图形。不论对于 Java 还是 C#、不论对于会计学还是航空领域，UML 建模语言都应该能够很好地工作。

为了实现这一目标，UML 标准必须定义建模语言的语义和语言的可视化表现手段。语义为模型和模型元素应用的一致性提供了严格的尺度，可视化的表现手段则有利于建模技巧的应用。

2.　提供可扩展性和特殊化机制以延伸核心概念

从简化的角度来说，核心概念应该是遵循古老的 80/20 规律，即使用 20%的核心概念建立 80%的系统。如果核心概念不够用，就应该建立一种方法，从核心概念引申出需要的内容。但是，在任何情况下都必须避免创建新的核心概念，用户应该使用 UML 已经定义好的概念。

UML 至少有 3 种方法让用户能够创建新的模型元素，说明如下：

- UML 核心定义了许多基础概念，它们可以被结合在一起，来创建新的概念。
- UML 核心为一个概念提供多个定义。
- 通过限定某个概念的一个或多个定义，UML 支持对概念的限定。

3. 支持独立于编程语言和开发过程的规范

建模的一个非常重要的目标是把需求分析和实现分开，将 UML 绑定到任何一种编程语言都会疏远那些不使用该语言的开发者，同时也限制了 UML 的使用，例如当编程语言改变时，UML 必须同时被更新，否则它就过时了。但是不管怎么说，UML 必须支持大多数面向对象的设计结构，这种一致性保证了能够从模型生成代码或从代码产生模型，即实现建模环境和编码环境的集成。

4. 为理解建模语言提供正式的基础

建模语言必须具有精确性，又易于使用。如果没有精确性，模型就不能给出真正的解决方案，而如果可用性很差，则没有人愿意使用它。UML 标准使用类图描绘对象及它们之间的关系，每个类图都附加了一些文本，对语义和符号选项给出详细的说明，对于保证模型元素之间完整性的约束条件，则使用 OCL(对象约束语言)来描述。

5. 推动对象工具市场的成长

建模工具市场依赖于建模、模型仓库、模型互换的统一标准，如果开发商可以遵循一个稳定的标准，那么它们很快就能极有成效地提供这 3 种基本工具的特性。

6. 支持更高级的开发

UML 标准需要支持建模的高级概念，例如框架、模式、协作和组件等，并以此来支持建模和系统的发展。通过这种支持，UML 将成为促进技术发展的宝贵财富，而不是一种落后的"古董"。

2.2　UML 的基本组成

前面不止一次提到过：UML 是一种通用的建模语言。UML 不仅可以用于软件系统的建模，而且可以用于业务建模以及其他非软件系统的建模。UML 综合了各种面向对象方法与表示法的优点，从提出之日开始就已经受到了广泛重视并得到了业界的发展。

本节介绍 UML 的组成。UML 是由 UML 构造块、规则、通用机制三部分组成的。其中，UML 构造块由建模元素、关系和图组成，但是有些资料中会使用事物来代替建模元素。

2.2.1　建模元素

建模元素是对模型中最具有代表性的成分的抽象。一般情况下，将建模元素分为结构元素、行为元素、分组元素以及注释元素。

1. 结构元素

结构元素是 UML 中的名词，它是模型基本物理元素。它有 7 种类型，分别是类和对象、组件、接口、用例、节点、协作、活动类。它们在 UML 中都有自己的图形符号表示，用于组成各种图，描述系统功能。

- 类和对象：类是具有相同属性、相同操作的一组对象的集合的抽象描述。对象是一个具体的内容。在图形中，类用一个矩形来表示，通常矩形中写有类的名称、类的属性和类的操作。例如，PowerDesigner 工具中类的矩形符号如图 2-2 所示。
- 组件：组件是系统中物理的、可替代的部件，是一个描述了一些逻辑元素(例如类或接口)的物理包。在图形上，组件由一个带有小方框的矩形表示，通常在矩形中只写该组件的名字。例如，图 2-3 为组件的符号。

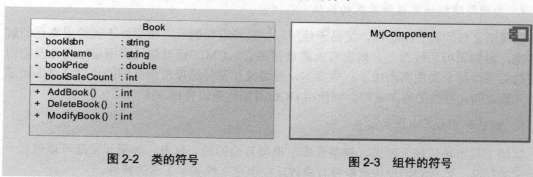

图 2-2　类的符号　　　　　　　　图 2-3　组件的符号

- 接口：接口是描述了一个类或组件的一个服务的操作集，或者说，接口描述了类或组件对外的、可见的动作。一个类可以实现一个或者多个接口。在图形上，使用一个带有名称的圆来表示。一般情况下，接口有两种表示形式，例如，图 2-4 和图 2-5 分别展示了类图中接口的表示和组件图中接口的表示。

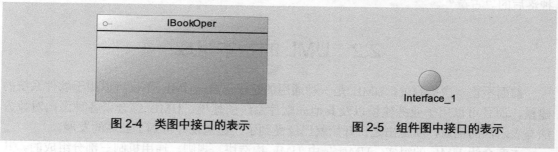

图 2-4　类图中接口的表示　　　　　图 2-5　组件图中接口的表示

- 用例：用例是对一组序列动作的描述，系统执行这些动作，将对用例的参与者(actor)产生可以观察的结果。在图形上，用例用实线椭圆来表示，参与者用一个人形的图案来表示。例如，图 2-6 为用例的符号。
- 节点：节点是一个物理元素，它在运行时存在，代表一个可计算的资源，例如一台数据库服务器。在图形上，节点用一个立方体来表示。例如，图 2-7 为节点的符号。
- 协作：协作是一组类、接口和其他元素的群体，它们共同工作，提供比各组成部分的功能总和更强的合作行为。协作与组件不同，协作不能拥有自己的结构元素，而只能引用其他地方定义的类、接口、组件、节点等结构元素，即协作是系统体系结构中的概念组块，而不是物理组块。在图形上，协作使用一个包含名称的虚线椭圆来表示。

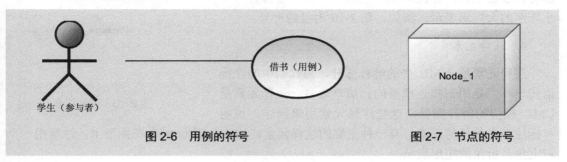

图 2-6　用例的符号　　　　　　　　　　　　　图 2-7　节点的符号

● 活动类：活动类能够启动控制活动，因为它的对象至少拥有一个进程或线程。在图形上，主动类的表示方法与普通类相似，也是使用一个矩形，只是最外面的边框使用粗线。

2. 行为元素

行为元素是 UML 中的动词，它是模型中的动态部分，是一种跨越时间和空间的行为。交互和状态机是 UML 模型中两个基本的动态行为元素，它们通常与其他结构元素、主要的类、对象连接在一起。

(1) 交互(Interaction)

对象都不是孤立存在的，它们之间通过传递消息进行交互。在图形上，交互的消息通常用带箭头的直线来表示。例如，图 2-8 中显示了交互的消息符号。

(2) 状态机(State Machine)

状态机是一个对象或交互在生命周期内响应事件所经历的状态序列。一个状态机是一个行为，它说明对象在它的生命周期中响应事件所经历的状态序列以及它们对那些事件的响应。状态是指在对象的生命周期中满足某些条件、执行某些活动或等待某些事件时的一个条件或状况。一个事件的到来，能够触发一个状态的转换。

在 UML 模型中，状态的符号是一个圆角矩形，并在矩形内写出状态名称及其子状态。例如，图 2-9 是状态的符号。

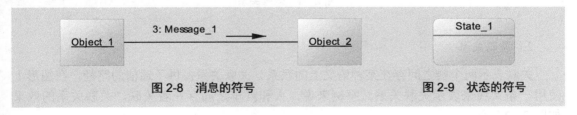

图 2-8　消息的符号　　　　　　　　　　　　　图 2-9　状态的符号

3. 分组元素

分组元素是 UML 中的容器，用来组织模型，使模型更加结构化。分组元素是 UML 模型中负责分组的部分，可以把它看作一个一个的盒子，每个盒子里面的对象关系相对复杂，而盒子与盒子之间的关系相对简单。

最主要的分组元素是包(package)，包是把元素组织成组的机制。结构元素、行为元素甚至其他的分组元素都可以放进包内。在图形上，包用一个左上角带有一个小矩形的大矩形表示。例如，图 2-10 为包的符号。

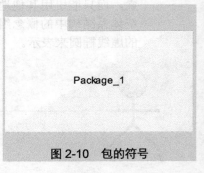

Package_1

图 2-10　包的符号

4. 注释元素

注释元素是 UML 中的解释部分，与代码中的注释语句一样，是用来描述模型的。简单地说，注释元素是 UML 模型的解释部分，这些注释元素用来描述、说明和标注模型的任何元素。有一种主要的注释元素，称为注解(note)。在图形上，注解用一个右上角是折角的矩形表示。

2.2.2　关系

建模元素之间包含着多种关系，UML 中将关系分为 4 种：依赖关系、关联关系、泛化关系、实现关系。本节将对这些关系进行简单的介绍，在后面章节中还会对它们进行更详细的介绍。

1. 依赖关系

依赖是两个元素间的语义关系，其中一个元素(独立元素)发生变化，会影响到另一个元素(依赖元素)的语义。例如，电视机和频道之间就存在一个依赖关系。

在图形上，把一个依赖关系画成一条可能有方向的虚线，偶尔在其上还有一个标记。例如，图 2-11 显示了电视机和频道之间的依赖关系。

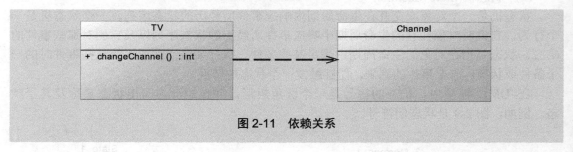

图 2-11　依赖关系

2. 关联关系

关联表示两个类之间存在某种语义上的联系。关联关系提供了通信的路径，在图形上使用一条实线来表示关联关系。举例来说，人和汽车之间存在着关联，关联关系的效果如图 2-12 所示。

关联关系中包含两种特殊的关系：聚合关系和组合关系。聚合关系表示类之间是整体与部分的关系，但是部分脱离整体是可以独立存在的；而组合关系也表示类之间是整体与部分的关系，但是部分脱离整体不能独立存在。举例来说，聚合就像汽车和轮胎，汽车坏了轮胎还可以用；组合就像公司和下属部门，公司倒闭了部门也就不存在了。

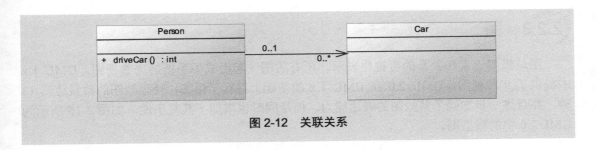

图 2-12 关联关系

3. 泛化关系

泛化关系是一种特殊/一般关系，是一般元素(父类)和该元素较为特殊的子类(有的地方称为种类)之间的关系。子类继承父类的属性和操作，除此之外，子类通常还添加新的属性和操作。可以将泛化关系理解为继承关系，例如图 2-13 为一个泛化关系。

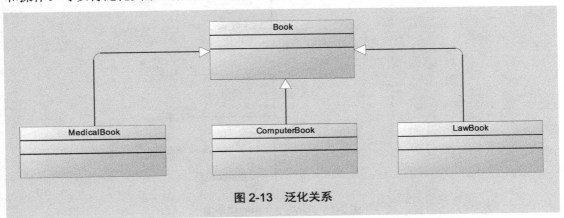

图 2-13 泛化关系

4. 实现关系

实现关系将一种模型元素(例如类)与另一种模型元素(例如接口)连接起来，其中接口只是行为的定义而不是结构或实现。也就是说，实现关系中的一个模型元素只具有行为的定义，而行为的具体实现则是由另一个模型元素来给出。

一般情况下，需要在两个地方使用实现关系：一种是在接口和实现它们的类或组件之间；另一种是在用例和实现它们的协作之间。

在图形上，实现关系使用一个空心三角作为箭头的虚线，箭头从源模型指向目标模型，表示源模型元素实现目标模型元素。例如，图 2-14 为一个实现关系。

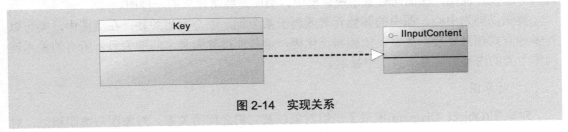

图 2-14 实现关系

2.2.3 图

图是模型元素和关系的可视化表示，所有的图一起组成了系统的完整视图。UML 1.x 中提供了 9 种视图，UML 2.0 在 UML 1.x 的基础上进行了添加，使模型图的数量达到 13 种，并且进一步加强了某些图的表达能力，但是同时也增加了其复杂性，如图 2-15 所示为 UML 2.0 中的模型图。

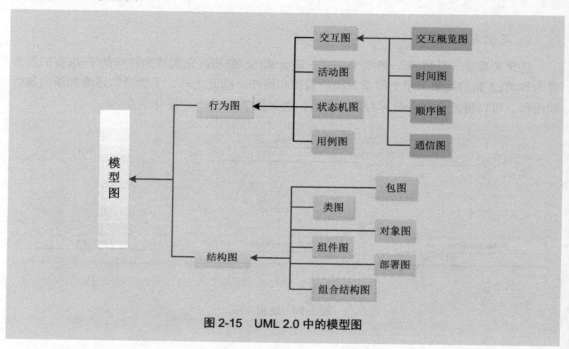

图 2-15　UML 2.0 中的模型图

从图 2-15 中可以看出，UML 2.0 中包含了 13 种模型图，大致上将其分为行为图和结构图两类。与 UML 1.x 相比，UML 2.0 中新增加了组合结构图、包图、交互概览图以及时间图。包图虽然是新的模型图，但是它在 UML 1.x 中已经存在，只是在 UML 2.0 中正式作为一种模型图。另外，状态机图是由原来的状态图改名而来的，通信图是由原来的协作图改名而来的。

1. 类图

类图(Class Diagram)展现了一组对象、接口、协作和它们之间的关系。类图给出了系统的静态设计视图，在面向对象系统建模中，类图是经常建立的一种图。

类图以类为中心，图中的其他元素或属于某个类，或与类相关联。在类图中，类可以有多种方式相互连接：关联、依赖和泛化等，这些连接称为类之间的关系。所有的关系连同每个类的内部结构都在类图中显示。

2. 对象图

对象图(Object Diagram)展现了一组对象以及它们之间的关系。对象图与类图相似，对象图也给出了系统的静态设计图。可以将对象图看作是类图在系统某一时刻的实例，它表示的是被冻结的系统在运行时的某一瞬间的情况，类似于使用 DVD 播放机播放 DVD 光碟时，按下暂停(pause)键时出现的静止画面。

对象图是类图的实体，它是类图的一个实例。它与类图的不同之处在于：对象图显示的是类的多个对象实例而不是实际的类。

3. 用例图

用例图(Use Case Diagram)显示多个外部参与者以及他们与系统提供的用例之间的连接关系。用例是系统中的一个可以描述参与者与系统之间交互作用的功能单元。用例图仅仅描述系统参与者从外部观察到的系统功能，并不描述这些功能在系统内部的具体实现。

4. 顺序图

顺序图(Sequence Diagram)是强调消息时间顺序的交互图。顺序图描述了类相互协作地完成预期行为的动态过程。

顺序图向用户提供了随时间推移、清晰和可视的事件流轨迹。它显示多个对象之间的动态协作，重点是显示对象之间发送消息的时间顺序。顺序图也显示对象之间的交互，就是在系统执行时，某个指定时间点将发生的事情。顺序图的一个用途是用来表示用例中的行为顺序，当执行一个用例行为时，顺序图中的每个消息对应了一个类操作或状态机中引起转移的触发事件。

5. 通信图

通信图(Collaboration Diagram)也是一种交互图，它强调收发消息的对象的组织结构。因为通信图和顺序图在结构上是相同的，所以它们是可以互相转换的。

虽然通信图和顺序图都可以表示各对象之间的交互关系，但是它们的侧重点不同。顺序图用消息的排列关系来表达消息的时间顺序，各角色之间的关系是隐含的；通信图用各个角色的排列来表示角色之间的关系，并用消息说明这些关系。在实际应用中可以根据需要来选择两种图，如果需要重点强调时间或顺序，那么选择顺序图；如果需要重点强调上下文，那么选择通信图。

6. 状态机图

状态机图是 UML 2.0 的称呼，在 UML 1.x 中被称为状态图。状态机图展现了一个状态机，是对类描述的补充，它由状态、转换、事件和活动组成。状态机图是描述系统的动态视图，它对于接口、类或协作的行为建模非常重要。

在状态机图中，状态之间的变化称为转移，状态机图由对象的各个状态和连接这些状态的转移组成。

事件的发生会触发状态间的转移，导致对象从一种状态转化到另一种新的状态。

在实际建模时，并不需要为所有的类绘制状态机图，仅对那些具有多个明确状态并且这些状态会影响和改变其行为的类才绘制状态机图。

7. 活动图

活动图(Activity Diagram)是一种特殊的状态机图，用于描述执行算法的工作流程中涉及的活动。活动图展现在系统内从一个活动到另一个活动的流程，它是描述系统的动态视图。活动图强调了对象间的控制流程，因此对系统的功能建模非常重要。

在活动图中，动作状态代表一个活动，即一个工作流步骤或一个操作的执行。活动图由多个动作组成，当一个动作完成后，动作将会改变，转移到一个新的动作。这样，控制就在这些互相连接的动作之间流动。

8. 组件图

组件图(Component Diagram)展现了一组组件之间的组织和依赖，它是专注于系统的静态实现图。静态图与类图是息息相关的，通常情况下，组件被映射成一个或多个类、接口或者协作。组件图中的组件可以是源代码组件、二进制组件或一个可执行的组件，组件中包含它所实现的一个或多个逻辑类的相关信息。组件图中显示组件之间的依赖关系，并可以很容易地分析出某个组件的变化将会对其他组件产生什么样的影响。

9. 部署图

部署图展现了在系统运行时，进行处理的节点和在节点上活动的组件的配置。部署图给出了体系结构的静态部署视图。

10. 包图

包图是一种辅助模型，它可以作为类图和其他几种模型图的组织机制，使开发者更加方便阅读。当系统规则比较大时可以使用包图。

11. 组合结构图

组合结构图是 UML 2.0 中新增的一种图，它用来表示类、组件、协作等模型元素的内部结构。

12. 交互概览图

交互概览图(Interaction Overview Diagram)是活动图和顺序图的混合物，以提升控制流概览的方式来定义交互。

13. 时间图

时间图(Timing Diagram)是一种交互图，它展现了消息跨越不同对象或角色的实际时间，而不仅仅是关心消息的相对顺序。时间图、顺序图和通信图的侧重点不同：时间图考虑交互的时间；顺序图着重于消息的顺序；通信图则显示参与者之间的链接。

2.2.4 规则

不能简单地把 UML 的构造块(建模元素、关系和图)按随机的方式放在一起。UML 有一套规则，这些规则描述了一个结构良好的模型看起来应该如何。一个结构良好的模型应该在语义上是前后一致的，并且与所有的相关模型协调一致。

UML 规则包含命名、范围、可见性、完整性、执行五部分。它们非常容易理解，下面简单进行说明。

1. 命名

通俗地讲，命名就是为模型元素、关系和图起名字。与任何编程语言一样，名字都是一个标识符。为模型元素、关系和图命名时，需要注意 3 个方面：所取的字符集、长度，以及在命名空间(例如类)中的唯一性。

2. 范围

范围与类的作用域很相似，它说明是实例(instance)成员还是类(class)成员。

3. 可见性

可见性表示模型元素是否在命名空间外部可见。常用的可见性修饰有 Public、Private、Protected 和 Package 四种。

- Public：公有的，在整个系统内可见。被 Public 修饰的元素可以被任何能够访问拥有该元素的命名空间的模型元素访问。
- Private：私有的，在一个类之内可见。被 Private 修饰的元素只在拥有它的命名空间内是可见的。
- Protected：受保护的，在一个继承树之内可见。被 Protected 修饰的元素可以被与它隶属的命名空间有泛化关系的元素访问。
- Package：在相同的包内可见。被 Package 修饰的元素被一个不是包的命名空间所拥有，它对于该包当中作为它的命名空间的元素是可见的。

4. 完整性和执行

完整性确保模型元素如何正确、一致地相互联系。执行表示运行或者模拟动态模型的含义是什么。

UML 的规则鼓励专注于最重要的分析、设计和实现问题，这些问题将促使模型随时间的推移而具有良好的结构。

2.2.5 通用机制

通用机制通过与具有公共特征的模式取得一致性，使模型更为简单和协调。UML 中有 4 种贯穿整个语言并且一致应用的通用机制：规格说明、修饰、通用划分、扩展机制。下面分别对这 4 种通用机制进行说明。

1. 规格说明

UML 不只是一种图形语言，实际上，在每个模型元素的图形表示法的背后都有一个规格说明，它提供了对构造块的语法和语义的文字叙述。例如，在类的图符之后就有一个全面描述该类所拥有的属性、操作和行为的规格说明；在视图上，类的图符可能仅展示了部分规格说明。

事实上，UML 的图形表示法用来可视化地描述系统，而 UML 的规格说明则用来描述系统的细节。

2. 修饰

图形元素的某些规格说明的细节通过标准图形的变化来反映。UML 中的大多数模型元素都可以用唯一的和直接的图形符号来表示，这些图形符号可视化地表示模型元素最重要的信息。例如，类的图形符号展示了类名、操作和属性这些最重要的信息。但是，也可以给类增加修饰符以给出类规格说明的细节。例如，抽象类名和抽象方法名用斜体，属性和方法前添加"+"、"-"和"#"等符号。

3. 通用划分

通用划分是指元素/元素实例、接口/实现这样的划分方法。在面向对象系统建模中，通常有以下几种划分方法。

(1) 对类和对象的划分

类是一种抽象，对象是这种抽象的一个具体表现。在 UML 中，可以对类和对象建立模型。在图形上，UML 用与类同样的图形符号来表示对象，并且在对象名的下面画一道线，如图 2-16 所示。

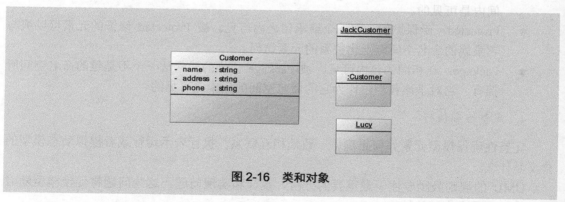

图 2-16　类和对象

在图 2-16 中，有一个名称为 Customer 的类，它有 3 个对象，分别是 Jack(它被明确地标记为 Customer 对象)、Customer(匿名的 Customer 对象)和 Lucy(它在规格说明中被说明为一种 Customer 对象，尽管在这里没有明确地表示出来)。

(2) 接口和实现的分离

接口声明了一个合约，而实现则表示对该合约的具体实施，它负责如实地实现接口的完整语义。在 UML 中，既可以对接口建模，又可以对它们实现建模。

(3) 类型和角色的分离

类型声明了实体的种类(例如对象、属性或者参数)，角色描述了实体在语义中的含义(例如类、组件或者协作等)。任何作为其他实体结构的一部分的实体(例如属性)都具有两个特性：从它固有的类型派生出一些含义，从它在语境中的角色派生出一些含义。

4. 扩展机制

即使一种语言的表达能力再强，它也难以表示出各种领域中的各种模型在不同时刻所有可能的细微差别。因此，UML 提供了扩展机制，使得它可以以受控的方式进行扩展。UML 的扩展机制包括构造型、标记值和约束。

（1）构造型

构造型是对 UML 词汇的扩展，它允许创建新的构造块，这个新的构造块既可以从现有的构造块中派生，又专门针对要解决的问题。在有些资料中，并不是称为构造型，而是称为原型或者衍型。

构造型的表示方法是将标记放在尖括号中，例如<<user interface>>或<<controller>>，然后把构造型加到模型元素的描述中。

例如，图 2-17 和图 2-18 分别显示了类的构造型和包依赖关系的构造型。

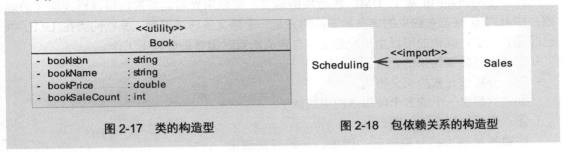

图 2-17　类的构造型　　　　　图 2-18　包依赖关系的构造型

为了方便区分，UML 预定义的构造型一般以小写字母开头，而用户自定义的构造型一般以大写字母开头。构造型的定义是在元模型级别上进行的，而不是在用户模型级别上，只能扩展 UML 元模型，而不能改变它。

如果在特定领域中或者特定平台上发现一种重要的概念需要特别描述，而已有的元类和构造型都不能确切表达，这时就需要自定义一个构造型，以支持用户建模。其创建步骤如下。

①　确认已有的 UML 类、UML 预定义和用户定义的构造型能否表达这种新元素。

②　如果不能，则选择一个或者几个与要表达的元素的特征最相近的 UML 类，扩展建立一个构造型并命名。

③　如果需要，对新构造型添加性质或者约束，以规范其特征和语义。

④　如果需要，可定义一个图标，以形象直观地表示该构造型的实例。

（2）标记值

标记值扩展了 UML 构造块的特性，可以用来创建构造块的新信息。UML 2.0 规范对标记值的定义如下：标记值是对某种属性的"名称-值"对的明确定义。在标记值中，名称即标记，某些标记已经在 UML 里预定义了，还有一些可以由用户定义。自定义标记值的步骤如下。

①　确定要定义标记值的目的。

②　定义需要标记值的元素。

③　为标记进行命名。

④ 定义值类型。

⑤ 根据使用标记值对象(人或机器)的不同，适当定义标记值。

⑥ 在文档中给出一个使用该标记值的例子。

标记值的目的是赋予某个模型元素新的特征，而且这个特征是不包含在元模型已经定义的特征里面的。这使得开发者可以对某个模型元素进行裁剪或者增强，同时仍然忠实于UML 元模型的定义。标记值不能和已有的元模型定义抵触或者改变它们的定义，而只能向其中添加定义。

标记值使用"名称=值"的方式表达，例如 author="Tome"、project_phase=2，或者last_update="2013-12-12"。在某些图中，会将它们用大括号括起来，例如{author="Tome"，project_phase=2}。

(3) 约束

约束(Constraint)扩展了 UML 构造块的语义，可以用来增加新的规则或修改现有的规则。UML 2.0 规范对约束的定义如下：约束是一个语义条件或限制，某些约束在 UML 中已经预定义了，其他的可以由用户定义。自定义约束时需要做好以下工作。

① 描述需要约束的元素。

② 分析该元素的语义影响。

③ 列举出一个或多个使用该约束的例子。

④ 说明如何实现约束。

约束被放到大括号里表示。例如，一场戏剧演出的属性叫作 name，它的长度不能大于 50 个希腊字母，该约束可以写成{ 最多 50 个希腊字母 }。

又如，图 2-19 显示了一个约束的例子。在图 2-19中，SalesAgreement 类中包含一个 endDate 属性的约束，在该约束中定义 endDate 的值不能小于起始日期。另外，在关联关系上还包含一个约束，该约束表明对每一份合同来说，可以有任意数量(零个或者多个)的销售协议。

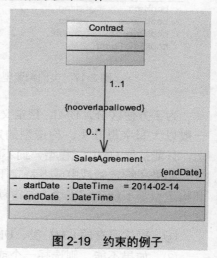

图 2-19 约束的例子

2.2.6 UML 标准通用机制

在介绍通用机制时提到了构造型、标记值和约束，实际上，UML 中已经预定义了多种标准的构造型、标记值和约束。

1. UML 标准的构造型

开发者可以在 UML 提供的标准的构造型基础上定义自己的构造型，表 2-1 给出了UML 中的标准构造型。

2. UML 标准的标记值

与构造型扩展机制一样，UML 中也预定义了多种标准标记值，例如 Documentation、

Location 和 Semantics 等，其说明如表 2-2 所示。

表 2-1 UML 中预定义的标准构造型

构造型名称	对应元素	说 明
actor	类	该类定义了一级与系统交互的外部变量
association	关联角色	通过关联可访问对应元素
becomes	依赖	该依赖存在于源实例和目标实例之间，它指定源和目标代表处于不同时间点并且具有不同状态和角色的实例
bind	依赖	该依赖存在于源类和目标模板之间，它通过把实际值绑定到模板的形式参数创建类
call	依赖	该依赖存在于源类和目标操作之间，它指定源操作激活目标操作。目标必须是可访问的，或者目标操作在源操作的作用域内
constraint	注释	指明该注释是一个约束
constructor	操作	该操作创建它所附属的类元的一个实例
classify	依赖	该依赖存在于源实例和目标类元之间，指定源实例是目标类元的一个实例
copy	依赖	该依赖存在于源实例和目标实例之间，它指定源和目标代表具有相同状态和角色的不同实例。目标实例是源实例的精确副本，但复制后两者不相关
create	操作	该操作创建一个它所附属的类元实例
	事件	该事件表明创建了封装状态机的一个实例
declassify	依赖	该依赖存在于源实例和目标类元之间，它指定源实例不再是目标类元的实例
destroy	操作	操作销毁它所附属类元的一个实例
	事件	事件表明销毁封装状态机类的一个实例
delete	精化	它指明元素不能够进一步精化
derived	依赖	该依赖存在于源元素和目标元素之间，它指定源元素是从目标元素派生的
destructor	操作	该操作销毁它所附属类元的一个实例
document	组件	代表文档
enumeration	数据类型	该数据类型指定一组标识符，这些标识符是数据类型实例的可能值
executable	组件	组件代表能够在节点上运行的可执行程序
extends	泛化	该泛化存在于源用例和目标用例之间，它指定源用例的内容可以添加到目标用例中。该关系指定内容加入点到要添加的源用例应该满足的条件
façade	包	包中只包含对其他包所属的模型元素的引用，它自身不包含任何模型元素

续表

构造型名称	对应元素	说　明
file	组件	该组件代表包含源代码或数据的文档或文件
framework	包	该包主要由模式构成
friend	依赖	该依赖存在于不同包的源元素和目标元素之间，它指定无论目标元素声明的可见性如何，源元素都可以访问目标元素
global	关联角色端	关联端的实例在整个系统中都是可访问的
import	依赖	该依赖存在于源包和目标包之间，它指定源包接收并可以访问目标包的公共内容
implementation class	类	该类定义另一个类的实现，但这种类并非类型
inherits	泛化	该泛化存在于源类元和目标类元之间，它指定源实例是目标类元的一个实例
instance	类	该类定义一个操作集合，这些操作可用于定义其他类提供的服务。该类可以只包含外部的公共操作而不包含方法
invariant	约束	该约束附属于一组类元或关系，它指定一个条件，对于类元或关系，这个条件必须为真
local	关联角色端	关联端的实例是操作中的一个局部变量
library	组件	该组件代表静态或动态库，静态库是程序开发时使用的库，该库连接到程序；动态库是程序运行时使用的库，程序在执行时访问该库
metaclass	类元	该类是某个其他类的元类
metaclass	依赖	该依赖存在于源类元和目标类元之间，它指定目标类元是源类元的元类
parameter	关联角色端	关联端的实例是操作中的参数变量
postcondition	约束	该约束指定一个条件，在激活操作之后，该条件必须为真
powertype	类元	该类元是元类型，它的实例是另一种类型的子类型，就是说该类元是包含在泛化关系中的判别式类型
powertype	依赖	该依赖存在于源类元和目标类元之间，它指定目标类元源泛化组的强类型
precondition	约束	该约束附属于操作，它指定一个操作要激活该操作，条件必须为真
private	泛化	该泛化存在于源类元和目标类元之间，在源类元中，继承目标类元的特性是隐藏的或是私有的
process	类元	该类元表示具有重型控制流的活动类，它是带有控制表示的线程并可能由线程组成
query	操作	该操作不修改实例的状态

构造型名称	对应元素	说　明
realize	泛化	该泛化存在于源元素和目标元素之间，它指定源元素实现目标元素。如果目标元素是实现类，那么该关系暗示操作继承，而不是结构的继承；如果目标元素是接口，那么源元素支持接口的操作
refine	依赖	该依赖存在于源元素和目标元素之间，它指定这两个元素位于不同的语义抽象级别。源元素精化目标元素或由目标元素派生
requirement	注释	该注释指定它所附属元素的职责或义务
self	关联角色端	因为是请求者，所以对应的实例是可以访问的
send	依赖	该依赖存在于源操作和目标信号类之间，它指定操作发送信号
signal	类	该类定义信号，信号的名称可用于触发转移。信号的参数显示在属性分栏中。该类虽然不能有任何操作，但可以与其他信号类存在泛化关系
stereotype	类元	该类元是一个构造型，它是一个用于对构造型层次关系建模的原模型类
stub	包	该包通过泛化关系不完全地转移为其他包，也就是说继承只能继承包的公共部分而不继承包的受保护部分
subclass	泛化	该泛化存在于源类元和目标类元之间，它用于对泛化进行约束
subtype	泛化	该泛化存在于源类元和目标类元之间，它表明源类元的实例可以被目标类元的实例替代
subsystem	包	该包是有一个或多个公共接口的子系统，它必须至少有一个公共接口，并且其任何实现都不能是公共可访问的
supports	依赖	该依赖存在于源节点和目标组件之间，它指定组件可存于节点上，即节点支持或允许组件在节点上执行
system	包	该包表示从不同的观点描述系统的模型集合，每个模型显示系统的不同视图。该包是包层次关系中的根节点，只有系统包可以包含该包
table	组件	该组件表示数据库表
thread	类元	该类元是具有轻型控制流的活动类，它是通过某些控制表示的单一执行路径
top level package	包	该包表示模型中的顶级包，它代表模型的所有非环境部分。在模型中它处于包层次关系的顶层
trace	依赖	该依赖存在于源元素和目标元素之间，指定这两个元素代表同一概念的不同语义级别
type	类	该类指定一组实例以及适用于对象的操作，类可以包括属性、操作和关联，但不能有方法
update	操作	该操作修改实例的状态

续表

构造型名称	对应元素	说　明
use case model	包	该包表示描述系统功能需求的模型，它包含用例以及与参与者的交互
uses	泛化	该泛化存在于源用例和目标用例之间，它用于指定源用例的说明中包含或使用目标用例的内容。该关系用于提取共享行为
	依赖	该依赖存在于源元素和目标元素之间，它用于指定下列情况：为了正确地实现源模型的功能，要求目标元素存在
utility	类元	该类元表示非成员属性和操作的命名集合

表 2-2　UML 标准标记值

标记值名称	应用元素	说　明
Documentation(文档)	任何建模元素	指定元素的注解、说明和注释
Location(位置)	类元	指定类元所有组件
	组件	指定组件所在节点
Persistence(持久性)	属性	指定模型元素是持久的，如果模型元素是暂时的，当它或它的容器销毁时，它的状态同时被销毁；如果模型元素是持久的，当它的容器被销毁时，其状态保留，仍可以被再次调用
	类元	
	实例	
Responsibility	类元	指定类元的义务
Semantics	类元	指定类元的意义和用途
	操作	指定操作的意义和用途

3. UML 标准的约束

与构造型和标记值一样，UML 也提供了一些预定义的约束，其说明如表 2-3 所示。

表 2-3　UML 标准约束

约束名称	应用元素	说　明
Abstract	类	该类至少有一个抽象操作，且不能被实例化
	操作	该操作提供接口规范，但是不能提供接口的实现
Active	对象	该对象拥有控制线程并且可以启动控制活动
Add only	关联端	可以添加额外的链接，但是不能修改或删除链接
Association	关联端	通过关联，对应实例是可以访问的
Broadcast	操作信号	按照未指定的顺序将请求同时发送到多个实例
Class	属性	该属性有类作用域，类的所有实例共享属性的一个值
	操作	该操作有类作用域，可应用于类
Complete	泛化	对一组泛化而言，所有子类型均已指定，不允许其他子类型
Concurrent	操作	从并发线程同时调用该操作，所有的线程可并发执行

约束名称	应用元素	说　明
Destroyed	类角色	模型元素在用户执行期间被销毁
	关联角色	
Disjoint	泛化	对一组泛化而言，实例最多只可以有一个给定子类型作为类型，派生类不能与多个子类型有泛化关系
Frozen	关联端	在创建和初始化对象时，不能向对象添加链接，也不能从对象中删除或移动链接
Guarded	操作	可同时从并发线程调用此操作，但只允许启动一个线程，其他调用被阻塞，直至执行完第一个调用
Global	关联端	关联端的实例在整个系统中可访问
Implicit	关联	该关联仅仅是表示法或概念形式，并不用于细化模型
Incomplete	泛化	对一组泛化而言，并未指定所有的子类型，其他子类型是允许的
Instance	属性	该属性具有实例作用域，类的每个实例都有该属性的值
	操作	该操作具有实例作用域，可应用于类的实例
Local	关联端	关联端的实例是操作的局部变量
New	类角色	在交互执行期间创建模型元素
	关联角色	
New destroyed	类角色	在交互执行期间创建和销毁模型元素
	关联角色	
Or	关联	对每个关联实例而言，一组关系中只有一个是显示的
Ordered	关联端	响应元素形成顺序设置，其中禁止出现重复元素
Overlapping	泛化	对一组泛化而言，实例可以有不止一个给定子类型，派生类可以与一个以上的父类型有泛化关系
Parameter	关联端	实例可以作为操作中的参数变量
Polymorphic	操作	该操作可由子类型覆盖
Private	属性	在类的外部，属性和操作不可访问。并且类的子类不可以访问这些特性
	操作	
Protected	属性	在类的外部，属性和操作不可访问。类的子类可以访问这些特性
	操作	
Public	属性	无论在类的外部还是该类的子类，都可以访问类的特性
	操作	
Query	操作	该操作不修改实例的状态
Self	关联端	因为是请求者，所以对应实例可以访问
Sequential	操作	可同时从并发线程调用操作，但操作的调用者必须相互协调，使得任意时刻只有一个对该操作的调用是显著的
Sorted	关联端	对应的元素根据它们的内部值进行排序，为实现指定了设计决策

续表

约束名称	应用元素	说　明
Transient	类角色	在交互执行期间创建和销毁模型元素
	关联角色	
Unordered	关联端	相应的元素无序排列，其中禁止出现重复元素
Update	操作	该操作修改实例的状态
Vote	操作	由多个实例所有返回值中的多数来选择请求的返回值

2.3　UML 其他内容

除了前面介绍的内容外，UML 还有许多其他的知识点，本节将简单介绍 UML 的体系结构、建模流程和应用领域。

2.3.1　UML 的体系结构

UML 具有四层体系结构，每个层次是根据该层中元素的一般性程序划分的。从一般到具体，这四层结构分别是元元模型层(Metametamodel)、元模型层(Metamodel)、模型层(Model)和用户模型层(Usermodel)，在图 2-20 中展示了四层体系的结构关系。

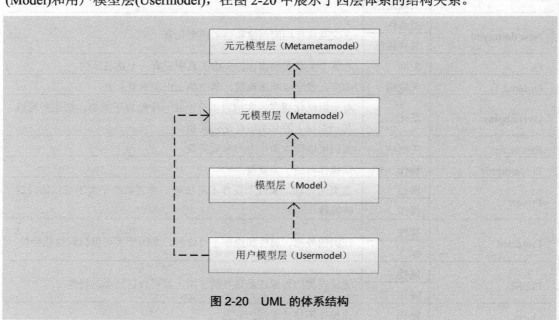

图 2-20　UML 的体系结构

在图 2-20 中，元元模型层依赖于元模型层，而元模型层依赖于用户模型层和模型层，模型层又依赖于用户模型层，它们的具体说明如下。

1. 元元模型层

元元模型层通常称为 M3 层，位于四层体系结构的最上层。它是 UML 的基础，表示任何可以被定义的事物。该层具有最高的抽象级别，这一抽象级别用来形式化概念的表示，并指定元元模型定义语言。

元元模型层是为了描述元模型而定义的一种"抽象语言"。一个元元模型中可以定义多个元模型，而每个元模型也可与多个元元模型相关联。元元模型上的元元对象的例子有元类、元属性和元操作等。

2. 元模型层

元模型层通常称为 M2 层，它包括了所有组成 UML 的元素。元模型层中的每一个概念都是元元模型层中概念的实例，它的主要职责是描述模型层，是为此而定义的一种"抽象语言"。一般来说，元模型比元元模型更加精细，尤其表现在定义动态语义时。元模型上的元对象有类、属性、操作和构件等。

3. 模型层

模型层通常称为 M1 层，它由 UML 的模型构成。模型层主要用于解决问题、解决方案或系统建模，层中的每个概念都是元模型中概念的实例，这一抽象级别主要用来定义描述信息的语言。

4. 用户模型层

用户模型层通常又称为 M0 层，它位于所有层次的最底部，该层的每个实例都是模型层和元模型层概念的实例。该抽象级别的模型通常叫作对象或实例模型，用户模型层的主要作用是描述一个特定的信息。

2.3.2 UML 建模流程

任何一个大规模的系统设计都是相当复杂的，甚至简单的桌面程序也可以被分解为多个软件和硬件。在一个系统比较复杂时就涉及到几个问题：建模者如何与用户进行沟通了解系统需求？又如何通过沟通确保各个部分能够无缝合作？这时就需要系统建模。

在进行面向对象软件开发建模时，需要进行 5 个步骤，每个步骤都需要与 UML 进行紧密结合，这 5 个步骤具体如下。

(1) 需求分析阶段

UML 的用例图可以满足用户的需求。通过用例建模，可以对外部的角色以及它们所需要的系统功能建模。角色和用例是用它们之间的关系、通信建模的，每个用例指定了用户的需求：用户要求系统做什么。

(2) 分析阶段

分析阶段主要考虑所要解决的问题，可以使用 UML 的逻辑视图和动态视图来进行描述。在该阶段只为问题域类建模，不定义软件系统解决方案的细节，例如用户接口的类和数据库等。

(3) 设计阶段

在设计阶段，把分析阶段的成果扩展成技术解决方案。要加入新的类来提供基础结构、

用户接口和数据库等。设计阶段的结果是构造阶段的详细规格说明。

(4) 构造阶段

构造阶段把设计阶段的类转移成某种面向对象程序设计语言的代码。在对 UML 表示的分析和设计模型进行转换时，最好不要直接把模型转化成代码。因为在早期阶段，模型是理解系统并对系统进行结构化的手段。

(5) 测试阶段

对系统测试通常分为单元测试、集成测试、系统测试和接受测试几个不同的级别。单元测试是对一个类或一组类进行测试，通常由程序员进行；集成测试通常测试集成组件和类，看它们之间是否能恰当地协作；系统测试验证系统是否具有用户所要求的所有功能；接受测试验证系统是否满足所有的需求，通常由用户完成。不同的测试小组可以使用不同的 UML 图作为工作基础：单元测试使用类图和类的规格说明；集成测试典型地使用组件图和协作图；系统测试则使用用例图来确定系统行为是否符合图中的定义。

2.3.3 UML 的应用领域

UML 的目标是以面向对象图的方式来描述任何类型的系统，具有很宽的应用领域。其中最常用的是建立软件系统的模型，但是它同样可以用于描述非软件领域的系统，例如机械系统、企业机构或者业务过程，以及处理复杂数据的信息系统、具有实时要求的工业系统或者工业过程等。总之，UML 是一个通用的标准建模语言，可以对任何具有静态结构和动态行为的系统进行建模。

另外，UML 适用于系统开发过程中从需求规格描述到系统完成后测试的不同阶段。例如，在需求分析阶段用用例来捕获用户需求。通过用例建模，描述对系统感兴趣的外部角色及其对系统(用例)的功能要求。在分析阶段，只对问题域的对象(现实世界的概念)建模，而不考虑定义软件系统中技术细节的类(如处理用户接口、数据库、通信和并行性等问题的类)。在构造阶段的任务是用面向对象编程语言将来自设计阶段的类转换成实际的代码。另外，UML 模型还可以作为测试阶段的依据。

大体上，建模可以分为软件系统建模和非软件系统建模。软件系统建模如企业信息系统、银行金融服务、电信、交通、国防/航空、零售领域、科学计算、分布式的基于 Web 的服务等；非软件系统建模如机构组织建模和工作流程建模等。

总之，标准建模语言 UML 适用于以面向对象技术来描述任何类型的系统，而且适用于系统开发的不同阶段，从需求规格描述直到系统完成后的测试和保护。

2.4   UML 2.0 概述

UML2 可以描述现今软件系统中的许多技术，例如 MDA(模型驱动架构)和 SOA(面向服务的架构)。它是 UML 标准最主要的修订版本，在可视化建模方面有很多革新和改进。

与 UML 1.x 相比，UML2 正式和完全定义语义的定义，这种新的可能性用于模型的开发，并从这些模型可以产生相应的系统。UML2 解决了用户在使用 UML 先前版本中所遇到的问题，下面针对 UML2 中图的变化进行简要说明。

1．组件图

组件图是在物理层面对系统结构及内容的直观描述，它最接近通常意义上的模块结构图。UML 2 中，组件图有明显的改进。组件本身内容的表达更加清晰，包括对组件所提供的接口、所要求的接口和组件之间的依赖关系通过组装连接器更加明确地表达等。

2．活动图

在 UML 1.x 中，活动图的使用非常多，UML2 在原来的基础上又为活动图增加了很多新的特性。例如，泳道可以划分层次、增加丰富的同步表达能力，以及在活动力中引入对象等特性。

3．顺序图

顺序图也是 UML 1.x 中经常使用的图之一，它主要用来描述对象间的交互关系，着重体现交互的时间顺序，UML2 对顺序图主要做了以下 3 方面的改进：

- 允许在顺序图中明确地表达分支判断逻辑。这样就能够将以前要通过两张图才能表达的意思通过一张图来表达，但这并不意味着顺序图擅长表达这种逻辑，所以并不需要在顺序图中展现所有的分支判断逻辑。
- 允许"纵向"与"横向"地对顺序图进行拆分与引用。这样就解决了以前一张图由于流程过多造成占用面积过大和浏览不方便的问题。
- 提供了一种称为交互概览图的新图，它可以直接地表达一组相关顺序之间的转向逻辑。这在 UML 1.x 中通常是通过活动图进行间接表达的。

4．用例图

用例图的主体内容没有变化，如用例、参与者和通信关联。在 UML 1.x 中只能用用例图所归属的包来表达一组用例的逻辑组合关系，即用用例在模型中所处的物理位置表达逻辑组织关系。但是在 UML2 中，为每个用例增加了一个称为 Subject 的特性，该特性的取值可以作为在逻辑层面划分组的一项依据。用例所属的"系统边界"就是 Subject 的一种典型例子。

5．新增加的图

UML2 新增加的图主要有包图、组合结构图、交互概览图和时间图，其新特性体现在以下几个方面。

(1) 语言定义精确度提高

这是支持自动化高标准需要的结果。自动化意味着模型将消除不明确和不精密，可以保证计算机程序能转换并熟练地操纵模型。

(2) 改良的语言组织

该特性是由模块化组成的，模块化的优点在于它不仅使得语言能更加容易地被新用户所采用，而且促进了工具之间的相互作用。

(3) 重点改进大规模的软件系统模型性

一些流行的应用软件倾向于将现有的独立应用程序集中到更加复杂的系统中去。

(4) 对特定领域改进的支持

使用 UML 的实践经验证明了扩展机制的价值。这些机制被统一化、精炼化后，使基础语言更加简洁，更加准确和精炼。

(5) 全面的合并，合理化、清晰化各种不同的模型概念

该特性导致了一种单一化、更加统一化语言的产生。

2.5　思考与练习

1. 填空题

(1) ＿＿＿＿＿＿＿＿是统一建模语言的英文缩写。

(2) 一般情况下，将建模元素分为结构元素、行为元素、＿＿＿＿＿＿＿＿以及注释元素。

(3) 建模元素之间的关系可以分为＿＿＿＿＿＿＿＿、关联关系、泛化关系和实现关系。

(4) UML 中有 4 种贯穿于整个语言并且一致应用的通用机制，它们分别是规格说明、修饰、通用划分和＿＿＿＿＿＿＿＿。

2. 选择题

(1) 在建模时，＿＿＿＿＿＿＿＿的符号使用一个矩形来表示。

    A. 类　　　　　B. 接口　　　　　C. 组件　　　　　D. 节点

(2) 在 UML 图形中，＿＿＿＿＿＿＿＿使用一个空心三角作为箭头的虚线，箭头从源模型指向目标模型，表示源模型元素实现目标模型元素。

    A. 依赖关系　　　B. 泛化关系　　　C. 实现关系　　　D. 关联关系

(3) 在下面选项中，＿＿＿＿＿＿＿＿不是 UML 提供的扩展机制。

    A. 构造型　　　　B. 标记值　　　　C. 规格说明　　　D. 约束

(4) UML 2 中的新增图形不包括＿＿＿＿＿＿＿＿。

    A. 时间图　　　　B. 交互概览图　　C. 组合结构图　　D. 类图

3. 上机练习

安装 PowerDesigner 工具，在该工具中创建各种图(例如类图、包图和用例图等)，简单了解各图的创建以及各图的符号和关系。

第**3**章

UML 建模工具

UML 工具是帮助软件开发人员方便地使用 UML 的软件，它的主要功能包括：支持各种 UML 模型图的输入、编辑和存储；支持正向工程和逆向工程；提供与其他开发工具的接口。

不同的 UML 工具提供的功能不同，各个功能实现的程度也不同。在选择 UML 工具时，应主要考虑的几个因素是：产品的价格、产品的功能以及与自己的开发环境结合得是否密切。

本章从目前众多的 UML 建模工具中挑选出应用最广泛，且在建模工具中最有影响力的 3 种工具进行介绍，它们分别是 Visio、Enterprise Architect(EA)和 PowerDesigner。

本章重点：

- ❯ 了解建模工具对于 UML 的重要性
- ❯ 了解常用的建模工具
- ❯ 掌握 Visio 的安装及使用
- ❯ 熟悉 EA 的安装及使用
- ❯ 掌握 PowerDesigner 的安装
- ❯ 熟悉 PowerDesigner 的简单操作

3.1 使用建模工具需知

自从 1997 年 UML 正式发布以后，UML 就广泛应用到商业项目中，与此同时，也出现了很多 UML 建模工具。这为我们提供了许多的选择，同时也要求我们要选择正确的 UML 建模工具以更好地适应业务和软件应用程序开发需求，达到最佳的效果。

本节将介绍为什么要使用建模工具，以及如何选择建模工具。

3.1.1 建模工具的作用

随着社会的发展和技术的进步，项目的结构越来越复杂，需要参与的人也越来越多。但是人的思维本身是有局限性的，考虑问题的时候不可能面面俱到。特别是对于软件项目，随时可能变化的需求，给软件开发造成了不稳定性。这种不稳定性直接导致开发人员可能为了实现一个功能，就需要重新编写先前花费大量精力完成的设计和代码；或者因为不同人对代码的修改，使代码乱到无法运行。

为此，软件项目的管理被提上了日程。软件项目把软件开发维护过程中的需求分析、系统结构设计、代码实现、系统测试及系统修改都进行了规范化，而 UML 就是为此而设计的一种图形化工具。

实现 UML 的项目通常结构简明、容易理解且标准清晰。

这是因为 UML 使用统一而直观的图形来帮助不同角色(客户、分析者、设计者或者实现者)进行良好的沟通；另外在开发的不同阶段(分析、设计、实施和测试)UML 均采用一致的模型，从而保证了各阶段顺利切换，以及能够及时测试等。

UML 建模工具为项目相关人员(如项目经理、分析员、设计者和开发者等)提供了许多好处。例如，UML 建模工具允许项目相关人员应用规范的面向对象分析和设计的方法和理论，远离纠缠不清的源代码，到达使构建和设计变得更直观、更容易理解与修改的层次。

特别是在大型项目中，使用建模工具更加重要，具有如下好处：

- 通过用例模型，业务/系统分析可以捕获到业务/系统需求。
- 设计者/构架师所做的设计模型能在不同层次的同一层内清晰表达对象或子系统之间的交互(典型的 UML 图如类图和交互图)。
- 开发者能快速地将模型转变为一个可运行的应用程序，寻找类和方法的子集，以及理解它们如何交互。

模型被看作是蓝图和构建系统的最终手册。同样，建模也就是一种从抽象层的形式来考虑一个系统的设计和理解它怎样运行的能力。

基于上述考虑，UML 建模工具以及对应的方法论为用户提供了一种因系统太复杂而不能理解下层源代码的描述系统的方法，同时允许用户更快、更便宜地开发正确的软件解决方案。当然，也要考虑建模工具的 UML 建模能力、项目生命周期支持、双向工程、数据建模、性能、价格、可支持性和易使用性等方面的不同。

3.1.2　选择建模工具的方法

UML 支持的工具众多。当用户需要 UML 工具时，应该如何从中进行选择？如何能够选中符合自己要求，同时具有合适价格的工具？下面主要从技术方面来介绍在选择 UML 工具时应注意的问题。

1. 支持 UML 1.3

虽然许多工具声称完全支持 UML 1.3，但实际上很难做到这一点。目前很多工具并不能做到广告所声称的"完全支持"，但至少应支持以下 UML 模型图：用例图、类图、合作图、顺序图、包图以及状态图。

2. 支持项目组的协同开发

对于一个大型项目，开发人员之间必须共享设计模型图。允许某个开发人员拥有整个模型，而其他人员只能以只读方式访问该模型，或者将模型中的组件结合到自己的设计中。需要注意的是，这种工具应允许从另一个模型中只引入所需要的组件，而不必引入整个模型。

3. 支持双向工程

支持正向工程和逆向工程是一项复杂的需求，不同厂商在不同程度上支持这一点。正向工程在第一次从模型产生代码时非常有用，这项技术将节省许多用于编写类、属性以及方法代码等琐碎工作的时间。将代码转换成模型或重新同步模型和代码时，逆向工程就显得非常有用。一种好的建模工具应该支持双向工程。

4. HTML 文档化

好的建模工具可以为对象模型及其组件无缝地产生 HTML 文档。而 HTML 文档应包括模型中的每个图形，以便开发者可以通过浏览器迅速查询。

5. 打印支持

好的建模工具能够使用多个页面把一张大图准确地打印出来，提供打印预览和缩放功能，并且能够允许将每一张模型图放置在单页中打印。

6. 健壮性

软件模型的健壮性很重要，在设计期间，应保证工具不发生崩溃。

7. 开发平台

要慎重地考虑工具将运行在哪种平台上，UML 工具应与应用系统保持平台一致。

8. 提供 XML 支持

XML 将成为各种工具之间数据交换的标准格式，支持 XML 将为软件的未来提供更好

的兼容性。

以上介绍了选择 UML 工具时应该考虑的主要因素。在实际购买时，还应综合考虑价格、服务以及通用性等方面的因素。

3.1.3 常用建模工具

UML 语言与其他编程语言一样，都需要借助一个工具来辅助用户更好地使用它。在 UML 的发展过程中，出现了很多建模工具，下面对常用的建模工具进行简单介绍。

1. Visio

Visio 是由 Microsoft 公司出品的专业绘图工具，它有助于 IT 和商务专业人员轻松地可视化、分析和交流复杂信息。Visio 提供了各种模板，如业务流程的流程图、网络图、工作流图、数据库模型图和软件图，这些模板可用于可视化地简化业务流程、跟踪项目和资源、绘制组织结构图、映射网络/UML 图、绘制建筑地图以及优化系统。

Visio 的最大特点就是操作简单、容易上手，目前最新版本为 Visio 2013。

2. Enterprise Architect

Enterprise Architect(简称 EA)是著名的 UML 工具之一，由 Sparx Systems 公司开发。EA 是一个全功能的、基于 UML 的 Visual CASE(Computer Aided Software Engineering)工具，主要用于业务流程建模、系统分析和设计、构建和维护软件系统，并可广泛用于各种建模需求。最新 EA 版本支持 UML 2.4 标准，提供所有 UML 图表。EA 的功能覆盖了软件开发周期的各过程，从前期原始需求收集、业务建模，到需求分析、软件设计、代码生成、逆向工程、测试跟踪、后期维护等。EA 支持从前期设计到部署和维护的全程跟踪视图。EA 支持多人协作开发，可与配置管理工具无缝集成；可以生成不同的报表(RTF 和 HTML)；提供 MDG Link for Eclipse 插件，与 Eclipse 紧密结合，能够生成和反向工程 Java 类。EA 支持 C++、Java、Visual Basic、Delphi、C#以及 VB.NET 语言。

3. PowerDesigner

PowerDesigner 是 Sybase 公司推出的一个"一站式"的企业级建模及设计解决方案，它能帮助企业快速高效地进行企业应用系统构建。

IT 专业人员可以利用它来有效开发各种解决方案，从定义业务需求到分析和设计，以至集成所有现代 RDBMS 和 Java、.NET、PowerBuilder 和 Web Services 的开发等。

在建模方面，PowerDesigner 支持 UML 1.3 的所有图并全面支持 UML 2.0，改进了面向对象分析与设计(OOAD)分析方法并增强了与开发过程的集成。

4. Rose

通常情况下，人们认为 Rose 是 UML 的代名词，这是因为 Rose 从一出现就是非常专注、有效且成功的建模工具，但它是基于 UML 1.4 标准的。

IBM 收购 Rose 工具之后，在 Eclipse 环境上构建了新的建模平台，它包含了 UML 2.0 的开源参考实现。IBM Rational Software Architect、Rational Software Modeler 和 Rational

Systems Developer 是基于较新的平台的。这些产品提供了超过 Rose 所具有的建模和自动化功能。

除了上面介绍的 UML 建模工具之外，还有如下 UML 工具：StarUML、ArgoUML、UMLet、Visual Paradigm 等。

3.2　Visio 2010

UML 建模工具 Visio 原来仅仅是一种画图工具，能够用来描述各种图形(从电路图到房屋结构图)，从 Visio 2000 开始，引进了软件分析设计功能到代码生成的全部功能。

Visio 是目前最能够用图形方式来表达各种商业图形用途的工具之一。Visio 能够很好地兼容微软的 Office 产品，例如把图形直接复制或者内嵌到 Word 文档中。

3.2.1　Visio 2010 简介

Visio 2010 是一款专业的优秀办公绘图软件。使用 Visio 2010，可以绘制业务流程图、组织结构图、项目管理图、营销图表、网络图、电子线路图、数据库模型图、UML 图、工艺管道图、因果图和方向图等，便于 IT 和商务专业人员对复杂信息、系统和流程进行可视化处理、分析和交流。

Visio 2010 共分为三种版本，分别为标准版(Standard)、专业版(Professional)和高级版(Premium)，其中 Visio 2010 高级版是所有版本中功能最多的。

【例 3.1】

下面以高级版为例讲解安装过程，具体安装过程如下。

(1) 从官方网站下载 Visio 2010 高级版的安装程序。

(2) 双击下载的安装程序，首先打开的是软件的许可证条款阅读界面，如图 3-1 所示。

(3) 选中"我接受此协议的条款"复选框表示接受条款，单击"继续"按钮进入选择安装类型界面，如图 3-2 所示。

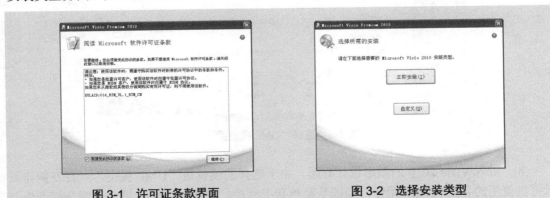

图 3-1　许可证条款界面　　　　图 3-2　选择安装类型

(4) 图 3-2 中提供了两种安装类型，单击"立即安装"按钮将使用默认的配置选项在默认位置下安装。这里单击"自定义"按钮，打开如图 3-3 所示的安装配置界面。

(5) 在"安装选项"选项卡中可以选择要安装的各个组件和功能扩展，在"文件位置"选项卡中可以修改安装的路径，在"用户信息"选项卡中可以更改软件的授权用户名。完成之后单击"立即安装"按钮开始安装。

(6) 在安装过程完成之后，将进入如图 3-4 所示的界面，单击"关闭"按钮关闭安装对话框。

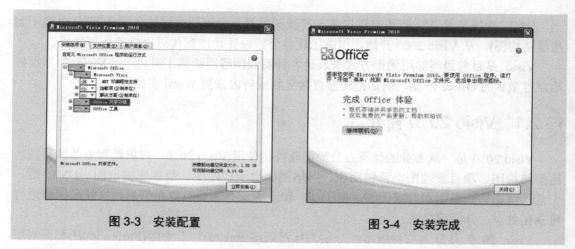

图 3-3　安装配置　　　　　　　　图 3-4　安装完成

(7) 安装完成之后，从"开始"菜单中选择"Visio 2010"，打开 Visio 2010 的工具主界面。假设要创建一个 UML 图，应该在模板分类中单击"软件和数据库"，然后选择"UML 模型图"模板，再单击"创建"按钮，如图 3-5 所示。

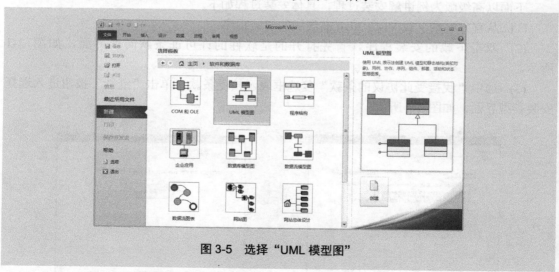

图 3-5　选择"UML 模型图"

(8) 进入 Visio 2010 的图形设计界面。由于选择的模板是"UML 模型"，在左侧将显示可供使用的各类 UML 图标，顶部是菜单和工具栏，中间是设计区域，右侧是模型资源管理器，如图 3-6 所示。

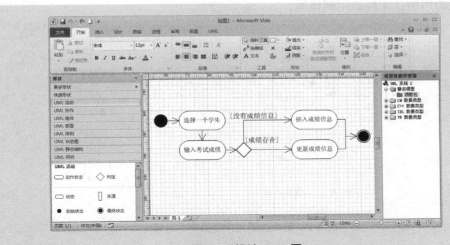

图 3-6　设计 UML 图

3.2.2　实战——绘制论坛系统的用例图

假设在某论坛系统中将前台管理根据用户的身份划分为注册后的用户(会员)所具有的功能和普通用户(未注册)所具有的功能。

如图 3-7 所示为注册用户在论坛中的功能模块结构。

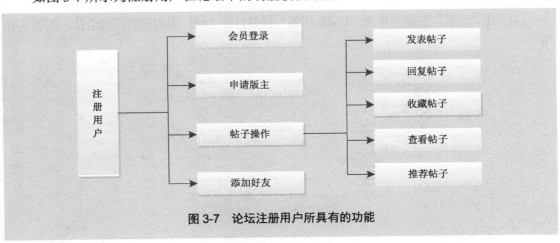

图 3-7　论坛注册用户所具有的功能

如图 3-8 所示为普通用户在论坛中的功能模块结构。

了解上述有关论坛系统中用户的功能划分之后，下面了解一下什么是用例图。

用例图描述了从一个外部观察者视角对系统的印象，强调这个系统做什么而不是这个系统怎么工作。在论坛系统中，用例图的任务是明确系统的功能为哪些用户服务，即哪些用户需要利用系统来工作。

用例图的构成包括系统、参与者、用例和关系(如泛化关系、包含关系和扩展关系)，而创建用例图模型的基本步骤包括：①确定系统涉及的总体信息；②确定系统的参与者；

③确定系统的用例；④构造用例模型。

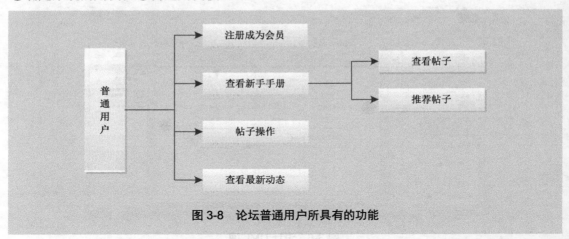

图 3-8　论坛普通用户所具有的功能

　　有关用例图的详细内容将在第 4 章中介绍，上述内容仅仅是为了帮助读者更好地分析论坛系统中的用户。

　　下面介绍在 Visio 2010 中绘制论坛系统中两种用户用例图的具体步骤。

　　(1)　打开 Visio 2010，创建一个使用"UML 模型图"模板的文件。

　　(2)　在"模型资源管理器"窗格中展开"静态模型"节点，右击"顶层包"节点，在弹出的菜单中选择"新建"→"用例图"命令，创建一个基于用例图的工作域，如图 3-9 所示。

　　(3)　在"形状"窗格中单击"UML 用例"标签打开 UML 用例图的可用组件，如图 3-10 所示。

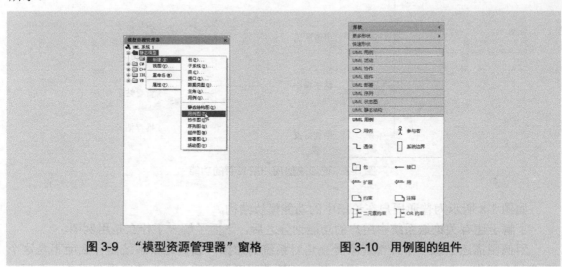

图 3-9　"模型资源管理器"窗格　　　　　图 3-10　用例图的组件

　　(4)　前面分析过在论坛系统中主要分为注册用户和普通用户两种参与者，这就需要针对每个用户分别绘制用例图。首先从注册用户开始。从列表中拖动一个"参与者"组件到工作区域，再调整其大小。

　　(5)　双击参与者，打开属性设置对话框，在"名称"文本框中将参考者名称更改为

"注册用户",如图 3-11 所示。

(6) 从列表中拖动一个"用例"组件到工作区域,然后双击,在弹出的属性对话框中将"名称"设置为"会员登录",如图 3-12 所示。

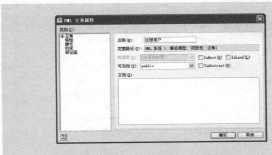

图 3-11 设置参与者属性　　　　　图 3-12 设置用例属性

(7) 重复上述步骤,分别添加其他用例,依次命名为重新登录、申请版主、推荐帖子、推荐别人帖子、推荐自己帖子、发表帖子、显示内容、回复帖子、选择帖子、浏览帖子、收藏帖子、显示帖子详情、添加好友、选择好友和删除好友。

(8) 按照操作的先后顺序,将用例与参与者使用带箭头的直线建立关系。之后使用<<extend>>和<<include>>表示用例之间的关联。最终,注册用户的用例效果图如图 3-13 所示。

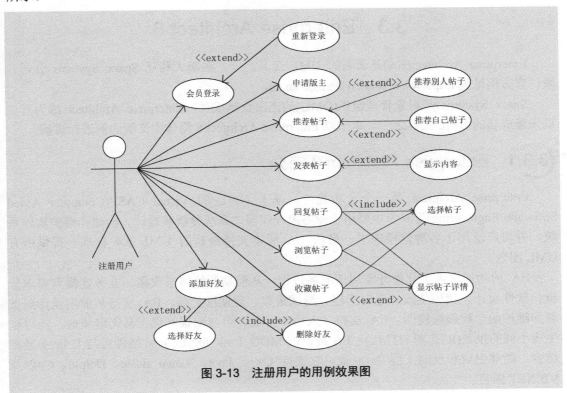

图 3-13 注册用户的用例效果图

（9）使用类似的步骤创建一个名为"普通用户"的参与者，并将有关的操作使用用例建立联系，最终效果如图 3-14 所示。

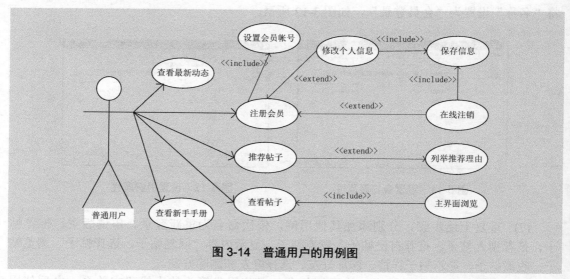

图 3-14　普通用户的用例图

至此，论坛系统中注册用户与普通用户的用例图就设计完成了。本练习的重点是使读者掌握 Visio 2010 的基本使用，有关用例图的详细内容将在第 4 章介绍。

3.3　Enterprise Architect 8

Enterprise Architect(EA)是著名的 UML 工具之一，由澳大利亚 Sparx Systems 公司开发，官方网址为 http://www.sparxsystems.com.au。

Sparx Systems 是对象管理组织(OMG)的杰出贡献成员，Enterprise Architect 成为有史以来最成功的 UML 工具之一。本节以 Enterprise Architect 8 简体中文版为例进行讲解。

3.3.1　Enterprise Architect 8 简介

Enterprise Architect 是一个全功能的、基于 UML 的 Visual CASE(Computer Aided Software Engineering)工具，主要用于业务流程建模、系统分析和设计、构建和维护软件系统，并可广泛用于各种建模需求。最新 EA 版本支持最新的 UML 2.4 标准，提供所有 UML 图表。

EA 的功能覆盖了软件开发周期的各过程，从前期原始需求收集、业务建模到需求分析、软件设计、代码生成、逆向工程、测试跟踪、后期维护等。EA 支持从前期设计到部署和维护的全程跟踪视图。EA 支持多人协作开发，可与配置管理工具无缝集成；还可以生成不同的报表(RTF 和 HTML)；EA 提供的 MDG Link for Eclipse 插件可与 Eclipse 紧密结合，能够生成和反向工程 Java 类。它支持 C++、Java、Visual Basic、Delphi、C#以及 VB.NET 语言。

Enterprise Architect 8.0 的主要功能如下：

- 使用标准的 UML 符号建模复杂的软件和硬件信息系统。
- 从建模、管理和跟踪需求到部署方案应有尽有。
- 可生成详细的、高质量的文档，支持 RTF、PDF 和 HTML 格式。
- 有十多种编程语言的正向和反向工程代码。
- 模型数据库可生成 DDL 脚本，拥有 ODBC 和反向数据库架构。
- 拥有建模类层次结构、部署、组件及实施细则。
- 采用了最新的 2.1 的 XMI 格式共享模型。
- 其他工具的模型导入采用 XMI 格式。
- 通过 XMI 管理版本控制，使用 SCC、CVS 和子版本控制。
- 使用 UML Profile 为特定领域的建模创建自定义扩展。
- 能够保存和加载完整的 UML 模式图。
- 支持 SQL Server、MySQL 和 Oracle 等连接到共享数据库。
- 在分布式环境里，使用控制的 XMI 软件包来迁移更改。
- 可使用模型驱动架构(MDA)执行模型到模型的转换。
- 可使用 UML 创建数据图、业务流程模型和数据流图。

Enterprise Architect 的功能非常强大，目前已广泛应用到航天、制造、金融、国防、电力、通信、政府项目和娱乐等诸多领域。最新的 Enterprise Architect 8 分为 6 个版本，分别是企业版、专业版、桌面版、系统工程版、业务和软件工程版，以及完全版。

【例 3.2】

下面以 Enterprise Architect 8 的企业版为例介绍安装过程。

(1) 打开 Enterprise Architect 8 的中文官方网站 http://www.sparxsystems.cn，下载合适的安装程序。

(2) 双击下载的安装程序，打开 Enterprise Architect 8 的安装向导，如图 3-15 所示。

(3) 单击 Next 按钮，在进入的界面中选择同意许可协议，如图 3-16 所示。

图 3-15　安装向导

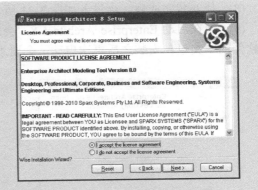

图 3-16　许可协议

(4) 单击 Next 按钮，在进入的界面中阅读安装程序的说明，如图 3-17 所示。

(5) 单击 Next 按钮，在进入的界面中设置软件的授权用户信息，如图 3-18 所示。

图 3-17　安装说明

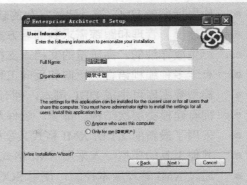

图 3-18　设置用户信息

(6)　单击 Next 按钮，在进入的界面中通过单击 Browse 按钮更新软件的安装位置，如图 3-19 所示。

(7)　单击 Next 按钮，在进入的界面中再次单击 Next 按钮开始安装，如图 3-20 所示。

图 3-19　安装位置

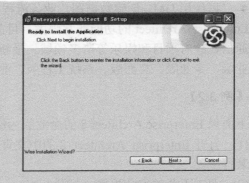

图 3-20　准备安装

(8)　待安装完成后，会进入如图 3-21 所示的界面，单击 Finish 按钮结束。

(9)　现在启动 Enterprise Architect 8，会发现是英文的。如果需要使用中文，还需要安装软件的中文包。安装之后再次启动，会要求输入软件的注册码，如图 3-22 所示。

图 3-21　安装完成

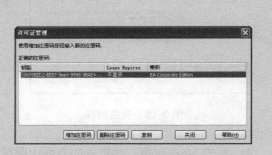

图 3-22　许可证管理

(10) 单击"增加注册码"按钮，输入软件的许可证信息，再单击"关闭"按钮进入 Enterprise Architect 的工作主界面。如图 3-23 所示为在主界面中创建 UML 对象图的效果。

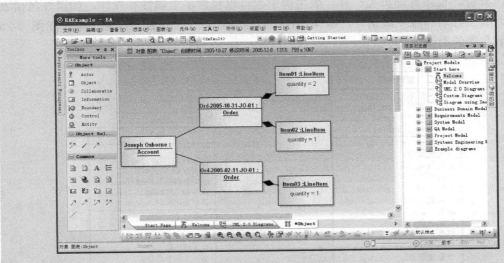

图 3-23　Enterprise Architect 工作主界面

3.3.2　实战——绘制论坛系统的类图

在论坛系统中主要分为前台和后台两个结构。在 3.2.2 小节中分析并绘制了前台结构中注册用户与普通用户的用例图，本次练习主要针对后台结构中的管理员、版主、请求信息以及回复信息进行，并最终绘制 UML 类图。

首先简单了解一下 UML 中类模型的概念(详细内容将在第 5 章中介绍)。

类在 UML 中是一个基本的逻辑实体。它定义了一个结构单元的数据和行为。一个类是一个模板或运行时创建实例和对象的模型。当开发一个逻辑模型，如 UML 中的结构层次时，我们将明确地把它们当作类来处理。当面对动态图时，如顺序图和协作图，我们也要处理类的实例和对象，以及它们运行时的内部动作。数据隐藏和封装原则是基于作用域的效果。类有它的内部数据元素。访问这些数据元素需要通过类对外的行为或接口。遵循这个原则会生成更易于维护的代码。

1. 属性和操作

下面来了解一下在论坛系统中管理员类、版主类、请求信息类和回复信息类所具有的属性和操作。

(1)　管理员类

管理员类用于记录管理员的基本信息和登录时间，它是与整个系统相关的核心类。管理员类中可以包含多个属性和操作，如属性包括管理员姓名、账号、操作时间和联系方式等，而操作可以包括添加版块、删除版块、关闭版块、添加会员、删除会员以及提出建议等。如图 3-24 所示为管理员类的类图。

（2）版主类

版主类用于记录版主的基本信息和与该版主有关的版块，版主在管理版块的同时也会保留会员身份。也跟管理员类一样，版主类中也可以包含多个属性和操作，如属性包括版主账号、版主姓名和版主级别等，操作则包括设置热门帖子、设置精华帖子等。如图 3-25 所示为版主类的类图。

管理员类
-管理员姓名 : string
-管理员帐号 : string
-操作时间 : string
-联系方式 : string
+划分版块()
+添加版块()
+删除版块()
+修改版块()
+关闭版块()
+设置版主()
+添加会员()
+删除会员()
+修改会员()
+提出建议()
+查看建议()

图 3-24　管理员类的类图

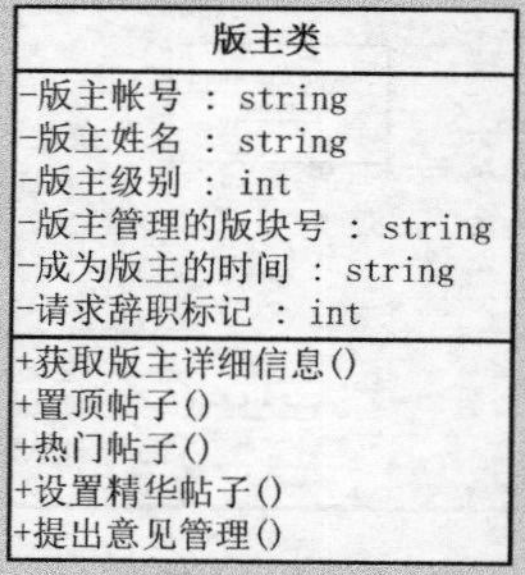

版主类
-版主帐号 : string
-版主姓名 : string
-版主级别 : int
-版主管理的版块号 : string
-成为版主的时间 : string
-请求辞职标记 : int
+获取版主详细信息()
+置顶帖子()
+热门帖子()
+设置精华帖子()
+提出意见管理()

图 3-25　版主类的类图

（3）请求信息类

请求信息包含属性和操作两部分，属性部分记录了请求信息的类型，用户可以根据请求类型的选择来调用相应的操作，调用操作完成后，则自动调用设置请求标记，请求信息类如图 3-26 所示。

（4）回复信息类

回复信息类是与请求信息类相反的一个过程，该类会根据回复类型来选择调用哪个操作，调用完毕后会自动设置回复标记记录结果，如图 3-27 所示为回复信息类的类图。

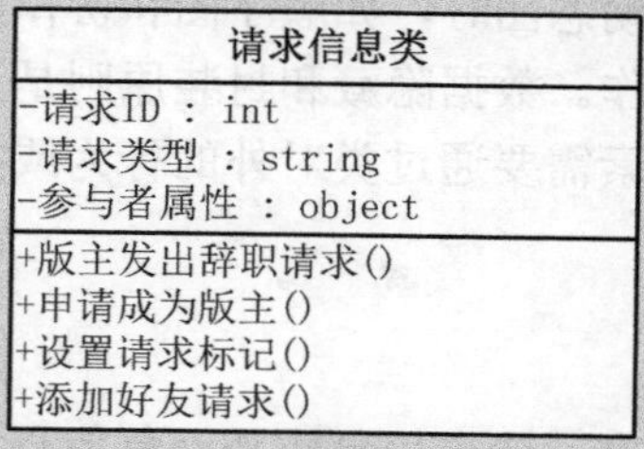

请求信息类
-请求ID : int
-请求类型 : string
-参与者属性 : object
+版主发出辞职请求()
+申请成为版主()
+设置请求标记()
+添加好友请求()

图 3-26　请求信息类的类图

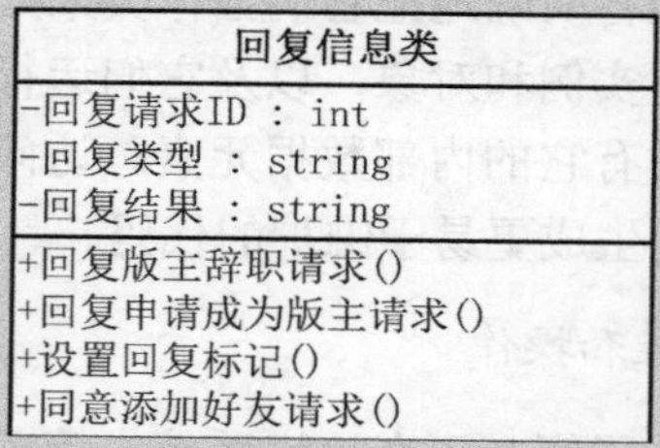

回复信息类
-回复请求ID : int
-回复类型 : string
-回复结果 : string
+回复版主辞职请求()
+回复申请成为版主请求()
+设置回复标记()
+同意添加好友请求()

图 3-27　回复信息类的类图

2. 绘制步骤

经过上述分析，类图变得更加清晰，下面开始在 Enterprise Architect 中进行绘制，具体步骤如下。

（1）从"开始"菜单中启动 Enterprise Architect，然后选择"文件"→"新建项目"命令，或者在 Start Page 中单击 Create a New Project 链接，创建一个名为 test.eap 的 UML 项目，如图 3-28 所示。

(2) 单击"保存"按钮完成创建。在弹出的"选择模型"对话框中选择当前 UML 模型中可用的模型类型，这里单击"所有"按钮启用所有类型，如图 3-29 所示。

图 3-28　新建 UML 项目　　　　　图 3-29　选择可用的模型类型

(3) 单击"确定"按钮进入工作区域，此时 UML 项目就创建完成了，而且包含了一些默认的示例，在"项目浏览器"窗格中可以打开查看。

(4) 在"项目浏览器"窗格中单击 Create Element 按钮 ，向当前项目中创建一个空白的图表，如图 3-30 所示。

(5) 在弹出的"新建图表"对话框中将名称设置为"BBS 类图"，类型为 UML Structural，Diagram Types 为 Class，再单击"确定"按钮，如图 3-31 所示。

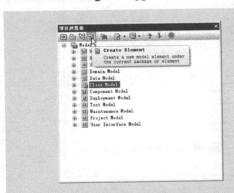 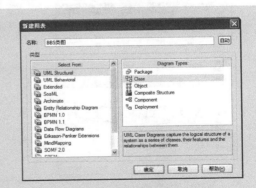

图 3-30　新建图表　　　　　　　图 3-31　选择图表类型

(6) 从 Toolbox 中单击 Class 按钮，然后在右侧图表区域中单击左键，创建一个 UML 类 Class1。

(7) 在弹出的 Class1 类属性对话框中设置名称为"管理员类"、语言为 C#，其他保持默认值，如图 3-32 所示。

(8) 在"详细信息"选项卡中单击"变量"按钮，在弹出的对话框中为类添加一个属

性，设置名称为"管理员姓名"、类型为 string，再单击"保存"按钮确认创建，如图 3-33 所示。

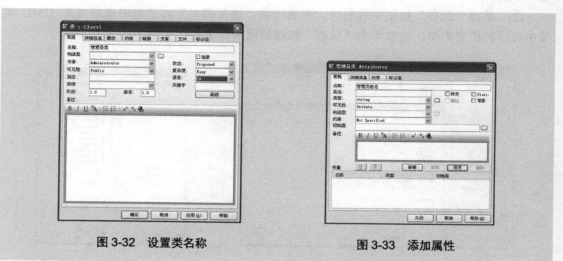

图 3-32 设置类名称   图 3-33 添加属性

（9）单击"新建"按钮依次创建名称为"管理员账号"、"操作时间"和"联系方式"的属性，最终效果如图 3-34 所示。

（10）在"详细信息"选项卡中单击"方法"按钮，在弹出的对话框中添加类方法，最终效果如图 3-35 所示。

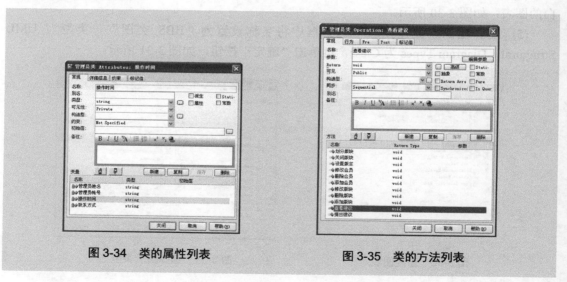

图 3-34 类的属性列表   图 3-35 类的方法列表

（11）重复上面的步骤，再向图形中添加 3 个类，依次命名为"版主类"、"请求信息类"和"回复信息类"，如图 3-36 所示为此时的类图效果。

（12）接下来对版主类、请求信息类和回复信息类的属性和方法进行编辑，系统的最终类图如图 3-37 所示。

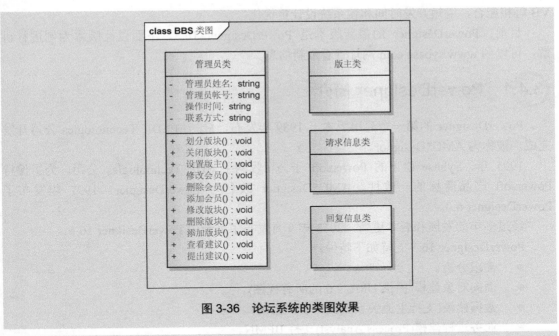

图 3-36　论坛系统的类图效果

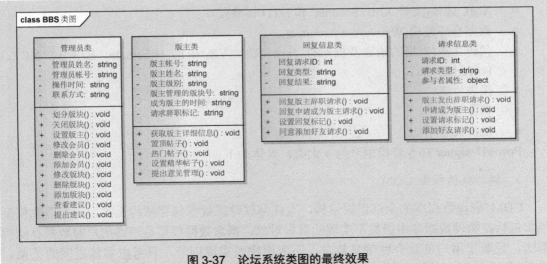

图 3-37　论坛系统类图的最终效果

3.4　PowerDesigner 16.5

　　PowerDesigner 是 Sybase 公司的用例和建模工具集，使用它可以方便地对管理信息系统进行分析设计，它几乎包括了数据库模型设计的全过程。利用 PowerDesigner 可以制作数据流程图、概念数据模型、物理数据模型，还可以为数据仓库制作结构模型，也能对团队设计模型进行控制。它可以与许多流行的软件开发工具，例如 PowerBuilder、Delphi、

VB 等相配合，缩短开发时间和使系统设计更优化。

目前，PowerDesigner 的最新版本是 PowerDesigner 16.5，下面以此版本为例进行讲解，可以到 www.sybase.com 网址查看最新信息。

3.4.1 PowerDesigner 简介

PowerDesigner 的第一个商用版本于 1989 年发布，最初由 SDP Technologies 公司开发完成，被称为 AMC*Designor。

1995 年，Sybase 旗下的 Powersoft 子公司收购了 SDP Technologies 公司。为了保持 Powersoft 产品商标的一致性，AMC*Designor 改名为 PowerDesigner。1997 年发布了 PowerDesigner 6.0。

经过多年的发展和版本更新，2013 年 9 月发布了最新的 PowerDesigner 16.5。

PowerDesigner 16.5 支持如下特性：

- 需求分析。
- 面向对象建模(提供 UML 2.0 的所有视图)。
- 数据建模(支持主流关系数据库管理系统)。
- 业务过程建模(Process Analyst)支持 BPMN。
- XML 建模(支持 XML Schema 和 DTD 标准)。
- 数据仓库建模(Warehouse Architect)。
- 代码生成(支持的语言及框架有 Java、C#、VB.NET、Hibernate、EJB 3、.NET、PowerBuilder)。
- 报表生成。
- 企业知识库。
- Eclipse 插件。

PowerDesigner 16.5 将模型分为 4 大类，具体如下。

1. 概念数据模型(CDM)

CDM 表现数据库的全部逻辑结构，与任何软件或数据储存结构无关。一个概念模型经常包括在物理数据库中仍然不实现的数据对象。概念数据模型是最终用户对数据存储的看法，反映了用户的综合性信息需求，不考虑物理实现细节，只考虑实体之间的关系。CDM 是适合于系统分析阶段的工具。

2. 物理数据模型(PDM)

PDM 描述数据库的物理实现。使用 PDM 需要考虑真实的物理实现细节，主要目的是把 CDM 中建立的现实世界模型生成特定的 DBMS 脚本，产生数据库中保存信息的储存结构，保证数据在数据库中的完整性和一致性。PDM 是适合于系统设计阶段的工具。

3. 面向对象模型(OOM)

OOM 包含一系列包、类和接口，以及描述它们的关系。这些对象一起，形成一个软件系统所有(或部分)逻辑的设计视图的类结构。一个 OOM 本质上是软件系统的一个静态的概念模型。

4. 业务程序模型(BPM)

BPM 描述业务的各种不同内在任务和内在流程，以及客户如何与这些任务和流程互相影响。BPM 是从业务合伙人的观点来看业务逻辑和规则的概念模型，使用一个图表描述程序、流程、信息和合作协议之间的交互作用。

3.4.2 实战——安装 PowerDesigner 16.5

在安装之前，我们首先了解一下 PowerDesigner 16.5 所支持的操作系统和硬件环境，如表 3-1 所示。

表 3-1 PowerDesigner 16.5 所支持的操作系统和硬件环境

支持的操作系统	硬件环境要求
Microsoft Windows XP Professional SP1+ Windows XP Professional 64-bit Edition Windows 2003 Advanced Server SP4+ Windows 2003 Enterprise SP1+ Windows 2003 Standard SP1+ Windows Vista(商务版、企业版及无限制版) Windows 7 Windows 2008 Server R2 SUSE Linux Enterprise Server(SLES)以及 Desktop(SLED) 10 SLES 以及 SLED 11 RHEL 5 Ubuntu 10.0.4 LTS Citrix Presentation Server 4.x Citrix XenApp 5.0 VMware 环境	处理器：Intel Pentium 4，1.5GHz 或者更高 内存：2GB+ RAM 显卡：XGA 1280×1024 Microsoft 鼠标及兼容的定位设备 硬盘空间：3GB

PowerDesigner 16.5 的具体安装步骤如下。

(1) 打开 Sybase 官方网站下载 PowerDesigner 16.5 的安装文件，网址是：

`http://www.sybase.com/products/modelingdevelopment/powerdesigner`

(2) 下载之后，得到名为 PowerDesigner165_Evaluation.exe 的文件，双击该文件开始安装过程。首先出现安装前的环境检测界面，在这里对当前系统安装的组件进行检测，并罗列没有安装的组件。如图 3-38 所示为缺少 Visual C++组件时的界面。

(3) 单击"是"按钮安装组件之后进入安装的欢迎界面，如图 3-39 所示。

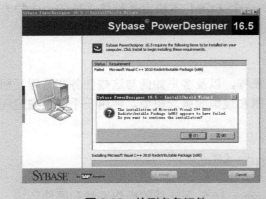

图 3-38　检测必备组件

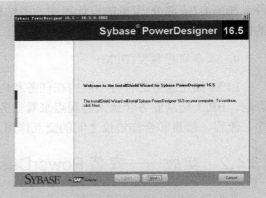

图 3-39　欢迎界面

(4)　单击 Next 按钮，浏览软件许可协议并选中同意选项，如图 3-40 所示。

(5)　单击 Next 按钮，在进入的界面中选择安装位置，如图 3-41 所示。

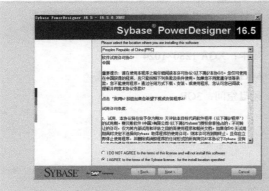

图 3-40　同意许可协议

图 3-41　选择安装位置

(6)　单击 Next 按钮，在进入的界面中选择要安装的组件和功能包，如图 3-42 所示。

(7)　采用默认值，单击 Next 按钮，在进入的界面中选择可用配置，如图 3-43 所示。

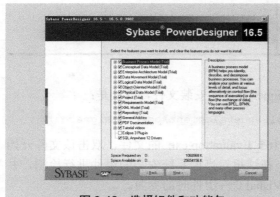

图 3-42　选择组件和功能包

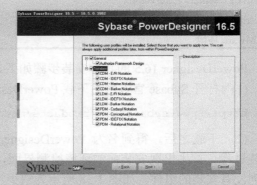

图 3-43　选择配置

(8) 单击 Next 按钮，在进入的界面中为程序指定一个出现在"开始"菜单中的目录名称，如图 3-44 所示。

(9) 单击 Next 按钮，在进入的界面中确认安装位置和配置信息，如图 3-45 所示。

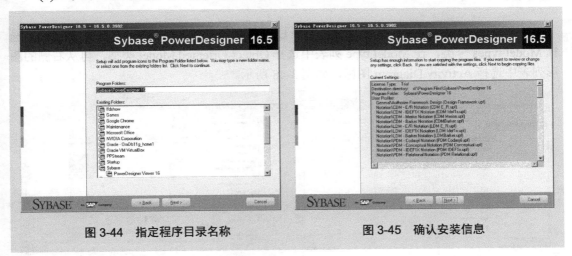

图 3-44　指定程序目录名称　　　　　　　图 3-45　确认安装信息

(10) 确认无误后，单击 Next 按钮开始安装，安装完成后，将出现如图 3-46 所示的界面，单击 Finish 按钮结束安装。

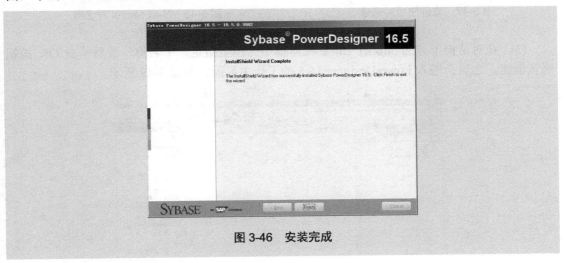

图 3-46　安装完成

3.4.3　实战——绘制活动图

经过上一小节的操作，已经成功安装了 PowerDesigner 16.5，本节通过绘制一个 UML 活动图实例，讲解 PowerDesigner 16.5 的基本操作。

具体步骤如下。

(1) 从"开始"菜单中打开 PowerDesigner 16.5 软件，默认会弹出欢迎使用对话框，在这里罗列了常用功能的链接，如图 3-47 所示。

提示：启用 Do not show this page again 复选框，可以在下次打开软件时不显示该界面。

（2）　单击 Create Model 链接，新建一个 UML 模型。从弹出的 New Model 对话框中选择 Model types 分类，在 Model type 列表中选择 Object-Oriented Model 类型，再从右侧的图形列表中选择 Activity Diagram 图标，如图 3-48 所示。

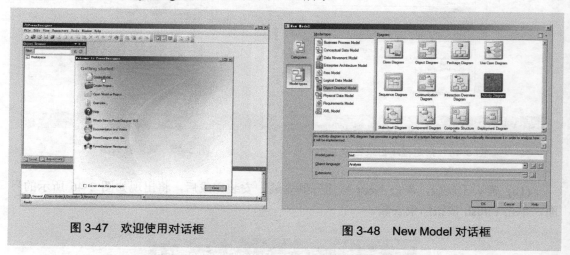

图 3-47　欢迎使用对话框　　　　　　　　图 3-48　New Model 对话框

（3）　在对话框下方的 Model name 文本框中为模型指定一个名称，最后单击 OK 按钮确认创建。之后会进入 PowerDesigner 16.5 的工作主界面，如图 3-49 所示。

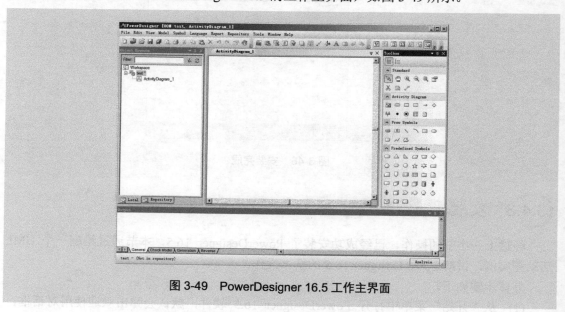

图 3-49　PowerDesigner 16.5 工作主界面

如图 3-49 所示，在左侧的 Object Browser 窗格中提供当前的 Workspace 层次结构，根节点为 Workspace 节点，Workspace 中可以包含目录(Folder)、模型(Model)、多模型报告(Multi-Model Report)，其中模型可以是各种系统支持的模型类型。中间空白处是 UML 的图形编辑区域。右侧的 Toolbox 窗格显示了当前图形中可用的组件符号。最下方是 Output 输出窗格，在这里显示一些状态和辅助信息。

(4) 下面开始在编辑区域进行绘图。从 Toolbox 中依次单击 ● 和 ◯ 图标，然后在空白区域的任意位置进行单击，表示创建。单击 ▨ 图标恢复鼠标指针为选择状态。

(5) 单击 → 图标创建一个流，此时鼠标指针出现 ┼→ 形状，在上一步创建的两个符号之间进行拖动，创建连接线。完成后，图形效果如图 3-50 所示。

(6) 双击图 3-50 中的 Activity_1 图形，在弹出的属性对话框中更改状态名称。在 Name 文本框中输入"空白卡"，再单击"确定"按钮，如图 3-51 所示。

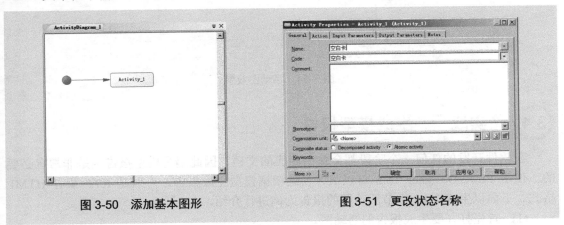

图 3-50　添加基本图形　　　　　　图 3-51　更改状态名称

(7) 双击图 3-50 中的连接线，在弹出的属性对话框中为流添加一个说明。在 Flow type 文本框中输入"出厂"，再单击"确定"按钮，如图 3-52 所示。

(8) 经过上面两步编辑操作，现在的图形效果如图 3-53 所示。

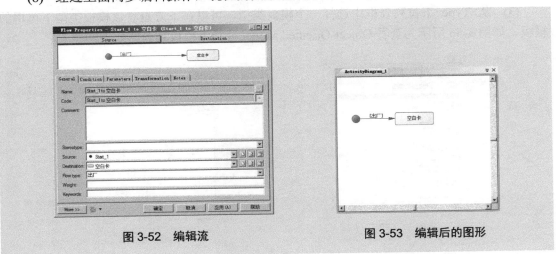

图 3-52　编辑流　　　　　　　图 3-53　编辑后的图形

(9) 重复上面的操作，从 Toolbox 窗格中添加符号到工作区域并进行编辑。如图 3-54

所示为最终设计好的活动图效果。

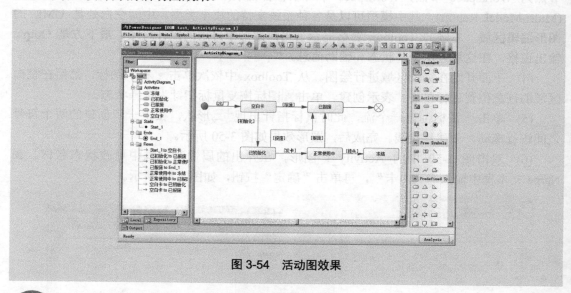

图 3-54　活动图效果

3.4.4　实战——生成模型报告

在软件开发的任何一个阶段都会输出相应的文档，因此编写模型报告也是非常有必要的。使用 PowerDesigner 16.5 可以很方便地根据模型生成报告，可以是 RTF 或者 HTML格式。下面以生成 3.4.3 小节活动图的报告为例进行介绍。

（1）首先打开要生成报告的活动图。

（2）在使用 PowerDesigner 生成报告之前，可以使用报告模板编辑器对现有模板进行编辑。方法是选择 Report → Report Templates 命令打开 List of Report Templates(报告模板列表)对话框，列表框中显示出当前系统中存在的所有报告模板，如图 3-55 所示。

（3）从 Type 下拉列表框中选择一个模板类型，可以在下方查看该模板类型下可用的模板。如图 3-56 所示为查看 Object-Oriented Model 分类下模板列表的效果。

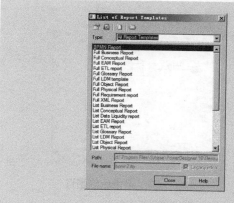

图 3-55　查看现有模板

图 3-56　查看模板

提示：单击 List of Report Templates 对话框上的 New 按钮，可以新建一个自定义的模板。

（4）在这里选择图 3-56 中的 Full Object Report 模板。然后单击 Properties 按钮🖰或者直接双击该模板，进入模板的属性编辑器。其中左边 Available items 为可用项目，右边 Template items 为当前模板中的项目，表示出该报告模板的结构，如图 3-57 所示。

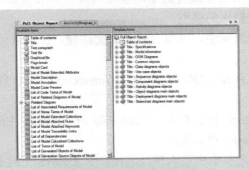

图 3-57　模板编辑器

（5）有了模型的报告模板之后，便可以生成报告了。选择 Report → Generate Report 命令打开 Generate Report(报告生成)对话框，在这里选择一个模板类型，例如选择 Full Object Report 模板，如图 3-58 所示。

（6）在这里还可以选择是生成 HTML 还是 RTF 格式报告，选择 Print report 表示打印报表，Print preview 表示打印预览。

（7）在 Report name 文本框中可以设置报告的名称，在 Language 下拉列表框中可以选择报告使用的语言，在 File name 文本框中可以更改报告的保存位置。

（8）设置完成之后单击 OK 按钮开始生成。报告生成之后会弹出对话框，询问是否立即查看，单击"是"按钮在默认浏览器中查看报告，如图 3-59 所示。

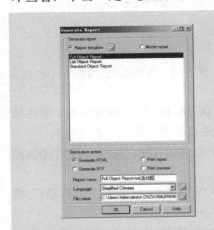

图 3-58　设置生成报告选项

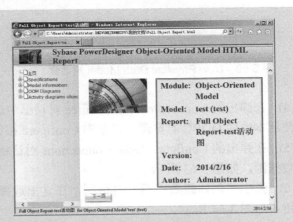

图 3-59　查看生成的 HTML 格式报告

3.4.5 实战——对 MySQL 进行反向工程

在数据建模过程中，我们建立概念数据模型，通过正向工程生成物理数据模型，生成数据库建库脚本，最后将物理数据模型生成关系数据库。现在反过来，通过逆向工程将关系数据库生成物理数据模型。

- 优点：在丢失数据模型或者数据库模型同现有的数据库不一致时，可以通过该方法生成使用中数据库的模型。
- 缺点：还原回的模型中，可能会没有中文注释，没有表外键对应关系(字段还有，索引关系没了)。
- 前提条件：安装有 MySQL 和 MySQL Connector ODBC 软件。

具体操作步骤如下。

(1) 打开 PowerDesigner 16.5 软件，选择 File → Reverse Engineer → Database 命令打开 New Physical Data Model 对话框。

(2) 在 Model name 文本框中输入模型名称，从 DBMS 下拉列表框中选择模型所在的数据库类型，这里选择 MySQL 5.0，如图 3-60 所示。

(3) 单击"确定"按钮，进入 Database Reverse Engineering Options 对话框。选择 Using a data source 单选按钮，再单击 Connect to a Data Source 按钮连接一个数据源，如图 3-61 所示。

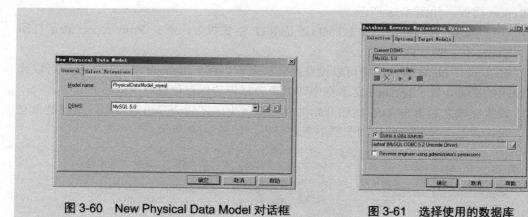

图 3-60　New Physical Data Model 对话框　　　　图 3-61　选择使用的数据库

(4) 在弹出的 Connect to a Data Source 对话框中选择 ODBC machine data source 单选按钮以使用本地的 ODBC 数据源，再单击 Configure 按钮配置数据源，如图 3-62 所示。

(5) 在弹出的 Configure Data Connections 对话框中单击 Add Data Source 按钮创建一个数据源，如图 3-63 所示。

(6) 弹出"创建新数据源"对话框，在这里选择"系统数据源(只用于当前机器)"单选按钮，如图 3-64 所示。

(7) 单击"下一步"按钮从驱动程序列表中选择 MySQL 驱动，这里对应的是 MySQL ODBC 5.2 Unicode Driver，如图 3-65 所示。

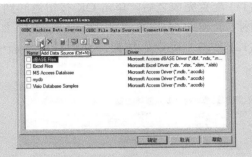

图 3-62　选择使用 ODBC 数据源　　　　图 3-63　创建数据源

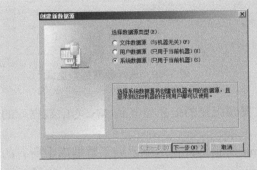

图 3-64　选择系统数据源

图 3-65　选择 MySQL 驱动

（8）单击"下一步"按钮后进入如图 3-66 所示的界面。在这里单击"完成"按钮，会弹出 MySQL 数据源配置对话框，如图 3-67 所示。

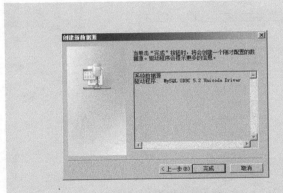

图 3-66　查看数据源信息

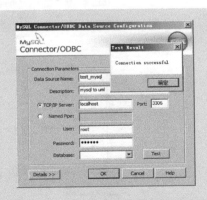

图 3-67　MySQL 数据源配置对话框

（9）在图 3-67 的界面中，Data Source Name 表示数据源的名称、Description 用于输入数据源的描述信息。选择使用 TCP/IP Server 方式连接 MySQL 数据库，并输入服务器名称，这里的 localhost 表示本机，默认端口 3306 不需要修改。

（10）输入连接 MySQL 的 User(用户名)和 Password(密码)。之后单击 Test 按钮进行测试，如果连接成功，则会显示"Connection successful"。

(11) 配置完成之后，单击 OK 按钮返回到 Configure Data Connections 对话框，此时将看到刚才新建的 MySQL 数据源 test_mysql，如图 3-68 所示。

(12) 单击"确定"按钮，在返回的界面中选择新建的数据源 test_mysql，如图 3-69 所示。

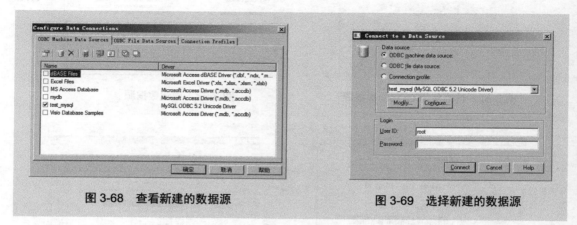

图 3-68　查看新建的数据源　　　　　图 3-69　选择新建的数据源

(13) 单击 Connect 按钮，使用 test_mysql 数据源指定的信息建立到 MySQL 数据库的连接，再单击"确定"按钮返回上一级。

(14) 此时会进入 Database Reverse Engineering 对话框，在这里罗列了数据库中所有的表、视图、同义词、用户、触发器和存储过程等元素。

(15) 启用元素前的复选框表示生成该模型，下方是模型的附加选项。例如启用 Primary Keys 表示生成的模型中显示表的主键、Foreign Keys 表示外键，如图 3-70 所示。

图 3-70　选择要生成的元素

(16) 最后单击 OK 按钮开始生成过程。生成结束后会自动打开模型图，如图 3-71 所示为本示例生成的模型图。

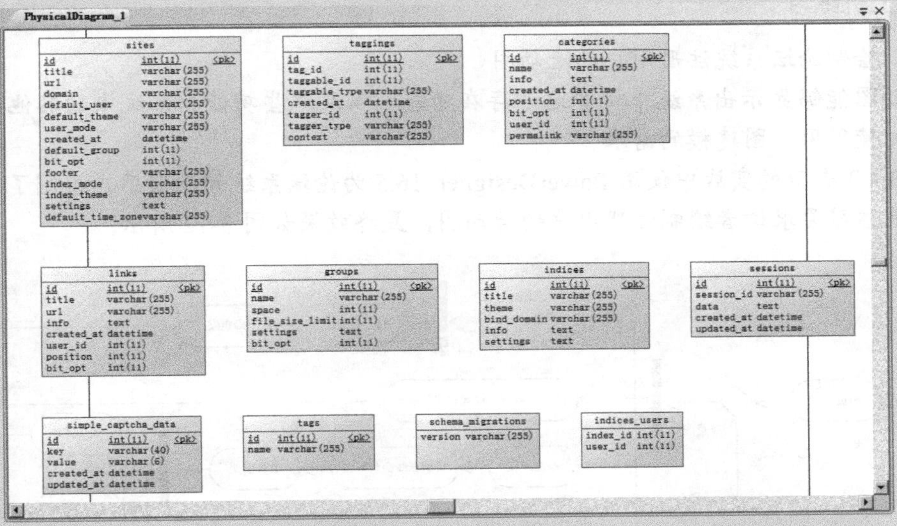

图 3-71　生成的模型图

3.5　思考与练习

1. 填空题

(1) Visio 2010 共分为三种版本，分别为标准版、_____ 和高级版。

(2) _____ 在 UML 中是一个基本的逻辑实体，它定义了一个结构单元的数据和行为。

(3) PowerDesigner 是 _____ 公司的产品。

(4) 假设要表现数据库的全部逻辑结构，应该创建 _____ 模型。

2. 选择题

(1) 下列不属于 UML 建模工具选择因素的是 _____。

    A. 支持双向工程　　　　　　　　B. 提供 XML 支持

    C. 支持项目组的协同开发　　　　D. 支持跨平台

(2) 下列不属于 UML 建模工具的是 _____。

    A. StarUML　　　　　　　　　　B. UML Designer

    C. Rose　　　　　　　　　　　　D. Enterprise Architect

(3) 下列不属于用例图组成元素的是 _____。

    A. 系统　　　　B. 参与者　　　　C. 用例　　　　D. 实体

(4) 下列不属于 PowerDesigner 特性的是 _____。

    A. 采用了最新 XMI 格式共享模型　　B. 提供 UML 2.0 所有视图

    C. 支持主流关系数据库管理系统　　　D. 支持主流语言及框架包括

3. 上机练习

(1) 绘制论坛系统注册用户的活动图

活动图能够显示出系统中哪些地方存在功能，以及这些功能和系统中的其他功能如何共同满足使用用例图建模的需求。

在 3.4.3 小节的实战中使用 PowerDesigner 16.5 为论坛系统的注册用户绘制了用例图，本次扩展练习要求读者绘制注册用户的活动图，最终效果如图 3-72 所示。

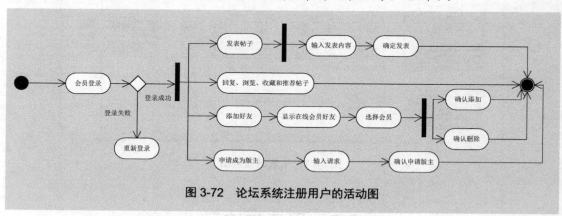

图 3-72　论坛系统注册用户的活动图

(2) 使用 RSA 提供的组件绘制状态机图

从 RSA 的官方网站 http://www.ibm.com 下载软件并进行安装，然后新建一个 UML 项目并创建一个状态机图。使用 RSA 提供的组件进行绘制，最终效果如图 3-73 所示。

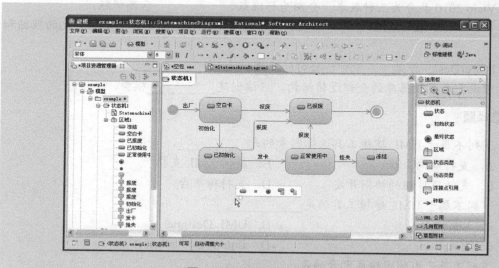

图 3-73　使用 RSA 绘制状态机图

第4章

用 例 图

用例图是 UML 中较为重要和常用的一种图。它描述了人们希望如何使用一个系统，包括用户希望系统实现什么功能，以及用户需要为系统提供哪些信息。

用例图是 UML 建模的基础图，其他类型的图都建立在用例图的基础上。用例图也是程序开发的基础，当作系统需求分析的参考来使用。

本章主要介绍用例图的功能和构成、用例图的设计和使用，包括用例图的组成部分、各个部分成员的确认和使用，以及如何将这些构成成员结合为完整的用例图。

本章重点：

❱ 了解用例图的作用
❱ 掌握用例图的构成
❱ 掌握参与者的使用
❱ 掌握用例的确认
❱ 理解用例描述
❱ 了解用例间的关系
❱ 掌握用例间关系的判断和使用

4.1　用例图简介

用例图是由系统的用户和系统开发人员共同商讨完成的，目的在于分析软件系统的所有需求。开发人员必须通过用例图达成对系统需求的共识，才能继续进行软件系统的开发。因此用例图以每个参与系统开发的人员都可以理解的方式列举系统的业务需求。

用例图同样是软件建模的开始，软件建模中的其他图都将以用例图为依据。用例图列举了系统所需要实现的所有功能，除了用于软件开发的需求分析阶段，也可用于软件的系统测试阶段。

用例图是用户眼中的系统，所描述的是系统的功能以及系统与用户之间的交互。它描述了人们希望如何使用一个系统，包括用户希望系统实现什么功能，以及用户需要为系统提供哪些信息。用例图由以下 4 部分构成。

● 用例：人们需要通过软件系统实现的功能。
● 系统：由一个或多个用例构成的软件系统，可以是软件系统的分支。
● 参与者：与系统有关联的对象，可以是用户、硬件设备或其他的系统。
● 关系：描述用例图各部分构成之间的联系。

用例是系统的功能，这些功能是为用户服务的。用例图从用户的角度来描述系统的功能，用户是系统的参与者。关系描述了用例间的关系、参与者与用例间的关系、用户和系统的联系。与系统有着关联的不只是用户，还可以是其他的系统或硬件设备，如自动取款系统的参与者可以是取款机和人，复印系统的参与者有复印机和人等。

用例图的组成元素只有 4 种，是建模图形中最为简单易懂的。绘制用例图首先需要找到系统的用户，才能通过用户的眼光找出系统的需求，用户被定义为参与者放在用例图中。

用例图的最终目标是：描述系统开发过程中需要实现的所有功能。这个目标适用于软件开发的需求阶段，也适用于软件系统的测试阶段。完善的用例图除了能够帮助开发人员完成项目开发，还能减少开发过程中的重复和修改。

用例图可以描述一个系统，也可以描述系统的一部分。大型的系统所包含的用例，不是一张用例图所能涵盖的。

例如一个网购系统，除了商家对商品的发布管理，还要有整个系统对商品折扣的管理；顾客对商品浏览、选择、对比等的管理；系统对商家的管理等。每一种管理都可以作为网购系统的子系统，用一张用例图描述。以顾客和商家对网购系统的交互为例，绘制网购系统用例图如图 4-1 所示。

图 4-1 中，不同的参与者可使用相同的用例或不同的用例，这里使用了 Microsoft Visio 绘图工具。网购系统是系统的名称，其内部的椭圆表示用例，系统外部的人型符号表示参与者，参与者与用例间的连线是参与者与用例的关系。

在 PowerDesigner 中创建用例图，可直接新建项目，步骤如下。

(1) 创建新的 PowerDesigner 16 Object-Oriented Model 文件或添加新的用例图模型，如图 4-2 所示。

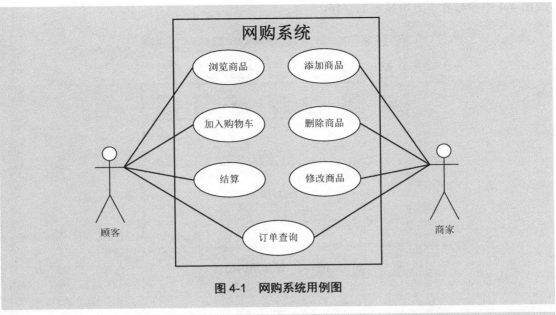

图 4-1 网购系统用例图

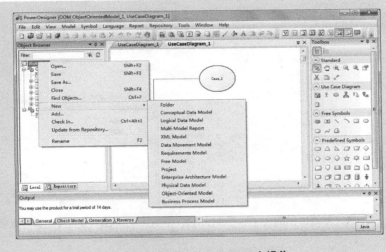

图 4-2 在 PowerDesigner 中操作

（2）图 4-2 中，在项目名称处右击，弹出快捷菜单，选择 New 选项，有新的弹出菜单出现。选择 Object-Oriented Model 命令，即可打开如图 4-3 所示的对话框。

（3）对话框中有着多种模型可供选择，其中 Use Case Diagram 即为用例图模型。选择该选项，单击 OK 按钮完成用例图添加。

（4）新建用例图窗体的界面右侧有着与用例图相关的符号，可添加人型的参与者符号和 3 个用例符号，并添加参与者与用例间的连线，如图 4-4 所示。

（5）修改符号名称为实际项目中的名称，可对图 4-4 中的符号进行双击，如对参与者进行双击，将会出现如图 4-5 所示的对话框。修改其 Name 属性值为"管理员"，即可修

改图 4-4 中参与者下方所显示的字样。

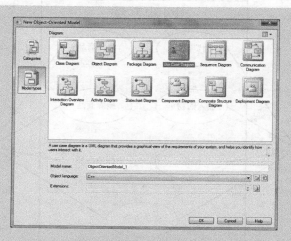

图 4-3 添加用例图

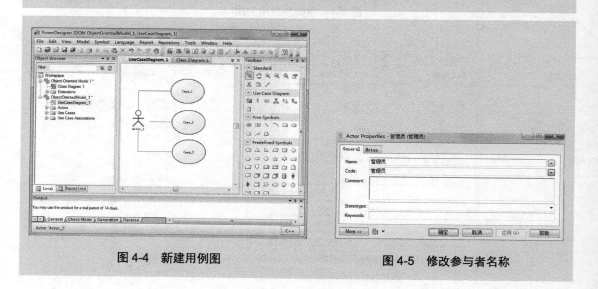

图 4-4 新建用例图   图 4-5 修改参与者名称

4.2 用例图的构成

本章 4.1 节简单介绍了用例图的构成，本节将会详细地介绍用例图的构成，以及各个构成成份的使用规则。

4.2.1 系统

系统是软件开发的最终产物，包含了用户需要的所有功能。它不单指一个完整的软件系统，也可以是用户执行某类功能的一个或多个软件构件。

例如图书馆管理系统、学生选课系统、信息发布系统等都属于系统；而图书管理系统又可以分为借书管理系统、图书信息管理系统和还书管理系统等若干小的系统，这些系统可以独立地作为一个系统，也可以合并为一个系统。

大型的系统通常可以分为小的系统，如图书馆管理系统有很多子系统，包括图书的借阅、归还和读者会员的管理等。

系统拥有一定应用范围，例如一台自动售货机提供售货、供货、提取销售款等功能，这些功能在自动售货机之内的区域起作用，自动售货机之外的情况将不考虑；图书管理系统只能供图书馆使用，图书馆以外的区域无法涉及。

用例图需要将系统的所有功能作为用例显示，用例的缺失将会为软件开发的后续工作带来麻烦。使用子系统能够将系统细化，方便用例的确定。

系统也可以作为参与者，参与到与其他系统交互的用例图中。网购系统是目前商品交易的重要途径，而网购网站要完成网上交易需要银行的网银系统。网银系统是银行的系统，而网购系统是网购网站的系统，在做网购系统的用例图时，需要将网银系统作为参与者，参与到网购系统的用例图中。

用例图中的系统用有标题头部的矩形来表示，在矩形的内部放置系统所包含的功能用例。PowerDesigner 16 中符号的名称总是在符号的下方或内部中间的位置。

4.2.2　参与者

参与者是系统的使用对象，可以是人或设备，甚至是其他的系统。如一个网购系统在付款功能使用过程中，是需要与银行的网上支付系统相互交互的，那么银行的网上支付系统可以作为网购系统的一个参与者。

参与者是系统的关联对象，有着与系统的交互。系统需要参与者提供信息，或向参与者提供信息，以实现功能。

没有任何一个系统是不需要参与者的。系统的用户是重要的参与者，系统用例的确定也需要从参与者的角度出发。但并不是每一个与系统关联的对象都可以定义为参与者，参与者是一类对象的代表。如图书管理员有 10 个人，则图书管理系统将使用图书管理员作为这一类参与者，而不是将这 10 个人作为参与者。

参与者在用例图中使用人型的符号表示，在不同的建模工具中可呈现不同的样式。在PowerDesigner 界面的右侧能找到 符号，即为参与者。

4.2.3　用例

用例从参与者的角度出发，是参与者期望系统具备的单个功能，它定义了系统的行为特征。

用例定义了系统的功能模块，并不描述系统的内部结构和设计，就像黑盒子，展示系统外部可见的功能单元。如网购用户需要根据不同的属性筛选商品，这样的功能是搜索功能，所以网购系统有商品搜索用例，而不是具体到该功能模块需要根据哪些属性来筛选数据，需要使用怎样的语句和结构来设计。

用例包含系统所拥有的所有功能，描述系统的使用过程。从系统角度看，这些行为都是必须被描述和处理的情况，因此一个系统往往有多个用例，这些用例共同描述了系统的功能。

用例在建模图形中使用一个椭圆来表示，用例的名称放在椭圆的下面或椭圆内部。用例的命名同样需要结合实际意义，用例是系统需要实现的功能名称。

用例名可以含有数字、字母和除了冒号以外的任何符号，应尽可能地表示系统功能，如密码验证、信息添加、信息查询等。用例的命名需要侧重功能的实现目标，而不是具体的处理过程。

技巧：同一个用例图中的用例，用例名需要统一放在椭圆内部或椭圆的同一个位置，以免使读者产生混淆。

一个系统的用例需要共同描述该系统的所有行为，以便在开发过程中避免系统功能的重复和遗漏。

大型系统的用例数目大，不易组织建模，UML 使用包来归纳功能和目录相似的用例。即把相关用例放在一个包中，包作为系统的子集使用。在使用包中的用例时，在用例名称前使用包名和两个冒号表示用例所属的包。

PowerDesigner 中使用 符号表示包，可调整包的大小，在包的内部添加用例(符号为)。图 4-6 描述了网购系统商品信息管理包的样式和其内部用例的样式。

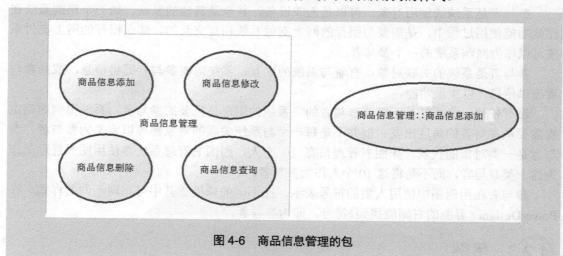

图 4-6　商品信息管理的包

4.2.4　关系

参与者和用例是密切相关的，用例是参与者对系统的使用功能，因此每一个用例都有与其对应的参与者。

参与者与用例之间的关联并不是一对一的，一个参与者可关联一个或多个用例，一个用例也可关联一个或多个参与者。一个简单的用例图中总有着参与者与用例之间的连线，将参与者与用例关联起来。

在用例图中，除了参与者和用例的联系，还有用例与用例的联系。用例与用例之间的关系与类与类之间的关系有些接近，一个功能复杂的用例可以分解成为简单功能的小用例，一个用例可以继承另一个用例，也可以扩展另一个用例。

参与者与参与者之间、参与者与用例之间，以及用例与用例之间的关系可分为 4 种，如表 4-1 所示。

表 4-1　用例图中的关系

关系类型	关系对象	说　明
泛化关系	参与者与参与者/用例与用例	类似于继承关系，可以重载
关联关系	参与者与用例	关联参与者与用例
包含关系	用例与用例	将复杂的用例分解成小步骤用例
扩展关系	用例与用例	增强原有用例的功能

4.3　使用参与者

参与者是用例图设计的基础，用例图的设计首先需要确定系统的参与者。本章 4.2 节介绍了参与者的含义和表示符号，本节介绍参与者在系统中的确定和使用。

4.3.1　参与者的确定

用例图以用户的角度描述系统，因此系统的用户和参与者的确定是描述用例图的首要步骤。在确定了参与者之后，才能确定用例以及用例图中的关系，绘制完整的用例图。

(1) 参与者的确定通常可以借助于以下几个问题：
- 系统的主要客户是谁。
- 谁需要借助系统完成日常工作。
- 谁来安装、维护和管理系统，保证系统正常运行。
- 系统控制的硬件设备有哪些。
- 系统需要与哪些其他系统进行交互。
- 在预定的时刻，是否有事件自动发生。
- 系统是否需要定期产生事件或结果。
- 系统如何获取信息。

对这些问题的分析如下：参与者的确定必须要全面，可以重复、不能缺失。

(2) 根据上述问题，对系统的参与者分析如下：
- 系统的主要客户是系统的服务对象，也是必须交互的对象，是不可缺少的。
- 借助系统完成工作的人或事物，是系统的主人，他们可能没有与系统直接接触，但不能不考虑。
- 保证系统正常运行的人；系统总是需要维护才能保证其正常运行，而维护系统的

人就需要考虑是否作为参与者。

- 由于参与者不一定是人，因此硬件设备和其他系统也需要考虑。
- 一些系统的工作有着周期性，在预定的时间会有预定事件发生，需要考虑。
- 部分系统在一定期限内有事件和结果产生，如年末产生的一年数据总结，也需要考虑。
- 系统的信息是有输入和输出的，如信息的添加为系统提供了信息，则添加信息的人或事物需要定义为参与者。因此需要考虑系统是如何获取数据信息的。

在确定系统参与者时，建模人员不应只参考系统的使用者，还要考虑一切与系统交互的或对系统运行结果感兴趣的人和事物。

4.3.2　参与者的使用

用例图从参与者的角度来描绘系统需要完成的功能，因此参与者的完整性决定了用例是否完整：参与者完整，则用例有机会完整；参与者不完整，则用例完整的几率下降。

在实现了 4.3.1 小节讲述的参与者确定之后，并不能确认这些参与者可以在用例图中使用。除了部分重复的参与者，还有些参与者因使用用例相同或不同，需要合并或拆分。在对参与者建模的过程中，需要注意以下几点：

- 参与者对于系统而言是外部的，因此它们可以处于人的控制之外。
- 参与者可以直接或间接地同系统交互，或使用系统提供的服务以完成某件事务。
- 参与者表示人和事物与系统发生交互时所扮演的角色，而不是特定的人或特定的事物。
- 一个人或事物在与系统发生交互时，可以同时或不同时扮演多个角色。
- 每一个参与者需要一个与业务一致的名字，在建模中不推荐使用参与者加编号、新参与者之类的名称。
- 每一个参与者必须有简短的描述，用来从业务角度描述参与者。
- 参与者可以具有表示参与者的属性和可以接受的事件。
- 多个参与者之间可以具有多种关系。
- 应当确定参与者的最终目标，全面、不遗漏地找出参与者。

参与者可以根据职责或角色分类；根据启动者、服务者、接收者等分类。参与者的分类能够将系统分解，有利于参与者的确认。除此之外，参与者还可分为主参与者和次参与者，即系统使用频繁、业务量大的参与者和为其他参与者提供某些服务的参与者。主次参与者的分类有利于根据参与者确定系统用例。

在完成参与者的识别工作后，建模人员就可以从参与者的角度出发，考虑参与者需要系统完成什么样的功能，从而建立参与者所需要的用例。

【例 4.1】

网购系统是当前较为流行的一种购物系统，几乎每一个会使用网络的人都有着网购的经验。这里以网购系统为例，找出该系统的参与者。

该系统有两种类型，一种是商家的系统，由商家自主销售其商品，用户是商家和顾客；另一种是第三方的系统，由第三方创建交易平台，商家和顾客在该平台进行交易。以第二种系统为例，确定该系统的参与者的步骤如下。

(1) 依据 4.3.1 小节中的几个问题，来一一分析参与者，首先是系统的主要客户。系统由商家和顾客进行网络交易，因此其用户是商家和顾客。

(2) 需要借助系统完成日常工作的人或事物。系统需要系统的管理员来监管交易的顺利进行，由商家维护商品的信息管理。

(3) 安装维护系统、保证系统能够正常运行的人或事物。该系统由第三方的管理员来执行日常的安装维护，保证系统能够正常运行。

(4) 系统控制的硬件设备。系统除了客户端和服务器端进行信息的输入输出，不需要其他的硬件设备。

(5) 系统需要与哪些系统进行交互。该系统用于实现网络交易，这种交易有着支付环节，可支持多种支付方式。但网络交易中的在线支付需要与银行的网银系统进行交互，传递信息，以确保交易的顺利进行。因此银行的网银系统也属于网购系统的参与者。

(6) 在预定时刻，是否有事件发生。对于第三方管理员监管的网购系统，网购通常会在固定的时间有促销活动。不过这种活动并没有增加新的参与者，因此不影响参与者的确定。

(7) 系统是否需要定期产生事件或结果。在第三方监管的网购系统中，需要在固定的时间对商家或顾客的积分和登记进行操作，由于该过程只增加了新的用例，因此可以在确定用例时再考虑。

(8) 系统如何获取信息。系统需要商家进行商品信息的管理；需要顾客对商品进行筛选、下单、支付和确认收货；需要快递公司提供订单的快递信息。因此系统需要快递公司这个参与者，这是网购信息确定参与者时容易被忽略的。

(9) 接着，根据上述问题的结果，筛选参与者。根据上述问题选出的全部参与者有：管理员、商家、顾客、网银系统和快递公司。这些参与者直接与系统进行交互，因此不需要修改。网购信息的参与者为：管理员、商家、顾客、网银系统和快递公司。

4.4　用例的使用

用例是系统的功能，是用例图中的重要构成成员。本章 4.2 节介绍了用例的基础知识，本节介绍用例的使用。

4.4.1　识别用例

用例描述了系统需要实现的功能，这些功能构成了完整的系统。而程序的开发将以系统用例为需求依据，围绕系统用例来开发，因此用例的确定是用例图的重点，也是程序开发的重点。

识别用例最好的方法是从参与者来分析。用例图是从系统的用户来描述系统的，而用例则是从参与者的角色来描述系统功能的。识别用例需要考虑每一个参与者如何与系统进行交互，以及系统对每一个事件的响应。

通过这种识别方式，在识别过程中可能发现新的参与者，有利于整个系统的模型完善。用例模型的识别是一个迭代过程。

(1) 参考参与者的识别方法，建模者从参与者的角度出发，制定了以下几个需要考虑的问题：

- 参与者需要从系统中获取哪种功能。即参与者要系统"做什么"。
- 参与者是否需要读取、产生(添加)、删除、修改或存储系统中的某种信息。
- 系统的状态改变时，是否通知参与者。
- 是否存在影响系统的外部事件。
- 系统需要什么样的输入/输出信息。

(2) 用例在确定时可能重复，可能用例的确定并不科学，因此建模者在建模过程中为识别用例，提出了以下几个需要注意的问题：

- 用例图中每个用例都必须有一个唯一的名字以区分其他用例。
- 每个用例的执行都独立于其他用例。
- 用例表示系统中所有对外部用户可见的行为。
- 用例不同于操作，用例可以在执行过程中持续接受或持续输出与参与者交互的信息。

用例的识别也可以通过查找事件的方式来确定，即找出参与者使用系统时的所有操作及获取信息，列为事件表，再根据事件表确定系统用例。

【例 4.2】

例 4.1 确认了网购系统的参与者，本例以网购系统为例，在例 4.1 中确认了参与者的基础上，识别网购系统的用例。

网购系统的参与者有：管理员、商家、顾客、网银系统和快递公司，因此依次识别网购系统的用例步骤如下。

(1) 依次分析参与者需要系统做什么：

- 首先是管理员，他需要系统提供查询功能，供管理员监管商家和顾客在系统中的操作是否合法；同时需要系统提供一个与商家和顾客交互的平台，以便及时与商家和顾客取得联系和接收商家和顾客的信息，确保网购的顺利进行；此外，系统本身需要有对商家和顾客的身份验证，在确认用户身份后提供相应的服务。
- 接着是商家，他需要系统提供一个商品展示的平台，可以对商品信息进行管理(包括商品信息添加、删除和修改等)；同时需要一个与管理员和顾客交互的平台，以便及时与管理员和顾客联系；另外，商家可对已经卖出的订单进行查询，确认订单是否已收货。
- 顾客是网购系统的客户，他们需要系统提供一个商品查询、浏览的平台，可以在系统中挑选需要的商品或服务。同时他们需要将自己需要的商品放入购物车，能够在确认购买时进行后续的订单提交和支付。在订单提交之后，顾客可对订单的信息进行跟踪和确认收货；若对订单有异议，可申请中止交易(撤消订单)，并由商家确认是否允许撤消，若双方出现分歧，可由管理员参与。

- 网银系统是系统参与者，该系统需要辅助网购系统实现网上交易，可实现借记卡或信用卡的交易。网银系统需要网购系统提供支付信息，并提供支付平台，在顾客支付后为网购系统提供支付结果。
- 当前的网购系统有着第三方支付系统的参与，即顾客的支付款将存放在第三方支付系统中，在顾客确认支付后通过网银系统将支付款放在商家的账户中。第三方支付系统可视为另一个参与者，也可与网银系统合并为一个参与者。
- 最后是快递公司。网购系统可选择使用多个快递公司，同样网购系统可使用多个银行的网银系统，但多个网银系统可使用同一个网购系统的平台，同样不同的快递公司也可使用同一个订单平台。快递公司需要商家提供订单信息，需要系统提供添加订单状态的功能以便随时更新订单状态。

(2) 根据上述分析的结论，得出的用例如下：

- 管理员需要的用例有商家和顾客的数据管理、网络即时通信、注册和登录。
- 商家需要的用例有商品信息管理(包括商品信息查询、添加、删除和修改等)、订单状态查询和网络即时通信。
- 顾客需要的用例有商品筛选、添加/删除购物车信息、订单管理(提交、支付、查看、确认收货和撤消)和网络即时通信。
- 网银系统需要的用例是网上支付，包括获取交易信息，返回支付结果。在一个支付过程中，首先获取顾客交易信息、返回支付结果；接着在顾客确认收货之后获取商家信息、返回支付结果。
- 快递公司需要的用例是添加订单状态。快递公司获取订单是商家与快递公司的交互，与网购系统无关。

(3) 参与者是否需要读取、产生(添加)、删除、修改或存储系统信息：

- 管理员需要读取商家和顾客的信息，以及商家或顾客对管理员所发送的信息。
- 商家需要对商品信息进行添加、删除、修改和查询；需要读取顾客或管理员发送的信息。
- 顾客需要对商品信息进行浏览(查询)；需要添加购物车信息和收藏信息；需要读取商家或管理员发送的信息。
- 网银系统需要读取网购系统发送的信息，并返回(产生)交易结果。
- 快递公司需要添加订单状态。

(4) 系统的状态改变时，是否通知参与者。

当系统收到顾客确认收货的信息后，需要修改订单状态，并通知网银系统(或第三方支付系统)将支付款放在商家账户下。

(5) 是否存在影响系统的外部事件。

没有影响系统的外部事件。

(6) 系统需要什么样的输入/输出信息。网购系统几乎与所有的参与者都有着输入输出信息：

- 管理员需要对商家和顾客发送的信息进行回复。
- 商家需要输入商品添加信息、商品修改信息、商品删除信息。

● 顾客需要输入购物车信息、收藏夹信息、订单信息。

● 网银系统需要系统输出交易信息，并向系统输入交易结果。

● 快递公司需要添加订单的当前状态。

(7) 因此，系统的用例有：商家和顾客的数据管理、网络即时通信、注册、登录、商品信息管理(包括商品信息查询、添加、删除和修改等)、添加/删除购物车信息、订单管理(包括订单提交、支付、查看、确认收货和撤消)、网上支付(包括获取交易信息、返回支付结果)、订单状态查询和添加订单状态用例。

其中，商品信息管理可用包来定义，包括商品信息查询、添加、删除和修改等用例；订单管理可用包来定义，包括订单提交、支付、查看、确认收货和撤消等用例。定义网购系统的简单用例图，如图4-7所示。

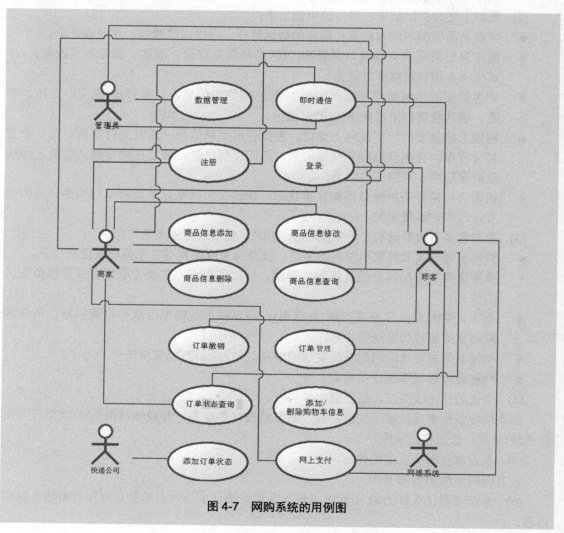

图 4-7 网购系统的用例图

4.4.2 用例描述

用例表达的是参与者与系统之间的对话，但是这个对话的细节并没有在用例图中表述出来。用例的细节问题很多，例如用例的发生是有启动条件的，某些用例在不同的条件下将产生不同的结果。UML 使用用例描述来对用例的细节进行介绍。

用例描述以书面文档的形式对用例进行描述，但在 UML 中并没有对用例描述的相关规定。用例描述通常有以下几个属性。

- 用例名称：每个用例都有唯一的用例名称，每一个用例名称只针对唯一的用例。
- 编号或标识符：对用例的唯一识别标识，可以使用字母或数字，可以省略。
- 用例简述：对用例的简单介绍，可以省略。
- 参与者：与用例关联的参与者，可以省略。
- 状态：用例的状态，可以省略。
- 前置条件：系统执行该用例的条件，若条件不满足，用例将不会被启动。
- 后置条件：用例执行后系统的状态。
- 扩充条件：其他条件，可以省略。
- 基本流程：系统执行用例时具体的操作流程。
- 基本流程相关流程：基本流程在条件改变、出现异常等情况下的流程，可以省略。
- 分支流：基本流程同时作用于多个方面时各个方面的流程，可以省略。
- 分支流相关流：分支流在条件改变、出现异常等情况下的流程，可以省略。
- 扩展点：流程中可能会发生的其他情况，可以省略。
- 变异点：流程被中断的情况，可以省略。

例如，对于图书馆管理系统中图书信息管理的图书信息修改用例，由于该用例只能在系统中已经存在该图书信息时才能修改，因此有着前置条件：系统中存在需要修改的图书信息。在执行时，首先要输入图书标识信息选定该图书，之后输入需要修改的内容，最后完成修改。这属于用例的基本流程。

该用例的用例描述如表 4-2 所示。

表4-2　图书信息修改用例描述

属　性	内　容
用例名称	图书信息修改
标识符	bookUpdate
用例简述	修改图书的相关信息，包括图书的分类、出版社、发行时间、作者等
参与者	图书信息管理员
前置条件	成功登录系统、图书信息已经存在
后置条件	图书信息改变

续表

属　性	内　容
基本流程	1．输入图书查询信息 2．输出图书信息 3．输入修改信息 4．修改图书信息
扩展点	2a．修改信息格式有误
变异点	3a．没有该图书 3a1．管理员离开或重新输入查询信息 3a2．添加该图书

每一个用例都有细节问题，但不同的用例有不同类型的细节。

例如，表 4-1 中的用例没有分支流，但图书借阅用例有分支流，因此表格中的属性需要根据不同的用例按需选取。

用例的细化能够有利于发现新的用例；用例描述除了描述用例细节，还将对用例实现流程、扩展点等内容进行介绍，为建模后期及软件开发阶段提供信息。

4.5　关　系

参与者与参与者之间、参与者与用例之间，以及用例与用例之间的关系在表 4-1 中有简单的介绍，本节详细介绍这 4 种关系的确定、表示符号以及使用方法。

4.5.1　关联关系

关联关系是参与者与用例间的关系，是这 4 种关系中最简单的一种。关联关系描述的是参与者与用例间的关联，用没有箭头的直线段来表示。线段一头连接参与者，一头连接用例，表示参与者通过系统需要实现的功能用例。

通过关联关系，使用例图能够清晰地描述用例与参与者间的关联，标明系统的用例与哪些参与者进行交互。这些交互是双向的，一个参与者可以对应多个用例，一个用例也可以对应多个参与者。

在 PowerDesigner 中使用 符号为参与者和用例添加关联关系，如图 4-8 所示。

每个参与者都有关联用例，每个用例也都有关联的参与者。没有用例的参与者与系统没有交互，是多余的、需要删除的；没有参与者的用例没有服务对象，是多余的功能，同样需要删除。

若不同的参与者对应相同的用例，则他们的交互方式是不同的，否则参与者的选择需要重新考虑。

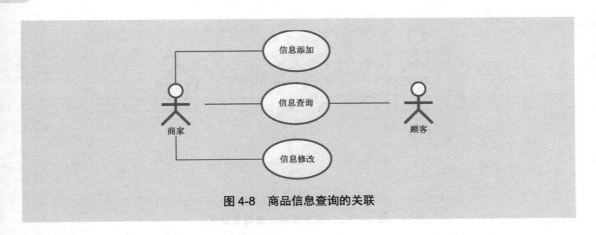

图 4-8　商品信息查询的关联

4.5.2 泛化关系

　　泛化关系可用于用例之间，也可用于参与者之间。泛化关系类似于类中的继承，用例中的泛化将用例分为父用例和子用例，子用例继承了父用例中的功能，并增添了属于自己的功能。父用例描述了它的子用例间共享的特性。

　　泛化将一般用例和特殊用例联系起来，子用例是父用例的特化。泛化关系使用一段带三角箭头的直线来表示，从子用例指向父用例。在 PowerDesigner 中使用 符号为用例或参与者添加泛化关系。

　　如图 4-9 所示，新闻管理用例包含有新闻添加、查询和修改等功能，而这些功能是体育新闻管理、娱乐新闻管理和财政新闻管理用例所共有的，而且后面的 3 个用例可以增加其自身的功能，因此可对新闻管理用例进行泛化。

　　泛化关系在程序的开发实现时，可以考虑将父用例和子用例分别作为基类和派生类。

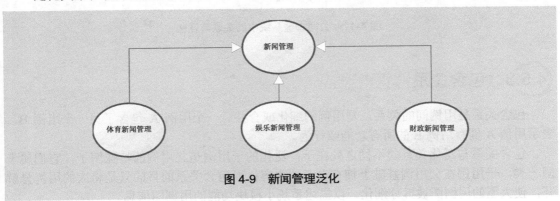

图 4-9　新闻管理泛化

　　参与者之间也可以使用泛化，参与者之间的泛化使得子参与者可以行使父参与者在系统中的职能。

　　一个公司的管理部门中有后勤部经理、业务部经理和人事部经理，这 3 个经理分别管理本职工作；而公司的总经理可以插手任意一个部门的工作，则公司部门经理和总经理之间的关系如图 4-10 所示。

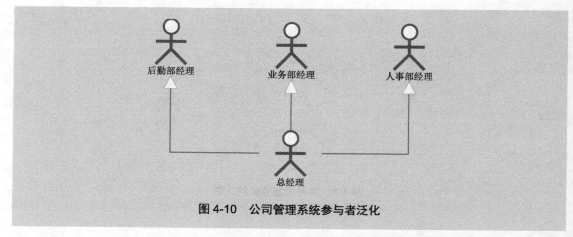

图 4-10　公司管理系统参与者泛化

图 4-10 中，各个部门经理可使用公司系统管理其本职工作，而总经理可管理所有工作，其用例泛化和用例关联的绘制如图 4-11 所示。

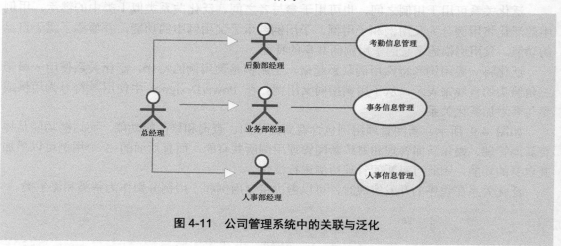

图 4-11　公司管理系统中的关联与泛化

4.5.3　包含关系

包含关系是用例间的关系，是用例的细化或合并。一个用例 A 包含了另一个用例 B，表示用例 A 拥有用例 B 的所有功能或行为。

包含关系与泛化关系的不同之处在于：泛化的子用例是父用例的特殊例子，它们属于同一类，子用例在父用例基础上拥有自己的内容；而包含关系的目的只是将大的用例分解开，使大型的用例图被拆分细化，以描述系统小模块功能的用例图信息。

如网购系统中，订单管理系统包括订单的提交、支付、查看、确认收货和撤消，这些功能大多是与顾客相关联的，但订单信息的查看功能商家也需要使用，因此需要将订单管理用例拆分，商家与该用例的关联只是其中的一个功能。

 提示：用例的分解使得用例功能细化，有利于检测遗漏用例和系统需求的完善。

包含除了用于将大的用例分解，还可以将小的用例合并。如将图书信息添加用例和图书信息删除用例合并为图书信息管理用例，这样的合并减少了用例数目，在大型的用例图中表达更清晰。

用例的包含关系还可用于代码的重用性。如果两个以上用例有大量一致的功能，则可以将这个功能分解成为一个新的用例，供多个用例包含。这样的包含使得被包含用例功能得以重用，可以减轻开发人员的负担。

用例的包含有两种情况，一种是被包含的用例已经存在，这种情况下可以直接包含使用，但在新的用例被定义时，需要查看已经存在的用例是否可以被包含。另一种情况即多个用例有着相同的功能，这种情况需要在用例确定后，对用例进行提取。

被包含的用例图通常被称作是提供者用例，而包含其他用例的用例被称作客户用例。客户用例依赖提供者用例的返回结果，不需要了解提供者用例的内部结构和设计。

包含关系使用带分叉箭头的虚线来表示，箭头由大用例指向被包含的小用例。虚线上添加<<include>>或<<包含>>字样(不同的建模工具有不同的样式)。

在 PowerDesigner 中使用 🔲 符号添加包含关系和扩展关系，包含关系和扩展关系样式的不同在于，包含关系虚线有着<<include>>或<<包含>>字样，而扩展关系有着<<extend>>或<<扩展>>字样。

为了区分包含关系和扩展关系，需要在虚线处双击，打开虚线的属性，如图 4-12 所示。在 Stereotype 下拉框中选择 include，即为包含关系，选择 extend 即为扩展关系。

如定义商品信息管理用例，该用例包含添加商品、修改数据、删除数据和筛选数据这4 个功能，则可将其分解为 4 个小用例，如图 4-13 所示。

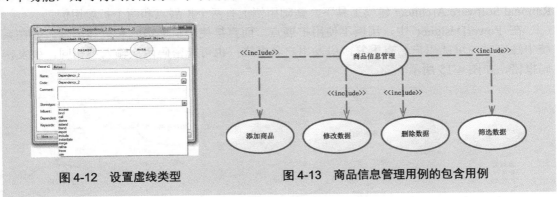

图 4-12　设置虚线类型　　　　图 4-13　商品信息管理用例的包含用例

4.5.4　扩展关系

扩展关系是一种依赖关系，扩展用例描述用例在执行过程中对可能出现的情况做出处理的用例。在用例描述中讲述了用例的多种属性，扩展点是其中之一；扩展点是用例在执行过程中出现额外进程的条件。

如登录用例，若登录成功，则该进程结束；否则将提示登录失败，并返回登录界面；那么用户名或密码有误则是该用例的扩展点，而提示登录失败是登录用例的扩展用例。

原用例称为基础用例，也叫基用例；由基用例中扩展出来的用例是扩展用例。即上述用例中，登录用例是基用例，错误提示是扩展用例。

扩展用例增强了基用例的功能，是一种将新的行为插入已有用例的方法。扩展点是有可能会发生的流程，是基本流程的扩展。扩展用例即扩展点执行的程序，是原用例的扩展。

基础用例提供了一组扩展点，在这些新的扩展点中，可以添加新的行为，而扩展用例提供了一组插入片段，这些片段能够被插入到基础用例的扩展点上。一个扩展用例只能有一个基础用例，但一个基础用例可以有多个扩展用例。

与用例的包含关系相同的是，基础用例不需要了解扩展用例的具体结构和设计。与包含关系不同的是，基础用例是独立的，而扩展用例是依赖于基础用例存在的；扩展用例是不能够独立存在的。

一个用例可能有多个扩展点，每个扩展点也可以出现多次。通常情况下，程序的进行不需要扩展用例，扩展用例的执行是有条件的。但由于一个基础用例有多个扩展点和多个扩展用例，因此需要一种方法来识别不同扩展用例的执行条件。一般情况下，基础用例的执行不会涉及到扩展用例，只有特定的条件发生，扩展用例才被执行。

扩展点的名称描述了用例中的某个逻辑位置。因为用例描述的是功能和行为，所以该位置通常是对象在执行过程中某时间的状态。除在基用例上使用扩展点控制什么时候进行扩展外，扩展用例自身也可以包含条件。扩展用例上的条件是作为约束使用的，在扩展点成立的时候，如果该约束表达式也得到了满足，则扩展用例才执行，否则不会执行。

扩展关系用带分叉箭头的虚线来表示，箭头由基用例指向扩展用例。虚线上添加<<extend>>或<<扩展>>字样，用以区分包含关系。

UML 模型中，使用在基用例的名称上添加扩展点的方法来描述扩展用例执行的条件，在基用例的名称下使用一条水平线分隔用例名称和扩展点。如图 4-14 所示为在 Rational Software Architect 建模工具下，基础用例上有两个扩展点和两个扩展用例。

在 PowerDesigner 中，用例不使用扩展点，而直接使用扩展虚线和扩展用例。如在系统中注册时，可能用户名有重复，引发用户名报错；也可能密码两次输入不相同，引发密码报错，如图 4-15 所示。

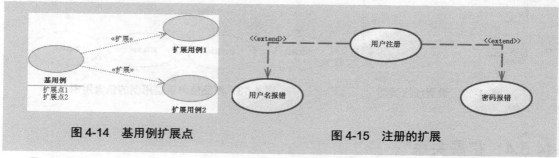

图 4-14　基用例扩展点　　　　　　图 4-15　注册的扩展

 技巧：扩展关系为处理异常或构建灵活的系统框架提供了一种十分有效的方法。

4.6　实战——图书馆管理系统用例图

本章主要介绍用例图及其构成的使用，本节以图书馆管理系统为例，介绍用例图的综合绘制。

　　系统的开发总是先有人或机构提出了需求，再有用来描述需求的用例图和最终的系统。因此创建用例图之前，要对系统有一个整体的分析。将绘制用例图分为 4 步：系统分析；识别参与者；识别用例；分析用例和参与者绘制用例图。绘制图书馆管理系统用例图的步骤如下。

　　(1) 系统分析。

　　对于图书馆管理系统，首先图书馆是一个存放管理书籍的地方，系统少不了书籍信息的分类管理。图书馆的书是供读者借阅的，关于借阅，也要有管理。图书需要购买和废弃，什么时候选购哪些书籍也需要管理；书本过期或损坏的废除需要管理，不过，对于软件系统，提供书籍的登记、查阅和删除功能即可。

　　上面是对于书籍的管理，之后是对人的管理。图书管理需要人，也需要一个对管理员管理的系统；同样借阅书的读者也需要一个管理系统。因此系统的大体功能为以下几点：

- 书籍信息管理。
- 借阅管理。
- 书籍的登记、查阅和删除。
- 管理员管理。
- 读者管理。

　　其中，书籍的登记、查阅和删除也属于书籍信息管理，可把系统功能分为书籍信息管理、借阅管理、管理员管理和读者管理等。

　　(2) 根据先前介绍的确定参与者的几个问题来确定参与者，总结如下：

- 系统的客户是读者，那么读者是参与者。
- 图书管理员要借助系统完成日常工作，是系统参与者。图书管理员又分为多个类：图书信息管理员和图书借阅管理员。
- 图书管理员负责安装、维护和管理系统，保证系统正常运行。图书管理员又多了一类：图书馆管理系统的系统管理员。
- 系统在计算机硬件上运行。
- 系统是独立运行在操作系统上的。
- 在读者借阅时间到达时，要发送短信，提醒读者还书。需要将提醒信息传送给短信提醒系统。
- 系统需要每周产生剩余书籍信息和借阅信息，供管理员统计用户感兴趣的图书情况，对不同书籍增加或减少采购数量。
- 由图书信息管理员输入添加、修改和删除图书的信息；由图书借阅管理员输入图书借阅相关的信息。

　　通过以上这 8 个问题，得出的参与者有：图书信息管理员、图书借阅管理员、系统管理员、读者和短信提醒系统。

　　(3) 根据上述参与者的结论，识别用例。

　　根据上述步骤中的结论，系统包括书籍信息管理、借阅管理、管理员管理和读者管理等功能，参与者有图书信息管理员、图书借阅管理员、系统管理员、读者和短信提醒系统。对用例分析如下：

- 首先是读者，读者是客户，需要查阅图书，要有图书信息查阅系统，这个系统不需要图书馆的管理员参与，因此需要读者自行登录查阅；读者可以将书借走，要有借阅系统；结束有期限，读者要在期限内还书，系统有短信提醒系统。

- 图书信息管理员管理书籍信息，包括新书的添加、信息的更改等。使用信息管理系统时，当然首先要登录系统，再进行操作。
- 图书借阅管理员管理书籍的借出、归还和书籍受损情况。使用图书借阅系统时，同样需要登录。
- 系统管理员维护系统，监管系统使用者的操作，使用系统后台管理。
- 读者需要读取系统图书信息，包括查询要借阅的书籍是否有剩余。需要读者登录查阅系统。
- 图书信息管理员负责图书馆整体书籍的添加、修改和删除信息工作，读者借阅的书也包含在图书馆书籍里。需要图书馆书籍存书信息系统。
- 图书借阅管理员管理书籍的借出归还和书籍受损情况。需要图书借阅系统。
- 系统管理员读取系统使用者的操作信息等。需要后台管理系统。
- 当读者借书期限到达时通知读者。
- 当图书管理员离职或上任时，系统管理员需要管理图书管理员信息。
- 读者借书逾期时，系统提醒并记录。
- 读者输入查询条件获取想要的书籍。
- 图书信息管理员输入图书信息。
- 借阅管理员输入借阅信息并获取借书记录和逾期记录。

得出的结论为，系统拥有如下功能：读者登录查阅信息的功能；系统短信提醒功能；图书信息管理员登录系统并进行图书信息维护的功能；图书借阅功能；管理员登录系统并管理书籍借阅归还和统计书籍受损情况的功能；后台管理功能；后台维护功能。

(4) 根据上一步骤的结论对系统功能进行分析。

在找出系统的基本用例之后，还需要对拥有的每一个用例进行细化描述，以便于完全理解创建系统时所涉及到的任务，发现因参与者疏忽而未意识到的用例。

下面是对借阅图书用例的细化描述：

- 图书管理员输入借书证信息。
- 系统确保读者的借书证的有效性。
- 系统计算读者所借阅的图书数量是否超过了规定的数量。
- 检查读者是否有超期的借阅信息。
- 图书管理员输入读者所借阅的图书信息。
- 生成新的借阅信息并保存。
- 系统显示读者的所有借阅信息，以提示图书管理员借阅成功。

下面列出归还图书用例的细化描述：

- 图书管理员输入图书信息。
- 系统检验图书的有效性。
- 系统将根据该图书的信息查找借阅信息。
- 系统根据借阅信息获取借阅者信息。
- 查找借阅者是否有超期的借阅信息。

- 删除与该图书对应的借阅信息。
- 保存更新后的借阅信息。
- 系统显示读者还书后所剩余的所有借阅信息。
- 审查记录图书损坏程度。

随着对用例的不断细化，我们可以发现，某些用例在系统中是公用的，而为了日后开发需要，我们需要分解该用例。即把该用例中的公用部分提取出来，以便其他用例调用。如在借阅图书用例和归还图书用例中都使用到了显示现存借阅信息用例和检察借阅者是否有超期的借阅信息用例。

对于浏览借阅信息用例而言，在找到读者的借阅信息后，就应该将这些信息全部显示出来。因此，它也使用到了显示借阅信息用例。除此之外，当管理员使用系统时，还必须先进行登录，为此还需要添加一个登录用例。

在从图书管理员角度对已经存在的用例和新发现的用例进行细化描述后，我们应该有一个用例的详细描述，具体如下：

- 登录。
- 登记借书信息。
- 显示借书记录。
- 显示逾期记录。
- 删除借书信息。
- 逾期提醒。
- 统计图书破损程度。

根据分析结果绘制借阅系统的用例图，如图 4-16 所示。

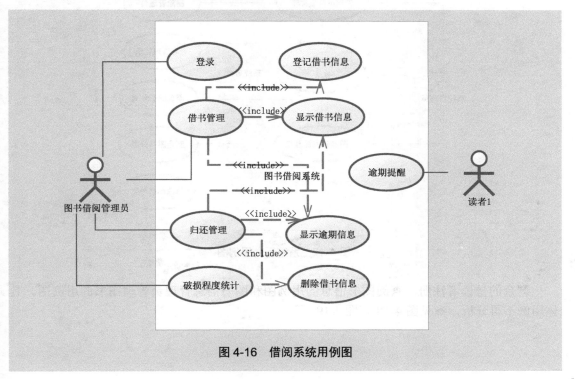

图 4-16　借阅系统用例图

从图 4-15 中可以看出，借书管理和归还管理都包含了借书信息和逾期信息的显示。

同样，从系统管理员角度对用例进行细化描述后可以发现，维护管理员信息是对添加管理员信息、浏览管理员信息和删除管理员信息的泛化，而维护图书信息需要增加或修改删除图书分类，维护读者信息是对浏览读者信息和删除读者信息的泛化。下面列出了对原用例进行泛化处理后的详细用例：

- 添加管理员信息。
- 删除管理员信息。
- 记录查看管理员操作。
- 添加图书分类。
- 修改图书分类
- 删除图书分类。
- 查阅修改借阅者信息。
- 登录。

构造用例模型是一个迭代的过程，不必一次就列出完整的用例模型图。图 4-17 列出了与系统管理员相关的用例图。

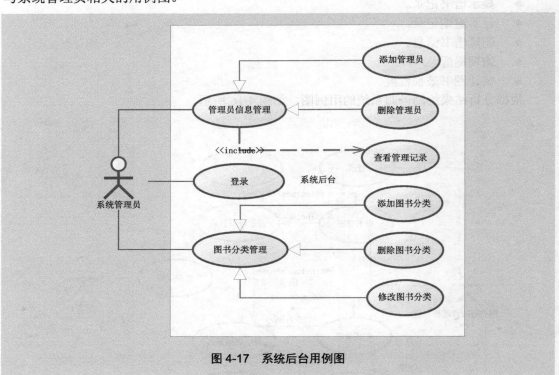

图 4-17   系统后台用例图

剩余的是读者注册、查阅图书信息的用例图和图书信息管理员管理图书的用例图。具体用例不再分析，参见图 4-18 和图 4-19。

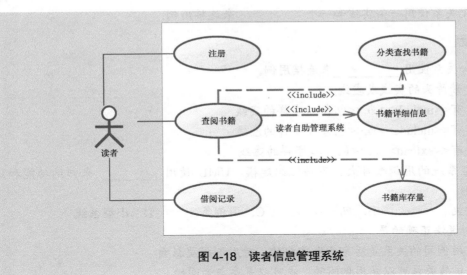

图 4-18　读者信息管理系统

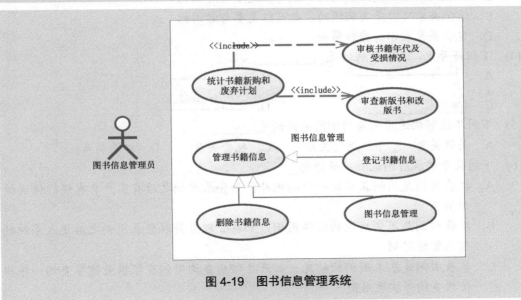

图 4-19　图书信息管理系统

4.7　思考与练习

1. 填空题

(1) 用例图标准关系有_____、泛化关系、关联关系和包含关系。

(2) 用例图的组成有系统、_____、关系和用例。

(3) 在 UML 中，用例用一个_____来表示。

(4) 参与者的确定需要借助_____个问题。

(5) 用例图标准关系中，_____关系相当于类的继承。

(6) 泛化关系使用一条实线和一个_____来连接用例。

2. 选择题

(1) 包含关系使用_____来连接用例。

　　A. 带箭头的实线或虚线

　　B. 有<<include>>或<<包含>>字样的实线

　　C. 有<<include>>或<<包含>>字样的虚线

　　D. 有<<extend>>或<<包含>>字样的虚线

(2) 大型系统的用例数目大，不易组织建模，UML 使用_____来归纳功能和目录相似的用例。

　　A. 类　　　　　　　　B. 包　　　　　　　　C. 用例集　　　　　D. 小型系统

(3) 下列说法正确的是_____。

　　A. 用例间的关系是后期开发需要的，对用例图没影响

　　B. 扩展关系可以是用例间的，也可以是参与者间的

　　C. 泛化关系可以是用例间的，也可以是参与者间的

　　D. 包含关系表示为虚线箭头

(4) 下列符号中，表示扩展的是_____。

　　A. ◁──────────　　　　　　　　　B. ┄┄┄┄┄┄┄>

　　C. △ 《extends》──────　　　　　　D. ┄┄ 《extend》 ┄┄>

(5) 下列不能够描述用例与用例间关系的是_____。

　　A. 关联关系　　　　B. 泛化关系　　　　C. 包含关系　　　　D. 扩展关系

(6) 下列关于扩展用例说法正确的是_____。

　　A. 扩展用例是用例正常执行中的例外，如登录用例之后有用户名有误的错误提示用例

　　B. 扩展用例是用例功能的延伸用例，如在管理员关联登录用例之后进入系统的信息管理用例

　　C. 扩展用例是基本用例的扩充，如产品信息查询用例有根据关键字查询、根据价格查询等扩展用例

　　D. 扩展用例是基本用例基础上的新增用例，如根据商品价格查询商品的用例，有根据品牌查询商品的新增用例

3. 上机练习

(1) 创建酒店管理系统的用例图

绘制用例图，为如下的每个事件显示酒店管理系统中的用例，并描述各用例的基本操作流程：

● 客人预订房间。

● 客人登记。

● 客人承担的服务费用。

- 生成最终账单。
- 客人结账。
- 客人支付账单。

(2) 绘制产品销售系统用例图

尝试绘制产品销售系统的用例图，其总体需求如下所示：

- 系统允许管理员生成存货清单报告。
- 管理员可以更新存货清单。
- 销售员记录正常的销售情况。
- 交易可以使用信用卡或支票，系统需要对其进行验证。
- 每次交易后都需要更新存货清单。

第 5 章

类　图

　　任何建模语言都以静态建模机制为基础，标准建模语言 UML 也不例外。静态建模是指对象之间通过属性互相联系，而这些关系不随时间而转移。一般情况下，可以将静态建模称为结构建模。类和对象的建模是 UML 建模的基础。UML 的静态建模机制包括类图、对象图和包图。类图描述系统中类的静态结构，它不仅定义系统中的类，表示类之间的关系(例如关联、依赖和泛化等)，还包括类的内部结构(例如类的属性和操作)。类图描述的是一种静态关系，在系统的整个周期中都是有效的。

　　本章将详细介绍 UML 中的类图，通过本章的学习，读者不仅可以了解类图的元素和关系，还可以熟练地使用类图进行建模。

本章重点：

- ⬇ 了解类图的概念和特点
- ⬇ 掌握类的符号、属性和操作
- ⬇ 熟悉类的类型、职责和约束
- ⬇ 熟悉抽象类和接口
- ⬇ 掌握类之间的依赖关系
- ⬇ 掌握基本的关联关系

> 熟悉自关联和关联类
> 掌握聚合关联和组合关联
> 了解建立关联的一般步骤
> 掌握类之间的泛化关系
> 掌握类之间的实现关系
> 熟悉类图建模步骤

5.1 类图和元素

UML 中的类图是一个重点，类图不仅是设计人员关心的核心，更是实现人员关注的核心。类图在 UML 的图形中占据着一个重要的地位，它以反映类的结构(属性和操作)以及类的关系为目的，描述软件系统的结构。

5.1.1 类图概述

类图是一种静态结构图，它描述的是系统的静态结构，而不是系统的行为。类图是用来模拟一个系统的静态视图，描述了系统的词汇。类图不仅用于可视化系统的静态视图，也可用于构建可执行代码的任何系统中的前向和反向工程。

类图描述的是显示一组类、接口、协作以及它们之间关系的图，例如图 5-1 显示了系统中各个类的静态结构。

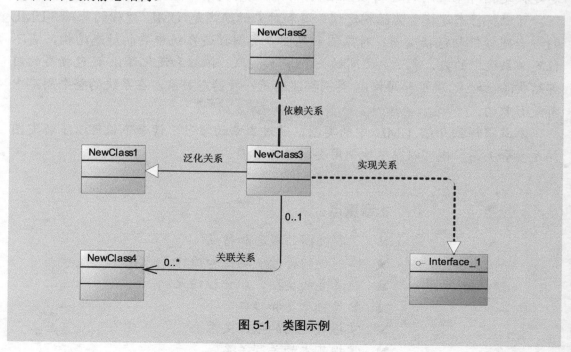

图 5-1 类图示例

1．类图的特点

UML 图一般不直接映射到任何面向对象的编程语言，但是类图是一个例外。它清楚地了映射到了面向对象编程语言(例如 Java 和 C#)，一个简短的类图用于以下几点用途：

描述系统的静态视图。

显示静态视图中元素之间的协作。

由系统执行的功能描述。

构建软件应用面向对象的语言。

2．类图遵循的原则

使用类图建模很简单，但是也需要遵循一定的原则，常用的原则说明如下。

简化原则：在项目的初始阶段不要使用所有的符号，只要能够有效表达就可以。

分层理解原则：根据项目开发的不同阶段，使用不同层次的类图来进行表达，方便理解，不要一开始就陷入到实现类图的细节当中。

关注关键点的原则：不要为每一个事物都画一个模型，只把精力放到关键的位置。

3．类图的用途

一个模型中包含多个类图，每个类图都应该有一个名称作为其标识，一个类图的名称应恰当反映该图的主旨，主要用途如下所示：

对概念建模。

对简单协作建模。

对数据库模式建模。

4．类图的层次结构

在软件开发不同阶段使用类图具有不同的抽象层次，即概念、说明层和实现层。使用 UML 进行应用建模应该是一个迭代的过程，因此应该建立一个类图的层次的概念。

(1)　概念层

概念层类图描述应用领域中的概念。实现它们的类可以从这些概念中得出，但是两者并没有直接的映射关系。事实上，一个概念模型应独立于实现它的软件和程序设计语言。

(2)　说明层

说明层类图描述软件的接口部分，而不是软件的实现部分。面向对象开发方法非常重视区别接口与实现之间的差异，但是在实际应用中却常常忽略这一差异。这主要是因为面向对象语言的概念将接口与实现合在了一起。大多数方法由于受到语言的影响，也效仿了这一做法。现在这种情况正在发生变化，可以用一个类型描述一个接口，这个接口可能因为实现环境、运行特性或者用户的不同而具有多种实现。

(3)　实现层

只有在实现层才真正有类的概念，并且揭示软件的实现部分。这可能是大多数人最常用的类图，但是在很多时候，说明层的类图更易于开发者之间的相互理解和交流。

提示：理解以上层次对于画类图和读懂类图都很重要，但是由于各层次之间没有一个清晰的界限，所以大多数建模者在画图时没能对其加以区分。虽然将类图分为三个层次并不是 UML 的组成部分，但是它们对于建模非常有用。

5.1.2 类

类图中的"类"与面向对象语言中"类"的概念相同，是对现实世界中事物的抽象。类是面向对象模型的最基本模型元素，用类图来描述。它定义了一组具有描述状态和行为的对象，这些对象具有相同的属性、操作、关系和语义，其中属性和关系用来描述状态，而操作可以用来表达行为。类的目的有两个：一是对对象进行分类；二是用于详细说明刻画对象的结构和行为特征。

1. 类的符号

类在 UML 中由专门的符号来表示，UML 中通常以实线矩形框表示，矩形框中包含多个分隔框，分别包含类的名称、属性、操作、约束以及其他成分等，如图 5-2 所示为 Book 类的详细设计。

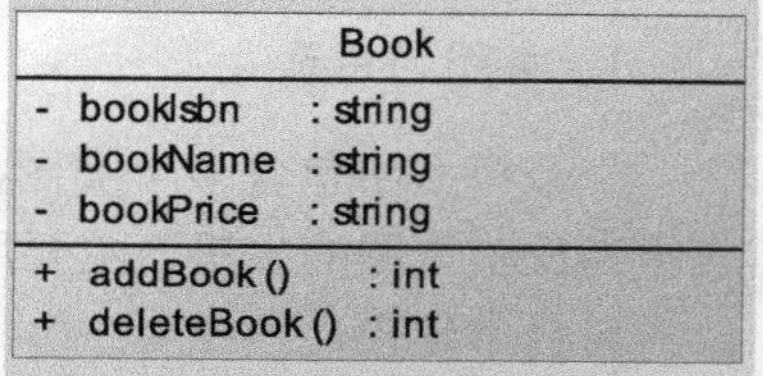

从图 5-2 中可以看出，类包含顶部区域、中间区域和底部区域 3 部分。顶部区域显示类的名称，中间区域列出类的属性，底部区域列出类的操作。当在一个类图上画一个类元素时，必须要有顶部区域，中间区域和底部区域则是可选的。

Book	
- bookIsbn : string	
- bookName : string	
- bookPrice : string	
+ addBook () : int	
+ deleteBook () : int	

图 5-2 Book 类

2. 类的名称

每一个类都有一个名称，它不能省略，该名称用于区分其他类。一般情况下，类名只是一个文本字符串。可以将类名分为简单名称和路径名称：单独的名称即不包含冒号的字符串叫作简单名称；用类所在的包的名称作为前缀的类名叫作路径名称。为类命名时，最好能够反映该类所代表的问题域中的概念，一般命名规则如下：

使用名词或名词短语，动词或动词短语表示控制类。

尽可能使用明确、简短、业务领域中事物的名称，避免使用抽象、无意义的名词。

使用英文表示时，第 1 个字母应该为大写。例如 Shape、Person 和 Book 等。

可分为简单类名和路径类名。例如 Book 和 Love::Book。

3. 类的属性

属性描述了类在软件系统中代表事物(即对象)所具有的特征。类可以有任意数量的属性，也可以没有属性。属性的一般格式如下：

[可见性] 属性名 [:类型] [=初始值] [{属性字符串}]

从上述格式中可以看出，属性包含可见性、属性名、类型、初始值和属性字符串 5 个部分，其中[]中的内容是可选的。

可见性：可见性用于描述类的属性、类的方法对于其他的类或包是否可以访问的特性。可见性可以为空，默认时表示属性不可见，还可以使用 public、protected 或者 private 关键字来表示。

公共属性：如果可见性标记为"+"或者 public，则为公共属性，可以被外部对象访问。

保护属性：如果可见性标记为"#"或者 protected，则为保护属性，可以被本类或子类的对象访问。

私有属性：如果可见性标记为"-"或者 private，则为私有属性，不可以被外部对象访问，只能为本类的对象使用。

属性名：类的属性是描述类的特性，一个类可能有多个属性。属性名由描述所属类的特性的名词或名词短语组成，根据 UML 的规定，单字属性名小写。如果属性名包含多个单词，这些单词是进行合并，并且从第二个单词起(第一个单词首字母仍然为小写)首字母都要大写，例如 bookName(图书名称)。

类型：属性的类型用来说明该属性是什么数据类型。数据类型可以是任何用户需要的内容，具体说明如下。

标准数据类型：来自程序设计语言(例如 VB、C#和 Java 等)的任何标准数据类型。常用的数据类型有字符串(String)、整型(Integer)、浮点型(Float)和布尔型(Boolean)等。

类：一个已经定义的类。

数据类型列表中的数据类型：接口定义语言(Interface Definition Language，IDL)中数据类型列表中的数据类型。

其他类型：读者在自己的系统建模中能够使用的其他类型。

初始值：初始值是指属性最初获得的赋值。为了防止漏掉取值或者被非法的值破坏系统的完整性，可以为属性设置其初始值。

属性字符串：属性字符串用来指定关于属性的其他信息。任何希望添加属性定义字符串，但是又没有合适地方可以加入的规则，都可以存放在属性字符串中。

4. 类的操作

类中可以包含操作，对数据具体处理方法的描述则放在操作部分，操作说明了该类能做些什么工作。操作通常称为函数，它是类的一个组成部分，只能作用于该类的对象上。

类中可以有操作，也可以没有操作。类如果有操作，则每一个操作都有一个名字，其他可选的信息包括可见性、参数的名称、参数默认值以及操作的返回值的类型等。在 UML 中，类操作的基本格式如下：

[可见性] 操作名 [(参数列表)] [:返回类型] [{属性字符串}]

从上述格式中可以看出，类的操作包括可见性、操作名、参数列表、返回类型和属性字符串等多个部分。其中，除了操作名之外，其他部分都是可选的，简单说明如下。

(1) 可见性

操作的可见性描述了该操作是否对于其他类能够可见，从而是否可以被其他类进行调用。操作的可见性与属性的可见性一样，可以使用 private、protected 和 public 等关键字来修饰，这里不再详细解释这几种关键字的含义。

(2) 操作名

操作作为类的一部分，每个操作都必须有一个名称以区别于类中的其他操作。操作名的表示方法与属性一样，也是第一个字母小写，当属性名中包含多个单词时，从第二个单词开始大写。

(3) 参数列表

参数列表就是由类型、标识符对组成的序列，实际上是操作或方法被调用时接收传递过来的参数值的变量。参数列表是可选择的，即操作中不一定要包含参数。参数可以有值，如果参数表中包含多个参数时，需要使用逗号隔开。其一般格式如下：

参数名:类型 = 初始值, ...

(4) 返回类型

返回类型指定了由操作返回的数据类型。

(5) 属性字符串

属性字符串用来附加一些关于操作的除了预定义元素之外的信息，从而方便对操作的一些内容进行说明。

【例 5.1】

在一个图书管理系统中包含图书类，该类包含图书编号、图书名称、图书价格和图书出版时间等属性。下面在 PowerDesigner 中添加表示图书的 Book 类，并且为该类指定属性列表。实现步骤如下。

①　打开 PowerDesigner 创建一个类，在类图中直接拖动一个类，并命名为 Book。

②　双击 Book 类，弹出如图 5-3 所示的对话框，在该对话框中选择 Attributes 选项卡并添加属性。在该对话框中包含属性、数据类型、区域、可见性和初始值等多个内容，添加完毕后的效果如图 5-4 所示。

图 5-3　Attributes 选项卡

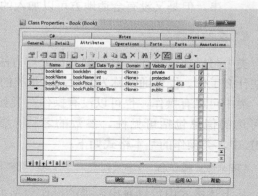

图 5-4　添加属性时的效果

③　添加所有的属性完毕后，单击"确定"按钮，这时会将添加的属性显示到类的符号中，效果如图 5-5 所示。

④　继续添加 Book 类的操作，单击图 5-3 中的 Operations 选项卡，为 Book 类添加操作，添加完毕后的效果如图 5-6 所示。

Book		
- bookIsbn	: string	
# bookName	: int	
+ bookPrice	: int	= 45.8
- bookPublishDate	: DateTime	

图 5-5　Book 类的属性

Book		
- bookIsbn	: string	
# bookName	: int	
+ bookPrice	: int	= 45.8
- bookPublishDate	: DateTime	
+ addBook ()	: int	
+ getBookList ()	: Array	

图 5-6　Book 类的操作

观察图 5-5 和图 5-6，从这两个图中可以看出，每一个操作或者属性之前都有一个"+"、"-"或"#"符号，其中"+"表示该属性或操作是 public 类型的，"-"表示该属性或操作是 private 类型的，"#"表示该属性或操作是 protected 类型的。另外，在定义 bookPrice 属性时，为该属性指定了初始值，其初始值是 45.8。

5. 类的类型

一般情况下，UML 中将类分为实体类、边界类和控制类三种。

(1) 实体类

实体类是对系统中需要存储的信息和信息的行为建立模型。实体类具有永久性，类似于数据库中的表一样，用于保存系统的业务信息。UML 中，实体类的构造型(stereotype)被设置为 Entity，如图 5-7 所示。

(2) 边界类

边界类位于系统与外界的交接处，它在一个或多个角色和系统之间建立相互作用的模型。边界类可以是窗口、打印机接口、传感器和终端，要寻找和定义边界类，可以检查用例图。每个参与者和用例交互至少要有一个边界类。在 UML 中，边界类的构造型被设置为 Boundary，如图 5-8 所示。

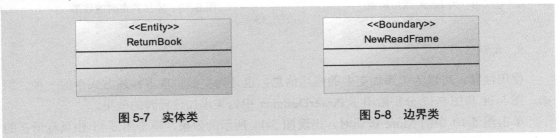

图 5-7　实体类　　　　　　　　　图 5-8　边界类

(3) 控制类

控制类用于负责协调其他类的工作，它建立了一个或几个用例的行为模型。它整理系统的行为并描述一个系统的动态特性，处理主要任务的控制流。每个用例通常都有一个控制类控制用例中的事件顺序，也存在多个用例共享同一个控制类。例如登录用例就需要有用户验证类，该类就是控制类。它通过协调登录边界类与用户信息实体类来完成登录的工作。在 UML 中，控制类的构造型被设置为 Control。

6. 类的职责

在标准的 UML 定义中，有时还应当指明类的另一种信息，就是类的职责。所谓类的职责，就是指类或者其他元素的契约或义务。可以在类标记中操作分栏的下面另加一个分栏，用于说明类的职责。建模者在创建类时，需要声明该类的所有对象具有相同的状态和相同的行为，这些属性和操作正是要完成类的职责。描述类的职责可以使用一个短语、一个句子或者若干句子。

7. 类的约束

类的约束指定了该类所要满足的一个或者多个规则。它是用一个花括号括起来的自由格式的文本，括号中的文本指定了该类所要满足的一个或者多个规则。

例如，图 5-9 为 Book 指定了一个约束。bookinfo 约束指定 bookIsbn 必须是一个字符串，指定时的效果如图 5-10 所示。

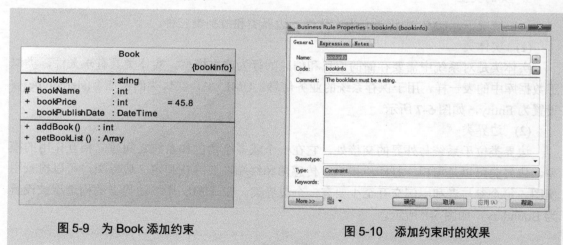

图 5-9　为 Book 添加约束　　　　　图 5-10　添加约束时的效果

8. 类的注释

使用注释，可以为类添加更多的描述信息，也是为类提供理多描述方式中的一种。例如，图 5-11 和图 5-12 分别给出了 PowerDesigner 中为类添加注释时的效果。

单击图 5-10 中的 More 按钮时，出现图 5-11 所示的效果，单击图 5-11 中鼠标所在的按钮时，出现如图 5-12 所示的效果。

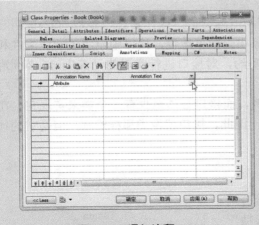

图 5-11 添加注释

图 5-12 注释编辑器

5.1.3 抽象类

有具体对象的类称为具体类，具体类中的操作都有具体实现的方法。抽象类与具体类相反，它是指没有具体对象的类。抽象类是指一个类只提供操作名，而不对其进行实现，对这些操作的实现可以由其子类进行，并且不同的子类可以对同一操作进行不同的实现。简单地说，抽象类就是不能被实例化的类，一般至少包含一个抽象操作。

抽象类一般为父类，用于描述其他类(子类)的公共属性行为(操作)。抽象类是一个非常强大的机制，可以让用户定义通用的属性和操作，但是把如何运作的一些内容留给了子类。使用抽象类与接口的好处是可以设计通用的行为，而不需要定义如何实现这些行为。实现抽象类必须使用继承机制，因此类之间的关系也是紧密耦合的。

在 UML 中，抽象类和上一节介绍的具体类的表达方式是不一样的，它的类型使用斜体字符表示。不同工具的类的符号会有所不同，如图 5-13 所示为 PowerDesigner 中抽象类的表示，图 5-14 则是 Visio 工具中抽象类的表示。

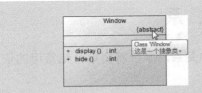

图 5-13 PowerDesigner 中的抽象类

图 5-14 Visio 中的抽象类

5.1.4 接口

类图是由类、接口等模型元素以及它们之间的关系构成的。一个类中只能有一个父类，即一个类只能继承另外一个类，但是使用接口可以继承或实现多个类。使用接口可以避免许多与多重继承相关的问题，它也比抽象类要安全得多。例如，在 C#语言中，允许类

实现多个接口，但是只能继承一个具体类或抽象类。

接口通常被描述为抽象操作，也就是只用标识(返回值、操作名称、参数列表)说明它的行为，而真正实现部分放在使用该接口的对象中。简单地说，接口中声明了一些属性和方法，但是并不会实现它们。它用来规定一种契约，对接口进行实现的元素(即类)必须遵循该契约。

类和接口不同：类可以有其形态的真实实例，而接口必须至少有一个类来实现它。在 UML 2 中，接口被认为是类建模元素的特殊化，因此，接口就像类那样绘制，但是它的顶部区域有自己的符号或文本。

1. 接口的符号

类可以实现一个或者多个接口。接口的符号有两种形式：一种是构造型表示法，另一种是"棒棒糖"表示法，例如，图 5-15 给出了类图中的接口元素符号。在该图中创建了名称是 IStudent 的接口，并且为该接口添加了一个操作。

2. 接口和抽象类

接口与抽象类相似，例如两者都不能产生实例对象，都可以作为一种定义使用。

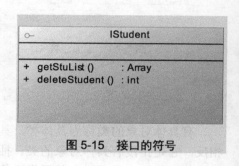

图 5-15　接口的符号

但是，它们之间也存在着很大的不同，主要不同点的说明如下：

抽象类可以包含某些实现代码，但是接口没有任何实现部分。

抽象类可以包含属性，而接口没有属性。

接口可以被结构继承，但是抽象类不可以。

抽象类可以有构造函数和析构函数，但是接口没有。

抽象类可以继承其他类和接口，而接口仅仅能继承接口。

接口支持多继承，而抽象类仅仅支持单继承。

5.2　依　赖　关　系

类与类之间包含依赖、泛化、实现和关联这四种关系，本节将简单介绍常用的依赖关系，包括它的使用和分类两部分内容。

5.2.1　依赖关系概述

依赖是两个元素之间的关系，对一个元素(提供者)的改变可能会影响或者提供消息给其他元素(客户)。也就是说，客户以某种方式依赖于提供者。

在图形上，UML 把依赖描述成一条有方向的虚线，箭头指向被依赖的对象。假设当前存在两个元素 A 和 B，其依赖关系如图 5-16 所示。

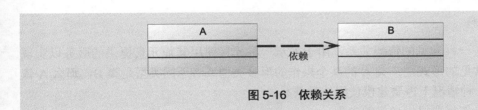

图 5-16　依赖关系

提示：在建立依赖关系时，应该避免出现双向依赖。一般来说，不应该存在双向依赖，从某种意义上来说，在 UML 模型中的关联关系、泛化关系和实现都属于依赖关系，但是这些关系都有特殊的语义，因此可以被作为独立的关系在建模时使用。

如果两个元素其中一个的定义发生改变则会引起另一个元素发生改变，则称这两个元素之间存在依赖关系。对于类来说，依赖可能存在于以下几种情况：

一个类要发送消息给另一个类。

一个类将另一个类作为其数据的一部分。

一个类的操作中，将另一个类作为其参数。如果一个类改变了接口，则任何发送给该类的消息可能不再有效了。

【例 5.2】

在实际生活中，依赖关系的例子很多，例如人和船、任课教师和课程表，以及电视机和频道等。例如，图 5-17 给出了 TV 类和 Channel 类之间的依赖关系，TV 表示电视机，Channel 表示频道。

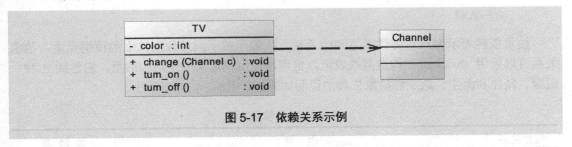

图 5-17　依赖关系示例

依赖强调的是类发生改变引起其他类相应地变化，它不仅可以由于类之间的关联引起，也可以由于类的参数变化(该参数也是类)以及类之间消息传递机制引起。只要是类发生了变化引起另一个类变化，都可以说是存在依赖。

5.2.2　依赖关系分类

在 UML 规范中定义了 4 种基本的依赖类型，它们分别是使用依赖(Usage)、抽象依赖(Abstraction)、授权依赖(Permission)和绑定依赖(Binding)。在 UML 2 中还增加一种新的依赖关系，即替代依赖。

1. 使用依赖

使用依赖是一种常见的依赖关系，用于表示一种元素使用其他元素提供的服务以实现它的行为。最常见的形式是：类 A 的某个操作的形参类型或者返回类型是类 B，那么 A 依赖 B。在以下 3 种情况下需要建模使用依赖关系：

客户类的操作需要提供者类的参数。

客户类的操作在实现中需要使用提供者类的对象。

客户类的操作返回提供者类型的值。

可以将使用依赖关系进行分类，表 5-1 列出了 5 种使用依赖关系。

表 5-1　使用依赖关系

依赖关系	说　　明	关　键　字
使用	用于声明使用某个模型元素需要到已存在的另一个模型元素，这样才能实现使用者的功能，包括调用、参数、实例化和发送	use
调用	用于声明一个类调用其他类的操作方法	call
参数	用于声明一个操作与其参数之间的关系	parameter
实例化	用于声明使用一个类的方法创建了另一个类的实例	instantiate
发送	用于声明信号发送者和信号接收者之间的关系	send

在表 5-1 列出的几种使用依赖关系中，第一种使用依赖最为常用，调用依赖和参数依赖一般很少用。实例化依赖用于说明依赖元素会创建被依赖元素的实例，发送依赖用于说明依赖元素会把信号发送给被依赖元素。

2. 抽象依赖

抽象依赖表示客户与提供者之间的关系，依赖于在不同抽象层次上的模型元素。抽象关系可以采用 abstraction 构造型来表示，也可以使用预定义的一组构造型，它包括 3 种：跟踪、精化和派生。这 3 种抽象依赖的说明如表 5-2 所示。

表 5-2　抽象依赖关系

依赖关系	说　　明	关　键　字
跟踪	用于描述不同模型中元素之间的连接关系，但是没有映射精确。这些模型一般分属于开发过程中的不同阶段。跟踪依赖缺少详细的语义，它主要用来追溯跨模型的系统要求以及跟踪模型中会影响其他模型的模型所发生的变化	trace
精化	用于表示一个概念的两种形式之间的关系，这种概念位于不同的开发阶段或者处于不同的抽象层次。这两种形式的概念并不会在最终的模型中共存，其中的一个一般是另一个的不完善的形式	refinement
派生	用于声明一个实例可以从另一个实例导出	derive

3．授权依赖

授权依赖表达一个模型元素访问另一个模型元素的能力。被依赖元素通过规定依赖元素的权限，可以控制和限制对其进行访问的方法。常用的授权依赖包括 3 种，具体说明如表 5-3 所示。

表 5-3　授权依赖关系

依赖关系	说　明	关 键 字
访问	用于说明允许一个包访问另一个包	access
导入	用于说明允许一个包访问另一个包，并为被访问包的组成部分增加别名	import
友元	用于说明允许一个元素访问另一个元素，无论被访问的元素是否具有可见性	friend

4．绑定依赖

绑定依赖是一种较高级的依赖类型，用于绑定模板以创建新的模型元素。在 UML 中，表示绑定依赖的关键字为 bind，它是具有精确语义的高度结构化的关系，可通过取代模板备份中的参数来实现。

5．替代依赖

替代依赖是 UML 2 中新增加的一个依赖，它是实现依赖性的一种类型，也是实现类元的另外一种方法。替代依赖的关键字是 substitute，在替代依赖中，作为客户的一方取代了作为提供者的类元。在需要对系统进行定制的时候，替代依赖尤其好用。

5.3　关　联　关　系

关联是模型元素之间的一种语义联系，它是一种结构关系，是对具有共同的结构元素、行为元素、关系和语义的链接的描述。下面将简单介绍类图中的关联关系，包括它的概念、分类、聚合关系、组合关系以及如何建立关联等多个内容。

5.3.1　关联关系概述

关联关系表示元素之间的一种固有关系，是描述类的结构之间的关系。例如，教师和学生、职工和工资、父母和儿女之间都存在关联关系。

关联关系表现为一个对象能够获得另一个对象的实例引用并调用它的服务(即使用它)。定义了类或对象之间的关系规则，表示某个类以属性的形式包含其他类的对象，也就一般表现为类的属性(实例变量)。关联具有关联名称、角色、多重性、导航性、定序、约束和可变性等多个特性，图 5-18 给出了一个基本的关联关系图。

图 5-18   公司和员工的关联关系

对于两个相对独立的类，当一个类的实例与另一个类的一些特定实例存在固定的对应关系时，这两个类之间为关联关系。上述图 5-18 中，每个公司对应一些特定的员工，每个员工对应一个特定的公司。比如客户和订单，每个订单对应特定的客户，每个客户对应一些特定的订单。

1. 关联的名称

对关联进行命名是为了清晰而简洁地说明对象间的关系，同时可以用于指导对对象之间的通信方式进行定义，也决定每个对象在通信中所扮演的角色。一般情况下，使用一个动词或者动词短语来命名关联关系。关联的名称并不是必需的，如果关联关系已经非常清楚，就无须关联的名称。通常情况下，读者习惯从左到右阅读，所以在阅读时会使用某种方式告诉读者，这时可以使用方向指示符。将方向指示符放在关联名称的某一侧，以方便向读者说明应如何理解关联名称。

2. 关联的角色

关联关系可以通过添加角色来进一步丰富。角色是关联关系中一个类对另一个类所表现出来的职责，任何关联关系中都涉及到与此关联有关的角色，也就是与此关联相连类的对象所扮演的角色。

在类图中，使用角色可以帮助读者理解第一个类对于第二个类的作用。角色与多重性显示在相同的位置，在指示类之间关系线的上面或者下面，例如在图 5-18 中，"公司"和"员工"都是角色名称。

与关联名称相比，角色名称从另一个角度描述了不同类型的对象是如何参与关联的。关联中的角色通常使用字符串命名，角色可以是名词或名词短语，以解释对象是如何参与关系的。类图中的角色名通常放在角色有关的关联关系的末尾，并且紧挨着使用角色的类。角色名不是类的组成部分，一个类可以在不同的关联中扮演不同的角色。

由于角色名称和关联名称都被用来描述关系，因此角色名称可以代替关联名称，或者两者同时使用。如果关联名与角色名相同时，可以不标出角色名称，而使用关联名称。

3. 关联的多重性

在进行系统建模时，有时会需要一个关联的实例中有多个相互连接的对象，这时需要使用多重性。关联的多重性是指有多少对象可以参与关联，它可以用来表达一个取值范围、特定值、无限定的范围或者一组离散值。

UML 中，关联的多重性用数字标识的范围来表示，其格式为"minimum..maximum"，其中 minimum 和 maximum 都表示 int 类型。例如 0..9，它所表示的范围的下限为 0，上限为 9，下限和上限用两个圆点进行分隔，该范围表示所描述实体可能发生的次数是 0 到 9 中的某一个值。

多重性也可以使用符号"*"来表示一个没有上限或者说上限为无穷大的范围。例如，范围 0..*表示所有的非负整数。下限和上限都相同的范围可以简写为一个数字。例如，范围 2..2 可以用数字 2 来代替。

除上面介绍的表示外，多重性还可以用另外一种形式来表示：即用一个由范围和单个数字组成的列表来表示，列表中的元素通常以升序形式排列。例如，有一个实体是可选的，但如果发生的话，就必须至少发生两次以上，那么在建模时就可以用多重性 0,3..* 来表示。

赋给一个端点的多重性表示该端点可以有多个对象与另一个端点的一个对象关联。例如，在表 5-4 中列出了一些常用的多重性取值。

表 5-4　常用的多重性取值

取值表示	说　明
0..1	0 个或 1 个
1	类与类之间是一对一关联，只能 1 个
0..*	0 个或多个
*	其表示含义与 0..*的含义是一致的，表示 0 个或多个
1..*	表示一对多关联，可以是 1 个或多个
1..n	表示一对 N 关联，n 的取值可以是任何的整数值。如 3、4、5、6 和 10 等
5..15	表示一对有限间隔，5 到 15 个
9,10	表示一对一组选择，如 9 个或 10 个

在表 5-4 中，"*"符号表示一个没有上限或者说上限为无穷大的范围。或(OR)关系有两种表示：一种是使用两点(..)；另一种是使用逗号。

【例 5.3】

在类关系的任何一端添加多重性，分别通过图 5-19、图 5-20、图 5-21 和图 5-22 进行举例说明。

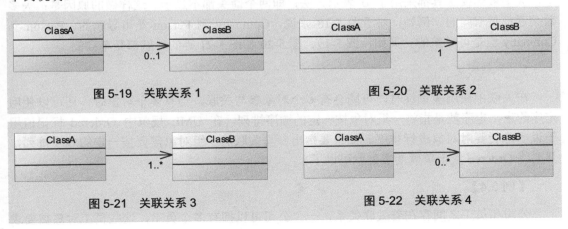

图 5-19　关联关系 1

图 5-20　关联关系 2

图 5-21　关联关系 3

图 5-22　关联关系 4

在该示例的 4 个效果图中，图 5-19 表示 ClassA 对象可以与一个 ClassB 对象关联，也可以不关联；图 5-20 表示 ClassA 对象必须且只能与一个 ClassB 对象关联；图 5-21 表示 ClassA 对象必须至少与一个 ClassB 对象关联；图 5-22 表示 ClassA 对象可以与 0 个或多个 ClassB 对象关联。

传统的多重性有 4 种形式，它们分别是"1 对 1"、"1 对多"、"多对 1"和"多对多"。假如 A 和 B 分别表示两个元素，如下对这 4 种关系进行了说明。

1 对 1 关联：表示 A 的一个对象和 B 的一个对象关联，这两个对象具有相同的生命周期，这种关联关系依赖于两个对象而存在。

1 对多关联：表示类 A 的一个对象和类 B 的多个对象关联，这种关联关系依赖于一个类 A 的对象和一个以上类 B 的对象而存在。但是类 B 的对象可以具有关联动态性，即不仅数目可变，对象顺序也可变，而类 A 的对象具有确定性。

多对 1 关联：表示的意义和特征与"1 对多"恰好相反。

多对多关联：表示多个类 A 的对象和多个类 B 的对象具有关联关系，该关联涉及的对象都可以具有关联动态性，当两种对象都具有关联动态性时，这种关联关系比较复杂，实现起来相对困难。所以，在实现时应尽量限制关联的动态性，也可以在一定条件下将其转换为多个 1 对多或多对 1 关联。

换句话说，在上述 4 种关联中，"多对多"包含了"1 对多"和"多对 1"作为其特殊情形；而"1 对 1"则是"1 对多"和"多对 1"的特例。"1 对 1"是最严格的限制，"多对多"是最一般的说明。所以多重性初始为"多对多"，也就是说，一个关联端的多重性初始时为"*"，即 0 个到多个，而且多个元素之间是不重复的。

4．关联的导航性

关联具有方向性，即导航性，它表示类的关联方向。具体地说，导航性用来描述一个对象通过链进行导航访问另一个对象，也就是说，对一个关联端点设置导航属性意味着本端的对象可以被另一端的对象访问。导航性使用关联端点的箭头表示，如果存在箭头，则表示关联端点是可导航的，反之则不成立。

如果两个关联端点都是可导航的，可以将关联的两个端点处都放置箭头。在这种情况下，大多数建模工具都采用了 0 表示方法，即两个箭头都不显示。这样做的原因是：大多数关联都是双向的。例如，对于图 5-18 来说，Company 到 Person 是可导航的，Person 到 Company 也是可导航的。又如，图 5-19、图 5-20 和图 5-21 等的导航都是单向的。

5．关联的定序

在关联中使用多重性时，可能会有多个对象参与关联，当有多个对象时，还可以使用定序约束，定序就是指将一组对象按一定的顺序排列。在 UML 规范中 Ordered 标记值用于说明是否要对对象进行排序。如果要指出参与关联的一组对象需要按一定的顺序排列，只要将 Ordered 置于关联端点处就可以了。

【例 5.4】

公司和员工之间存在着关联关系，一个公司可以拥有多个员工，这些员工对象被要求按照一定的顺序进行排列。如果对象不需要按照一定的顺序排列，那么可以省略 Ordered 的设置。

例如，在图 5-23 中显示了 Company 和 Person 之间关联的定序。

图 5-23　关联的定序

6. 关联的约束

构造型、标记值和约束是 UML 的 3 种扩展机制。约束定义了附加于模型元素之上的限制条件，保证了模型元素在系统生命周期中的完整性。约束的格式实际上是一个使用特定语言表达的文本字符串，几乎可以被附加到模型中的任何元素上。约束使用的语言可以是 OCL 或者某种编程语言，甚至也可以是自然语言，例如中文或者英文。

约束规定了实现关联端点时必须遵守的一些规则，关联端点上的约束还可以用于限定哪些对象可以参与关联。对关联有以下常用的约束。

implicit：该关联只是概念性的，在对模型进行精化时不再用。

ordered：具有多重性的关联一端的对象是有序的。

changeable：关联对象之间的链是可变的(添加、修改和删除)。

addonly：可以在任意时刻增加新的链接。

frozen：冻结已创建的对象，不能再添加、删除和修改它的链接。

xor：或约束，某时刻只有一个当前的关联实例。

【例 5.5】

本例在上个示例的基础上添加了一个约束，使用一个英文字符串来限制 Person 中必须包含 personName 字段，效果如图 5-24 所示。

图 5-24　关联的约束

在 PowerDesigner 中指定关联的名称、多重性、定序和约束等内容时非常简单，为模型元素添加关联关系后双击，在如图 5-25 所示的弹出对话框中编辑关联名称和构造型等信息。单击 Detail 选项卡可以设置详细信息，如图 5-26 所示。另外，单击 Rules 选项卡可以查看或者添加约束，单击 Notes 可以添加文本信息或者注释等信息。

图 5-25 关联基本信息

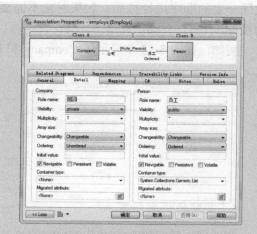

图 5-26 关联详细信息

在图 5-25 中，Type 选项后面的内容表示关联的管理类型，该情况下是普通的关联关系，Aggregate 表示聚合关系，Composition 表示组合关系。在图 5-26 中，Role name 表示角色名称，Visibility 表示可见性，Multiplicity 表示多重性，Ordering 用于定序排序，Initial value 表示初值。另外，在该图选中 Navigable 复选框则表示可以导航，具有导航的效果。

5.3.2 常见的关联

在实际的开发中，二元关联是最常见的一种关联，只有两个类参与的关联可以将其称为二元关联。在前面的示例中，它们都属于二元关联。除了二元关联外，一个类可以与自己关联，这时将其称为自关联。三个类或者三个类以上的关联可以将其称为 N 元关联。下面将简单介绍常用的几种关联情形，例如自关联、关联类和限制关联等。

1. 自关联

一个类可以与自己关联，这时可以将其称为自关联或者自身关联。例如，人之间的关系就可以是一个自关联的例子。在不同的语境中，人之间有不同的关系。例如，在一个家庭语境中，人之间有"婚姻"、"父母和子女"等关系。

【例 5.6】

本例根据家庭语境中人之间的关系抽象出一般性的类图，它描述 FamilyPerson 类的两个自关联，效果如图 5-27 所示。

在图 5-27 中，Mate 表示夫妻关系，Parent-children 表示了父母和子女的血亲关系，而且限定了多重性。另外，从概念上来讲，一个人的血亲父母是一定存在的，那么在 Parent-children 关联的 parents 一端的多重性应该为 2。在该图中将多重性设置为"0..2"，这是考虑到当一个孩子对象创建时，可能其父或母对象还没有建立。

在工作语境中，一个人最多为一个老板工作，而一个老板有多个人为其工作，一个老板上面可能还有老板，此人可能是最大的老板，或者此人已经被解雇了。例如，图 5-28 给出了 WorkerPerson 和 Company 类之间的关系。

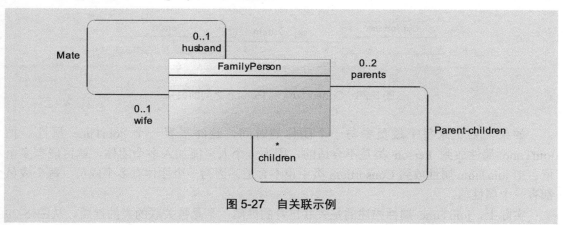

图 5-27 自关联示例

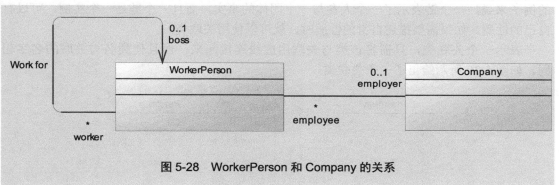

图 5-28 WorkerPerson 和 Company 的关系

从图 5-28 中可以看出，WorkerPerson 之间的自关联是单向的。一个人最多作为一家公司的雇员，一家公司可以有多名雇员，其中一部分是老板，另一部分是雇员。

试一试：可以为自关联添加约束，例如，如果一个人有老板，那么他的雇主也是他的老板的雇主，简单地说，一名雇员和他的老板应该是同一家公司的雇员。读者可以动手一试，为图 5-28 中的 WorkerPerson 类添加一个约束。

2. 关联类

在某些应用问题中，不仅需要使用关联来表示两个类之间存在着一个对用户的业务有意义的关系，而且可以要求通过这个关联给出更多有用的信息。为了解决这个问题，OMT (Object Modeling Technology，对象建模技术)方法对基本关联的概念进行了扩充，提出了关联类(Association Class)的概念。

一个关联类是表示关联的一个类，它不仅连接一组类元，而且可定义关联自身的一组性质和操作。换句话说，关联类既是类，也是关联，它有着关联和类的特性，可以将多个类连接起来，同时又具有属性和操作。

例如，图 5-29 中给出了 Consortium 和 Person 之间的关系，前者表示团体类，后者表

示成员类。

图 5-29　Consortium 和 Person 之间的关系

如果需要记录每个成员参与一个团体的时间，这时需要一个 joinTime 属性。把 joinTime 属性放到 Person 类是不合适的，因为一个人可能加入多个团体，就可能有多个值。把 joinTime 属性放到 Consortium 类中也不合适，因为一个团体有多个成员，每个成员都有一个属性值。

实际上，joinTime 属性描述的是关联自身的性质，不是被关联的类的性质。从图 5-29 的例子来说，一个链表示了一个人参与一个团体的事实，而且一个链是一个实例，可以有自己的性质。如果需要描述自身的性质时，就可以使用关联类。

表示一个关联类，只需将该类与关联用虚线连接起来，而且使类名与关联的名字相同，如图 5-30 所示给出了一个关联类。

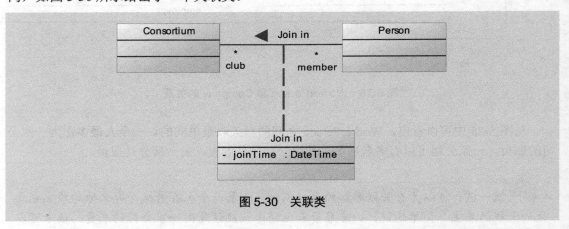

图 5-30　关联类

Consortium 和 Person 之间是一种多对多的关系，在前面介绍多对多关系时提到过，实现多对多关系时，可以分为多个 1 对多或多对 1 的关联。因此，如果要描述成员参与团体的时间，还有另一种可选方案：建立一个新的类，将其放在 Consortium 和 Person 之间，分别建立两个多对一的关联，如图 5-31 所示。

图 5-31　两个多对一关联取代多对多关联

在图 5-31 中使用两个多对一关联取代了多对多关联，该图中的 Join 类并不是一个关联类，但是它的每一个对象都包含了对一个团队和一个成员的引用，所以它能表达关联类的部分语义。

关联类和两个多对一关联取代多对多关联管理的语义大致相同，但是并不完全相同。关联类的本质仍然是一个二元组，但是有一个限制，同一个人参与同一个团体只能有一次，所以加入时间只有一个值，图 5-30 有这种限制，而图 5-31 则没有。在图 5-31 中，同一个人可以多次参与同一个团体，这导致在同一个人和同一个团体之间，可能有多个不同的加入时间值。如果后者在创建 Join 对象时限制同一个人和同一个团体只能出现一次，那么这两种方案就是一样的。

3. 限定关联

例如，对于图 5-29 中 Consortium 和 Person 之间的关系，可以考虑这样一种情况。各个团体为了方便管理成员，通常会为每个成员编一个唯一序号。一个人如果加入多个团体，那么就可以拥有多个序号。如果各个团体之间所使用的序号集合自行定义，那么就有可能出现重复的情况。

如果把序号放到 Person 类中，一个人可能由于加入团体而有多个序号，序号可能会重复，因此这种情况是不可行的。如果把序号放到一个集合，并将集合放到 Consortium 类中也不合理，这不能表示一个序号就一个 Person 对象的关系。还有一种情况，将序号放到 Join in 关联类中，这样当加入一个新成员时，就会设置一个新序号，而且能唯一对应一个成员和一个团体。

为了表示这种关联和标识的双重作用，可以采用限定符和限定关联来表示这种特性。限定关联通常用在一对多或者多对多的关联关系中，可以将模型中的重数从一对多变成一对一，或者从多对多简化成多对一。在 UML 类图中，把限定词放在关联关系末端的一个矩形框内。

5.3.3 聚合关联

聚合关联是一种特殊的关联关系，聚合是整体和个体之间的关系，即 has-a 的关系，此时整体与部分之间是可以分离的，它们可以具有各自的生命周期，部分可以属于多个整体对象，也可以作为多个整体对象共享。

在聚合关联关系中，一个类是整体，它由一个或者多个部分类组成，当整体类不存在时，部分类仍然能够存在，但是当它们聚集在一起时，可以组成相应的整体类。聚合关系的例子有很多，例如公司与员工的关系、计算与 CPU，以及汽车和轮胎等。

聚合关系是一种特殊的关联，表示两个类的实例之间存在一种拥有或属于关系，是较弱的"整体-部分"关系，或是逻辑上的"隶属"关系。在 UML 类图中，使用带空心菱形的实心线来表示聚合关系，其中菱形指向整体。

【例 5.7】

在汽车与发动机和车轮之间的关系中，汽车包括发动机和车轮，其聚合关系如图 5-32 所示。

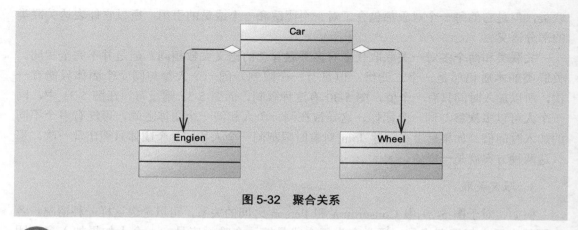

图 5-32　聚合关系

5.3.4　组合关联

聚合关联描述了整体类与部分类的关系，并且部分类可以脱离整体而存在。但是，有些情况下，部分类的生命周期不独立于整体类的生命周期，即部分类不能够脱离整体而单独存在，这时可以将这种关系称为组合关系。在有些资料中，也会把组合关系称为组合聚合或者合成关系等。

可以说，组合关系是一种特殊的关联关系，更具体地说，组合关系是一种特殊的聚合关系，它比聚合关系还强。

在 UML 类图中，组合关系使用带实心菱形的实线来表示组，实心菱形指向整体。组合关系的例子很多，例如数据库与数据库表的关系，数据库不存在了，该数据库下的表也不会再存在。又如，公司与部门之间的关系，公司破产倒闭了，其部门也不再存在。

【例 5.8】

人的身体包括脑袋、四肢和躯干各个部分，它们与人存在着一种组合关系，如图 5-33所示为组合关系图。

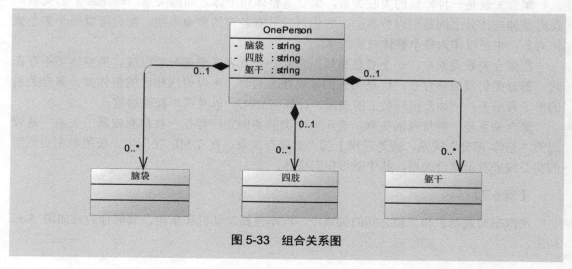

图 5-33　组合关系图

聚合和组合不同，主要区别如下所示：

聚合关联关系是"has-a"关系，组合关联关系是"contains-a"关系。

聚合关系表示整体与部分的关系，它比较弱，而组合比较强。

聚合关系中部分对象与整体对象的生存期无关，删除整体对象不一定就删除了部分对象。组合关系中，一旦删除整体对象，同时也就删除了部分对象。

5.3.5　建立关联

在前面的小节中，已经详细介绍过常见的关联关系，那么应该如何确定元素之间的关联呢？简单步骤如下。

(1)　根据问题域和系统责任发现所需要的关联。在 OOA(Object-Oriented Analysis，面向对象分析方法)模型中建立关联的基本出发点就是从问题域中抽象出系统中所要表达的关联。对模型中的所有类，一经发现，就要考虑每两个类之间是否存在这样的关联关系，并提出以下几个问题：

在问题域中，这些类所描述的实际事物之间有哪些是值得注意的关系。

这种关系在逻辑上是否需要通过来自各个类的对象实例所构成的有序对来体现。

这种关系体现的信息是否需要在系统中进行保存、管理或维护。

系统为完成其功能，是否查阅和使用由这种关系所体现的信息。

(2)　认识关联的属性和操作。"关联的属性和操作"与"关联类"的概念可以作为分析过程的中间环节上的过渡物，主要思考过程如下：

发现模型中的两个或多个类之间需要建立一个关联。

发现系统还需要这个关联提供更多的信息，把这些信息看成关联的属性和操作，并用关联来描述吗？

无论对上述问题如何回答，都需要分析这些信息描述了问题域中的哪些模型元素。

将上一步中的模型抽象为系统中的对象，并用一个新增加的类来描述这些信息。

建立新增加的类和原先的各个类之间的关联来代替旧的关联。

(3)　分析关联的多重性。确定关联的多重性是一个关联不可缺少的重要步骤，对关联的实现起到了至关重要的作用。对于每个关联，从它每个端点上的类来考察，看本端的一个对象实例可以和另一端的多少个对象实例发生关联，以确定另一端对象实例的数量约束，然后把分析结构标注到连接线的另一端。

(4)　处理一些比较复杂的情况。处理关联中比较复杂的情况，例如多对多关联。

(5)　给出关联名或角色名，以表示这个关联描述了一种什么关系。

(6)　为关联进行定位。

5.4　泛 化 关 系

应用程序中通常包含大量紧密相关的类，如果一个类 A 的所有属性和操作能被另一个类 B 所继承，则类 B 不仅可以包含自己独有的属性和操作，而且可以包含类 A 中的属性和操作，这种机制就是泛化(Generalization)。下面将简单了解一下泛化关系，包括泛化关系的含义、用途和分类等内容。

5.4.1 泛化关系概述

用户在解决一些复杂的问题时，常常需要将具有共同特征的元素抽象成类别，并且通过增加内容而进一步分类。例如，可以将车分为卡车、轿车、火车、电动车以及自行车等。这类似于 Java 或者 C#中的继承，因此，很多地方将泛化关系称为继承关系。

泛化关系指出类之间的"一般与特殊关系"，它描述了"is a kind of"(是……的一种)的关系。泛化关系只使用在类型上，而不是实例上。在类中，一般元素被称为超类或者父类，而特殊元素被称为子类，例如在 Java 中使用 extends 关键字来直接表示这种关系。

用离散数学术语来说，泛化关系是一种偏序关系，其特点如下所示：

泛化关系具有传递性，这意味着如果 A 是 B 的泛化，B 是 C 的泛化，那么 A 是 C 的泛化。使用另一种说法更加容易理解——B 是 A 的子类，C 是 B 的子类，那么 C 就是 A 的子类。

泛化关系具有不可逆性，如果 A 是 B 的泛化，那么 B 就不是 A 的泛化。

泛化关系具有反自反性，对于任何一个类，它都不是自己的泛化。

在 UML 类图中，泛化关系使用一个带三角箭头的实线来表示，箭头指向父类。例如，根据人的角色或者身份的不同，可以将其分类，例如将人分为管理员、工程师和推销员等。

一种比较合理的设计是建立角色的分类，使一个人能同时扮演一个或者多个角色，从而使不同身份的人能具有相应的状态和行为，如图 5-34 所示为它们之间的泛化关系。

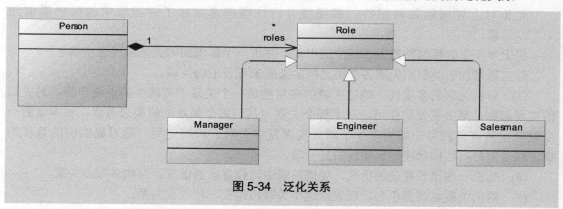

图 5-34　泛化关系

可以将泛化关系用在多个地方，它有两个用途。第一个用途是用来定义下列情况：当一个变量(例如参数或者过程变量)被声明承载某个指定类的值时，可以使用类或其他元素的实例作为值，这被称为可替代性原则。替代性原则表明无论何时声明父类，其后代的一个实例就可以被使用。例如，如果变量被声明拥有借贷，那么一个抵押对象就是一个合法的值。

泛化关系使多态操作成为可能，多态操作的实现是由它们所使用的对象的类来决定的，而不是由调用者所决定的。

这是因为一个父类可以有许多子类，每个子类都可实现定义在类整体集中的同一操作的不同变体。

例如，在抵押和汽车借贷上计算利息会有所不同，它们中的每一个都是父类借贷中计算利息的变形。一个变量被声明拥有父类，接着任何子类的一个对象可以被使用，并且它们中的任何一个都有着自己独特的操作。

泛化的另一个用途是在共享祖先所定义的成分的前提下允许它自身定义增加的描述，这被称作继承。

继承是一种机制，通过该机制类的对象的描述从类及其祖先的声明部分聚集起来。继承允许描述的共享部分只被声明一次而可以被许多类所共享，而不是在每个类中重复声明并使用它，这种共享机制减小了模型的规模。

5.4.2 常用的泛化

一般情况下，将泛化分为完全泛化、不完全泛化和交叠泛化三类。完全泛化是指一般类特化出它所有的子类，称为完全泛化，通过 complete 关键字标记。不完全泛化即未特化出它所有的子类，称为是不完全泛化，通过 incomplete 关键字标记。交叠泛化是指在继承树中，如果存在某种具有公共父类的多重继承，称为是交叠的，否则是不交的。

例如，图 5-35 给出了重叠泛化的示例。

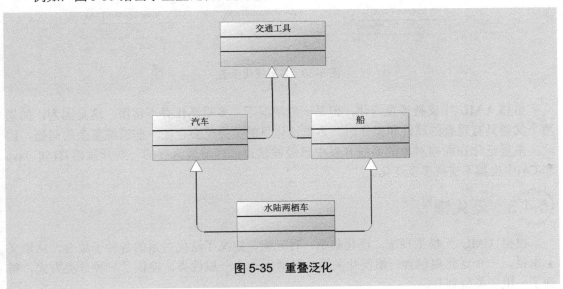

图 5-35 重叠泛化

使用泛化的基本原则是：只有在一个类确定是另外一个类的特殊类型时，才可以使用泛化。泛化可以进行嵌套，即一个子类的父类可以是另一个父类的子类，在泛化中，会将其称为层次泛化或者泛化嵌套。例如，在图 5-35 中，汽车不仅是水陆两栖车的父类，还是交通工具的子类。

泛化中还存在着多重泛化，多重泛化是指在类图中，同一个类不仅可以包含多个子类，还可以同时拥有多个父类。例如，坦克是一种武器，但是也可以将其作为一种交通工具来使用。

例如，图 5-36 给出了多重泛化的示例。

在图 5-36 中，Tank 类不仅是 SpecialTank、AmphibiousTank 和 InvestigationTank 三个子类的父类，同时也是 Vehicle 和 Weapon 的子类，它除了继承 Vehicle 和 Weapon 两个类的属性和操作外，还具有自己的两个操作。

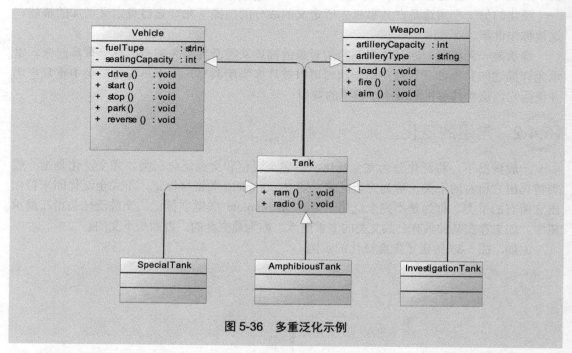

图 5-36　多重泛化示例

虽然 UML 中支持多重泛化，但是一般情况下，多重泛化并不常用。这是因为，如果两个父类具有重叠的属性和操作时，多重泛化里的父类就会存在一些错综复杂的问题。因此，多重泛化在面向对象的系统开发中已经被禁止，当前最流行的一些开发语言(如 Java 和 C#)中也都不支持多重泛化。

5.4.3　泛化集

根据 UML 元模型规范，泛化集是一种元素，定义了泛化关系的各种子集合。从语义上来说，一个泛化集包含一组泛化关系，针对同一个一般性类，提供了一种分类方式，得到了一组子类型划分。

泛化集一般需要命名，命名时有多种方式：可以各自命名，也可以合并用一个名称，还可以使用虚线连接多个泛化再给出命名，即使不命名，也可以说明两个泛化位于同一个泛化集中。

例如，在图 5-37 中给出了两种常用的泛化集的命名方式。

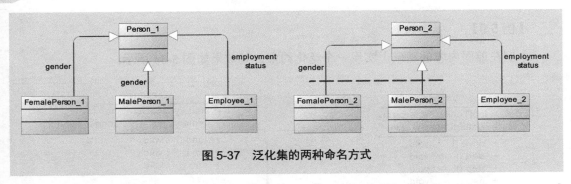

图 5-37 泛化集的两种命名方式

一个泛化集有两个重要属性：isCovering(是否完全)和 isDisjoint(是否不相交)。

isCovering：该属性说明特殊类的集合是否完全覆盖了一般类的所有实例。如果值为 true，对于一般类的任一个实例，至少存在一个特殊类，该实例是该类元的一个实例。

isDisjoint：该属性说明特殊类之间是否有共同的实例，如果它的值为 true，说明各个特殊类之间没有共同实例，通过 disjoint 关键字表示，即交集为空。如果为 false，则在各个特殊类之间至少存在一个共同实例，即交集不为空，有重叠，通过 overlapping 表示。

5.4.4 泛化约束

泛化关系可以添加约束，泛化约束用于表明泛化有一个与其相关的约束，带有约束条件的泛化也被称为受限泛化。受限泛化有两种情况：如果有多个泛化使用相同的约束，可以绘制虚线穿过两个泛化，并且在花括号中标注约束名；如果只有一个泛化，或者多个泛化共享关联的空箭头部分，就只需在朝向空箭头的花括号中建模约束即可。

一般情况下，UML 将泛化约束分别规定为 4 种：不完全约束、完全约束、解体约束和重叠约束。

(1) 不完全约束(Incomplete Constraint)

它表示类图中没有完全显示出泛化的类，该约束可以让读者知道类图中显示的内容仅仅是实际内容的一部分，而不是全部，其余的内容可能位于其他的类图中。

(2) 完全约束(Complete Constraint)

完全约束则完全与不完全约束相对，当类图中存在完全约束时，表示类图中已经显示了全部的内容。

(3) 解体约束(Disjoint Constraint)

与完全约束和不完全约束相比，解体约束更加复杂。它表示紧靠在约束下面的泛化类不能够将子类化为通用的类。

(4) 重叠约束(Overlapping Constraint)

重叠约束是与解体约束的作用相反的一个泛化约束，该约束表示两个子类可以共享相同的子类。

【例 5.9】

本例在前面内容的基础上实现一个泛化约束，其效果如图 5-38 所示。

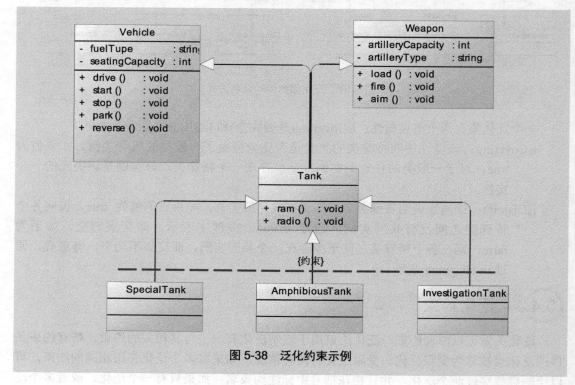

图 5-38　泛化约束示例

5.5　实　现　关　系

实现关系指定了两个实例之间的一个合同，一个实体定义一个合同，而另一个实体保证履行该合同。实现关系通常用在接口以及实现该接口的类之间，或者用例和实现该用例的协作之间，用来指定规格，说明与其实现之间的关系。

在 UML 类图中，实现关系使用三角箭头的虚线来表示，箭头指向接口，即被实现元素。例如，在图 5-39 中给出了一个实现关系的例子，其中 MyClass 类实现了 IMyInterface 接口。

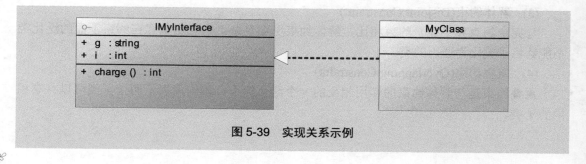

图 5-39　实现关系示例

实现关系与泛化关系不同，两个主要的不同点如下所示：

实现关系表示类是接口所有特征和行为的实现，而泛化关系表示了类与类之间的一种
继承关系。实现关系和泛化关系都可以将一般描述与具体描述联系起来，但是它
们之间也有很大的不同。

实现关系将不同语义层的元素连接起来，并且通常建立在不同的模型内。不同的发展
阶段可能会有不同数目的类等级存在，这些类等级的元素通过实现关系联系在一
起。泛化关系则表示将同一语义层上的元素连接起来，并且通常会建立在同一个
模型内。

截止到本节为止，已经介绍过类与类之间的关系，这些关系的强弱程度不同，从强到
弱的结果是：泛化关系=实现关系>组合关系>聚合关系>关联关系>依赖关系。

【例 5.10】

大自然中的事物千奇百怪，什么都有。举例来说，大自然中包含动物，动物的生存离
不开水和氧气。可以将动物分为多种类型，例如鸟类、爬行类和其他动物类等。而鸟类又
可以包含多种，例如，大雁、鸭和企鹅等。大雁属于雁群的一种，企鹅需要气候条件到了
才会进行迁移，唐老鸭不仅是鸭类的一种，还可以讲人话。例如，图 5-40 给出了一个类图
示例，它将前面介绍的内容完全结合起来。

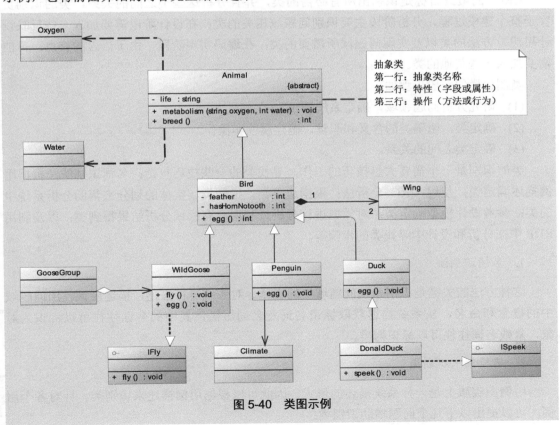

图 5-40　类图示例

在图 5-40 中，Animal 是一个表示动物的抽象类，它有几大特征，例如有新陈代谢、能繁殖，动物要有生命，则需要氧气、水和食物等，也就是说，动物依赖于氧气和水，它们之间是依赖关系。

Animal、Bird、WildGoose(大雁)、Penguin(企鹅)、Duck(鸭)和 DonalDuck(唐老鸭)之间是继承关系。WildGoose 实现了一个 IFly(飞翔)接口，另外，大雁是群居动物，每只大雁都属于一个 GooseGroup(雁群)，一个雁群可以有多只大雁，因此 WildGoose 与 GooseGroup 之间满足聚合关系。

Penguin 与 Climate(气候)有很大的关系，企鹅需要"知道"气候的变化，需要"了解"气候规律。当一个类"知道"另一个类时，可以使用关联关系。

Bird 表示鸟，Wing 表示翅膀，鸟和翅膀是整体与部分的关系，并且翅膀和鸟的生命周期是相同的，因此它们属于组合关系。组合关系的连线两端还有数字 1 和数字 2，这表示一只鸟有两支翅膀。

5.6 类图建模步骤

UML 的最终目标是识别出所有必需的类，并且分析这些类之间的关系，类的识别贯穿于整个建模过程，分析阶段主要识别问题域相关的类；在设计阶段需要加入一些反映设计思想、方法的类以及实现问题域所需要的类；在编码实现阶段，由于语言的特点，可能需要加入一些其他的类。

类图建模的一般步骤如下。

(1) 研究分析问题领域，确定系统需求。

(2) 确定类，明确类的含义和职责，确定属性和操作。

(3) 确定类之间的关系。

类的识别是一个需要大量技巧的工作，寻找类的一些技巧包括：名词识别法；根据用例描述确定类；使用 CRC 分析法；根据边界类、控制类、实体的划分来帮助分析系统中的类；参考设计模型确定类；对领域进行分析或利用已有领域分析结果得到类；以及利用 RUP 中在分析和设计中寻找类的步骤等。

1．名词识别法

这种方法的关键是识别系统问题域中的实体。对系统进行描述，描述应该使用问题域中的概念和命名，从系统描述获取标识名词及名词短语，其中的名词往往可以标识为对象，复数名词往往可以标识为类。

2．从用例中识别类

用例图实质上是一种系统描述的形式，因此可以根据用例描述来识别类。针对各个用例，可以提出以下几个问题辅助识别类：

用例描述中出现了那些实体？

用例的完成需要哪些实体合作？

用例执行过程中会产生并存储哪些信息？

用例要求与之关联的每个角色的输入是什么？

用例反馈与之关联的每个角色的输出是什么？

用例需要操作哪些硬设备？

在面向对象应用中，类之间传递的信息数据要么可以映射到发送方的某些属性，要么该信息数据本身就是一个对象。综合不同的用例识别结果，就可以得到整个系统的类，在类的基础上，我们又可以分析用例的动态特性，来对用例进行动态行为建模。

3. 使用 CRC 分析法

CRC(Class Responsibilities Collaboration)的最大价值在于把人们从思考模式中脱离出来，更充分地专注于对象技术。CRC 允许整个项目组对设计做出贡献，它由类、职责和协作三部分组成。

4. 对领域进行分析

建立类图的过程就是对领域及其解决方案的分析和设计过程。类的获取是一个依赖个人创造力的过程，有时需要与领域专家合作，对研究领域进行仔细分析，抽象出领域中的概念，定义其含义及相互关系，分析出系统类，并用领域中的术语为类命名。

领域分析是通过对某一领域中的已有应用系统、理论、技术、开发历史等的研究，来标识、收集、组织、分析和表示领域模型及软件体系结构的过程，并得到结果。

5.7　实战——构建病房监护系统的类型

为了对危重病人进行实时监护，随时了解病人的病情，及时进行处理，建立了病房监护系统。

现在有一家医院正在使用病房监护系统，病症监视器安装在每个病床上，通过网络将病人的病症信息实时传递到中央监护系统进行分析处理。在中心值班室里，值班护士使用中央监护系统对病员的情况进行监控，监护系统实时地将病人的病症信号与标准的病诊信号进行比较分析，当病症出现异常时，系统会理解并自动报警，并且打印病情报告和更新病历。系统可以根据医生的要求随时打印病人的病情报告，系统定期自动更新病历。

对上述的一段内容进行分析，确定系统的主要功能。通过名词识别法和系统实体识别法等方法，识别出系统中的 12 个类，它们分别是值班护士(OnDutyNurse)、医生(Doctor)、病人(Patient)、病症监视(ConditionMonitoring)、中央监护系统(CenterMonitoringSystem)、报警信号(AlarmSignal)、标准病症信号库类(StandardLibraryConditionSignals)、病历库(MedicalLibrary)、病人病症信号(PatientConditionSignals)、病情报告(ConditionReport)、病历(MedicalRecoreds)和标准病症信号类(StandardConditionSignal)。

在以上 12 个类中，每个类中都包含属性和操作，例如，值班护士类中包含用户名、密码两个属性，有查看和打印病情报告两个操作；医生类中包含用户名、密码两个属性，有查看和要求打印病情报告、查看和要求打印病历 4 个操作；病人包括姓名、性别、年龄和病症等多个属性和提供病症信号操作。其他的类这里不再详细解释，图 5-41 给出了这些类的属性和操作。

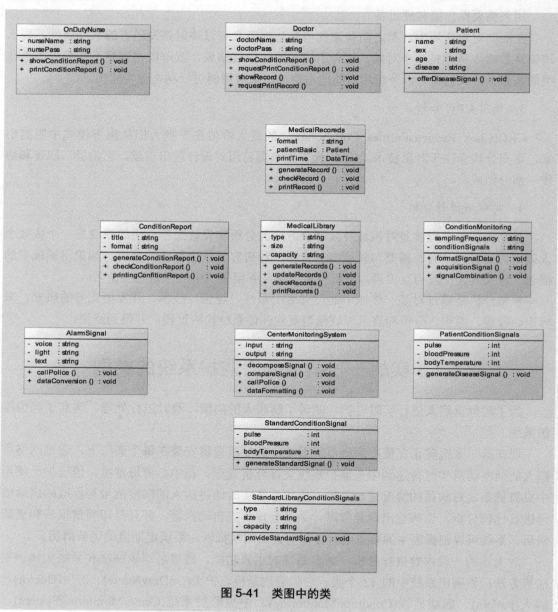

图 5-41　类图中的类

在图中类的基础上进行更改，标明各个类之间的关系，完整的类图如图 5-42 所示。

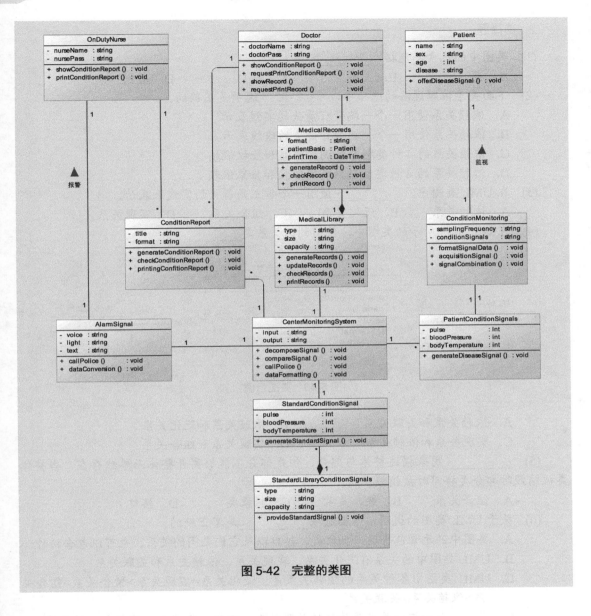

图 5-42 完整的类图

5.8 思考与练习

1. 填空题

(1) 类图的用途有 3 个，即对概念建模、对简单协作建模和_____。

(2) _____关系是指对一个元素的改变可能会影响或者提供消息给其他元素。

(3) _____、抽象依赖、授权依赖和绑定依赖是依赖关系的 4 种基本类型。

(4) 在 UML 类图中，使用一个带空心菱形的实心线来表示_____，其中菱形指向整体。

2. 选择题

(1) 类图中的元素不包括_____。

    A. 类   B. 关系   C. 接口   D. 用例

(2) 下面关于依赖说法的选项中，_____选项是正确的。

    A. 依赖关系使用一个一端带有箭头的实线表示

    B. 依赖关系使用一个一端带有箭头的虚线表示

    C. 依赖关系的 4 种类型包括调用依赖和授权依赖

    D. 依赖关系的 4 种类型包括调用依赖和抽象依赖

(3) 在 UML 类图中，_____使用一个带三角箭头的实线来表示。

    A. 依赖关系   B. 泛化关系   C. 组合关系   D. 实现关系

(4) 在如图 5-43 所示的类图中，使用到的关系是_____。

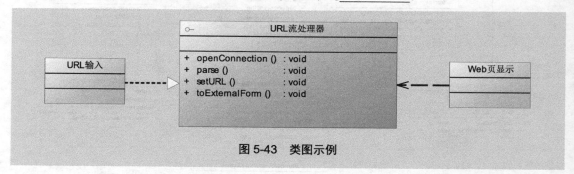

图 5-43　类图示例

    A. 依赖关系和关联关系   B. 依赖关系和泛化关系

    C. 实现关系和依赖关系   D. 实现关系和组合关系

(5) _____用来描述整体与部分，但是部分不能够离开整体而单独存在，当整体类被销毁时部分类将同时被销毁。

    A. 组合关系   B. 聚合关系   C. 抽象类   D. 接口

(6) 关于 UML 类图的说明，下面选项_____是不正确的。

    A. 类图中的元素包含类、抽象类、接口以及它们之间的关系，也可以包含协作

    B. UML 类图中的关系有泛化关系、实现关系、依赖关系和关联关系

    C. UML 类图中各种关系的强弱关系是：泛化关系=实现关系>聚合关系>组合关系>依赖关系>关联关系

    D. 聚合关系和组合关系是特殊的关联关系，它们都描述了整体与部分的关系

3. 上机练习

(1) 根据下列描述绘制类图

假设当前存在一个基于 C/S 的即时聊天系统登录模块，该模块的功能描述如下：用户通过登录界面(LoginForm)输入登录账号和密码，系统将输入的账号和密码与存储在数据库(User)表中的用户信息进行比较，验证用户输入是否正确，如果输入正确，则进入主界面(MainForm)，否则提示"输入错误"。

读者需要根据上述描述绘制初始类图。

(2) 阅读指定的类图

图 5-44 为某个售票系统的类图，本次上机练习将通过识别 UML 标记符完成下面的练习。练习步骤如下。

① 指出建模的类。

② 指出所有属性及其显示的数据类型。

③ 指出所有显示的操作。

④ 指出找到的关联。

⑤ 指出建模的角色。

⑥ 指出图中使用的多重性。

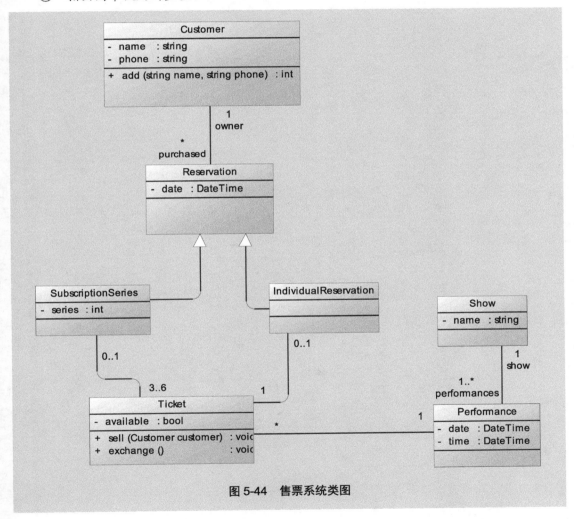

图 5-44　售票系统类图

第6章

对象图和包图

系统的静态模型描述了系统所操纵的数据块之间特有的结构上的关系，它们描述数据如何分配到对象中、这些对象如何分类以及它们之间有什么关系等。类图、对象图和包图是 UML 的 3 种静态机制图，在实际软件开发建模的过程中，对象图和类图并不是必需的，但是了解它们有利无害。包图虽然是 UML 2.0 中提出的一种新模型图，但是它在 UML 1.x 版本中已经存在。第 5 章已经向读者介绍了 UML 中的类图，本章将介绍 UML 中的对象图和包图。

通过本章的学习，读者不仅可以了解对象的概念、定义和符号，还可以熟练地使用对象图建模。除此之外，读者还可以了解包的概念、包的符号、包之间的关系以及如何使用包图建模等知识。

本章重点：

- ➡ 掌握对象包含的内容
- ➡ 了解对象与类的区别
- ➡ 掌握对象图中的对象
- ➡ 掌握对象图包含的内容和用途
- ➡ 熟悉对象的绘制和阅读
- ➡ 了解对象图建模的步骤

➡ 掌握对象图和类图的区别
➡ 熟悉包的概念、标准构造型和分类
➡ 掌握包导入和包合并的操作
➡ 了解包图设计的 6 个原则

6.1 了 解 对 象

类是面向对象程序设计语言中的一个概念，它是对某种类型的对象定义变量和方法的原型。类中的操作描述了一个类能够做出什么以及做的方法，它们可以对对象进行的操作。类是抽象的概念，类实例化后就是一个具体的对象。本节将简单地介绍对象，包括对象的基本概念、与类的区别以及对象符号等。

6.1.1 对象概述

对象指的是一个单独的、可确认的物体、单元或者实体，它可以是具体的，也可以是抽象的，在问题领域里有确切定义的角色。例如，一本书、一张桌子、一只哈巴狗、一只兔子等都是一个具体的对象。

1. 对象的内容

换句话说，对象是边界非常清楚的任何事物。一个对象通常包含标识、状态和行为这3部分。

(1) 标识

标识即名称，为了将一个对象与其他的对象区分开，通常会为对象确定一个"标识"，也就是"对象名"。

(2) 状态

状态即属性，对象的状态包括对象的所有属性(通常是静态的)和这些属性的当前值(通常是动态的)。并不是每一个对象的特征都会将其定义为属性，如果要判断一个对象的属性是否有用，则该对象必须知道以下3点：

● 自己所特有的身份。
● 应该怎样来描述自己。
● 当前的状态是什么。

(3) 行为

行为即方法或者事件。没有一个对象是孤立存在的，对象可以被操作，也可以操作别的对象。而行为就是一个对象根据它的状态改变和消息传送所采取的行动和所做出的反应。例如，对于一只小狗而言，它具有叫、吃和跑等行为，也可以被别人所收养和购买，如果被收养，那只小狗与收养它的人之间会存在着关系。

要判断一个对象的行为是否有用，那么该对象必须知道两点：自己可以做什么；可以对对象做什么。

2. 对象和类

而对象则是类的一个具体实例，一个类可以有多个对象。在实际的开发过程中，有些开发者会经常将对象和类混淆。下面列出了它们的区别：

- 对象是一个存在于时间和空间中的具体实体，而类仅代表一个抽象，抽象出对象的"本质"。
- 类是共享一个公用结构和一个公共行为的对象集合。
- 类是静态的，对象是动态的。类是一般化，对象是个性化。类是定义，对象是实例。类是抽象，对象是具体。

6.1.2 对象符号

使用对象图建模时的第一步就是绘制对象，上一节已经介绍过：对象可以包含标识、状态和行为，即对象名、属性和操作。

由于对象是一个类的实例，因此它的名称格式是"对象名:类名"，这两个部分是可选的，但是如果包含了类名，则必须加上":"。另外，为了与类名区分，对象名还必须加上下划线。

总体来说，对象的名称有 3 种格式：第一种是对象名和类名都显示；第二种是只显示类名而不显示对象名；最后一种是只显示实例对象名。例如，图 6-1 中为对象的 3 种符号表示方式。

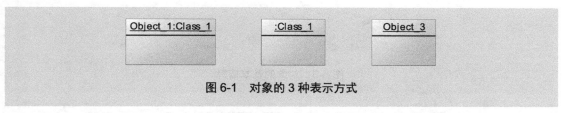

图 6-1　对象的 3 种表示方式

在图 6-1 中，第一个图的对象名称是完整的，它被明确的标记为 Class1 类的一个实例对象。第二个图是一个匿名对象，该对象是 Class1 类的一个实例。第三个图虽然没有明确地表示出来，但是它在规格说明中被说明为是 Class1 类的一个对象。

【例 6.1】

在创建一个对象时，可以为对象指定属性值，本示例演示如何创建 MyBookBasic 类的实例对象，并且为对象指定其属性值。操作步骤如下。

(1) 在 PowerDesigner 工具中创建一个对象图，从右侧的对象图中拖动对象符号到中间区域，效果如图 6-2 所示。

(2) 直接双击该对象，弹出如图 6-3 所示的对话框，在该对话框中可以编辑对象的名称，添加规格说明和构造型等信息。

(3) 在图 6-3 中，Classifier 项之后包含两个可用按钮，第一个可用按钮用于创建对象，第二个可用按钮用于选择对象所在的类，效果如图 6-4 所示。在该图所示的对话框中，选择对象并单击"确定"按钮。

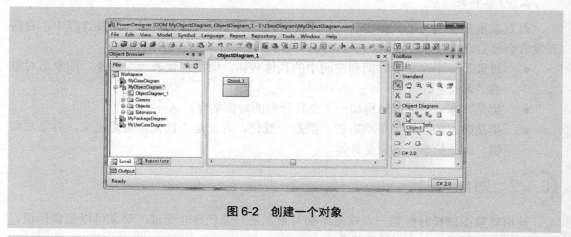

图 6-2　创建一个对象

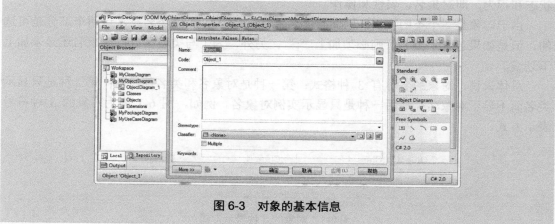

图 6-3　对象的基本信息

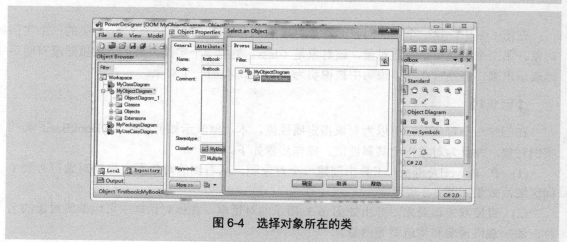

图 6-4　选择对象所在的类

(4) 单击对话框中的 Attribute Values 选项卡时，可以编辑属性，单击第一个操作按钮，弹出属性选择对话框，如图 6-5 所示。

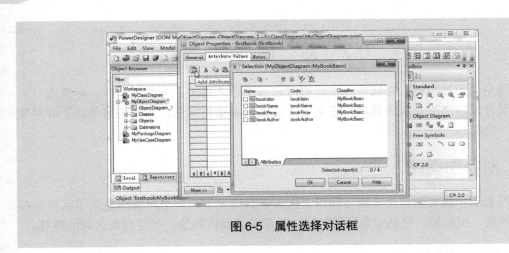

图 6-5　属性选择对话框

（5）　在图 6-5 中选择要设置的对象的属性，直接将属性前面的复选框选中即可，选择完毕后单击 OK 按钮，效果如图 6-6 所示，在该图中，可以为每一个属性指定属性值和初始值。

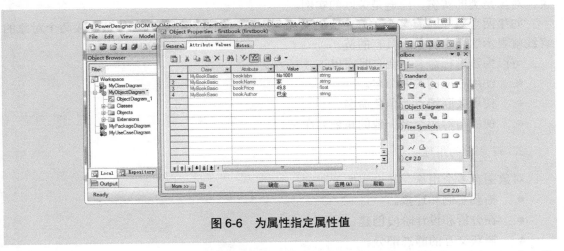

图 6-6　为属性指定属性值

（6）　单击图 6-6 中的"确定"按钮，为对象添加属性和属性值。例如，图 6-7 中，为 MyBookBasic 类分别创建了 3 个对象。

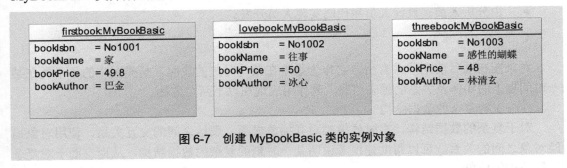

图 6-7　创建 MyBookBasic 类的实例对象

6.2　对　象　图

对象图是类图的实例，在软件开发建模时它并不是必需的。与类图一样，对象图对系统的静态设计或静态进程视图建模，它更注重现实或者原型实例。本节将简单地了解对象图，概念、绘制和阅读等内容。

6.2.1　对象图概述

对象图表示一组实例以及实例之间的链接。多数情况下，一个对象图表示了系统运行中某一时刻的一组对象，包括对象所属的类、对象的各属性的值，以及对象之间的链等。

1．对象图中的链

在对象图中，将对象的各种关系称为链。对象可以拥有或参与的链是由类图中的关联定义的，也就是说，与类定义某种类型的对象一样，关系也定义了某种类型的链。换句话说，对象是类的实例，而链是关联的实例。

如果两个对象具有某个关联定义的关系，则称它们被链接起来。一条连接两个对象的直线就表示这两个对象所具有的链。

可以为链进行命名，命名时有以下 3 种方法：

● 　使用相应的关联命名。
● 　使用关联端点的角色命名。
● 　使用与对应类名一致的角色名命名。

2．对象图的用途

对象图有多个用途，其说明如下所示：

● 　捕获实例和连接。
● 　在分析和设计阶段创建。
● 　捕获交互的静态部分。
● 　举例说明数据/对象结构。
● 　详细描述瞬态图。
● 　由分析人员、设计人员和代码实现人员开发。

3．对象图的作用

对象图在项目前期非常有用，它作为系统在某一时刻的快照，是类图中的各个类在某一时间点上的实例及关系的静态写照，其作用表现在以下两个方面。

（1）说明复杂的数据结构

对于复杂的数据结构，有时候很难对其抽象成类，表达之间的交互关系。使用对象描绘对象之间的关系，可以帮助建模者说明某一时刻的复杂的数据结构，从而有助于对复杂数据结构的抽象。

（2）表示对象之间的行为

通过一系列的对象图，可以有效地表达事物行为。

4. 对象图的示例

假设当前存在一个如图 6-8 所示的类图，该图通过关联描述它们之间的引用。其中 LinkedList 类表示链表，Node 类表示节点。

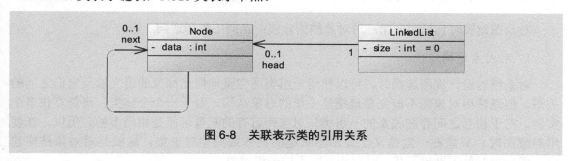

图 6-8　关联表示类的引用关系

根据上述的类图绘制一个对象图，如图 6-9 所示给出了一个对象图。该对象图表示了一个单向链表对象，以及表中的两个节点对象。该图是上述类图所表示的 LinkedList 类和 Node 类在某个运行时刻的一种特定状况。

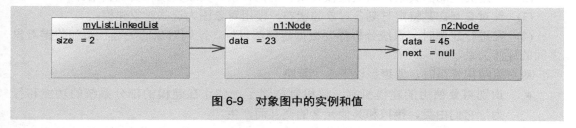

图 6-9　对象图中的实例和值

6.2.2　绘制和阅读对象图

建模者绘制对象图时需要 3 个步骤，这 3 个步骤的说明如下。

（1）先找出类和对象，通常类在 class、new 和 implements 等关键字之后。而对象名通常在类名之后。

（2）对类和对象进行细化的关联分析。

（3）绘制相应的对象图。

以下从论证类模型的设计与分析和说明源代码两个方面对对象图的绘制过程进行简单的说明。

- 论证类模型的设计：当设计类模型时，建模者可以通过对象图来模拟出一个运行时的状态，这样就可以研究在运行时设计的合理性，同时也可以作为开发者讨论的一个基础。
- 分析和说明源代码：由于类图只展示了程序的静态类结构，因此通过类图看懂代码的意图是很困难的。因此在分析源代码时，可以通过对象图来细化分析，而建模者对于逻辑比较复杂的类，交互时可以绘制一些对象图进行补充说明。

绘制对象图完毕后，就是阅读对象图，阅读对象图也很简单。阅读时的步骤如下。

(1) 找出对象图中的所有的类，即在冒号 ":" 之后的名称。

(2) 整理所有的类名称，整理完成后通过对象的名称来了解各个类的具体含义。

(3) 根据类来归纳其属性，然后通过具体的关联了解含义。

6.2.3 使用对象图建模

对象图建模时包括两方面：对对象结构建模；正向工程和逆向工程。

1. 对对象结构建模

对系统的设计视图建模时，可以使用一组类图完整地描述抽象的语义以及它们之间的关系。但是使用对象图不能完整地描述系统的对象结构，对于一个个体类，可能存在多个实例，对于相互之间存在关系的一组类，对象间可有的配置可能是相当多的。所以，在使用对象图时，只能在一定意义上显示感兴趣的具体或原型对象集。这就是对对象结构建模，即一个对象图显示了某一时刻相互联系的一组对象。

对象图建模的过程包括以下 4 个步骤。

(1) 确定参与交互的各个对象的类，可以参照相应的类图和交互图。

(2) 确定类之间的关系，例如依赖关系、泛化关系、关联关系和实现关系。

(3) 针对交互在某特定时刻各对象的状态，使用对象图为这些对象建模。

(4) 在进行建模时，系统分析师要根据建模的目标，绘制对象的关键状态和关键对象之间的连接关系。

对对象结构建模时，要遵循以下 5 个策略：

● 识别将要使用的建模机制。该机制描述了一些正在建模的部分系统的功能和行为，它们由类、接口和其他元素的交互而产生。

● 对于各种机制，识别参与协作的类、接口和其他元素，同时也要识别这些事物之间的关系。

● 考虑贯穿这个机制的脚本。冻结某一时刻的脚本，并且汇报每个参与这个机制的对象。

● 按照需要显示出每个对象的状态和属性值，以便理解脚本。

● 显示出对象之间的链，以描述对象之间关联的实例。

2. 正向工程和逆向工程

对对象图进行正向工程在理论上是可行的，但是在实际上却是受到限制的。对对象图进行逆向工程是非常困难的，当对系统进行调试时，总要依靠开发者或者工具来进行。

6.3 对象图和类图

对象图是类图的实例，虽然它们都属于静态机制图，但是它们之间也存在着不同，如下从 6 点进行说明。

(1)　概念不同

类图是描述类、接口、协作以及它们之间关系的图；对象图则描述参与交互的各个对象在交互过程中某一时刻的状态。

(2)　表现方式不同

创建对象图离不开对象，对象的表示方式中，可以包含对象名称和属性两个分栏，不能包含操作分栏；创建类图时离不开类，在类的表示方式中可以包含类名称和属性，另外还可以包含类的操作。

(3)　名称分栏不同

对象图中的对象名称有 3 种显示形式，它们分别是"对象名称:类名"、":类名"和"对象名称"；而类图中的名称分栏中除了显示类名外，只能在类名的前面加上该类所在的当前包的名称。

(4)　描述方式不同

对象图的图形表示方式中，包含了属性的当前值等一部分的特征；类图则包含了所有属性的特征。

(5)　是否包含操作栏

对象图是类图的实例，同一个类的对象的操作都是相同的，因此在代码中对象可以调用类的操作，但是在对象图中则没有操作栏；而类图中可以包含操作栏，并且在操作栏中可以包含多个操作。

(6)　连接方式不同

对象图的各个对象之间主要使用链进行连接，链可以拥有名称和角色，但是并没有多重性，所有的链之间都是一对一的关系；类图中的类可以和关联进行链接，关联使用名称、多重性、角色和约束等特征进行定义。

6.4　实战——绘制订单管理系统的对象图

订单管理系统(OMS)是物流管理系统的一部分，通过对客户下达的订单进行管理及跟踪，动态掌握订单的进展和完成情况，提升物流过程中的作业效率，从而节省运作时间和作业成本，提高物流企业的市场竞争力。

一个完整的订单管理系统包括订单管理、经销商管理、仓管管理、销售费用管理、费用预算和考核管理以及直供客户结算管理等多个部分。本节实战只绘制一个简单的与订单有关的对象图，该图是系统的一个实例，在一个特定的时间购买商品。它包含顾客、订单、特殊订单和一般订单 4 个对象，简单的对象图如图 6-10 所示。

在对象图中，C 是 Customer 类的一个表示客户对象，O1、O2 和 O3 分别是 3 个订单对象，这些订单对象相关联的特殊订单和一般订单对象分别是 S1、S2 和 N1。顾客具有12、32 和 40 这 3 个不同数目的订单，用于所考虑的特定的时间。

在对象图中，订单中的值 12、32 和 40，这意味着这些对象都拥有这些实例时，捕获特定时刻的值，这里是购买时的时刻，被视为特定的时间。相同特别订单和正常订单对象所具有的订单数分别是 20、30 和 60，如果被认为是一个不同的时间购买，那么这些值将

发生相应的变化。

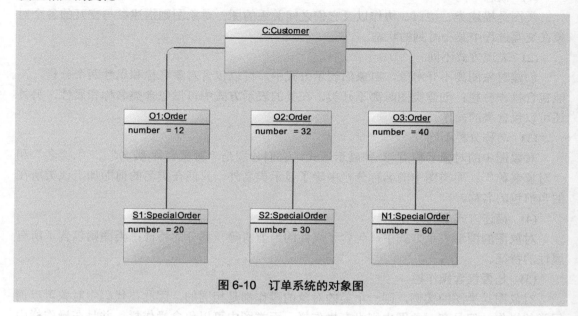

图 6-10　订单系统的对象图

6.5　了　解　包

　　一个软件系统或应用程序中可能包含成千上万的类，如果不对这些类进行分组，那么它们会显得杂乱无章，且没有一点层次。一种有效的管理方式就是将类进行分组，将功能相似或者相关的类组织在一起，形成若干个功能模块。

　　在 UML 图中，对类进行分组时需要使用到包，大多数面向对象的语言都提供了类似 UML 包的机制，用于组织和避免类间的命名冲突。本节将简单了解包的概念和 UML 图中包的符号。

6.5.1　包概述

　　从面向对象软件开发的视角来看，类是构成整个系统的基本构造块。但是对于庞大的应用系统而言，它包含的类将是成百上千，再加上其间"纵横交错"的关联关系、多重性等，必然是大大超出了人们可以处理的复杂度，这也就引入了"包"这种分组事物构造块。

　　包(Package)可以直接理解为命名空间或者文件夹，它是用来组织图形的封装。包是一种有效的管理方式，它可以将应用系统中成千上万的类进行分组，将功能相似或者相关的类组织在一起，然后形成若干个功能模块。

　　在 UML 图中，包是一种很重要的元素，它也是一种对模型元素进行成组组织的通用机制，把语义上相近的可能一起变更的模型组织在同一个包中，从而方便理解复杂的系统，控制系统结构各个部分间的接缝。

1. 包的作用

类图、对象图、包图以及用例图等图中都提供了包，包有许多作用，主要作用如下：

- 对语义上相关的元素进行分组。
- 定义模型中的"语义边界"。
- 提供配置管理单元。
- 在设计时提供并行工作的单元。
- 提供了封装的命名空间，而所有的命名空间名称都必须具有唯一性。

2. 包的好处

使用包最大、最直接、最常用的好处就是对类进行分组，除了这个好处外，它还有其他的好处，说明如下：

- 组织相关元素，以便于管理和复用，包是一个命名空间，外部使用时要加限定名。
- 包引入放松了限制，被引入的元素与引入包中的元素可以进行关联，或者建立泛化关系。
- 便于组合可复用的元建模特征，以创建扩展的建模语言。即把被合并包的特征结合到合并包，以定义新的语言。

6.5.2 包的符号

在 UML 图中，包使用一个大矩形的左上角附带一个小矩形的图标来表示，即上小下大的两个重叠矩形。每个包必须有一个与其他包不同的名称，为包命名时可以使用一个简单的字符串或者将路径名作为包的名称。包的名称可以由任意数目的英文字母、数字以及标点符号组成。例如，图 6-11 为 UML 图中包的符号，Client为包的名称。

图 6-11 包的符号

1. 包的元素

包只是一种一般性的分组机制，在这个分组机制中可以放置 UML 类元，例如类定义、用例定义、装填定义和类元之间的关系等。一般情况下，一个包中可以放 3 种类型的元素，具体说明如下：

- 包自身所拥有的元素，例如类、接口、协作、组件、节点和用例等。
- 从另一个包中合并或者导入的元素。
- 另外一个包所访问的元素。

2. 包的可见性

包的可见性用来控制包外界的元素对包内的元素的可访问权限，一个包中的元素在包外的可见性，通过在元素名称前加上一个可见性符号来表示。

为包设置可见性时，可以使用 public、private 和 protected 三个关键字修饰，分别使用
"+"、"-" 和 "#" 符号表示。

在 UML 图中，包内元素之间的可见性需要遵循以下规则：

- 一个包内定义的元素在同一个包内是可见的。
- 如果某一个元素在一个包内可见，则它在所有嵌套在该包内的包中可见。
- 如果一个包和另一个包之间存在<<access>>或<<import>>依赖关系，则后一个包内具有公共可见性的元素在前一个包内可见。
- 如果一个包是另一个包的子包，则父包内具有公共可见性和保护可见性的元素在子包内可见。

3. 包的标准构造型

UML 的所有扩展机制都适用于包，建模人员可以使用标记值为包增加新特性，也可以使用构造型给出新类型的包。在 UML 中提供了 5 种常应用于包的标准构造型，具体说明如下。

- facade：只是某个其他包的视图，它主要用来为其他一些复杂的包提供简略视图，是包的一种扩充，它只拥有对其他包内元素的引用，本身不包含任何定义的元素模型。
- framework：用来表示一个框架，框架是一个领域内的应用系统提供可扩充模板的体系结构模式。
- stub：作为代理的包，它服务于某个其他包的公共内容，这通常应用于分布式系统的建模中。
- subsystem：该构造型的包表示正在建模的系统中某个独立的子系统。
- system：该构造型的包表示正在建模的整个系统。

4. 划分和组织包

划分和组织包时，需要从以下 4 个方面进行理解。

(1) 识别低层包

每个具有泛化关系或聚合关系的元素位于一个包中；关联密集的类划分到一个包；独立的类暂时作为一个包。

(2) 合并或组织包

如果低层包数量过多，则把它们合并，或者使用高层包组织它们。组织包的层次时应该遵循两个原则：层次不宜过多和包的划分不是唯一的。

(3) 标识包中的模型

对每一个包确定哪些元素在包外是可访问的，把它们标记为公共的。把所有其他的元素标记为受保护的或私有的。

(4) 建立包间的关系

根据需要，在包之间建立关系，例如依赖关系或者泛化关系。

6.6 包 图

在 UML 中，包图是维护和控制系统总体结构的一种重要建模工具，对于复杂系统建模时，通常需要处理大量的类和接口等元素，这时就可以使用包图。下面将详细介绍与包图有关的知识，包括包图的示例、包图的分类、基本操作，以及如何使用包图进行建模等内容。

6.6.1 包图概述

使用包图可以将相关元素归入到一个系统中，简单地说，包图由包和关系两部分组成，一个包中可以包含多种元素。包与包之间的关系有两种：一种是依赖关系，效果如图 6-12 所示；另一种是泛化关系，效果如图 6-13 所示。

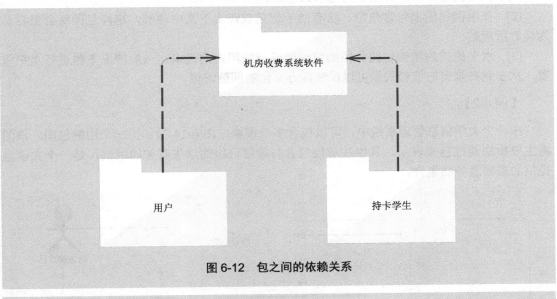

图 6-12 包之间的依赖关系

图 6-13 包之间的泛化关系

在进行软件建模时，包图并不是必需的，但是使用它有很大的好处，创建一个包图的主要目的如下：

● 描述需求(用例图)。
● 对设计进行概述(类图)。

- 在逻辑上把一个复杂的图模块化。
- 组织源代码(命名空间)。

6.6.2 包图分类

一个包图可以是任何一种 UML 图组成，因此可以将包图分类为用例包图、类包图、对象包图、活动包图以及通信包图等。但是，最常用的包图是用例包图和类包图。

1. 用例包图

用例通常是面向对象开发方法中最主要的需求物件，用例的目的是描述系统需求，而用例包图的目的则是用来组织和使用需求的。创建一个用例包图的基本步骤如下。

(1) 创建用例包图，以组织需求。组织的规则主要有两点：第一点是把关联的用例放在一起，即包含(included)、扩展(extend)或者泛化(generalization)用例放在同一个包中；第二点是组织用例应该以主要角色的需求为基础。

(2) 在用例包图上包含角色。这有助于把包放在上下文中理解，这样包图就会更容易为读者所理解。

(3) 水平地排列用例包图。图的组织能够反映用户的需求，一般情况下包进行水平放置，从左到右画出的依赖关系可以反映西方文化的阅读习惯。

【例 6.2】

在一个大学信息管理系统中，可以包含多个模块，图 6-14 显示了一个用例包图。该图将主要模块通过包来表示，其中注册包包含与等级班级的学生有关的用例，是一个大学里提供的重要服务的集合。

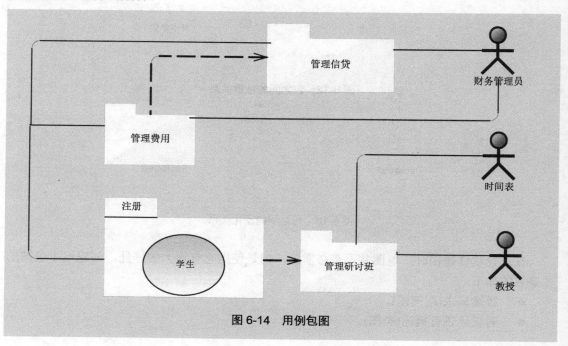

图 6-14 用例包图

2. 类包图

包图可以由任何一种 UML 构成，通常是 UML 用例图或者类图，把 UML 类图组织到包图中时，可将其称为类包图。

(1) 创建类包图，以在逻辑上组织设计。创建类包图可以在逻辑组织上设计系统，但是需要采用以下规则：

- 把一个框架的所有类放置到相同的包中，形成一个系统包。
- 把具有继承关系的类放在相同的包中，例如通信包。
- 将彼此间有聚合或组合关系的类放在同一个包中。
- 将彼此合作频繁的类放在一个包中。

【例 6.3】

例如，在图 6-15 中描述了一个组织成包的 UML 类图。在该图中包含多个包，通过注释的方式对每个包中的内容进行了简单说明。

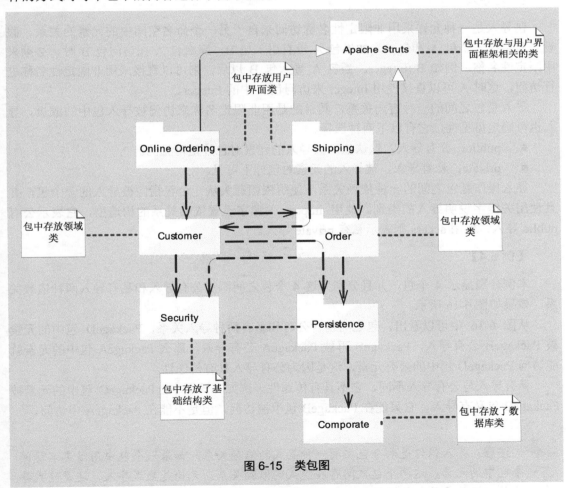

图 6-15　类包图

(2) 创建 UML 组件图，以在物理上组织设计。

(3) 把子包放置在母包的下面。图 6-15 描述了包的继承，继承的包显示在母包(或父包)之下，这一点与其他继承准则是一致的。

(4) 垂直地分层类包图。包之间的依赖表明这些依赖的包在内容上相互依赖，或者一个包需要了解其他包的结构方面的内容。图 6-15 中的包反映了系统架构的逻辑分层，用户界面类和领域类交互，领域类又会使用到基础结构类，部分基础结构类会访问数据库。通常，都采取自上而下的方式对这种情况进行分层组织。

6.6.3 包导入和包合并

本节介绍包导入和包合并两部分内容，包导入是一种允许采用非限定性名称访问来自于另一个命名空间中的元素的关系。而 UML 包图中的包合并定义了一个包的内容是如何被另一个包扩展的关系。

1. 包导入

包导入是一种允许采用非限定性名称访问来自于另一个命名空间中的元素的关系。假设当前存在一个包 A 和包 B，如果包 A 没有引入包 B，那么包 A 在访问包 B 时，必须采用限定性名称，例如 B::Integer。当包 A 导入包 B 以后，则可以直接采用非限定性名称进行访问，这时 A 可以直接使用 Integer 来访问包 B 中的 Integer。

导入是包之间的一种有向关系，其目的是用非限定名称来访问被导入包中的成员。导入也可确定可见性，它有以下两种选择。

- public：公有导入，默认值，被导入的元素对包外是可见的。
- private：私有导入，被导入的元素对包外不可见。

导入操作是包之间的一种依赖关系，使用依赖箭头从一个包指向被导入的一个包，并且使用关键字说明导入的类别。使用 import 关键字设置依赖关系的构造型，它表示公有 public 导入，使用 access 则表示私有 private 导入。

【例 6.4】

本例分别显示 4 个包，并且分别为这 4 个包之间添加公有导入和私有导入两种依赖关系，效果如图 6-16 所示。

从图 6-16 中可以看出，包之间包含公有和私有两种导入关系，PackageD 包中的元素被 PackageB 公有导入，PackageB 再被 PackageA 公有导入，那么 PackageA 包中的元素就能访问 PackageD 包中的公有元素，这是因为公有导入具有传递性。

私有导入与公有导入不同，它不具有传递性。例如在该图中，PackageC 包中的元素被 PackageB 包私有导入，它只能在 PackageB 包中被访问，但是不能在 PackageA 中访问。

注意：导入仅仅是两个包之间一种显式的依赖关系。如果一个包中用限定名访问另一个包中的元素，这两个包之间存在隐式的依赖关系。无论是显式导入，还是隐式导入，这种依赖关系是包之间耦合性的重要体现。

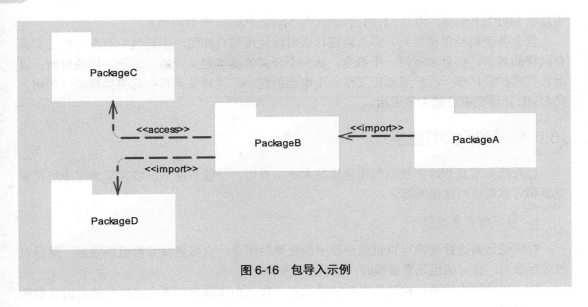

图 6-16　包导入示例

2.　包合并

在 UML 包图中，包合并定义了一个包的内容是如何被另一个包扩展的关系。包合并关系表示将两个包的内容合并在一起，从而得到一个新的合并包，当然，这种合并关系也隐含了对被合并包的扩展。

合并与导入一样，也是包之间的一种有向关系，定义了一个包(作为源 source)中的内容是另一包(作为目标 target)的内容的扩展。包合并类似于"泛化"，源包的元素在概念上增加了目标包中的元素的特性作为自己的特性，这样就形成了特性的合并。

在 UML 包图中，合并关系使用虚线箭头从源指向目标，并且与导入关系一样，需要通过关键字指定构造型，该关键字为 merge。

【例 6.5】

本例分别显示 MyP1、MyP2 和 MyP3 三个包，每个包中都定义了同一个 Person 类，这 3 个包之间的关系如图 6-17 所示。

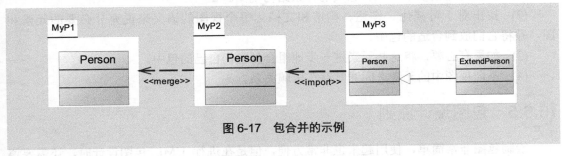

图 6-17　包合并的示例

从图 6-17 中可以看出，MyP2 包合并了 MyP1 包，这时隐含着 MyP1::Person 的特性被合并进入 MyP2::Person 中。另外，MyP3 包合并了 MyP2 包，引用了 MyP2::Person 并且定义了 Person 的一个子类 ExtendPerson 类。MyP3 包合并了 MyP2 包之后，该包中的 Person

不是指 MyP2::Person，而是 MyP1::Person 与 MyP2::Person 合并的结果。

包合并会被经常使用到，那么到底什么时候使用包合并呢？不同包中存在一些元素具有同样的名字，而且表示同一个概念，从一个公共的基本定义开始，出于不同的目的，以增长方式扩展，每一次扩展都定义在一个单独的包中。这种关系常在元模型建模中采用，在 UML 元模型中已经大量采用。

6.6.4 使用包图建模

当系统非常复杂时，使用包图建模技术非常有用。一般情况下，将其分为对成组元素建模和对体系结构建模两部分。

1．对成组元素建模

对成组元素进行建模可以说是包图中最常见的用途，它将建模元素组织成组，然后对组进行命名，在对成组元素建模时，一般步骤如下。

(1) 浏览特定体系结构视图中的建模元素，找出由在概念和语义上相互接近的元素所定义的组块。

(2) 把每一个这样的组块放到一个包中。

(3) 对每一个包找出可以包外访问的元素，将这些元素标记为公有的，把其他的元素标记为受保护的或私有的。如果不确定时，就隐藏该元素。

(4) 确定包与包之间的依赖关系，特别是引入依赖。

(5) 确定包与包之间的泛化关系，以及包的多重性和重载。

2．对体系结构建模

体系结构是一个软件系统的核心逻辑结构，常用的体系结构模式包括分层、MVC、管道、黑板和微内核等，而在应用软件中，分层和 MVC 是最常见的两种结构。

在分层的体系结构中，最常见的划分是表示层、逻辑层和数据层。如果采用分层体系结构，则需要把每一层都用一个包来表示。

对体系结构建模的一般步骤如下。

(1) 找出问题语境中一组有意义的体系结构视图。

(2) 找出对于可视化、详述、构造和文档化每个视图的语义来说充分必要的元素和图，并将它们放到合适的包中。

(3) 如果有必要，将这些元素进一步地组合到它们自己的包中。

(4) 不同视图中的元素之间通常存在依赖关系。

6.6.5 包图设计原则

绘制包图非常简单，使用起来也非常方便，但是在进行 UML 包图设计时，还需要遵循以下 6 点原则。

1. 重用发布等价原则(REP)

重用发布等价原则从用户的角度上为开发者规范了包设计的原则：在设计包时，包中应该包含的元素要么都可以重用，要么都不可以重用。

2. 无环依赖原则(ADP)

无环依赖原则为使用者解决了包之间的关系耦合问题。在设计包结构时，不能出现循环依赖。简单地说，就是包之间的依赖不能是一个环状形式。如果存在两个或者两个以上的包，它们之间的依赖关系图出现了环状，这时就称包之间存在循环依赖关系。也就是说，它们的依赖结构图根据箭头的方向形成了一个环状的闭合图形。

【例 6.6】

在如图 6-18 所示的包图中，Package1 包依赖 Package2 包，Package2 包依赖 Package3 包，而 Package3 包又依赖 Package1 包，这样就形成了一个环状依赖。

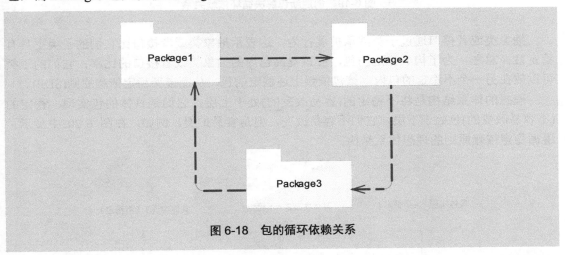

图 6-18　包的循环依赖关系

如果包的依赖形成了环状结构，那么有两种方法来打破循环依赖。第一种方法是创建新的包，这种方法会经常被使用到；第二种方法是使用 DIP(依赖倒置原则)和 ISP(接口分隔原则)设计原则。

【例 6.7】

对于例 6.6 的依赖结构来说，包 Package3 要依赖包 Package1，必定 Package1 中包含有 Package1 和 Package3 共同使用的类，把这些共同类抽出来放在一个新的包 NewPackage 中，这样就把 Package3 依赖 Package1 变成了 Package3 依赖 NewPackage 以及 Package1 依赖 NewPackage，从而打破了循环依赖关系，如图 6-19 所示。

3. 稳定抽象等价原则(SAP)

稳定抽象等价原则为使用者解决了包之间的关系耦合问题。在设计包结构时，稳定的包应该是抽象的(由抽象类或者接口构成)，不稳定的包应该是具体的(由具体的实现类构成)。一个包的抽象程度越高,它的稳定性就越高,反之,它的稳定性就越低。一个稳定的包必须是抽象的,反之,不稳定的包必须是具体的。

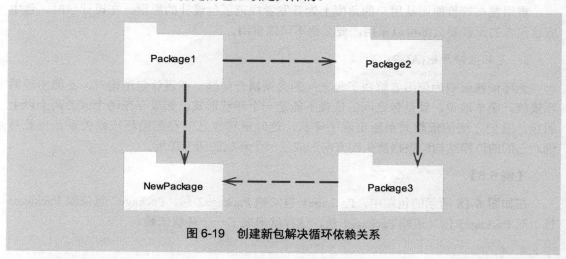

图 6-19　创建新包解决循环依赖关系

抽象类或者接口通过子类继承扩展行为,这表示抽象类或者接口比它们的子类更具有稳定性。总之,为了构成稳定的包,应该提高包内的抽象类或者接口的比率,它们的子类可以放在另一个不稳定的包内,该包依赖上述稳定的包,从而遵循稳定依赖原则(SDP)。

理想的体系结构是将不稳定的(容易改变的)处于上层,它们是具体的包实现,稳定的(不容易改变的)包处于下层,它们不容易改变,但是容易扩展。例如,在图 6-20 中显示了遵循稳定依赖原则的理想体系结构。

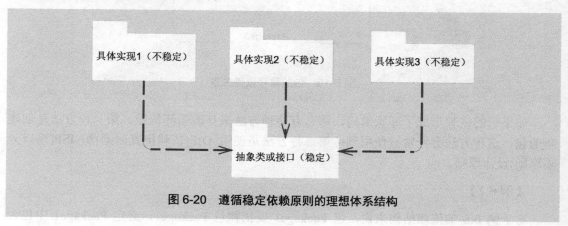

图 6-20　遵循稳定依赖原则的理想体系结构

4.　稳定依赖原则(SDP)

包应该依赖比自己更稳定的包,如果依赖一个不稳定的包,那么当这个不稳定的包发生变化时,本身稳定的包也不得不发生变化,从而变得不稳定了。所谓稳定,在现实生活中是指一个物体具有稳固不变的属性,使它很难发生变化。应用到软件概念时,可以认为一个软件是稳定的,是因为这个软件很难发生变化,确切地说,是不需要发生改变的。

要让一个软件足够稳定,一种做法是让大量其他软件的包依赖它。一个包被很多包依赖是非常稳定的，这是因为被依赖的包为了协调其他包必须做很多的工作来应对各种变化。例如，对于图 6-20 来说，最底层的包(抽象类或接口)是稳定的，因为它被很多其他包依赖，相当于责任担当者，该包没有依赖其他的包，它是独立的。

稳定依赖原则为使用者解决了包之间的关系耦合问题。在设计包结构时，包应该只依赖比自己更稳定的包。

5. 共同封闭原则(CCP)

共同封闭原则就是把因为某个同样的原因而需要修改的所有类组合进一个包里。如果两个类从物理上或者从概念上联系得非常紧密，它们通常一起发生改变，那么它们应该属于同一个包。

共同封闭原则从软件功能的角度上为使用者规范了包设计的一个原则：在设计包时，相互之间紧密关联的类应该放在同一包里。

6. 全部重用原则(CRP)

包的所有类被一起重用，如果重用了其他的一个类，就重用全部。简单地说，没有被一起重用的类不应该被组合在一起。全部重用原则能帮助使用者决定哪些类应该被放入到同一个包里。

CRP 与 REP 一样，都是从方便用户重用的角度去设计，重用者是他们的受益者，CCP 则让系统的维护者受益。CCP 让包尽可能大(CCP 原则加入功能相关类)，CRP 则让包尽可能小(CRP 原则剔除不使用的类)。它们的出发点不一样，但是不相互冲突。

总地来说，全部重用原则从用户的角度为我们规范了包设计的一个原则：在设计包时，相互之间没有紧密关联的类不应该放在同一包里。

6.7　实战——绘制剧院系统的包图

模型是从某一观点以一定的精确程度对系统所进行的完整描述。从不同的视角出发，对同一系统可能会建立多个模型，例如有系统分析模型和系统设计模型之分。可以将整个模型看成是一个根包，它间接包含了模型中的所有内容。包是操作模型内容、存取控制和配置控制的基本单元，每一个模型元素包含在包中或者包含在其他模型元素中。

在一个剧院管理系统中，包含多个模块和功能，可以实现影片的登记和入场票的购买操作，可以方便地进行电影以及实时入场票的信息查询等，从而实现方便的售票操作。

在本节实战中，将绘制一个剧院系统的包图，该包图将其实现的功能分为 3 部分，它们分别是计划子系统(Planning System)、售票子系统(BoxOffice System)和剧院管理子系统(Operation System)。

计划子系统、售票子系统和剧院子系统都代表了系统的一个部分，以售票子系统来说，它的参与者包括售票员、监督员和公用电话亭，公用电话亭是另一个系统，它接受顾客的订票请求。

试一试：本节不对剧院系统进行完整的说明，读者只需要知道它们是系统的一部分，在该部分下还包含其他功能即可，感兴趣的读者可以仔细研究售票系统的各个UML图，并且一一进行实现。

本节实战所绘制的剧院系统包图实现了包之间的嵌套，得到了包以及包之间的依赖关系，效果如图6-21所示。

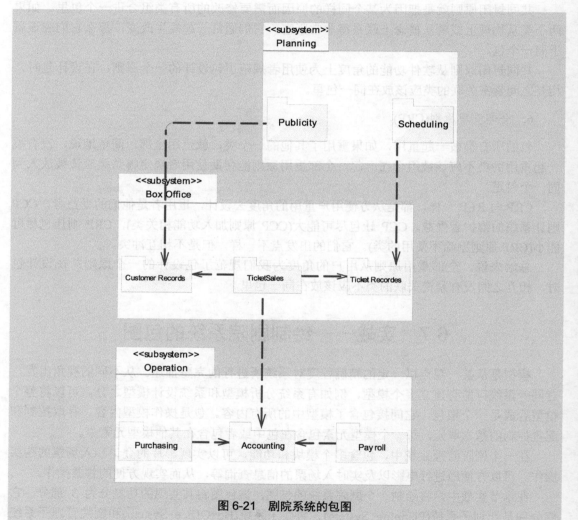

图6-21　剧院系统的包图

试一试：在 PowerDesigner 中为包添加嵌套很简单，选中当前包后右击，在弹出的快捷菜单中选择 Composite View → Read Only(Sub-Diagram)命令，成为只读模式后再次双击进入，添加元素(例如包)即可。读者可以打开 PowerDesigner 创建包图进行尝试，也可以创建其他类型的包图，向包中添加其他元素(例如用例、类和接口等)。

6.8　思考与练习

1. 填空题

(1) _____是类图的一个实例，表示一组实例以及实例之间的链接。

(2) 在 UML 对象图中，将对象之间的关系称为_____。

(3) 使用一个大矩形的左上角附带一个小矩形的图标表示的是_____。

(4) 包图建模包括_____和对成组元素建模两部分。

2. 选择题

(1) 下面关于对象和类的区别，选项_____是不正确的。

    A. 类是一个抽象，而对象是一个存在于时间和空间中的具体实体

    B. 类是一般化，对象是个性化

    C. 类是动态的，对象是静态的

    D. 对象是类的实例

(2) 对象图的用途不包括_____。

    A. 捕获交互的静态部分　　　　　　B. 对语义上相关的元素进行分组

    C. 详细描述瞬态图　　　　　　　　D. 捕获实例和连接

(3) 对象图建模的一般步骤是_____。

① 确定类之间的关系，例如依赖关系、泛化关系、关联关系和实现关系

② 在进行建模时，系统分析师要根据建模的目标，绘制对象的关键状态和关键对象之间的连接关系

③ 确定参与交互的各个对象的类，可以参照相应的类图和交互图

④ 针对交互在某特定时刻各对象的状态，使用对象图为这些对象建模

    A. ③、①、②、④　　　　　　　　B. ③、①、④、②

    C. ②、③、①、④　　　　　　　　D. ②、③、④、①

(4) 包合并需要使用虚线箭头从源指向目标，并需要通过_____关键字设置构造型。

    A. use　　　　　　B. import　　　　　　C. access　　　　　　D. merge

3. 上机练习

(1) 根据类图绘制对象图

在图 6-22 中显示了教师(Teacher)、学生(Student)和课程(Course)之间的关系。

在该图中，学生与教师之间是双向关联，教师可以教多名学生，学生也可以有多名教师；但是学生与课程的关系为单向关联，一名学生可能上多门课程，课程是个抽象的东西，它不拥有学生。

读者可以根据图 6-22 所示的类图绘制对象图，为不同的类创建一个或者多个对象，然后为对象之间添加关联。

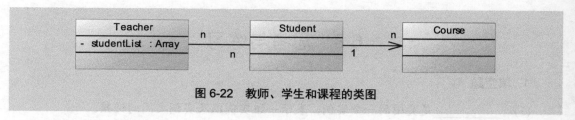

图 6-22 教师、学生和课程的类图

(2) 包图的基本使用

读者可以根据自己的需要创建包图，实现包合并和包导入操作。另外，可以根据需要，在创建的包中添加用例、类、接口和协作等元素。

第**7**章

状态机图

　　状态机图是系统分析的一种常用工具，用于描述系统的状态变化。正如用例图通过用例来描述系统的功能，状态机图通过对象的状态变化来描述对象的一个生命周期。

　　状态描述的是系统在一个时间点所处的状况，如互联网的即时聊天工具在用户长时间没有进行电脑操作之后进入"离开"状态，而在用户使用电脑后进入"在线"状态。本章主要讲述状态机图的概念、构成、状态类型及其建模应用。

本章重点：

➥ 理解状态机及其构成
➥ 掌握状态机图中的基本标记符
➥ 理解转移的概念
➥ 掌握事件和动作的含义及使用
➥ 理解子状态机图组合状态
➥ 掌握同步状态的使用
➥ 掌握历史状态的使用

7.1 状态机图简介

状态机图描述了一个对象在其生命期内所经历的各种状态，以及引起对象状态变化的原因。引起状态变化的方式有很多，如用户对系统进行了某种操作。在 UML 建模中将引起状态变化的方式分为事件、活动、动作等，它们是状态图的构成元素。

本节介绍状态机的概述、构成、状态类型及其应用。

7.1.1 状态机概述

状态机用于对一个模型元素建立行为模型，该模型元素通常是一个类/对象，也可以是一个 Use Case，甚至整个系统。

对象的状态变化被称作是状态的转移，状态在指定的事件、活动或动作发生时，有着定向的转移。事件、活动和动作描述了对象状态变化的原因。

状态图在一般的面向对象技术中又称为状态迁移图，描述类的一个对象在其生存期间的状态变化。

状态图描述一类对象具有的所有可能的状态及其转移关系，它展示对象所具有的所有可能的状态以及特定事件发生时状态的转移情况。

状态机可以精确地描述对象在生命周期中的情况：从对象的初始状态起，响应事件、执行某些动作、新状态的转换、状态下响应事件、执行动作，转换至另一个新状态，如此循环，直到终止状态。

对象始终处于某种状态，或休眠或激发，并保持这种状态，直到有事件发生，影响了对象的状况，使它改变状态，发生状态转移。状态机是为对象建立的行为模型，记录了对象状态转移。

状态机由状态、转移、事件、活动、动作等元素组成，对其构成成员的解释如表 7-1 所示。

表 7-1 状态机的构成元素及其说明

构成元素	说　　明
状态(State)	表示一个模型元素在生存期中的一种状况，如没有任何行为的休眠状态、被激发的运行状态等。一个状态在一个有限的时间段内存在
转移(Transition)	表示一个模型元素的不同状态之间的联系。在事件的触发下，模型元素由一个状态可以转移到另一个状态
事件(Event)	一个有意义的事情出现的说明。该事情在某个时间和空间点发生，并且立即触发一个状态的转移
活动(Activity)	在状态机中进行的一个非原子的执行行为，它由一系列的动作组成
动作(Action)	一个可执行的原子计算，它导致状态的变更或返回一个值

7.1.2 状态机标记

与其他模型图一样，状态机图也有着其构成元素的标记。与其他模型图不同的是，在状态机图中，单单状态的标记就有多种：初始状态标记、一般状态标记和终止状态标记。它们分别表示一个对象的最原始时候的状态、一般情况下的状态和生命周期的终止。

在状态机图中，若干个状态节点由一条或多条转移弧连接，状态的转移由事件触发。对象的行为模型化为在状态机图中的一个周游，在此周游中对象执行一系列的动作。

一个状态机图表现了一个对象(或模型元素)的生存史，显示触发状态转移的事件和因状态改变而导致的动作。状态机图中的基本标识符有状态(包括初始状态和终结状态)、转移、判定决策点和同步。

1. 状态

状态是指对象某个时刻存在的方式，如休眠、激活等。状态和事件之间的关系是状态机图的基础。状态的标记有 3 种，初始状态、一般状态和终止状态。它们使用不同的标记表示，具体如下：

- 初始状态使用一个实心圆表示。
- 一般状态使用圆角矩形表示，在标识符内部编辑名称及该状态下的动作。名称也可以作为一个标记置于状态机图标上面。动作的名称同用例的名称命名方式一样，应命名为能够描述系统行为状态的名称。
- 终止状态类似于在初始状态外加一个圆圈。

在 PowerDesigner 中，上述三种状态的标记样式如表 7-2 所示。

表 7-2 状态的标记样式

状态类型	状态样式	状态说明
初始状态	●	状态机图的起始点
终止状态	◎	对象在生命周期结束时的状态
简单状态	显示查询结果	标记符显示为圆角矩形，状态名位于矩形中。状态名可以包含任意数量的字母、数字和某些特殊的标记符号
含动作的状态	产品显示 entry / 登录 do / 显示 exit / 查询	添加动作的状态，状态名与动作中间以一条斜线隔开。状态命名方法与一般状态相同。该状态添加了 3 个动作，分别是进入状态时执行的动作、当前状态下的动作和状态结束时的动作

2. 转移

状态的变化通过转移来描述，状态与状态之间的转移相当于用例与用例之间的关系：用例间的连线描述了关系；而状态与状态之间的连线描述了状态变化的先后顺序和原因。

转移显示从一个状态到另一个状态的控制流，它描述了对象在两种状态间的转变方式。

转移用实线和箭头表示，由原状态指向目标状态。箭线上方标注转移的方式，以及引起状态转移的事件或动作。

当处于当前状态(原状态)的对象接收到一个事件，执行相应的动作时，则可能从当前状态转移到另一个状态。如果在转移箭线上不标注触发转移的事件，则表示从原状态转移到目标状态是自动进行的。

如网购系统在用户登录后被激活，显示产品信息；用户对系统进行操作，查询所需要的数据，系统转移了状态，经过程序的执行后显示查询结果。那么这个过程的状态转移如图 7-1 所示。

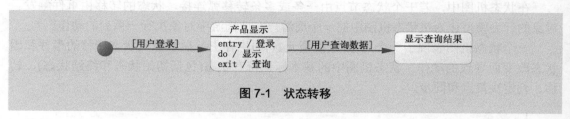

图 7-1　状态转移

3．判定决策点

判定决策点是状态转移中的分支，系统的状态在转移时被不同的条件所影响，能够在不同的条件下转移到不同的状态，这个条件即为判定决策点。

判定的转换方式类似于程序中的条件语句，在不同的条件下执行不同的行为。判定的标识符是一个菱形，控制流通常从菱形的一个顶点进入，从其他顶点输出。

元素的执行行为并不是在一个起点、一个终点间的一条单向流，有着分支和合并。如自动取款机在用户取款时就有着不同的生命周期，在正常情况下输入正确的密码进入取款环节，在取款金额小于卡内余额的情况下实现取款业务。但是用户密码输入错误和卡内余额不足都能够改变这个状态转移流程。自动取款机的取款过程如图 7-2 所示。

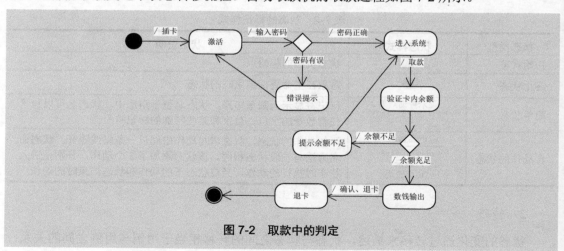

图 7-2　取款中的判定

活动图中部分判定需要添加下一个行为的执行条件，判定本身也可以在菱形内部添加文字描述判定；也可以在转移连线中写转移条件。

决策点在建模状态机图时提供了方便，通过在中心位置分组转移到各自的方向，从而提高了状态机图的可视性。

4．同步

同步和判定决策点都能够将状态分流，不同的是，判定决策点是不同的条件下的不同状态转移；而同步是可同时进行的状态转移。

使用同步条显示并发的转移，即同时发生的转移。同步条为实心矩形，同步分为两种形式：控制流的分叉和汇合。

状态机图中并发的控制流为同步控制流，控制流在一个状态结束时同时引发两种状态，控制流可在这两种状态下同时进行后面的状态转移。

状态机图使用同步条来说明状态的同步事件，当同步条左侧的事件都完成了，同步条右侧的事件将同时发生。

如图书馆管理系统，该系统可执行借书管理和还书管理，在管理员登录后可同时激发这两个管理系统，并可随时切换系统完成工作。那么管理员在登录之后，系统的状态转移如图 7-3 所示。

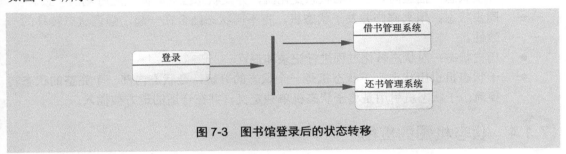

图 7-3　图书馆登录后的状态转移

同步并不只是由一个状态引发多个状态的同步，还可以是由多个状态引发一个状态的同步。如银行的转账系统，银行卡之间的转账系统需要两边同时进行，一方扣除转账金额、另一方增加转账金额，并同时完成转账，如图 7-4 所示。

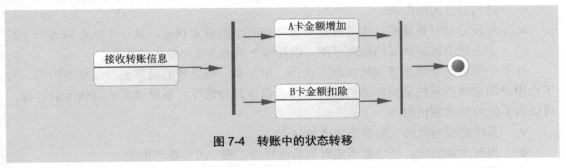

图 7-4　转账中的状态转移

除了状态间事件的同步，不同区域的事件也存在同步状态，可使用星号(*)来连接同步的事件。

7.1.3　状态类型

程序中的状态变化顺序并不是使用简单标记就能完全表达的，使用简单标记表现的状态图是顺序状态，UML 建模中提供了并发状态、同步状态、历史状态等类型，供状态图表达复杂的状态转移。

状态图又可以称作状态机图，状态机是一组状态转移，描述对象在一个过程中的状态转移。

状态可以分为简单状态和组合状态。组合状态并不是包含了多个状态的组合，也不是包含有子状态的状态，而是包含了多个状态机的组合，即组合状态的元素是一个状态流。

子状态分解了对象状态机图描述的行为，描述对象处于特定状态下的行为及状态转移。子状态可以是状态机图中单独的普通状态，也可以是用来描述一个对象的完整状态机图。

组成状态中的子状态分为顺序子状态和并发的子状态。每一个组合状态都有一个嵌套状态机图的分隔框，在组合状态的分割框内放置被嵌套的子状态图。简单状态中嵌套状态机图分隔框可以缺省。UML 状态机图有以下几种类型。

- 顺序状态：只有一个初始状态和一个终止状态。
- 并发状态：描述同时进行的状态变化流，并发状态强调时间发生时刻的一致。
- 同步状态：用来修饰并发子状态机，将不同状态结合在一起，强调状态转移的一致性。
- 历史状态：对状态转化过程进行记录和返回。
- 子状态机引用状态：子状态机是一个状态的分解，是状态内部一个完整的状态转换流。子状态机引用是将子状态机单独定义，并在合适的地方被插入。

7.1.4　状态机图的应用

状态机图既可以用来表示一个业务领域的知识，也可以用来描述设计阶段对象的状态变迁。状态机图描述一个对象的状态转移，分为以下两种类型应用。

- 对对象生命周期建模：主要描述对象能够响应的事件、对这些事件的响应及过去对当前行为的影响。
- 对反应型对象建模：主要描述对象可能处于的稳定状态、从一个状态到另一个状态之间的转换所需的触发事件，以及每个状态改变时发生的动作。

并不是所有的系统都需要绘制状态机图，但又有一些系统的确需要绘制状态机图。为了让用户确定哪些系统需要状态机图，可参考以下几种情况。系统满足下列情况的时候，可以为系统绘制状态机图：

- 系统建模对象的状态多于 3 个的。
- 拥有大量信息，并经常需要对信息进行增、删、改等操作的类。
- 界面类。
- 实时系统中的类。

状态机图用于辅助类图建模，影响状态改变的事件通常是对对象的操作或信号。状态通常是类的属性，它的完整性反映了类属性的取值特点。状态与转移间的关系可以描述对象属性与操作间的关系。

状态图模型的创建通常分为以下几个步骤。

(1) 确认建模实体。

(2) 标识出模型元素的开始和结束状态。

(3) 确定主要状态。

(4) 确定与每一个实体相关的事件。

(5) 从开始状态建模完整状态机图。

(6) 如果必要,则指定组成状态。

状态机图是一个对象的状态转移,但系统在执行时是多个对象都在发生状态变化,因此在绘制时容易出错。在绘制状态机图时需要注意以下两点:

- 一个状态机图只针对一个实体描述其状态转换。
- 建模实体的状态转移过程中的事件,若涉及其他实体,需要对每一个涉及到的实体遍历。

7.2 转　　移

转移是状态图中的枢纽,是状态图中不可缺少的重要元素。前面已经简单提到过状态图中的转移,转移除了连接状态,还有多种类型和辅助元素,本节详细介绍转移的使用。

7.2.1 转移简介

转移描述状态机图中状态变化的一般方式。转移有着多种情况:建模元素被事件或动作影响,改变了状态;建模元素的状态不稳定,使其自身发生状态转移。转移有 5 个要素,具体如下。

- 源状态:即受转换影响的状态。
- 目标状态:当转换完成后对象的状态。
- 触发事件:用来为转换定义一个事件,包括调用、改变、信号、时间四类事件。
- 监护条件:布尔表达式,决定是否激活转换。
- 动作:转换激活时的操作。

状态图中的转移标识符与活动图中的转移标记符相同,在连接状态的同时,指出状态的转移方向。箭头连接源状态和终止状态,指向转移的目标状态。

转移连接了源状态和目标状态。但需要各种条件才能激活转移。这些条件包括了事件、条件和动作。

监护条件是源状态向目标状态转移的条件,源状态结束时进行监护条件的判断,只有当监护条件满足时,才能转移到指定的目标状态。

事件是引起状态改变的事情,与监护条件一起修饰转移,通常放在监护条件的前面。事件和监护条件遵循以下几个规则:

- 转移时,监护条件在事件发生时计算一次。若转移被重新触发,则监护条件将会再次被计算。
- 如果监护条件和事件放在一起使用,则当且仅当事件发生且监护条件布尔表达式成立时,状态转移才发生。

● 如果只有监护条件，则只要监护条件为真，状态就发生转移。

状态图中的动作与活动图中的动作状态类似，是系统内部或外部对系统的一个操作。动作也是引起状态变化的原因之一。

7.2.2 事件

事件是能够引发系统对象状态改变的行为。事件和转移是相伴出现的，事件可以看作是对转移的修饰，描述系统元素状态改变的原因。事件可以有属性和参数，参数放在事件名称后面的括号()内。事件有多种分类，对于状态来说，事件可分为内部事件和外部事件，具体如下：

● 内部事件是指在系统内部对象之间传送的事件。例如，异常就是一个内部事件。
● 外部事件是指在系统和它的参与者之间传送的事件。例如，给系统一个命令就是外部事件，系统自身状态的改变是内部事件。

图 7-5 中，使用 Microsoft Visio 绘图工具绘制了带有事件的状态机图。

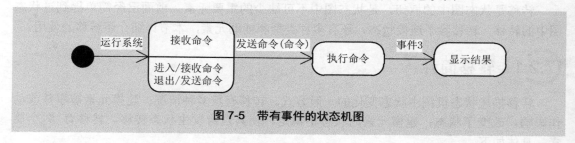

图 7-5　带有事件的状态机图

在图 7-5 中，发送命令事件含有命令参数，这个参数是用户传达给系统的，用户给予系统的命令即外部事件；而显示结果状态是执行命令状态自然产生的结果，因此事件 3 属于内部事件。

从事件本身的性质来分类，事件又分为调用事件、信号事件、改变事件、时间事件和延迟事件，具体如下。

1. 调用事件

调用事件表示调用者对操作的请求，调用事件至少涉及两个以上的对象，一个对象请求调用另一个对象的操作。调用事件一般为同步调用，也可以是异步调用。

当一个对象调用另一个对象的某个操作时，控制就从发送者传送到接收者。该事件触发转移，完成操作后，接收者转到一个新的状态，并将控制返还给发送者。

在一个完整的 UML 建模中，调用事件往往对应类图中定义的方法、事件，主要描述对象间的事件。

● 调用事件的定义格式为：事件名(参数列表)。
● 参数的格式为：参数名:类型表达式。

　技巧：除了在转移中使用调用事件，状态内部也可以使用调用事件。

2. 信号事件

信号是一个对象发送并由另一对象接收的事件,信号可作为状态机中一个状态转移的动作而被发送,也可作为交互中的一条消息而被发送。一个操作的执行也可以发送信号。

事实上,当建模人员为一个类或一个接口建模时,通常需要说明它的操作所发送的信号。信号事件与调用事件的区别有以下两点:

- 信号事件可用在对象之间、状态之间或状态内部。
- 调用事件只能调用类图中相应对象的方法或事件,而信号事件可以定义任何需要的事件,不用去考虑是否存在对应的方法或事件。

3. 改变事件

改变事件是指在确定的条件下发生的事件。系统在不同的条件下会进行不同的状态改变,与系统的判定和分叉不同,这里的状态流分支是因为用户的选择不同;判定的分支是因为系统执行结果的不同。

在 UML 建模中,使用 when 关键字指出状态改变的条件,关键字后面带有括号和布尔表达式,并跟有条件为真时将要发生的动作。每一种条件下都有规定的动作,在条件判定后执行指定的动作,并引起状态的改变。

改变事件同样可以用于状态内部。状态内部的改变事件同样使用 when 关键字,不同的条件写在不同的行,格式如下:

```
when(条件 1):该条件下的动作 1
when(条件 2):该条件下的动作 2
```

改变事件与消息产生的条件不同:条件在事件触发时求值,而改变事件是在条件为真时被触发,如图 7-6 所示。

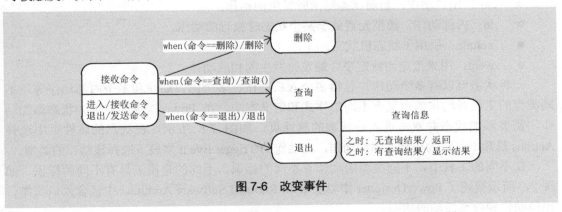

图 7-6 改变事件

图 7-6 描述了转移中的改变事件和状态内的改变事件,分别表述状态根据指定条件发生转移和状态自身的改变事件。

注意: 内部的改变事件并不能使状态发生转移,但内部的改变事件会影响当前状态的执行结果。

4．时间事件

时间事件是经过一定的时间后或在某个确定的时间发生的事件。如网络通信工具，在用户长时间没有操作电脑时将用户当前状态改为离开状态；闹钟功能在定好的时间发出铃声叫醒用户等。

在 UML 建模中，使用 after 关键字定义时间事件，在关键字后编辑时间表达式，如 after(10 分钟)或 after:10 分钟。表示在当前状态开始后的某个时间执行时间事件。

如系统在等待命令状态发生 30 秒后没有接收到命令，自动退出，其状态转移如图 7-7 所示。

事件是一个触发器，有时事件又被称为事件触发器。它触发了状态之间的转移和状态内部转移，接收事件的对象必须了解如何对触发器进行响应。在建模状态机图中根据需要使用事件，不仅能丰富状态机图，还能把对象描述得更加清晰。

图 7-7　转移中使用时间事件

7.2.3　动作

动作是不可中断不可分割的行为，是行为的最小单位。动作可以是类对象的操作和属性，一个状态中允许有多个动作。

由于状态图是系统状态间的转移，因此，动作只能表现在状态内部，包括动作类型和名称。动作有多种类型，用来说明当前状态或事件所发生的行为，有 5 个基本类型，具体如下。

- entry：入口动作，进入状态时发生的动作。
- exit：出口动作，当前状态结束时发生的动作。
- do：内部动作，模型元素处于某个状态时执行的动作。
- include：引用子状态机状态。
- event：用来指定当特定事件触发时发生的相应动作。

一种状态可以有多个动作，包括多个入口动作、多个出口动作和多个内部动作等。不同类型的工具对动作的定义有不同的样式和定义方法。在 PowerDesigner 中为状态添加动作，需要添加状态并双击进入该状态的属性页，如图 7-8 所示，在状态的属性页中选择 Actions 选项卡，可为该状态添加动作，在动作的 Trigger Event 字段下选择该动作的类型。

在不同的工具中，不同类型的动作有不同的标识，不同的建模工具有不同的标识。如图 7-9 所示描述了 PowerDesigner 中以及 IBM Rational Software Architect 中包含入口动作、出口动作和内部活动的状态。

内部动作是模型元素在状态持续过程中执行的动作，执行与该状态相关的行为。内部动作不会改变元素当前状态，在入口动作执行后、出口动作执行前执行。

当内部动作执行完毕时，如果没有完成转移就触发它，否则状态将等待一个显式触发的转移。

如果内部动作正在执行时有一个转移被触发，此时内部动作将被终止，然后执行状态的出口动作。

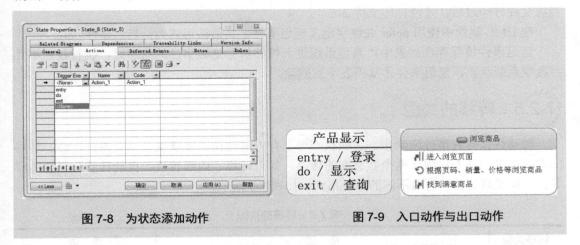

图 7-8　为状态添加动作　　　　图 7-9　入口动作与出口动作

内部动作可以用 do 关键字表示为：do/动作表达式。也可以使用内部符号来表示，如图 7-9 所示。

event 用来指定当特定事件触发时发生的相应动作。当事件发生时会自动触发。使用 event 类型的动作时，与信号事件有相似之处。

对象进入状态时执行相应的入口动作(以关键字 entry 标记)，退出状态时执行相应的出口动作(以关键字 exit 标记)。但对一个跨越几个状态边界的转移而言，可以按嵌套顺序依次执行多个相关状态的入口动作和出口动作。具体执行顺序为，执行最外层源状态出口动作、执行转移、执行内层目标状态的入口动作，如此循环。

事件与动作的联系密切，不管是内部转移，还是外部转移，只要触发事件发生转移时，通常都伴有动作的发生。不管是入口动作、出口动作还是内部动作，或是 event 类型动作，它们的使用方法都与事件有相似之处，这里同样可以认为它们是触发事件并且具有相同的语法结构。

不论是状态间的转移还是状态的内部转移，事件都可以伴有多个动作的发生。动作之间使用逗号分隔，用于表达同一事件下执行多个动作。

7.2.4　活动与延迟事件

活动是当对象处于一个状态时，它一般是空闲的，在等待一个事件的发生。但是某些时间，人们可能希望描述正在进行的活动。在处于一个状态的同时，对象做着某些工作，并一直继续到被某个事件中断。

延迟事件是一种特殊的事件，它是指该事件不会触发状态的转换，当对象处于该状态时，事件不会丢失，但会被延迟执行。例如，当 E-mail 程序中正在发送第一封邮件时，用户下达发送第二封邮件的指令就会被延迟，但第一封邮件发送完成后，这封邮件就会被发送。这种事件就属于延迟事件。

延迟事件是当前状态不处理的事件，需要推迟或排队，等到系统元素转移到另一个状态再执行。

如系统需要打印文件 2，但打印机处于正在打印文件 1 的状态，系统需要在打印机把当前文件打印过后，才能打印文件 2。

在 UML 建模中使用 defer 关键字定义延迟事件，其语法形式为：延迟事件/defer。

延迟事件被保存在列表中，直到系统进入能够执行延迟事件的状态时，执行延迟事件并改变系统状态，延迟事件才从列表中被删除。

7.2.5 转移的类型

转移往往伴有事件或动作，正如状态可以有内部动作，转移也可以有内部转移。转移的方式很多，并不局限于两个状态间的转换，如自转移、内部转移、自动转移和复合转移等。不同类型的转移有着不同的事件格式，如表 7-3 所示。

表 7-3　转移的类型

转移类型	描　述	语　法
外部转移	对事件做出响应，引起状态变化或自身转移，同时引发一个特定动作，如果离开或进入状态将引发进入转移、离开转移	事件(参数)[监护条件]/动作
内部转移	对事件做出响应，并执行一个特定的活动，但并不引起状态变化或进入转移、离开转移	事件(参数)[监护条件]/动作
进入转移	当进入某一状态时，执行相应活动	entry/活动
退出转移	当离开某一状态时，执行相应活动	exit/活动

1. 自转移

自转移是状态转移到自身状态的转移，状态在执行了事件之后，导致当前状态中断，但状态并没有变成其他状态，而是回到了当前状态。

自转移打断当前状态下的所有活动，使用对象退出当前状态，最后又返回该状态。自转移标记符使用一种弯曲的开放箭头，指向状态本身，如图 7-10 所示。

图 7-10 描述了用户在输入密码并确定后，系统验证密码的状态，在密码无误的情况下，系统将转移至欢迎页面，但若密码有误，则需重新验证密码。

图 7-10　自转移标识符

自转移中，状态转移的源状态和目标状态是同一个状态。

自转移中有入口事件和出口事件，在作用时首先将当前状态下正在执行的动作全部中止，然后执行该状态的出口动作，接着执行引起转移事件的相关动作。

2. 内部转移

正如状态本身可以包含多种动作，因此状态并不是静态的，在状态内部发生的转移为内部转移。

内部转移描述执行响应事件的内部动作或活动，转移只有源状态而没有目标状态，内部转移激发的结果并不改变状态本身。

若状态中有入口动作和出口动作，则发生内部转移的状态并没有中断当前状态，因此不需要执行出口动作。

在状态的内部转移中需给出内部动作列表，使用动作表达式规定动作。表达式与表达式之间使用逗号隔开。动作表达式可以用拥有该动作的实体的任何属性和连接来构成。

如本章图 7-2 中有着自动取款机的验证，在用户输入所要取款的金额并下达命令之后，有了取款命令这个入口动作，并在该状态内部有了验证余额、数钱、扣费这些内部动作。虽然其内部有着多种活动形式，但对于用户来说，系统状态没有改变，用户仍然等待着系统给出结果。该状态在输出用户所需人民币之后改变状态，其内部动作如图 7-11 所示。

内部转移与自转移不同，内部转移并没有中断当前状态，甚至没有目标状态。而自转移是源状态和目标状态一样的转移。自转移结束当前状态并重新进入当前状态，因此有入口动作和出口动作的执行，而内部转移没有。

3．自动转移

自动转移又称为完成转移，是当前状态自然结束并引发的转移。

自动转移并不是由事件的执行引发的，而是由当前状态的内部动作完成，由当前状态结束而自然引发的。如执行查询，当查询状态结束时，系统自然进入显示查询结果的状态，这是由查询状态的结束自然引发的。

自动转移是特定状态的必然结果，不需要指定转移的事件或动作。图 7-12 描述了简单的自动转移。

图 7-11　内部转移动作列表　　　　图 7-12　自动转移

图 7-12 中，在系统文件量大的情况下，查询一个文件需要时间，在下达了查询命令之后，系统进入文件搜索状态，但是这种状态不需要给系统下达命令，而是在文件搜索结束后自动转移到显示搜索结果的状态。

4．复合转移

复合转移由简单转移组成，这些简单转移通过判定、分叉或汇合组合在一起。

多条件的分支判定可以是链式的和非链式的，当多个转移同时被触发时，将发生转移的冲突。此时需要用转移的优先级来解决。

提示：符合转移中子状态的转移的优先级比包含它的超状态的转移的优先级高。

7.3 组 合 状 态

状态类型分为简单状态和组合状态。其中，简单状态即为顺序状态，顺序状态是最简单易懂的状态转换流程，一个顺序状态中最多只能有一个初态和一个终态。而组合状态有着多种类型。本节将详细介绍组合状态的理论和应用。

7.3.1 顺序状态

如果一个组成状态的子状态对应的对象在其生命周期内的任何时刻都只能处于一个子状态，也就是说状态机图中多个子状态是互斥的，不能同时存在，这种子状态被称为顺序状态，或叫互斥状态。顺序状态又称为不相交状态，对象生命周期内的状态一个一个顺序地转移。如果包含顺序子状态的状态是活动的，则只有该子状态是活动的。

当状态机图通过转移从某种状态转入组合状态时，该转移的目的可能是组成状态本身，也可能是这个组成状态的子状态：

- 如果是组成状态本身，状态机所描述的对象首先执行组合状态的入口动作，然后子状态进入初始状态并以此为起点开始运行。
- 如果转移的目的是组合状态的某一子状态，那么先执行组合状态的入口动作，然后以目标子状态为起点开始运行。

7.3.2 并发状态

组成状态中的子状态分为顺序子状态和并发的子状态，顺序子状态已经了解，这里介绍并发子状态。并发状态用来描述一起进行的状态变化流，并发状态强调时间发生时刻的一致。由并发状态构成的组合状态被分成不同区域，每个区域包含不同的状态机，各区域内的状态机分别运行。如果并发子状态中有一个子状态比其他并发子状态先到达它的终止状态，那么先结束的子状态的控制流将在它的终止状态等待，直到所有的子状态都终止。此时，所有子状态的控制流汇合成一个控制流，转移到下一个状态。如果包含并发子状态的状态是活动的，则与它正交的所有子状态都是活动的，如图 7-13 所示。

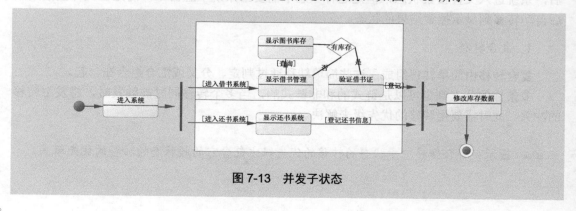

图 7-13 并发子状态

图 7-13 描述了图书管理并发子状态，包括借书和还书两种流程。一个状态图中只能有一个初始状态，但每一个区域内的子状态允许有一个初始状态。

从图 7-13 中可以看出，在转移进入到管理组合状态时，控制流分解成了两个并发的控制流，沿着两个并发组状态进行，互不影响。

并发子状态从其初始状态都到达它们的终点，并发控制流汇合成一个控制流，进入下一个状态。

7.3.3 同步状态

同步状态用来修饰并发子状态机，与顺序状态机中的同步类似。同步修饰符将不同状态结合在一起，强调状态转化的一致性，同步状态将不同区域的状态结合在一起，强调并发子状态中状态转化的一致性。

组合状态通常由多个并发区域构成，每个区域有各自的顺序子状态区域。当系统进入一个组合状态时，每个并发区域内分别执行各自的状态转化。由于区域之间是独立的，如果要求对并发区域之间的控制进行同步，需要使用同步状态。

同步状态如同一个缓冲区，间接地把一个区域中的分叉连接到另一个区域中的汇合上。

同步状态使用同步条将一个区域内的分叉输出连接到同步输出，再将同步输出连接到另一个区域中的汇合输入上。

UML 建模中的同步状态使用伪状态表示，可表示为圆圈里面有一个整数、一个*或其他形式的伪状态，如图 7-14 所示。

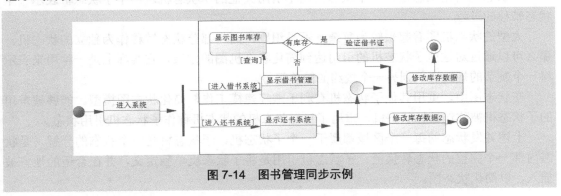

图 7-14　图书管理同步示例

图 7-14 描述了借书和还书两个并发子状态的同步。在进入借书系统后、在进入还书系统后，两种管理操作可以同步执行。

由于分叉和汇合在自己的区域里必须有一个输入和输出状态，因此同步状态不会改变每个并发区域的基本顺序行为，也不会改变形成组合状态的嵌套规则。

7.3.4 历史状态

并发子状态是组合状态中简单的一种，在复杂组合状态中，可以对状态转化过程进行记录和返回。

状态的返回对于简单状态是常用易用的，但组合状态有着组合在一起的子状态，找出需要返回的状态虽然可以实现，但重复的组合状态机使状态机图变得复杂臃肿。历史状态用于记录系统元素的状态转化过程中的某个位置，以供其他位置的状态返回。

UML 状态机图中，历史状态分为浅历史状态(简略历史状态)和深历史状态(详细历史状态)两种，具体如下：

- 浅历史状态保存并重新激活与它在同一个嵌套层次上记住的状态。如果一个转移从嵌套子状态直接退出组合状态，那么组合状态中的顶级封闭状态将被激活。
- 深历史状态可以记住组合状态中嵌套层次更深的状态，要记忆深历史状态，转移必须从深历史状态中转出。

浅历史状态标记符使用一个含有字母 H 的小圆圈 ⒣ 表示，而深历史状态标记符使用内部含有 H*的小圆圈 ⒣* 表示，

如果转移从深历史状态转移到浅历史状态，并由此转出组合状态，那么深历史状态将记忆该浅历史状态。无论在哪种情况下，如果一个嵌套状态机到达终点，那么历史状态将会丢失其存储的所有状态。

 技巧：历史状态常用于描述状态流中循环进行的一个小状态机。

7.3.5 子状态机引用

子状态机引用状态是在一个状态机图中引用其他的子状态机。一个子状态机表示一个状态转移的过程。

大型的状态机图看起来较为复杂，不易识别，而将部分状态转移作为独立的状态机，那么可以通过对这些子状态机的引用达到简化状态机图的效果，它实际上是一种用来表示将一个复杂的规约嵌入到另一个规约的简单记号。

在状态图中，重用其他子状态机有利于减轻建模工作，简化状态图模型。能够被重用的子状态机被称作目标状态机，重用了目标状态机的状态机称作子状态机引用状态。

上述并发状态的每一个区域都属于一个子状态机，子状态机是一个状态的分解，是状态内部一个完整的状态转换流。子状态机引用是将子状态机单独定义，并在合适的地方被插入，以简化状态图。

1. 子状态机引用状态

子状态机引用状态和宏调用非常相似，因为它实际上是一种用来表示将一个复杂的状态机嵌入到另一个状态图的简单记号。

声明子状态机引用状态时，使用关键字 include 来标记，具体标记信息如下所示：

```
include 子状态机名
```

在进入子状态机时，可以通过子状态机的任何子状态或其默认的初态进入到子状态机中，同样也可从子状态机的任何子状态或其默认的终态退出子状态机。

如果子状态机不是通过其初态和终态进入和退出子状态机，可以使用桩状态来实现。桩状态分为入口桩和出口桩，分别表示子状态机非默认的入口和出口，桩状态的名字和子

状态机中相应的子状态相同。

如将图书馆的图书借阅系统分为借书管理状态机和还书管理状态机，将图 7-14 分离出两个子状态机，如图 7-15、7-16 所示，则有如图 7-17 所示的图书管理系统。

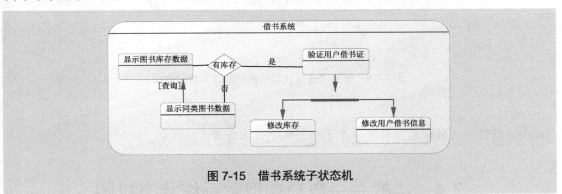

图 7-15　借书系统子状态机

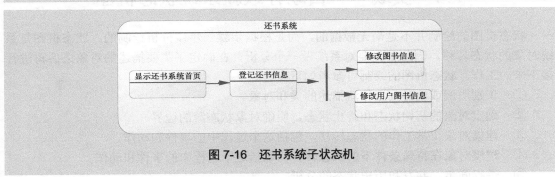

图 7-16　还书系统子状态机

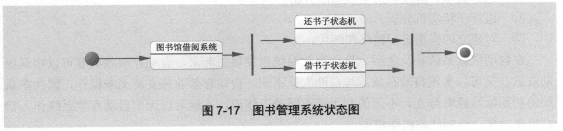

图 7-17　图书管理系统状态图

2.　占位状态

占位状态是子状态机引用状态中的伪状态，用来标识子状态机中的某个状态。一个引用子状态机可以包含多个占位状态。

子状态机中有着多个状态，在子状态机引用状态中，有时需要针对子状态机中的某些特定状态进行条件转换，但引用的子状态机在模型中并不显示内部状态，因此使用占位状态代替特定子状态机中的状态。

占位状态使用短线段和目标状态名称作为标识符，如图 7-18 所示。在处理用户借书的过程中，有着借书证无效的工作流，此时该工作流转移到终止状态。但该状态是借书子状态机的一个状态，若直接将该子状态机指向终止，将因此对状态机图误解，因此需要有占位标识符，命名为所需状态的名称，将该状态指向所要转移的状态。

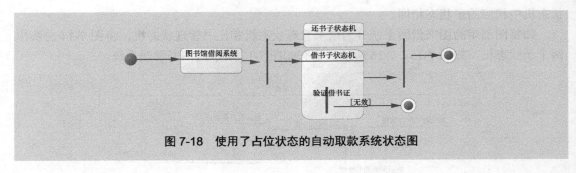

图 7-18　使用了占位状态的自动取款系统状态图

　警告：占位状态名称必须是子状态机中的状态名。

7.4　实战——自动存取款系统状态机图

状态机图的绘制并不是毫无根据的，而是根据步骤一步步分析绘制的。状态机图是系统对象的状态转移，因此首先要对系统做一个分析，在确定了需要描述的对象之后再进行接下来的工作。状态机图的绘制可参考如下步骤。

①　识别用例或要对其工作流描述的类和对象。

②　确定对象的初始状态和终止状态，明确对象状态流的边界。

③　建模对象正常工作的状态转移，包括这个过程中的事件和动作。

④　建模对象在特殊条件下的状态转移，包括这个过程中的事件和动作。

⑤　进行同步、并发和历史状态的分析。

⑥　进行子状态机分析。

⑦　对建立的模型进行精化和细化。

在自动取款系统普及之后，自动存款系统也发展了起来。自动存取款机既可以实现自助取款，又可以实现自动存款。与自助取款不同，自动存款业务支持无卡操作，因此在系统的初始阶段就有分支，不同的初始有不同的工作流，本练习以无卡自动存款系统作为状态机图对象，绘制状态机图模型。

(1)　建模的对象为无卡存款系统，主要服务对象是无卡用户，最终目标是完成无卡存款。

(2)　对象的初始状态是用户按确定按钮激活系统，终止状态是完成无卡存款交易。整个过程从用户按确定按钮开始，到存款完成终止。

存款必须要有账号和人民币，由于用户没有卡，因此只能通过输入卡号的形式确定账号；人为地输入卡号无法保证卡号准确性，因此系统需要有提示信息，如提示账号主人的姓氏或姓名。这个过程系统需要与储户信息进行交互。由此创建状态图正常工作时的状态转移为：激活，在接收卡号后输出该账户的姓氏，在接到确定命令后打开数钱的区域接收人民币，接着读取并验证人民币，输出未通过验证的人民币，输出接收的人民币总额，接收确定命令，修改户主余额，终止，如图 7-19 所示。

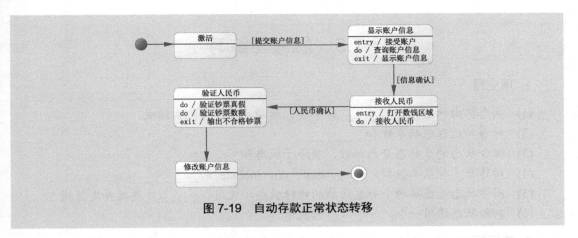

图 7-19　自动存款正常状态转移

(3) 在上述处理过程中，有着可能出现的状况，即在特殊情况下的状况，如输出户主姓氏之后，发现姓氏不对而需要重新输入卡号；有未通过的真币；需要继续添加人民币。因此需要有下列 3 种额外的状态转移：

- 输出户主姓氏、接收账号重置命令、重新接收账号。
- 输出未通过的钱币、确认添加指令。
- 继续添加人民币，确认添加指令。

(4) 在图 7-19 的基础上添加上述 3 个状态机，如图 7-20 所示。

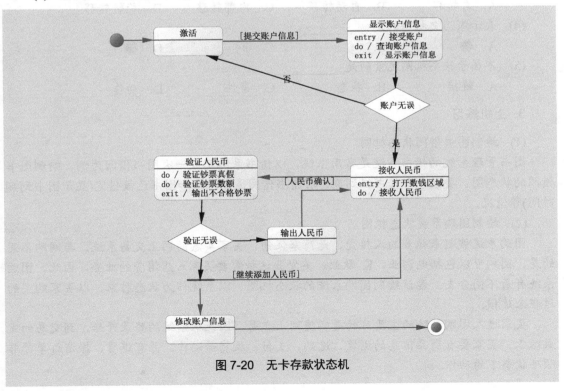

图 7-20　无卡存款状态机

7.5 思考与练习

1. 填空题

(1) 状态机由状态、_____、事件、活动、动作等元素组成。

(2) 转移的过程包括事件和_____。

(3) 组合状态的子状态分为两种，顺序子状态和_____。

(4) 动作有 5 种基本类型，entry、exit、do、include 和_____。

(5) 同步状态是连接两个并发区域的特殊状态，使用_____连接并发区域。

(6) 初始状态使用一个_____来表示。

2. 选择题

(1) 以下不是状态机图标识符的是_____。

　　　A. ●　　　　　　　　　　　　　　B. ⤻

　　　C. ----→　　　　　　　　　　　　D. ◉

(2) 下列各项中，不属于事件类型的是_____。

　　　A. 入口事件　　　B. 出入事件　　　C. 调用事件　　　D. 改变事件

(3) 下列不是转移类型的是_____。

　　　A. 自转移　　　　B. 自动转移　　　C. 内部转移　　　D. 旋转转移

(4) 表示深历史状态的是_____。

　　　A. ●　　　　　B. Ⓗ　　　　　C. Ⓗ*　　　　　D. ◉

(5) 不属于状态机图元素的是_____。

　　　A. 链接　　　　　B. 状态　　　　　C. 事件　　　　　D. 动作

3. 上机练习

(1) 绘制图书借阅状态机图

图书管理系统的借书系统是常用系统，以借书系统完成一次图书借阅为例，绘制图书借阅的状态图。要求包含借书证到期、有图书借阅逾期记录和图书已被借完(显示图书到期时间)等情况。

(2) 绘制团购系统状态机图

团购系统被越来越多的人接受，是商家促销、买家实惠的网上交易系统。与网购不同的是，团购可以包括电影业、K 歌业、美发业这种需要买家入店消费的业务，因此，团购系统有着不同分支。尝试绘制团购系统的状态机图，以系统作为状态对象，以买家购买的过程来建模。

买家进入团购系统的主要目的是实现网上交易，因此从系统的登录开始，到交易的完成结束。买家要有商品信息的浏览、选购、支付、收货等动作，并有退货、撤销订单等非顺序状态下的动作。

第8章

活 动 图

    活动图(Activity Diagram)是由状态图变化而来的，用来描述执行算法的工作流程中涉及的活动。活动状态代表了一个活动：一个工作流步骤或一个操作的执行。活动图描述了一组顺序的或并发的活动。

    活动图的应用范围非常广泛，它既可以用来描述操作的行为，也可用来描述用例和对象内部的工作过程。本章将详细介绍活动图的相关知识，并对活动图的各种符号表示以及相应的语义进行逐一讨论。

本章重点：

➥ 了解活动图的定义及作用

➥ 熟悉活动图的组成元素

➥ 理解活动图中活动与动作的概念

➥ 掌握活动图元素的标识方法

➥ 熟悉常见的活动转换

8.1　活动图的基本概念

活动图是 UML 用于对系统的动态行为建模的另一种常用工具，它描述活动的顺序，展现从一个活动到另一个活动的控制流。活动图在本质上是一种流程图。活动图着重表现从一个活动到另一个活动的控制流，是内部处理驱动的流程。

8.1.1　活动图的定义

活动图是一种特殊形式的状态机，用于对计算流程和工作流程建模。活动图中的状态表示计算过程中所处的各种状态，而不是普通对象的状态。通常，活动图假定在整个计算处理的过程中没有外部事件引起的中断，否则普通的状态机更适于描述这种情况。

活动图包含活动状态。活动状态表示过程中命令的执行或工作流程中活动的进行。与等待某一个事件发生的一般等待状态不同，活动状态等待计算处理工作的完成。当活动完成后，执行流程转入到活动图中的下一个活动状态。当一个活动的前导活动完成时，活动图中的完成转换被激发。活动状态通常没有明确表示出引起活动转换的事件，当转换出现闭包循环时，活动状态会异常终止。

活动图也可以包含动作状态，它与活动状态有些相似，但是它们是原子活动，并且当它们处于活动状态时不允许发生转换。动作状态通常用于短的记账操作。

活动图可以包含并发线程的分叉控制。并发线程表示能被系统中的不同对象和人并发执行的活动。通常并发源于聚集，在聚集关系中，每个对象有着它们自己的线程，这些线程可并发执行。并发活动可以同时执行，也可以顺序执行。活动图不仅能够表达顺序流程控制，还能够表达并发流程控制，如果排除了这一点，活动图很像一个传统的流程图。

8.1.2　活动图的作用

活动图在用例图之后提供了系统分析中对系统的进一步充分描述。活动图允许读者了解系统的执行，以及如何根据不同的条件和刺激改变执行方向。因此，活动图可以用来为用例建模工作流，更可以理解为用例图具体的细化。

在使用活动图为一个工作流建模时，一般需要经过如下步骤。

(1) 识别该工作流的目标。弄清该工作流结束时触发什么？应该实现什么目标？

(2) 利用一个开始状态和一个终止状态分别描述该工作流的前置状态和后置状态。

(3) 定义和识别出实现该工作流的目录所需的所有活动和状态，并按逻辑顺序将它们放置在活动图中。

(4) 定义并画出活动图创建或修改的所有对象，并用对象流将这些对象和活动连接起来。

(5) 通过泳道定义谁负责执行活动图中相应的活动和状态，命名泳道并将合适的活动和状态置于每个泳道中。

(6) 用转移将活动图上的所有元素连接起来。

（7）　在需要将某个工作流划分为可选流的地方放置判定框。

（8）　查看活动图是否有并行的工作流。如果有，就用同步表示分叉和连接。

上述步骤中使用了活动图的各种组成元素，像活动、状态、泳道、分叉和连接等，他们将会在后面的章节中详细讲解，这里读者只需要了解即可。

活动图的优点在于它是最适合支持并行行为，而且也是支持多线程编程的有力工具。当出现下列情况时，可以使用活动图。

- 分析用例：能直观清晰地分析用例，了解应当采用哪些动作，以及这些动作之间的依赖关系。一张完整的活动图是所有用例的集成图。

- 理解牵涉多个用例的工作流：在不容易区分不同用例而对整个系统的工作过程又十分清晰时，可以先构造活动图，然后用拆分技术派生用例图。

- 使用多线程应用：采用"分层抽象，逐步细化"的原则描述多线程。

活动图的缺点也很明显，即很难清晰地描述动作与对象之间的关系，虽然可以在活动图中标识对象名或者使用泳道定义这种关系，但仍然没有使用交互图简单直接。当出现下列情况时不适合使用活动图。

- 显示对象间的合作：用交互图显示对象间的合作更简单、直观。

- 显示对象在生命周期内的执行情况：活动图可以表示活动的激活条件，但不能表示一个对象的状态变换条件。因此，当要描述一个对象整个生命周期的执行情况时，应当使用状态图。

8.1.3　活动图的主要元素

在构造一个活动图时，大部分工作在于确定动作之间的控制流和对象流。除此之外，活动图还包含了很多其他元素，像起点、终点、事件、动作、转移、对象流等，以及控制行为进行顺序的分叉、汇合、判定等，如表 8-1 所示。

表 8-1　活动图部分组成元素

元　素	标 识 符	说　明
活动	活动	元素的行为
状态	状态1	元素所处的状态
起点		元素行为的开始
终点		元素行为的终止
转移		元素行为的改变
事件	事件 ()	改变元素行为的方法
发送动作	信号1	发送信号的动作，触发另一个行为
接受动作	接受事件	接收信号的动作，执行相应行为
判定		元素执行不同行为的判断
分叉		元素同时执行不同行为
汇合		元素的不同行为结束并进行同一种行为

续表

元　素	标识符	说　明
泳道	泳道	对元素行为的分类
对象流	→	与对象之间的交互行为
活动中断区间	⚡→	描述活动的终止
异常处理	⚡→	行为过程中的异常处理

如图 8-1 所示为一个使用常用组成元素构成的活动图示例。

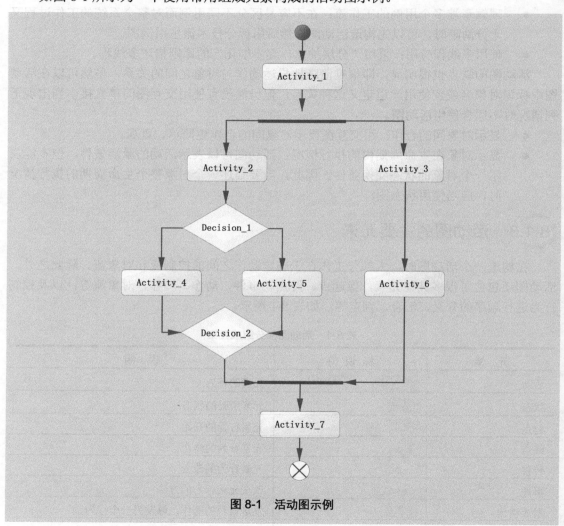

图 8-1　活动图示例

8.1.4　理解活动与动作

在构造活动图时，活动和动作是两个最重要的概念。

1. 活动

在活动图中，每次执行活动时都包含一系内部动作的执行，其中每个动作可能执行零次或者多次。这些动作往往需要访问数据、转换或者测试数据。这些动作需按一定次序执行。

一个活动规范允许多个控制线程的并发执行和同步，以确保活动能按指定的次序执行。这种并发执行的语义容易映射到一个分布式的实现。在两个或者多个动作之间的执行次序有严格限制，所有这些限制都明确地约束了流的关系。如果两个动作之间不能直接或者间接地按确定次序执行，它们就可以并发执行。但在具体实现时并不强制并行执行，一个特定的执行引擎可能选择顺序执行或并行执行，只要能满足所有的次序约束即可。

(1) 一个活动通过控制流和对象流来协调其内部行为的执行。当出现如下原因时，一个行为开始执行：

- 前一个行为已执行完毕。
- 等待的对象或数据在此时变为可用。
- 流外部发生了特定事件。

(2) 一个活动图中，一组活动节点用一系列活动边连接。活动节点包含如下几种。

- 动作节点：可执行算术计算、调用操作、管理对象内部数据等。
- 控制节点：包含开始和终止节点、判断与合并等。
- 对象节点：表示活动中处理的一个或者一组对象，也包括活动形参节点和引脚。

(3) 活动边是一种有方向的流，可说明条件、权重等内容。活动边可根据所连接的节点种类分为如下两类。

- 控制流：连接可执行节点和控制节点的边，简称控制边。
- 对象流：连接对象节点的边，简称对象边。

流意味着一个节点的执行可能影响其他节点的执行，而其他节点的执行也可能影响当前节点的执行，这样的依赖关系可以表示在活动图中。

> **提示**：一个活动中可以调用其他活动，就像一个操作可调用另一个，形成一个调用层次，最后到单个简单动作。在面向对象模型中，活动通常是被间接调用的，而不是直接调用的，而且方法被绑定到操作上。

2. 动作

一个活动中可以包含各种不同种类的动作，常见的动作分类如下。

- 基本功能：如算术运算等。
- 行为调用：如调用另一个活动或者操作。
- 通信动作：如发送一个信号，或者等待接收某一个信号。
- 对象处理：如对属性值或者关联值的读写。

活动中，一个动作表示一个单步执行，即一个动作不能再分解，但一个动作的执行可能导致许多其他动作的执行。例如，一个动作调用一个活动，而此活动又包含了多个动作。这样，在调用动作完成之前，被调用的多个动作都要按次序执行完成。

一个动作可以有一组进入边和一组退出边，这些边可以是控制流，也可以是对象流。只有所有输入条件都满足时，动作才开始执行。动作执行完成之后，按控制流的方向启动下一个节点和动作，同时按对象流的方向输出对象表示结果，下一个节点和动作可将这些对象作为自己的输入，再启动自己的执行。

8.1.5　活动图与状态图的区别

状态机图和活动图都是用于对系统的动态行为建模。状态机图是展示状态与状态转换的图，通常一个状态机依附于一个类，并且描述这个系统实例对接收到的事物的反应。状态机有两种可视化方式，分别是状态机图和活动图。

如果强调对象的潜在状态和这些状态间的转换，一般使用状态机图；如果强调从活动到活动的控制流，一般使用活动图。活动图用于描述一个过程或操作的执行顺序，从这方面讲，活动图可以算是状态的一种扩展方式。状态机图描述一个对象的状态以及状态的改变，而活动图除了描述对象状态外，还能突出它的活动和操作。

8.2　活动图的元素详解

在 8.1.3 小节罗列了活动图的主要组成元素，本节将详细介绍其中的核心元素，如活动状态、动作状态、转移、判定、开始和结束状态等。

8.2.1　动作状态

活动表示某个流程中任务的执行，活动图中的活动也叫活动状态。活动图中有活动状态和动作状态，动作状态是活动状态的特例。

对象的动作状态是活动图的最小单位的构造块，是指执行原子的、不可中断的动作，并在此动作完成后通过完成转换转向另一个状态。UML 中动作状态使用平滑的圆角矩形表示，动作状态所表示的动作写在矩形内部。如图 8-2 所示为一个动作状态的示例。

图 8-2　动作状态示例

8.2.2　活动状态

活动也称为动作状态(Action State)，是活动图的核心符号，它表示工作流过程中命令的执行或活动的进行。与等待事件发生的一般等待状态不同，活动状态用于等待计算处理工作的完成。当活动完成后，执行流程转入到活动图的下一个活动。

活动具有以下特点。

● 原子性：活动是原子的，它是构造活动图中的最小单位，已经无法分解为更小的部分。

● 不可中断性：活动是不可中断的，它一旦开始运行就不能中断，一直运行到结束。

● 瞬时行为性：活动是瞬时的行为，它所占用的处理时间极短，有时甚至可以忽略。

● 存在入转换：活动可以有入转换，入转换可以是动作流，也可以是对象流。动作状态至少有一条出转换，这条转换以内部动作的完成为起点，与外部事件无关。

● 在一张活动图中，活动允许多处出现。

在 UML 中，活动状态使用一个带有圆角的矩形表示，这与状态标记符相似，图 8-3 显示了活动状态。活动指示动作，因此在确定活动的名称时应该恰当地命名，选择准确描述所发生动作的词，如"选择商品"、"加入购物车"或者"去结算"等。

UML 中的一个活动又可以由多个子活动构成，来完成某个复杂的功能，此时各个子活动之间的关系相同。

在进行子活动分解时，有如下两种描述方法。

(1) 子活动图位于父活动的内部

该方法是将子活动图放置在父活动的内部，该方法的优点在于，建模人员可以很方便地在一个图中看出工作流的所有细节，但嵌套层次太多时，阅读该图会有一定困难，如图 8-4 所示给出了该描述方法。

(2) 单独绘制子活动图

使用一个活动表示子活动图的内容，在活动外重新绘制子活动图的详细内容。该方法的好处在于可简化工作流图的表示，如图 8-5 所示给出了该描述方法。

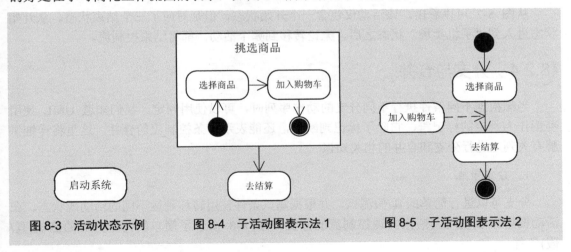

图 8-3　活动状态示例　　图 8-4　子活动图表示法 1　　图 8-5　子活动图表示法 2

8.2.3　开始和结束状态

状态通常使用一个表示系统当前状态的词或短语来标识。状态在活动图中为用户说明转折点的转移，或者用来标记工作流中以后的条件。

前面学习了活动状态和动作状态，除了这些，UML 还提供了两种特殊的状态，即开始状态和结束状态。

开始状态以实心黑点表示，结束状态以带有圆圈的黑点表示，如图 8-6 所示。

图 8-6　UML 的开始和结束状态

【例 8.1】

在一个活动图中只能有一个开始状态，但可以有多个结束状态。图 8-7 演示了开始状态和结束状态一对多的关系。

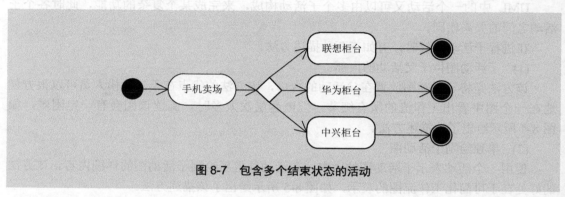

图 8-7　包含多个结束状态的活动

从图 8-7 可以看出，该活动仅包含一个开始状态，但是对应了三个结束状态。从开始状态进入到"手机卖场"状态之后，无论转移到哪个活动，都将结束控制流。

8.2.4　分支与合并

当想根据不同条件执行不同分支的动作序列时，可以使用判定。我们知道 UML 使用菱形作为判定的标记符，它除了标记判断外，还能表示多条控制流的合并。这里将详细讲解有关判定进行分支和合并的相关知识。

1．分支节点

分支可以进行简单的真/假测试，并根据测试条件使用转移到达不同的活动或状态。在活动图中可以使用判断来实现控制流的分支。图 8-8 演示了简单的两个分支的测试(真/假)条件。

分支根据条件对控制流继续的方向做出决策，使用分支，使得工作更加简洁，尤其是对于带有大量不同条件的大型活动图。所有条件控制点都从此分支，控制流转移到相应的活动或状态，这样用户就可以通过做出决策明确动作的完成。分支同样可以像判定一样完成判断条件不止一项的情况。

【例 8.2】

如图 8-9 所示给出了分支节点的示例图形表示。

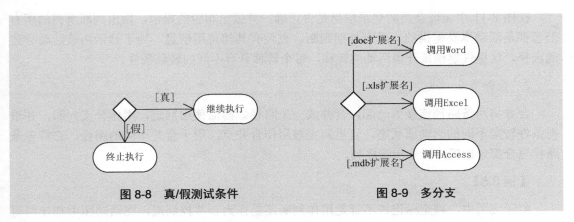

图 8-8 真/假测试条件　　　　　图 8-9 多分支

图 8-9 表示应用程序根据文件的扩展名调用不同的 Office 软件，条件选项的扩展名分别有.doc、.xls 和.mdb，根据条件可能进入的状态有：调用 Word、调用 Excel 或者调用 Access。这种结构非常类似于大多数编程语言中的 switch 语句和 if-else 组合语句的效果。

【例 8.3】

在布置易于阅读的活动图时，使用判定标记符增加了一些方便，因为它提供了彼此间的条件转移，起到节省空间的作用，图 8-10 演示判定标记符在活动图中表示分支的使用。

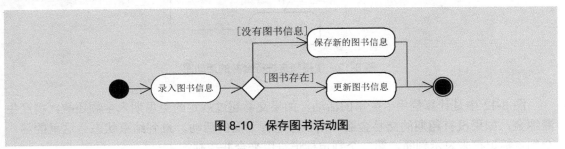

图 8-10 保存图书活动图

图 8-10 是图书管理员保存图书信息的一个活动图，其中判定标记符的作用是根据条件分支控制流。在保存图书信息时，根据图书编号是否已经被记录来转移到不同的活动。如果图书编号已存在，则转移到更新图书信息的活动；如果没有则作为新图书信息来保存。

【例 8.4】

除了使用判定来表示分支外，还可以使用活动来判断条件。根据活动结果，可使用转移条件来建模，如图 8-11 所示。

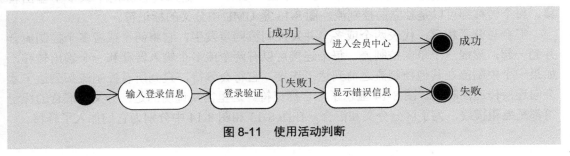

图 8-11 使用活动判断

在图 8-11 中验证会员的登录信息是否正确，并做出相应的提示。做出判断所需的所有信息都是活动本身提供的，没有外部判断，也没有其他可用信息。为了显示由该活动导致的选择，这里仅建模离开该活动的转移，每个转移具有不同的转移条件。

2. 合并节点

合并将两条路径连接到一起，合并成一条路径。前面使用判定，用作分支判断，并根据条件转向不同的活动或状态。这里判定被用作合并点，用于合并不同的路径，它将多条路径重合部分建模为同一步骤序列。

【例 8.5】

实际应用中，判定标记符不管是用作判断还是作为合并控制流，在活动图中都使用得十分广泛，几乎每个活动图中都会用到。图 8-12 中展示了活动图中使用判定标记符来合并节点的情况。

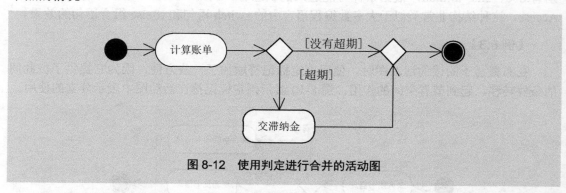

图 8-12　使用判定进行合并的活动图

图 8-12 中是计算信用卡账单的活动，如果交易超过规定的免息期未全额还款，将产生滞纳金。如果没有超期的交易金额，则直接进行下面的活动，直到结束状态。这里的第一个判定标记符来表示判断，第二个判定标记符用来合并控制流。

8.2.5　分叉与汇合

对象在运行时可能会存在两个或多个并发运行的控制流，此时判定标记符不能完成这些功能。为了对并发的控制流建模，UML 中引入了分叉和汇合的概念。

分叉和汇合与转移密不可分。因为分叉是用于将一个控制流分为两个或多个并发运行的分支，它可以用来描述并发线程，每个分叉可以有一个输入转移和两个或多个输出转移，每个转移都可以是独立的控制流。图 8-13 是 UML 中分叉的标记符。

汇合与分叉相反，代表两个或多个并发控制流同步发生，它将两个或者多个控制流合并到一起，形成一个单向控制流。每个连接可以有两个或多个输入转移和一个输出转移，如果一个控制流在其他控制流之前到达了连接，它将会等待，直到所有控制流都到达了才会向连接传递控制权。图 8-14 显示了汇合标记符。这里需要说明的是：分叉和汇合的标记符都是黑粗横线，为了区分分叉和汇合，在图 8-13 和图 8-14 中分别为它们加入了转移。

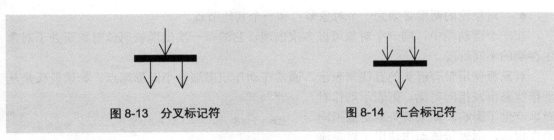

图 8-13　分叉标记符　　　　　　图 8-14　汇合标记符

在活动图中，使用分叉和连接来描述并行的行为。即每当在活动图上出现一个分叉时，就有一个对应的汇合将从该分叉分出去的分支合并在一起。

【例 8.6】

图 8-15 是一个使用了分叉和汇合的活动图。

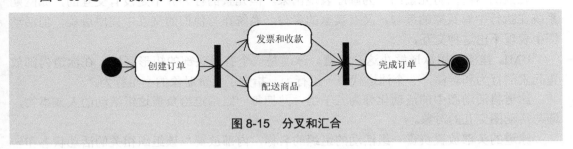

图 8-15　分叉和汇合

图 8-15 中用了一个分叉和一个汇合描述从订单创建到完成的活动图。首先选购好商品后创建订单，此时仓库会配送商品及打开商品要求和收款，这两项活动是同时进行的，当两个活动都完成时同时到达下一个状态，即进入完成订单。

> **注意**：动作同步发生并不意味着它们一定同时完成。事实上，一项任务很可能在另一项之前完成。不过，结合点会防止有任何流在所有进来的工作流完成以前继续通过结合点，使得只有所有的工作流完成以后，系统才会继续执行后续动作。

8.2.6　对象流

对象流的作用原理与动作流类似，动作流连接两个动作状态，对象流连接对象和行为。对象流描述对象与活动状态间的关系，及它们对彼此的影响。

动作流侧重于联系两个不可分割的动作状态，而对象流侧重于描述执行中数据的传递。一个活动图中，可以有数据的传递而没有对象流，此时可以将传递数据的控制流替换为指向对象、又由对象流出的对象流。

对象流是一种依赖关系，在活动图中描述对象，需要使用依赖将对象连接到相关的活动状态，通常与对象相关的活动状态有在对象上进行的创建、修改和撤消等活动。

对象流中的对象有以下几个特点：

● 一个对象可以由多个动作状态操作。
● 一个动作输出的对象可以作为另一个动作输入的对象。

● 对象流的两端必须为一个对象节点和一个其他节点。

在一个活动图中，同一个对象可以多次出现，它的每一次出现表明该对象正处于对象生存期的不同阶段。

对象流使用带有箭头的直线来表示，通常在动作状态端有小矩形端点。如果箭头是从动作状态出发指向对象，则表示动作对对象产生了影响。如果箭头从对象指向动作状态，则表示该动作使用了对象流所指向的对象，如图 8-16 所示。

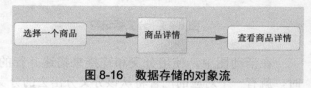

图 8-16　数据存储的对象流

8.2.7　泳道

元素的活动图将元素的行为顺序表现出来，但元素的行为并不是没有交互的，如网购系统在执行中有买家的参与，又有卖家的参与，系统在与他们的交互中完成进程，但活动图中表现不出这种交互。

UML 建模使用泳道解决这一问题。泳道是一个有着头部的矩形区域，在泳道内部放置元素的行为和转移，一个泳道代表一组行为，指定了负责对象的一组行为。

泳道将活动图中的活动化分为若干组，并把每一组指定给负责这组活动的人或事物，即与活动图交互的对象。

泳道的头部放置负责一组活动的组织的名称，内部放置与该组织相关的活动状态和转移，及行为和控制流，如图 8-17 所示。

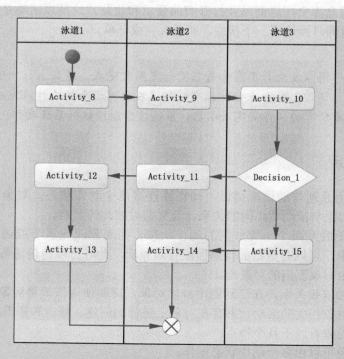

图 8-17　活动图中的泳道

泳道将活动图分成了不同的区域，元素的每个行为只能属于一个泳道，因此只能放置在泳道区域内部。只有转移、动作流和对象流允许穿越泳道间的分隔线。

【例 8.7】

图 8-18 简单地描述了顾客用餐的活动图，其中涉及了顾客、服务员和厨房三个对象，各自负责自己的活动。由于在图中使用了泳道，因此读者能轻松地看出三个对象之间的交互。泳道很清晰地划分出每个对象所负责的不同活动以及泳道间活动的关系。

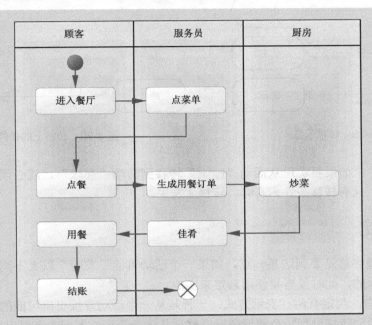

图 8-18　用餐用例的活动图

8.3　活 动 转 换

前面对活动图的元素进行了详细介绍，将这些元素连在一起的是活动间的转换。这包括转移、判定、发送和接收信号动作等，这些将在本节介绍。

8.3.1　转移

一个活动图有很多动作或者活动状态，活动图通常开始于初始状态，然后自动转换到活动图的第一个动作状态，一旦该状态的动作完成后，控制就会不加延迟地转换到下一个动作状态或者活动状态。所有活动之间的转换称为转移。转移不断重复进行，直到遇到一个分支或者终止状态为止。

本章前面的活动图中已经多次用到了转移。转移是状态图中的重要组成部分，是活动图中不可缺少的内容，它指定了活动之间、状态之间或活动与状态之间的关系。转移用来显示从某种活动到另一活动或状态的控制流，它们在状态与活动、活动之间或者状态之间连接。转移的标记符是执行控制流方向的开放的箭头。图 8-19 显示了转移的可使用对象。

有时候，仅当某件确定的事情已经发生时才能使用转移，这种情况下可以将转移条件赋予转移来限制其使用。转移条件位于方括号中，放在转移箭头的附近，只有转移条件为"真"时才能到达下一个活动。图 8-20 为带有条件的转移示意图。

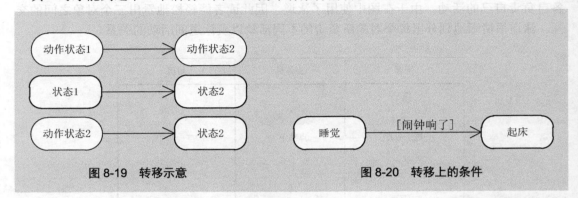

图 8-19　转移示意　　　　　　　　　　图 8-20　转移上的条件

图 8-20 中，如果要实现从活动"睡觉"转移到活动"起床"，就必须满足转移条件"闹钟响了"。只有转移条件为真时，转移才发生。

8.3.2　判定

一个活动最终总是要到达某一点，如果一个活动可能引发两个以上不同的路径，并且这些路径是互斥的，此时就需要使用判定来实现。

在 UML 中，判定有两种表示方式：一种是从一个活动直接引出可能的多条路径。另一种方式是将活动转移引到一个菱形图标，然后从这个菱形的图标中再引出可能的路径。

无论用哪种方式，都必须在相关的路径附近指明标识执行该路径的条件，并且条件表达式要用中括号括起来。如图 8-21 所示给出了判定的两种表示示例。

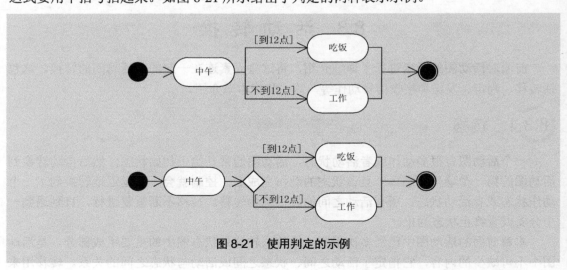

图 8-21　使用判定的示例

8.3.3 发送和接收信号动作

发送信号动作是一种特殊的动作，它表示从输入信息创建一个信号实例，然后发送到目标对象。发送信号动作可能触发状态机的转换或者活动的执行。在发送信号动作时，可以包含一组带有值的参数。由于信号是一种异步消息，所以发送方立即继续执行，所有的响应都将被忽略，并未返回给发送方。如图8-22所示为发送信号动作的标识符。

图 8-22 发送信号动作的标识符

接收信号动作是与发送信号动作相对的，描述接收信号的动作。在了解了发送信号动作之后，接收信号动作理解起来较容易，如图8-23所示为接收信号动作的标识符。

图8-24描述了活动图中的查询组合状态。

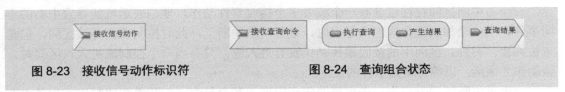

图 8-23 接收信号动作标识符　　　　　图 8-24 查询组合状态

8.3.4 事件和触发器

事件用于对转移的修饰。事件的使用类似于方法的调用，是动作发生的指示符。事件放在转移直线的上面，是包含了参数的动作，参数放在事件名后的()内，如图8-25所示。

图 8-25 事件触发删除行为

触发器是事件对控制流的触发，对应着事件。触发器没有符号表示，是抽象的。事件的参数可以有0个、1个或多个，如图8-26所示。

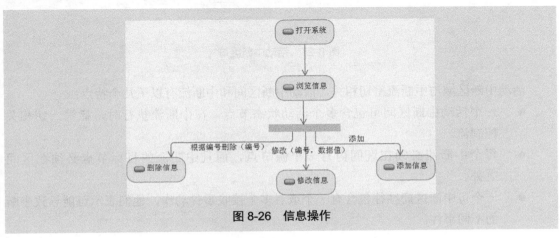

图 8-26 信息操作

8.3.5 可中断区间

在对活动图建模时，往往会出现这样的情形，即当一个活动执行在特定区间时，如果发生某种来自活动外部的事件，那么当前区间中的活动立即终止，然后转去处理所发生的事件，而且不能再回头继续执行。UML 2 中提供了可中断区间来支持这种建模。

可中断活动区间是一种特殊的活动分组，当发生某种事件时，在一个活动中把某一范围中的所有控制流都撤消。具体地说，一个可中断区间包含了多个活动节点，而且有一个或者多条流作为该区间的中断退出区间。当一个控制流沿着其中一条流退出时，该区间中的所有其他流和活动都终止。

中断流是一种特殊的活动流，对于可中断活动区间来说，每个中断流必须在区间内有一个源节点，而且中断流的目标节点必须在区间之外，且必须在同一个活动之中。

一个可中断区间往往包含有一个或者多个接收事件动作，他们表示可能导致中断的不同事件。当一个控制流在区间内退出时，该区间就中断了，此时控制流离开该区间，但是未被终止。另外，区间中的接收事件动作没有进入流，只有当一个控制流进入该区间时，该动作才激活，以等待特定事件的发生。

一个可中断区间表示为一个虚线的圆角矩形，其中包含一组节点和控制流。一条中断流表示为一个"闪电"符号，从区间中接收事件动作指向区间外的某个节点。例如在报名公务员之后，撤消了本次的报考，则本次报名的操作属于作废的操作，如图 8-27 所示。

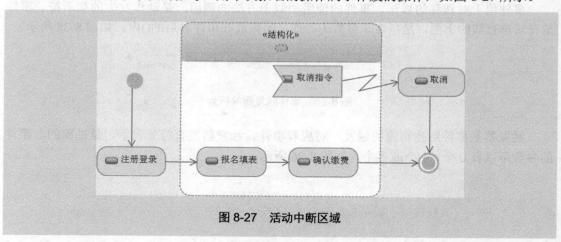

图 8-27 活动中断区域

活动中断区域与中断流密切相关，活动中断区间和中断流有以下几个特点：

- 一个活动中断区间可包含多个活动状态节点，在中断流执行时，撤消一切相关控制流。
- 每个中断流必须在区间内有一个源节点，而且中断流的目标节点必须在区间之外。
- 一个可中断区间往往包含有一个或者多个接收事件动作，他们表示可能导致中断的不同事件。

- 当一个控制流在区间内退出时，该区间就中断了，此时控制流离开该区间，但是未被终止。
- 控制流在活动中断区间中断，并离开活动中断空间，但不代表该元素活动的终止。
- 区间中的接收事件动作没有进入流，只有当一个控制流进入该区间时，该动作才被激活，以等待特定事件的发生。

8.3.6　异常

生活中的事情有很多种例外，程序中也一样。在面向对象的编程语言中，异常处理已经成为较成熟的机制。活动图中同样给出了控制流异常的表现形式。

异常表示非正常情况下引起的活动。异常的来源有多种，具体有以下几个分类。

- 数据异常：数据约束引发的异常。
- 资源异常：资源空间不足引发的异常。
- 激活异常：应用程序激活失败。
- 时间异常：运行或等待时间超出范围。

也有由引发异常的动作产生的异常，如编程语言中的 throw 语句抛出异常，它的执行将引发指定类型的异常。

UML 使用异常处理器描述异常的处理。异常处理器有一个保护节点和一个异常处理执行体，当保护节点引发特定类型的异常时，激活异常处理执行体。

异常处理器使用类似于中断流的符号连接保护节点和异常处理执行体，不需要使用活动区域，如图 8-28 所示。

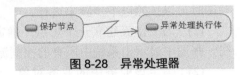

图 8-28　异常处理器

异常处理器有以下几个特点：

- 一个异常处理器关联一个被保护节点，该节点可以是任何一种可执行节点。如果一个异常被传播到该节点之外，此处理器将检查是否匹配异常类型。
- 一个异常处理器有一个可执行节点作为执行体，如果该处理器与异常类型相匹配就执行。
- 一个异常处理器必须说明一种以上异常类型，表示该处理器所能捕捉的异常种类。如果所引发的异常类型是其中之一或者子类型，那么该处理器将捕捉该异常，而且开始执行体中的行为。
- 一个异常处理器还需要一个对象节点作为异常输入，往往表示为该处理器的一个对象节点。当处理器捕获到一个异常时，该异常的控制流就放在此节点上，从而导致异常体的执行。

一个保护节点可能引发多种类型的异常，因此一个保护节点可以连接多个异常处理执行体，如图 8-29 所示。

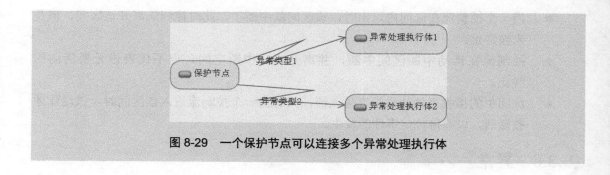

图 8-29　一个保护节点可以连接多个异常处理执行体

8.4　实战——活动图的应用

在系统建模过程中，活动图能够被附加到任何建模元素以描述其行为，这些元素包含用例、类、接口、组件、节点和操作等。

现实中的软件系统一般都包含很多类，以及复杂的业务过程，这里的业务过程指工作流。系统分析可以用活动图来对这些工作流建模，以此重点描述这些工作流；也可以用活动图对操作建模，用以重点描述系统的流程。

无论在建模过程中活动图的重点是什么，它都是用活动流来描述系统参与者和系统之间的关系。

建模活动图也是一个反复的过程，活动图具有复杂的动作和工作流，检查修改活动图时也许会修改整个工程。所以有条理的建模会避免许多错误，从而提高建模效率。建模活动图时可以按照以下步骤来进行。

(1)　为工作流建立一个焦点，确定活动图所关注的业务流程。由于系统较大，不可能在一张图中显示出系统中所有的控制流。通常，一个活动图只用于描述一个业务流程。

(2)　确定该业务中的业务对象。选择对全部工作流中的一部分有高层职责的业务对象，并为每个重要的业务对象创建一条泳道。

(3)　确定该工作流的开始状态和状态。识别工作流初始节点的前置条件和活动结束的后置条件，确定该工作流的边界，这可有效地实现对工作流的边界进行建模。

(4)　从该工作流的开始状态开始，说明随时间发生的动作和活动，并在活动图中把它们表示为活动状态或者动作状态。

(5)　将复杂的活动或多次出现的活动集合归到一个活动状态节点，并对每个这样的活动状态提供一个可展开的单独的活动来表示。

(6)　找出连接这些活动和动作状态节点的转换，从工作流的顺序开始，考虑分支，再考虑分叉和汇合。

(7)　如果工作流中涉及重要的对象，则也可以将它们加入到活动图中。如果需要描述对象流的状态变化，则需要显示其变化的值和状态。

下面以商城系统购物流程中常见的订单结算为例进行介绍。

在商城系统中，购物时首先可以通过搜索找到所需的商品。在了解商品详细参数之后，可以将它加入购物车，然后继续浏览或者去结算。在浏览结束时可以进入购物车查看想要购买的商品列表。

从购物车选择本次购买的商品并单击结算按钮，进入系统后台，此时商品系统会为本次交易生成一个订单。

之后要求会员进行付款和填写收货地址，同时核对商品库存是否正常。两者都完成后，系统开始从仓库发货，并接收付款。最终会员收到商品完成交易。

整个流程的活动图如图 8-30 所示。

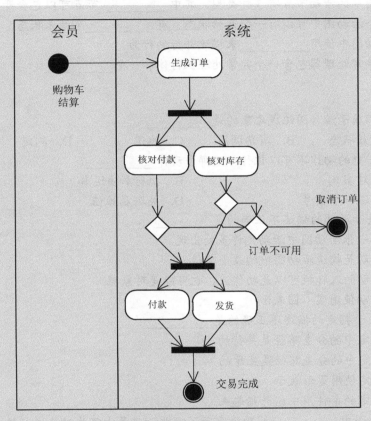

图 8-30　活动图

如下是对图 8-30 的解析。

- 会员泳道和系统泳道：会员选择商品并加入购物车，系统完成订单生成及支付。
- 开始节点：会员添加商品到购物车，单击"结束"按钮开始交给系统处理订单流程。
- 结束节点：商品发送完毕和付款成功，订单处理流程结束。
- 活动状态：生成订单、核对付款、核对库存量、发货、付款。
- 分叉与汇合："生成订单"分叉检查库存量和会员支付金额是否足够，如果不足，则取消订单；如果库存量和支付金额足够，发送商品和付款，最后汇合为订单完成。

8.5　思考与练习

1. 填空题

(1)　UML 中活动图的核心元素是_____，它使用圆角矩形来表示。

(2)　活动图中的活动节点有 3 种类型，其中_____节点可以包含开始状态。

(3)　在一个活动图中可以有一个开始状态，有_____个结束状态。

(4)　在活动图中使用_____来描述并行的行为。

(5)　一个异常处理器包含一个异常处理执行体和一个_____。

2. 选择题

(1)　下列不属于活动图组成元素的是_____。

　　A. 开始状态　　　　B. 消息调用　　　C. 泳道　　　　　　D. 判定

(2)　活动图中的动作不可以执行如下哪个动作_____？

　　A. 创建实例　　　　　　　　　　B. 执行加法运算

　　C. 发送一个信号　　　　　　　　D. 关联属性值

(3)　下列关于活动的描述不正确的是_____。

　　A. 在一张活动图中活动允许多处出现

　　B. 活动是构造活动图中的最小单位

　　C. 活动的入转换可以是动作流，也可以是对象流

　　D. 活动使用实心圆表示

(4)　下列关于判定的描述不正确的是_____。

　　A. 判定中的分支路径是并行的

　　B. 判定中的分支路径是互斥的

　　C. 判定使用菱形表示

　　D. 判定的条件用中括号括起来

(5)　在活动图中_____明确地表示了哪些活动是由哪些对象进行的。

　　A. 汇合　　　　　　B. 对象流　　　　C. 泳道　　　　　　D. 转移

(6)　_____表示等待满足特定条件的某个事件发生。

　　A. 接收事件动作　　　　　　　　B. 发送信号动作

　　C. 调用动作　　　　　　　　　　D. 触发器

3. 上机练习

根据本章所学的知识绘制一张活动图，具体描述如下。

销售合同签订后要进行信息核对。如果发现错误则终止合同；如果没有错误，则要核对货物清单确定是否有货；还要核对付款单确定对方是否已经付款，只有这两项都完成了，才可以发货。如果无货或者对方还没付款，也会终止合同。如图 8-31 所示是活动图的基础，读者可以对它进行改进。

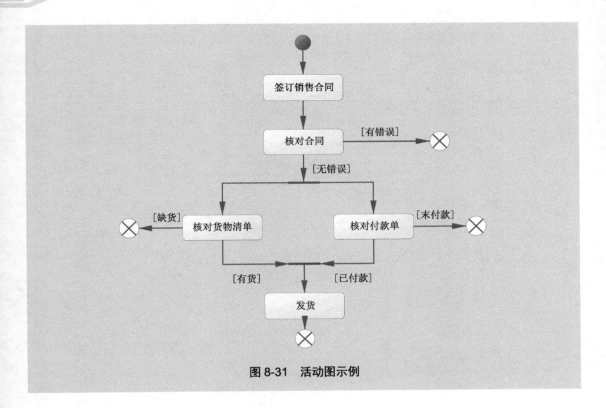

图 8-31 活动图示例

第9章

顺序图和时间图

用例图从参与者的角度出发，描述了系统的需求；静态图定义系统中的类和对象间的静态关系；状态机模型描述系统元素的行为和状态变化流程；而交互图描述整个系统各元素间的交互。

交互图主要描述系统中各个对象之间的交互，包含顺序图、时间图、交互概览图和通信图等。在交互图中，使用最为广泛的是顺序图和通信图，顺序图主要突出系统对象之间交互的顺序；通信图主要突出系统对象之间的协作关系和交互的详细内容。

顺序图虽然描述了系统对象之间的交互顺序，但这个顺序没有细致的时间刻度，只是一个大概的流程，而时间图弥补了这个不足。顺序图和时间图共同绘制了系统对象间交互的顺序和时间，本章详细介绍顺序图和时间图的应用和绘制。

本章重点：

- ➥ 掌握顺序图的作用和构成
- ➥ 理解对象的含义
- ➥ 掌握对象的创建和撤消
- ➥ 理解对象的生命线和激活期
- ➥ 了解消息的分类
- ➥ 掌握消息的使用

> 熟练使用常用的组合片段
> 理解时间图的应用
> 掌握时间图中各构成的使用
> 理解交互概览图的概念及应用

9.1 顺序图简介

顺序图描述了系统各成员之间的交互，这里的系统成员包括参与者、系统中的各个对象等。顺序图通过时间轴的方式将这些交互联系起来，同时以时间轴的方式描述各个对象交互的先后次序。

顺序图代表了一个相互作用、在以时间为次序的对象之间的通信集合。由于一个系统的功能有很多，而且各功能模块是并行关系，相互间没有影响，因此顺序图只能描述系统某个功能模块中的交互。

顺序图常用于对系统用例建模，用例是用例图的构成成分，描述系统的一个功能，但这种描述是笼统的。顺序图并非是用例的细化，而是用例的内部逻辑和解释。因此，一个系统中可能需要建模多个顺序图。甚至系统中的一个用例，也可能需要建模多个顺序图。

顺序图将系统的功能转化为一系列的对象交互，使系统功能被进一步精细表达。顺序图描述了系统功能在执行时可能会遇到的每一种情况。

顺序图侧重于系统各元素间的交互，因此顺序图中不可缺少地要将系统中参与交互的对象全部列举，图 9-1 为一个简单的顺序图。

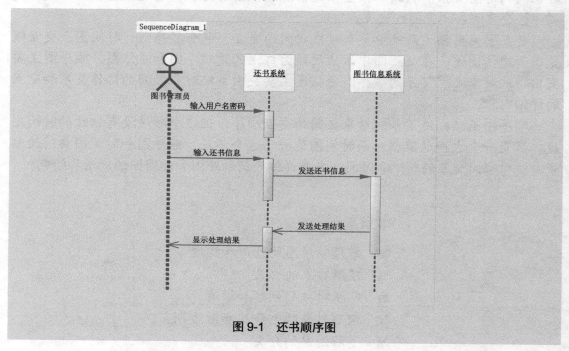

图 9-1 还书顺序图

顺序图结构简单，以二维图表的形式描述对象间的交互。图 9-1 中，横轴依次排列系统中参与交互的参与者和系统元素：图书管理员、还书系统和图书信息系统；纵轴由上向下延续，表示时间的先后。

对于用例图来说，图 9-1 中的还书系统和图书管理系统同属于系统，但由于这两个系统是独立的，因此在顺序图中作为两个对象来使用。图中不止描述了参与者与两个对象的交互，还通过从上到下的顺序显示对象的交互次序。

顺序图从上往下表示时间的进行，每一步行为可以使用序号表达执行顺序。尽管建模人员通过用例模型描述了系统功能，但在系统实现时，必须要得到一个类模型，这样才能用面向对象的程序设计语言实现软件系统。

顺序图在对用例进行细化描述时，可以指定类的操作。在这些操作和属性的基础上，就可以导出完整的类模型结构。

9.2 顺序图的构成

顺序图的构成元素有 4 个：对象、生命线、消息和激活期。对象是系统参与交互的参与者和系统元素；生命线即为纵轴，是时间的延续；消息描述各元素交互的详细信息；激活期显示对象在当前时间所处的激活状态。本节介绍顺序图各个元素的使用。

9.2.1 对象

顺序图中的对象并不是系统类的对象，而是系统中存在交互的元素，可以是类、参与者或组件。面向对象程序中，行为的执行通常由对象完成，而非由类直接完成，因此顺序图通常描述的是对象层次的类元素。

顺序图中的对象分为两种，一种是在程序运行初始就已经存在的。另一种是在程序的运行过程中创建的，如向系统中添加用户信息，相当于创建新的用户对象；在程序运行中，为了给用户提示或提供用户选项而生成的弹出对话框对象。

1. 初始时已存在的对象

第一种对象是在程序开始时就已经存在的，有 3 种类型：类或对象、参与者和组件。这 3 种类型在不同的建模工具下有不同的样式，在 PowerDesigner 中只有参与者和对象的区分。

对象的名称由用户命名，在顺序图中由拖着生命线的矩形表示。对象名称放在头部矩形内部，名称的命名规则如下：

● 第一种方式包括类名和对象名，表示为"对象名+冒号+类名"。
● 第二种方式只显示对象名。
● 第三种方式只显示类名，表示该类的任何对象，表示为"冒号+类名"。

Office Visio 中使用同一种标识符表示类和组件；Rational Software Architect 中对系统对象的分类较为详细。Visio 和 RSA 中的对象样式如图 9-2 和 9-3 所示。

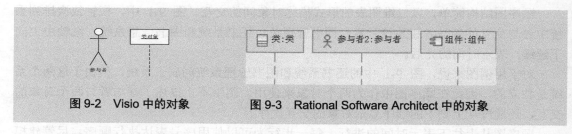

图 9-2　Visio 中的对象　　　　图 9-3　Rational Software Architect 中的对象

顺序图中的对象代表参与交互的一类元素，并不特指一个对象。这同用例图中参与者的表示方式一样。例如，图 9-1 中有管理员，指该系统的所有管理员，而不是特指其中的某一个人。

 提示：对象可以是某个应用、子系统或同类型对象的集合。

2. 在执行中新建的对象

在顺序图中，由于生命线由上向下延伸，初始对象在一开始就存在，因此初始对象放在顺序图中的顶部。但执行中新建的对象是在被创建之后才开始它自己的生存期，因此执行中新建的对象可以放在顺序图时间轴方向的中间。

对象的创建即发送一个创建消息到该对象，创建后的对象格式与其他对象一样，可以发送和接收消息。对象在列中的位置表示了对象的存在方式：

- 若对象标记符放置在顺序图的顶部，表示对象在顺序图的第一个操作之前就存在。
- 若对象不在顺序图顶端，并且有箭头指向该对象，则对象由其他对象创建。箭头的源对象即为创建该对象的对象。对象出现的纵轴位置，即为对象被创建的时间。

上述表示方法在一部分建模工具中并不适用，大多数建模工具统一将对象放在顺序图的顶端。

对象下的虚线是生命线，各对象间的直线和箭头为它们之间交互的消息，生命线上的矩形长条为对象的激活。如顾客在网购系统中将选中的商品放入购物车，再提交具体的交易，由购物车生成订单，这个过程就有了订单对象的产生，如图 9-4 所示。

图 9-4 中，在 PowerDesigner 中新建的对象是在顶端出现的。而 Visio 中的对象可以在时间轴的中间出现。发送一个创建消息到新建对象，该对象出现的纵坐标即对象创建时的时间。

对象可以创建，也可以删除。对象的删除通常针对在程序执行过程中创建的对象。对象的删除与对象创建格式类似，由删除对象发送删除消息到需要被删除的对象，此时还需要在被删除对象的生命线最下端放置一个 "×" 字符。该对象生命线不再延续。

在实际的程序运行中，多种情况需要创建和删除对象，如创建新订单、删除弹出对话框对象等。对象的创建和删除可以由不同的对象完成，如图 9-5 所示。

图 9-5 中，邮箱系统在验证用户密码之后，由于密码有误，产生了提示对话框，并由用户确认删除。

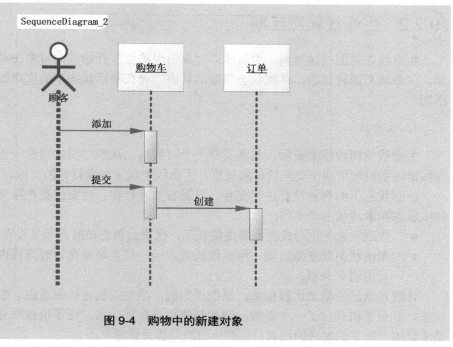

图 9-4 购物中的新建对象

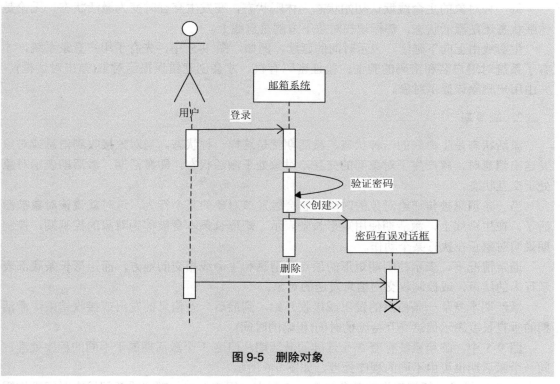

图 9-5 删除对象

9.2.2 生命线和激活期

生命线在前面已经提到，生命线以对象出现的位置开始，由对象在垂直方向上向下延伸。生命线有两种状态：休眠状态和激活状态。处在激活状态下的生命线时段又称作是激活期。

1. 生命线

生命线使用虚线来表示，其意义是一个时间线，从顺序图的顶部一直延续到底部。生命线所用的时间取决于交互的持续长度。生命线表现了对象存在的时段。

休眠状态下的对象没有进行交互，只要有交互存在，对象就处在激活状态。生命线的休眠状态和激活状态表示为：

- 休眠状态下生命线由一条虚线表示，代表对象在该时间段是没有信息交互的。
- 激活状态就是激活期，用矩形长条表示，代表对象在该时间段内有信息交互，交互由消息表示。

休眠和激活的概念比较抽象，以手机为例，手机关机是休眠状态、手机待机也是休眠状态，甚至手机开启了一个游戏，游戏暂停也是休眠状态。而手机拨打号码是激活状态，是手机用户对手机发送的消息；正在玩游戏是也是激活状态。

每一种对象的生命线默认初始状态为休眠状态，在发生交互时变为激活状态。无论是休眠状态还是激活状态，都标识在对象下方的垂直线上。

生命线由上向下延续，表示时间的延续，例如，图 9-5 中，先有了用户登录系统，才有了系统对用户名和密码的验证；验证密码有误，才会创建错误提示对象(弹出对话框)，并由用户删除该提示对象。

2. 激活期

激活状态是生命线的一种状态，激活期就是这样一种状态。当对象接收到消息或对象发送出消息时，就产生了对象间的交互，对象处于激活状态，即激活期。激活期表示对象处于交互状态。

当一条消息被传递给对象的时候，它会触发该对象的某个行为，这时就说该对象被激活了。在生命线上，激活期使用矩形长条表示。矩形长条本身被称为对象的控制期，控制期说明对象正在执行某个动作。

通常情况下，表示控制期矩形的顶点是消息和生命线相交的地方，而矩形长条底部表示行为的结束，或控制权交回消息发送的对象。

激活期本身从一条信息的发出或接收开始，到最后一条信息的发出或接收结束；激活期的垂直长度表示信息交互持续的时间(粗略的时间)。

图 9-5 中，邮箱系统有着 3 个连续的激活期，但这 3 个激活期属于不同的程序处理。同一个激活期也可由不同的程序处理，如图 9-6 所示。

图 9-6 描述了新闻查询的部分交互，交互中，用户根据关键字或新闻发布时间查询需要的新闻，新闻系统在用户查询时被激活，然后处理查询指令，并在指令处理结束后结束

当前激活期，将查询结果显示给用户。在查询的过程中，用户与新闻系统的交互是一个过程，使用相同的激活期。

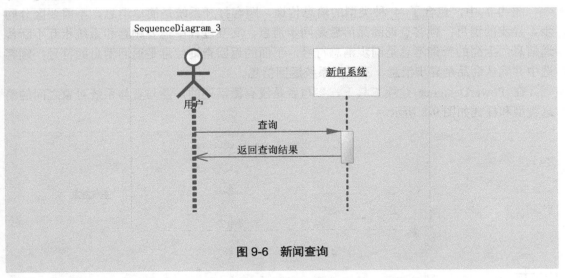

图 9-6 新闻查询

不同的激活期表示不同的交互，激活期的高度决定交互的时间顺序。激活期总是与生命线结合使用的。

9.2.3 消息

正如用例图中的关系连接了用例和参与者，顺序图中的消息连接了顺序图中的对象，包括系统对象和参与者。

对象、生命线和激活描述了对象的交互状态，而消息是对交互的解释说明。每两个对象的交互中都会有消息存在，如参与者发送消息到系统，有了系统的激活状态。

每一种交互总有信息的传递。正是因为有了消息的传递，才有了对象间的交互和激活期。消息描述了对象间的通信，包括信息的传递、激发操作、创建和删除对象等。

为了提高可读性，顺序图的第一个消息总是从顶端开始，并且一般位于图的左边。之后将继发的消息加入图中。

消息的高度决定了消息产生的时间顺序，在顺序图中，消息使用带箭头的直线来表示，由一个对象的生命线指向另一个对象的生命线。

但不同的消息使用不同的直线和箭头，UML 中有 4 种类型的消息：同步消息、异步消息、简单消息和返回消息，对这 4 种类型的消息解释如下：

● 同步消息是同步进行、需要返回消息的消息，通常成对出现。
● 异步消息是不需要返回消息的消息，通常单独出现。
● 简单消息是不必要区分同步、异步的消息，用于概括消息的传递。
● 返回消息是对象间返回的信息消息，用于信息的传递。

简单消息是不区分同步和异步的消息，它可以代表同步消息或异步消息。有时消息并不用分清是同步还是异步，或者不确定是同步还是异步，此时使用简单消息代替同步消息和异步消息既能表达意思，又能很好地被接受。

上述 4 种消息在不同的建模工具下有不同的样式，在 Visio 中，各类型消息的样式如图 9-7 所示。

图 9-7 中，包含了 4 种类型的消息传递，顾客打开系统是简单消息，不需要区分同步、异步的消息；顾客查询商品信息是同步消息，交互过程中需要顾客和系统相互不断传递信息，上面的查询消息是同步消息符号，下面的返回查询信息是返回消息的符号；顾客选中并确认商品是异步消息，不需要系统返回信息。

在 PowerDesigner 建模工具下，参与者是没有激活期的，参与者与系统对象之间的消息类型和样式如图 9-8 所示。

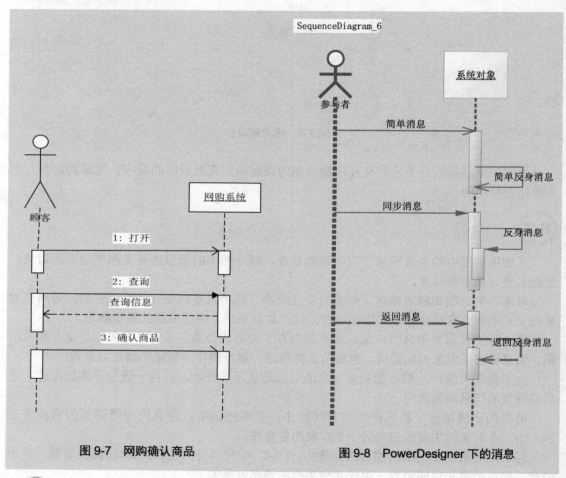

图 9-7　网购确认商品　　　　　　　　　图 9-8　PowerDesigner 下的消息

技巧：在对系统建模时，可以用简单消息表示所有的消息，然后再根据情况确定消息的类型。

9.2.4　序号

序号和参数是顺序图的一部分，但序号和参数并不是顺序图的构成元素，而是对消息的修饰和补充。

顺序图中激活期的垂直位置预示着该激活期和事件发生的顺序，当有消息产生时，对象就处于激活状态，因此消息的箭头总是由生命线上的小矩形出发，在另一个对象(或自身)生命线的小矩形结束。在各对象间，消息发送的次序由它们在垂直轴上的相对位置决定。

大型的顺序图因内容复杂，无法明显看出消息的高度，因此消息可以使用序号标注，序号是对消息发生顺序的补充。将顺序图中所有的消息使用连续的序号进行修饰，使读者能够根据消息的序号看出消息发生的顺序。

在 Visio 中为消息添加序号，需要对消息连线进行双击，打开消息的属性设置，如图 9-9 所示。

图 9-9 中，在序号表达式文本框中填写序号或是表达式，即可添加消息的序号。序号在 Visio 中的样式见图 9-7。

图 9-9 Visio 消息序号的设置

 提示：顺序图中消息根据高度排列，序号是可以省略的，可根据情况取舍。

在 PowerDesigner 中同样可为消息添加序号，如图 9-10 所示定义了新闻用户在新闻首页查询娱乐新闻的顺序。

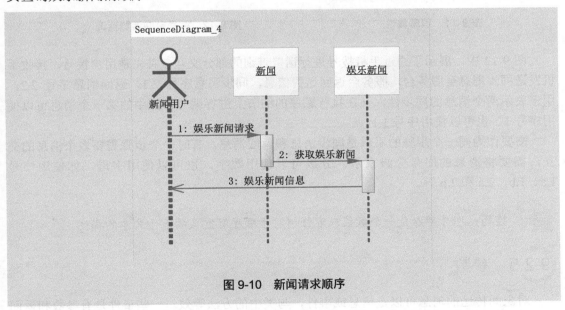

图 9-10 新闻请求顺序

图 9-10 中，首先有了用户对娱乐新闻的请求，接着才有新闻首页对娱乐新闻的获取，最后是娱乐新闻向用户返回新闻信息。

图 9-10 中的消息自上向下依次进行。阅读一个顺序图，需要从最顶层的消息开始，沿着生命线方向传递消息流。

图 9-10 中的系统运行过程从消息 1 开始，进行如下。

- 1：新闻用户向新闻首页发送娱乐新闻请求。
- 2：新闻首页获取娱乐新闻。
- 3：娱乐新闻将信息显示给用户。

在 PowerDesigner 中为消息添加序号，同样是双击消息，来打开消息属性，如图 9-11 所示。

消息中的序号并不只是根据消息的发生顺序从 1 向后排序，对于同步消息来说，同步消息和返回消息的传递是不可分割的，是同一个过程，因此需要放在同一步骤中，如图 9-12 所示。

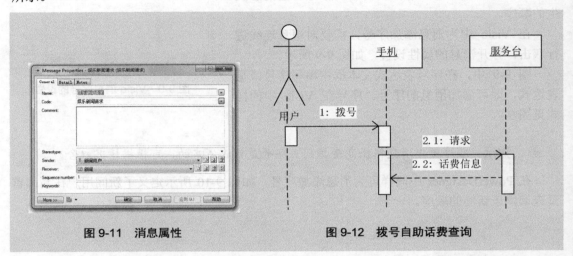

图 9-11　消息属性　　　　　　　　　　图 9-12　拨号自助话费查询

图 9-12 中，展示了通过手机拨号进行话费查询的部分交互，首先是用户拨号，接收手机发送同步消息至服务台，服务台返回话费信息。同步消息序号 2.1，返回消息序号 2.2，用于表示两个消息的同步性，又在执行顺序的细节上进行编号。图中的第一个消息可以使用序号 1，也可以使用序号 1.1。

需要作为同一个步骤的不只是同步消息和返回消息，有时一个步骤需要多个消息的交互，需要将消息的序号分级表示。分级可以使用数字，也可以使用字母，如使用序号 1.a、1.b，2.a 和 2.b 等。

 技巧：序号可以是一个数值或者任何对于顺序有意义的基于文本的描述。

9.2.5　参数

对象间传送的消息可以是信息或事件，与类中的方法等效。一些事件是有参数和返回值的，顺序图中的消息同样可以使用参数和返回值，如图 9-13 所示。

图 9-13 描述了团购用户登录团购系统，并搜索商品的顺序图，用户在登录时需要提供参数：用户名和密码。在搜索所需商品时需要提供关键字。参数的使用帮助程序后期开发中的类和方法编写。

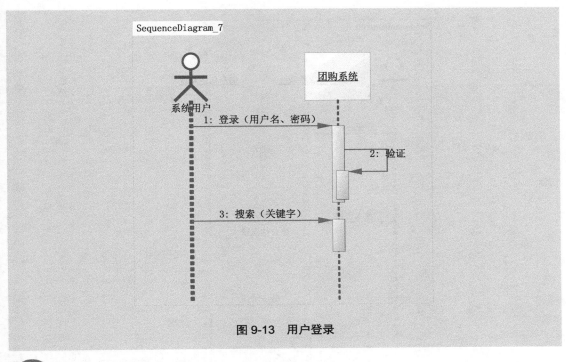

图 9-13　用户登录

9.2.6　激活期规范

生命线和激活期是对系统对象在某个功能或用例中的交互说明，但激活期可以连续也可以合并，甚至同一条生命线的激活期可以是不同的事件，因此在 UML 中，有规范激活期的准则。

执行规范是将模型标准化的规范，通常用于使模型准确、清晰易懂。顺序图的执行规范主要表现在消息和激活期。激活期描述了对象处于激活状态，正在执行某个事件，激活期的长度粗略地描述了事件执行的持续时间。

1. 激活期样式

一个活动的执行通常包括两个临界状态，即激活期的开始与终止。消息和激活期描述了事件的状态，激活期的顶端通常与接收的消息对齐；底部与结束消息对齐。

【例 9.1】

定义储户在自动取款机上取款的顺序图，分析图中的绘制规范。其顺序图有储户、自动取款系统和储户信息系统，如图 9-14 所示。

图 9-14 中，生命线状态的变化表明，首先有了插卡事件，才有自动取款系统的激活状态，该系统开始读取卡内的信息。银行卡信息和储户信息都存储在储户信息系统中，因此在储户输入密码后，需要与储户信息系统比较，以验证密码是否有误。

(1) 在描述这一顺序的过程中，需要注意以下几点：

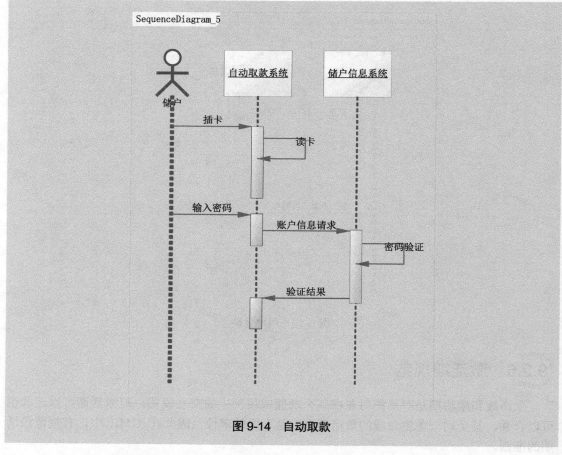

图 9-14　自动取款

- 账户请求的激活矩形不能高于储户输入密码的激活期。
- 自动取款系统有 3 个激活期，表示不同的交互，不能合为一个。
- 每个储户输入密码的时间不同，但输入密码的激活期长度只能代表模糊的时间，不能精确为时间刻度，而侧重于不同交互的执行顺序。

(2) 除此之外，关于生命线的定义，需要注意以下几点：
- 生命线激活状态的高度决定了激活状态发生的顺序。
- 不同的激活状态表示不同的交互。
- 生命线不能精确表示实际时间，而是描述交互的执行顺序。

在顺序图中，一个激活期只包含一个事件。但图 9-14 中密码验证与账户请求在一个激活期中，虽然同属一条生命线，但属于不同的事件。因此需要将激活期分开来，如图 9-15 所示。

2. 建模时间控制

消息的传递时间通常较短，在顺序图中使用水平的直线表示。水平表示的消息在传递过程中没有其他对象的交互，传递时间短，但消息的传递并不是总能瞬间完成。

如较大文件的上传或下载，只有在文件被完整传递时，一个消息才算完成，这个过程可能需要几个小时，甚至几天才能完成。在文件传递的过程中，两对象可以进行其他的交互，甚至可以打开已传递的部分文件。此时消息箭头可以倾斜表示，如图 9-16 所示。

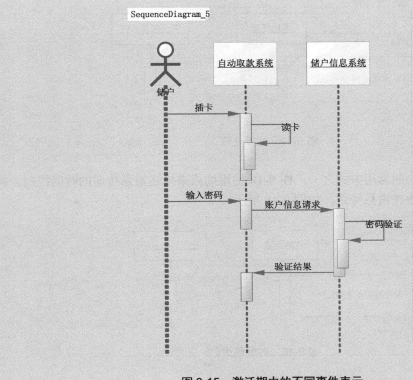

图 9-15　激活期中的不同事件表示

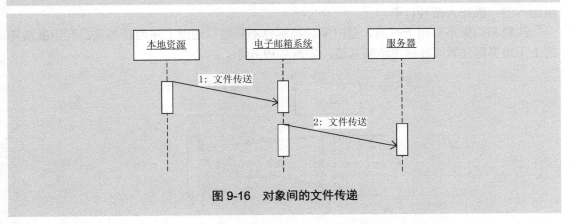

图 9-16　对象间的文件传递

图 9-16 中描述了将本地资源通过电子邮件系统传递给服务器的交互过程，文件传递开始时，发送对象与接收对象均处在激活状态，文件传输的结束即为对象间交互的完成，因此箭头从发送对象激活期的顶端，指向接收对象激活期的底部。

非瞬间可完成的消息称为延时消息。延时消息通常需要标注消息执行的具体时间，有多种表达形式。

为顺序图添加注释框是描述消息执行时间的一种方式，将注释放在需要注释的消息旁边，如图 9-17 所示。

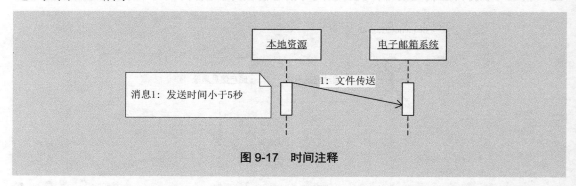

图 9-17　时间注释

约束是对时间控制的常用方式之一，图 9-18 使用约束来描述消息传递的时间控制。将含有控制信息的约束放在消息旁边，如图 9-18 所示。

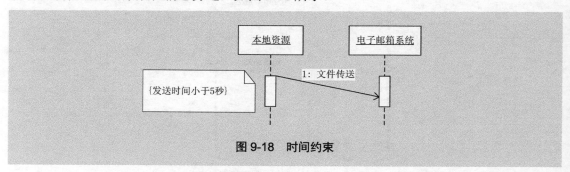

图 9-18　时间约束

图 9-17 和图 9-18 中，注释和约束的格式区别在于，注释有主体和内容，而约束只有限制内容，放在大括号{}中。

注释和约束不只用于时间，且时间的控制也不只可以通过上述两种形式。利用激活期的上下边界标注时间控制更清晰易懂，如图 9-19 所示。

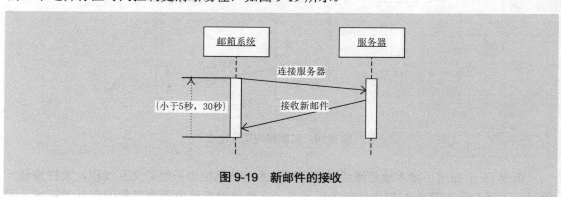

图 9-19　新邮件的接收

图 9-19 中描述了电子邮件系统连接服务器，并从服务器获取新邮件的部分交互，在邮箱系统的生命线激活期标注了时间限制，为激活期发送和接受消息所使用的时间限制。

9.3 消息类型

消息有多种类型，如简单消息、同步消息、异步消息、反身消息等，本节详细介绍顺序图中不同的商品类型及其应用。

9.3.1 同步消息

同步消息又称为调用消息，是发送之后需要等待返回信息的消息。如用户发送搜索消息，需要系统对搜索结果做出回应。

同步消息通常假设有一个返回消息，在源对象向目标对象发送消息之后，等待目标对象返回回应的消息。

同步消息与返回消息被平行地置于对象的生命线之间，水平的放置方式说明消息的传递是瞬时的，即消息的发送和接收速度快。

同步消息使用黑三角箭头和实线表示，返回消息使用分叉箭头和虚线表示。返回消息是常与同步消息结合的消息，返回消息使用文字和数据描述返回值，返回值通常放在返回消息上面，可以是一个确定数值，也可以是文字信息。

同步消息与返回消息之间是不能有其他消息的，在同步消息发生后等待返回消息，这期间没有其他的交互事件。

【例9.2】

目前的无线通信设备几乎人人都有，话费的查询也方便。图9-20描述了话费查询的交互序列，当手机向服务台发送请求之后，需要等待服务台返回话费信息，这是同步消息；服务台接收请求之后发送话费信息，这是返回消息。

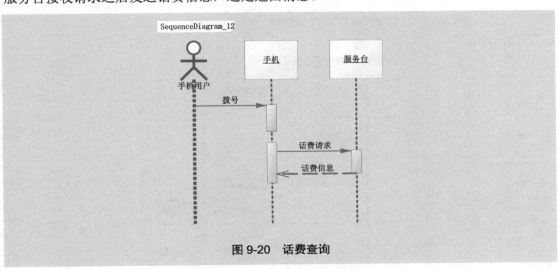

图 9-20 话费查询

在开始创建模型的时候，不要总是想着将返回值限制为一个唯一的数值，要将注意力集中在所需要的信息上面，尽可能在返回值里附带所需要的信息，一旦确认所需的信息都已经包含进来，就可以将它们封装在一个对象里作为返回值传递。

此外，返回消息是顺序图的一个可选择部分。是否使用返回消息依赖于建模的具体/抽象程度。如果需要较好的具体化，返回消息是有用的；否则，主动消息就足够了。因此，有些建模人员会省略同步消息的返回值，即假设已经有了返回值。虽然这是一种可行的方法，但最好还是将返回消息表示出来，因为这有助于确认返回值是否与测试用例或操作的要求一致。

9.3.2 异步消息

异步消息是与同步消息相对的，异步消息不需要等待目标对象回应，在当前消息结束后可进行下一个活动。

异步消息在某种程度上分离了发送对象和接收对象，即发送对象只负责将消息发送到接收对象，不需要被接收对象对消息的响应所影响；接收对象在接收到消息后，其详细的处理与发送对象无关，甚至可以不对消息做任何处理。

异步消息将系统对象的职责分离开，便于后期开发对系统对象的处理。

当两个对象之间全部是异步消息时，也表示这两个对象之间没有任何关系，这样可以使系统的设计更为简单。

【例 9.3】

当前网络系统中，大多需要用户注册参与。而用户忘记对某个系统的登录密码也是常事。在用户找回密码过程中，首先需要对系统提出密码找回申请，若用户绑定了手机，那么可以由系统发验证码给手机，用户使用验证码找回密码，以验证用户身份。其顺序图如图 9-21 所示。

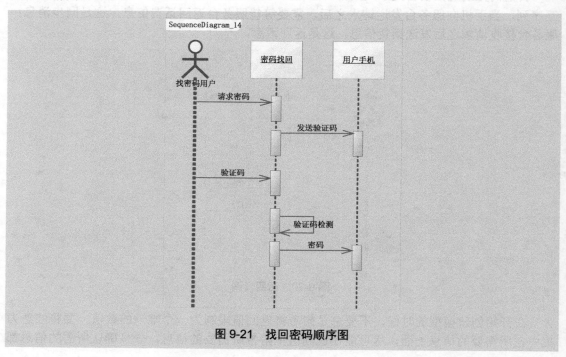

图 9-21　找回密码顺序图

图 9-21 中，用户向系统提出找回密码申请，这个消息是异步消息，不需要系统有交互信息返回。此时系统发送验证码到用户手机，这个消息也是异步消息，系统不需要手机给出回复，直接进入下一步，等待用户输入验证码即可。之后用户根据手机验证码向系统发送消息，系统对验证码检测成功后将密码发往用户手机。

技巧：最常见的实现异步消息的方式是使用线程。当发送该异步消息时，系统需要启动一个线程在后台运行。

9.3.3 反身消息

系统元素间的交互有多种，反身消息用来描述对象与自身的交互。如同状态机中的自转移，表示为指向对象自身的消息。

消息的发送方和接收方是同一个对象。如果一条消息只能作为反身消息，那么说明该操作只能由对象自身的行为触发。这表明该操作可以被设置为 private 属性，只有属于同一个类的对象才能调用它。在这种情况下，应该对顺序图进行彻底的检查，以确定该操作不需要被其他对象直接调用。

【例 9.4】

在自动存款系统中，用户发出存款请求，存款机即打开钱箱供用户放置人民币；接着在用户确认放好之后，进入对人民币的查验状态。查验的过程是存款机对自身的作用，是没有其他元素参与的。该消息是反身消息，如图 9-22 所示。

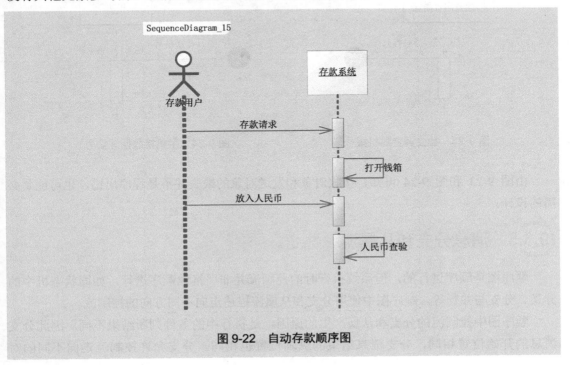

图 9-22　自动存款顺序图

9.3.4　接收发送消息

消息的接收对象和发送对象并不都需要完整提供，即消息的发送和接受可以不指定发送对象和接收对象。

在 UML 中，根据消息发送对象和接收对象的缺失情况，将消息分为以下 4 种。

- Complete：消息的发送者和接收者都有完整描述，这是一般的情形。
- Lost：有完整发送者发送消息，但未描述接收事件，如消息没有达到目的。此时在消息的箭头处使用实心圆注释。
- Found：有完整的接收事件，但未描述发送事件，如消息的来源在描述的范围之外，在消息的开始端用实心圆注释。
- Unknown：发送者和接收者都不确定，这是错误情形。

图 9-23 描述了政府部门随机抽查市民意见的交互，社会调查系统随机拨号，号码可能有人接听，也可能手机关机或无法接通，甚至可能是空号。拨号消息无法确定接收对象，使用了 Lost 消息。

图 9-24 描述了手机的蓝牙功能。当手机开启蓝牙并搜索附近的信号时，并不确定信号的发射对象，只能确定一个范围，但同样可以接收到信号，属于有接收对象、但无发送对象的情况，使用 Found 消息。

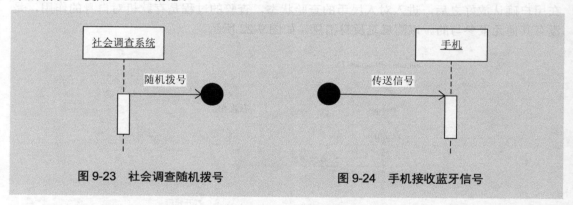

图 9-23　社会调查随机拨号　　　　　图 9-24　手机接收蓝牙信号

由图 9-23 和图 9-24 可知，接收对象和发送对象的缺失并不是程序出错，也可能是必需的设计。

9.3.5　消息分支和从属流

顺序图是顺序进行的，但系统执行时的控制流并非严格地顺序进行，如同状态机中的分叉、分支与并行等。顺序图中使用分支和从属流描述走向不同方向的控制流。

顺序图中控制流的分支和从属产生的原因，是执行中的条件判断结果不同。因此分支消息的开始位置相同，分支消息结束的纵轴位置也相同。分支允许控制流走向不同的对象,如图 9-25 所示。

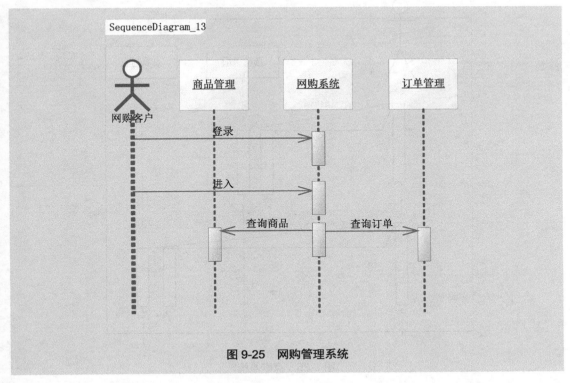

图 9-25 网购管理系统

    网购管理系统是一个完整的系统,供客户浏览商品,查询订单。但浏览商品和查询订单是两种不同的消息流,用户在同一个时间点可以选择查询商品,也可以选择查询订单。因此用户在登录系统之后,可将控制流转向不同的对象,图 9-25 中描述了客户在登录之后进入商品管理页面查询商品或进入订单管理页面查询订单。

    从属流与分支消息同样是由一个对象发出不同的控制流,不同的是,从属流根据不同条件执行不同的操作。该操作可以针对同一个对象,但不同的操作在同一个对象上表示,每一个工作流都需要独立的生命线和激活期。

    从属流允许从接收信息的对象生命线上分出一条生命线分支,也描述不同工作流,如图 9-26 所示。

    在当前的 K 歌包间里,通常都有自主点歌系统,系统有多种功能供顾客自己操作,如在选歌页面进行选歌、点歌操作,在点歌之后可以进入点歌列表页面进行歌曲的删除和制定操作。

    在图 9-26 的点歌系统中,控制流完全根据顾客的选择来决定,顾客可以在选歌页面筛选或点歌,之后在点歌列表中删除歌曲或将歌曲置顶。这些操作都是同时发生的,因此同一个从属流目标对象的激活期开始高度相同,结束高度也相同。

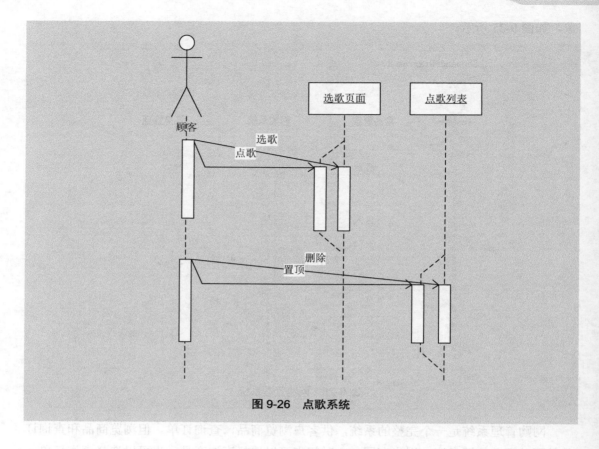

图 9-26 点歌系统

9.4 组 合 片 段

正如状态机图和活动图中有分叉、分支和汇合，一个系统的用例所执行的控制流也并不是顺序发展的，同样有分叉、分支和汇合。

组合片段是顺序图中的一个片段，以组合的形式描述顺序图中的一个特殊工作流。本节介绍顺序图中的组合片段。

9.4.1 组合片段简介

组合片段用于解决顺序图中的控制流分支、循环或中断。在 UML 中，消息可以包含限制条件，在确定限制条件满足时才能继续工作流，而 UML 2.0 中的组合片段使消息的使用更加清晰。

UML 中有多种组合片段，分别描述不同的控制流状态。组合片段使用矩形的边界将顺序图片段包含在内，边界左上角标注组合片段的类型。组合片段的类型、符号及其详细说明如表 9-1 所示。

表 9-1　组合片段的类型及其属性

操作符	缩　写	操作域	说　明
Alternatives	alt	多个	备选组合片段，多个域表示多个条件。一次只能有一个操作域执行，类似 switch-case 语句。可以有一个 else。若多个域条件都为真，则随机执行其中一个域
Option	opt	1 个	选项组合片段，简化的 alt，仅有 if 无 else
Break	break	1 个	如果执行此片段，则放弃序列的其余部分。可以使用临界来指示发生中断的条件
Parallel	par	多个	多个操作域的行为并行，操作域以任意顺序交替执行
Weak Sequencing	seq	多个	有限制的并行。同一条生命线的不同操作域按顺序执行，不同生命线的操作域以任意顺序交替执行
Strict Sequencing	strict	多个	严格按序执行多个操作域的操作
Negative	neg	1 个	不可能发生的消息系列，无效操作
Critical Region	critical	多个	临界区，区内操作不能与其他操作交织进行
Ignore	ignore	多个	消息可以在任何地方出现，但会被忽略，往往与其他片段组合在一起
Consider	consider	多个	与 ignore 相反，不可忽略的消息，往往与其他片段组合使用
Assertion	assertion	多个	断言，说明有效的序列
Reference	ref	1 个	引用组合片段
Loop	loop	1 个	循环组合片段，片段重复一定次数。可以在临界中指示片段重复的条件

一个顺序图中可同时使用多种组合片段，在 PowerDesigner 中，为顺序图添加组合片段使用▣符号，单击该符号，光标将呈现十字区域符号，在顺序图中所需区域添加即可。

组合片段默认添加的是 Option 片段，双击该组合片段可对其类型和属性进行设置，如图 9-27 所示，其中的 Operator 属性可设置该组合片段的类型，Condition 属性可设置指定区域的执行条件。

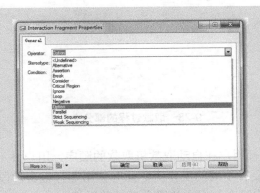

图 9-27　组合片段类型

9.4.2　选项组合片段

选项组合片段是表 9-1 中的 option 组合片段，用于描述特殊情况下的对象交互。选项组合片段类似于程序中的 if 语句，只有 if 选项，而没有 else 选项。在组合片段的矩形区域左上角使用 opt 标志，如图 9-28 所示。

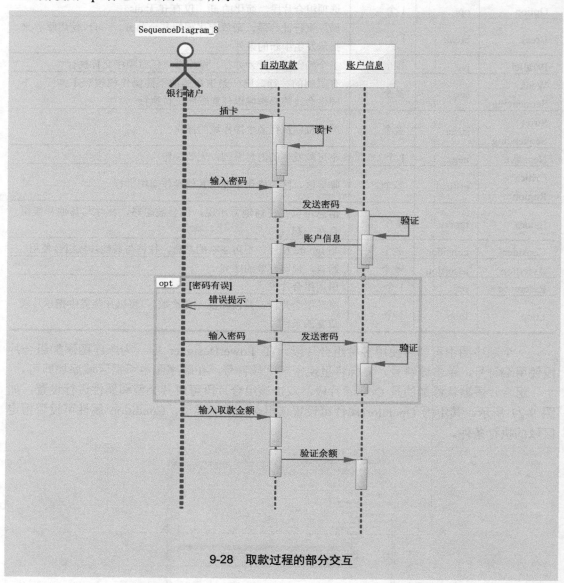

9-28　取款过程的部分交互

图 9-28 中描述了银行用户在自动取款机取款的顺序，用户并不总是能够将密码输入正确，当密码有误时，需要有不同的工作流，此时使用选择组合片段，将密码有误的工作流给提取出来，剩下的工作流在该组合片段之后接着进行。

图 9-28 表明当密码有误时，则执行组合片段中的工作流，只有当密码正确了，再执行

剩下的工作流。若密码无误，则忽略该组合片段。

组合片段中，有将执行中所有情况都包含在内的组合片段，即备选组合片段。

9.4.3 备选组合片段

备选组合片段是表 9-1 中的 Alternatives 组合片段，用于指出某时刻不同情况下的所有可能的控制流，类似于程序中的 switch 语句。备选组合片段在区域内部使用虚线，分割成不同区域，每一个区域代表一种条件下的控制流。

备选组合片段在区域的左上角使用 alt 标志，内部有水平虚线分割的不同选择区域。若执行中只有一个条件成立，则执行该条件区域下的控制流；若执行中有多个条件同时成立，则随机执行一个区域下的控制流。

【例 9.5】

系统会员往往可以对个人信息进行管理，包括对密码的修改、对个人记录的查看等。那么会员在登录个人信息管理系统之后，可选择是修改密码还是对个人记录进行查看，这是两种完全没有联系、可并行进行的工作流。可用备选组合片段如图 9-29 所示。

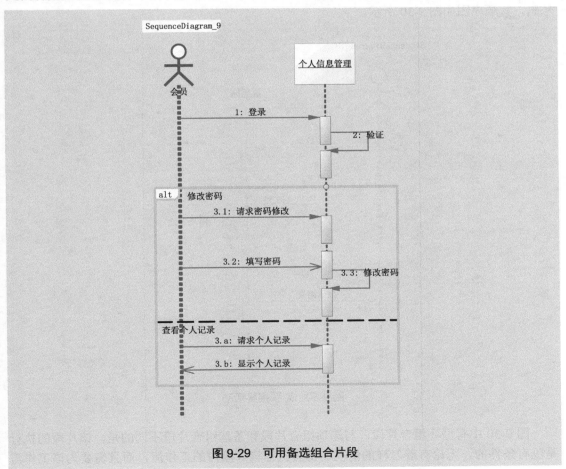

图 9-29　可用备选组合片段

由图 9-29 中消息的序号可以看出，一个 alt 内不同分区域执行的是同一个垂直高度下的消息，消息执行不同，但消息的位置相同。控制流进入到 alt 区域后，根据不同条件执行不同分区域的控制流，因此 alt 区域内的消息根据各个分区来编号，各分区之间没有影响。

9.4.4　循环组合片段

循环组合片段是表 9-1 中的 Loop 组合片段，该组合片段区域内的交互需要执行多次。循环组合片段可以定义循环执行的条件，并具有 Min 和 Max 属性，分别定义交互重复的最小和最大次数，默认值是"无限制"。

循环组合片段在区域的左上角使用 loop 标志，只有一个区域，可在区域内标注循环执行的条件或执行次数。

【例 9.6】

一个彩票活动需要 6 个号码，该活动的摇奖通过摇奖机产生，由公证人员来监督摇奖。在公证员下达摇奖指令后，摇奖机需要执行 6 次摇奖，以产生 6 个号码，组合为中奖号码，其顺序图如图 9-30 所示。

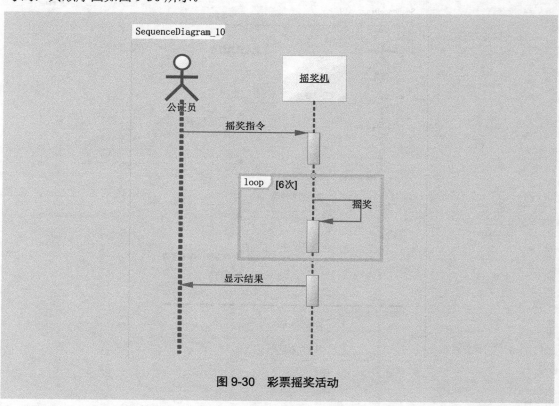

图 9-30　彩票摇奖活动

图 9-30 中有循环组合片段，与选项组合片段和备选组合片段不同的是，该片段的执行是没有条件的，无论有着怎样的情况，都将执行该片段内的工作流，而且需要为该工作流

指定一个执行次数，图中表示该循环片段需要执行 6 次。

9.4.5 引用组合片段

引用组合片段用于实现交互序列的可重用性。同状态机中的引用子状态机一样，引用组合片段首先定义用于重用的交互序列，之后将该交互序列引用到顺序图中的其他位置。

引用组合片段又叫作 reference 组合片段，使用 ref 操作符，在 PowerDesigner 中的符号为□。引用组合片段除了重用交互序列，还可分解复杂顺序图。

顺序图是根据系统用例或整个系统来描述对象间的交互，因此顺序图可大可小，可简单可复杂。通过引用组合片段，将一个庞大复杂的顺序图分解为多个 ref 片段，从而减轻为复杂系统创建大型顺序图所带来的维护困难。

【例 9.7】

图书管理系统是有图书信息管理和图书借阅/归还管理这两种功能的，这两种功能是独立的，因此可用备选组合片段。由于图书信息管理和图书借阅/归还管理这两种功能都可独立作为一个用例，因此可将这两种功能作为自顺序图，并在图书管理系统中引用。

在 PowerDesigner 中添加引用，需要使用□符号，此时有弹出对话框供用户选择需要引用的顺序图，如图 9-31 所示。

向图书管理系统中添加如图 9-31 所示的图书信息借阅顺序图和图书信息管理顺序图，有如图 9-32 所示的效果。

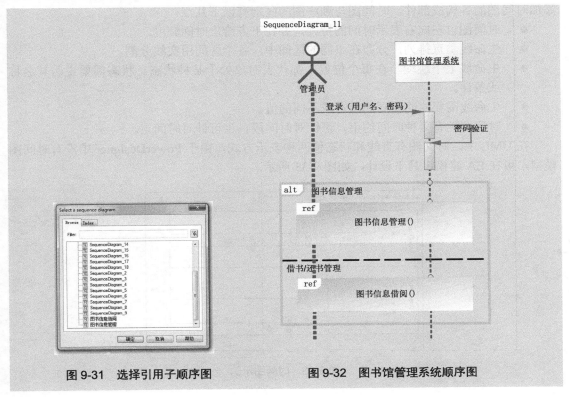

图 9-31　选择引用子顺序图　　图 9-32　图书馆管理系统顺序图

图 9-32 中,将图书信息管理和图书借阅/归还管理这两个组合片段在备用组合片段中引用,简化了顺序图,使建模图形更直观可视。

9.5 时 间 图

顺序图虽然可以通过时间轴和激活期来粗略地描述工作流的时间顺序,但这个事件的概念并不精确。时间图弥补了这一缺点,能够具体到某个时刻来描述对象间的交互。本节介绍时间图的概念及其应用。

9.5.1 时间图概述

顺序图着重于消息次序,通信图集中处理系统对象之间的链接,但是这些交互图没有精确的时间描述。例如描述一个对象在 10 秒钟完成一个交互,而在 20 秒钟之后执行下一个交互,只能通过时间图来实现。

在时间图中,每个消息都有与其相关联的时间信息,准确描述了何时发送消息,消息的接收对象会花多长时间收到该消息,以及消息的接收对象需要多少时间处于某特定状态等。虽然在描述系统交互时,顺序图和通信图非常相似,但时间图则增加了全新的信息,且这些信息不容易在其他 UML 交互图中表示。

时间图显示系统内某一个对象处于某种特定状态的时间,以及触发这些状态发生变化的消息。构造一个时间图最好的方法是从顺序图提取信息,按照时间图的构成原则,相应添加时间图的各构成部件。时间图与顺序图的区别有以下几点:

- 时间图自左向右表示时间的持续,并在下方给出时间刻度。
- 生命线垂直排列,分布在不同的区间中,各个区间用实线分割。
- 生命线上下跳动,在每个位置上都代表对象处于某种状态。状态需要说明其名称或条件。
- 生命线需要注明不同的状态或不同的值。
- 时间图拥有多种时间约束,可针对时间段,也可针对时间点。

在 UML 中,时间图有直线和状态值两种表示方式,由于 PowerDesigner 中没有时间图模型,可在 EA 建模工具下设计,如图 9-33 所示。

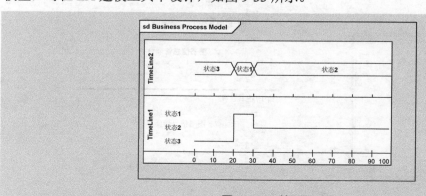

图 9-33 时间图示例

图 9-33 中的时间图有两个状态线，其中 TimeLine1 使用直线表示方式，TimeLine2 使用状态值表示方式。TimeLine1 和 TimeLine2 都存在 3 种状态：状态 1、状态 2 和状态 3，它们都在时刻 20 从状态 3 切换到状态 1，在时刻 30 从状态 1 切换到状态 2，直到状态线结束。

9.5.2　时间图的构成

由图 9-33 可以看出，时间图由对象、状态、状态线、时间刻度、事件以及消息构成，以底层水平方向的刻度为时间轴，描述对象的状态变化及交互。

1. 对象

时间图是交互图的一种，因此一个时间图中通常有多个对象，创建时间图的首要任务是创建该用例所涉及到的对象。该对象在时间图的内部左侧用文字进行标识。

在系统建模活动期间，可以根据如下两点决定该对象是否出现在时间图中：

● 该对象的细节对理解正在建模的内容是否重要。

● 若将此细节包含进来是否会让模型变得清晰明了。

如果某一对象针对上述问题的回答是肯定的，那么应该将此对象包含在时间图中。

如图 9-34 所示为两个对象在时间图中的符号表示。对象 1、对象 2 是两个对象的名称，在创建后，它们都具有唯一的默认状态。

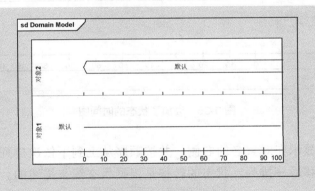

图 9-34　时间图中的对象

从图 9-34 可以看出，修改对象名需要选中该对象，在左端对象名位置两次单击(注意是两次单击，而不是双击)，该名称即可成为可编辑状态。对该对象进行双击，可设置对象的状态。

> 提示：交互在顺序图中重点突出了交互序列，并在协作图中重点突出了交互对象及交互内容。因此时间图中的对象只需如顺序图一样找出交互活动的参与者，并排除不需要细化的对象即可。

2. 状态

在系统的交互期间，对象可能有很多状态存在，如未初始化、等待状态或者终止状态等。当对象接收到一个事件时，它将处于一种特定的状态，接着对象会一直处于该状态，直到另一个事件发生。

为对象添加状态，需要选中该对象并双击，对象的状态、时间线配置对话框如图9-35所示。

图9-35 添加状态

图 9-35 中，在状态名一栏写入状态，单击"保存"按钮即可呈现启动状态，单击"保存"按钮时会保存状态名。一个对象是有多个状态的，但图 9-35 默认的是一个状态的编辑，必须在单击"新建"按钮之后才可添加第 2 个状态，并单击"保存"按钮对第 2 个状态进行保存。其他状态的添加与第 2 个状态的添加步骤是一样的。添加了状态的时间图如图9-36 所示。

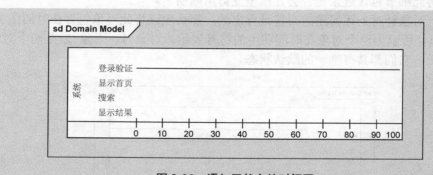

图 9-36 添加了状态的时间图

时间图的状态显示在对象名的右侧，并按顺序从上到下依次排列。但这种排列并不是严格按照状态转移顺序排列，状态的转移是根据状态线来描述的。状态线默认地是一条直线。

提示：在状态的名称右侧有一条直线，这是时间图默认的描述状态的状态线。在时间图的下方有一条带刻度的直线，刻度自左向右依次增加，这是时间图描述时间的刻度线。

3. 时间

时间图是特殊的交互图，它所描述的重点不是交互顺序和内容，而是交互具体时间段和时间点。因此时间图的一个重要特征是加入了时间元素。在 UML 时间图中，用一条带刻度的直线描述对象在不同状态之间变化时所用的时间。

时间图中时间的刻度总是自左向右依次增加的，刻度间隔可自定义；另外时间的刻度单位显示在时间刻度的左侧，对象名称的下方，刻度单位也可自定义。

在图形最下方的时间刻度处双击，可打开时间线幅度设置对话框，如图 9-37 所示。在该对话框中可设置初始时刻、结束时刻和时间单位。

如为图 9-36 修改结束时间是 150，时间刻度为 s，那么该时间图有如图 9-38 所示的效果。时间单位可以是小时、分钟、秒等，还可以使用许多不同的方式表达。

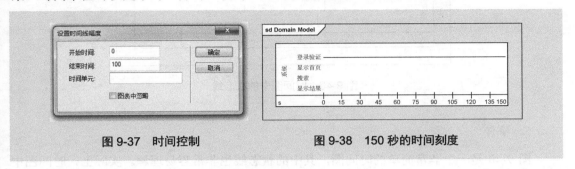

| 图 9-37　时间控制 | 图 9-38　150 秒的时间刻度 |

除了确切的时间单位之外，时间的刻度单位也可以使用时间单位 T 表示相对时间，此时 T 的大小可以忽略，时间图的目的只是描述相对时间段，对象状态的变化。

4. 状态线

在了解时间图中时间和状态的表示方法之后，理解状态线就相对比较容易了。因为状态表示了时间图中一个状态的开始时间、结束时间以及持续时间。

状态线是一条直线，始终保持水平或垂直状态，从左往右依次描述对象的状态变化。每个对象有且只有一条表示状态变化的状态线。状态线有如下两种情况：

- 状态线位于某个指定状态的右侧，与该状态处于同一水平位置，说明对象在状态线对应的时间段内，处于该状态。
- 状态线垂直，表示对象的状态在该时间点发生变化。

设置状态线的转折点，使其在指定的状态后显示持续时间，可对指定的对象进行双击，打开如图 9-35 所示的对话框，选择 Transitions 选项卡。在该对话框中新建转换时间和转移到的状态，即可设置状态线的转折点，如图 9-39 所示。

图 9-39　设置状态转折

如为图 9-36 设置状态转移，需要设置以下一个转折。

(1) 首先是登录验证状态持续 10 秒。

(2) 接着是登录后页面显示状态。

(3) 在 10 秒后用户输入搜索信息进入搜索状态。

(4) 搜索状态持续了 3 秒进入结果显示状态。

上述几个状态转移的设置参考图 9-39，设置后的状态线效果如图 9-40 所示。

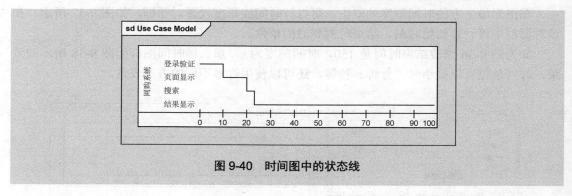

图 9-40　时间图中的状态线

5．事件

图 9-40 是一个非常简单的时间图，其中的状态线也非常容易理解。实际上，时间图中的状态线还可以包括每个状态的开始时刻和持续时间，以及引起对象状态改变的事件。如图 9-41 所示，在图 9-39 的基础上添加了状态改变时间、状态持续时间和时间约束。

图 9-41　事件及状态持续时间设置

进行了如图 9-41 所示的设置后，图 9-39 的时间图被修改为如图 9-42 所示的效果，事件、持续时间和时间约束被标记在图中。

图 9-42 中，在状态线每个水平线段的左端下方都标有该状态开始的时刻，而水平线段上方标注了该状态持续的时间。

6．消息

在时间图中，对象的状态变化是为了响应事件，例如消息的调用。时间图中的事件与消息描述了对象状态改变的原因及对象间的交互。

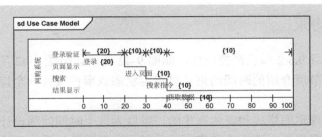

图 9-42　事件和持续时间标记

消息使用直线和箭头来表示，由对象的状态线指向另一个对象的状态线。为时间图添加事件实际上相当简单，因为顺序图已经显示出系统对象之间传递的消息，因此可以简单地把消息添加到时间图上。

消息使用➡符号添加，首先单击该符号，光标显示为手的形状，之后由发送对象的状态线指向接收对象的状态线即可。但消息的起始位置所在的时间刻度必须是消息发出的时间，而且消息的箭头位置必须是消息的接收时间。

向时间图中添加消息，在该消息的位置处双击，可打开对话框设置消息的计时信息和消息的属性，如图 9-43 所示。

【例 9.8】

创建两个对象，分别添加 3 个状态和它们各自的状态线，在它们的状态线转折位置添加消息，如图 9-44 所示。

图 9-43　消息的计时信息和属性

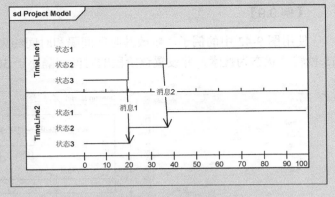

图 9-44　时间图中的消息

图 9-44 粗略地描述了消息在时间图中的状态，表示在 20 秒的位置消息由 Timeline1 对象指向 Timeline2 对象，引起了两个对象的状态变化；在 37 秒的位置又有消息由 Timeline1 对象指向 Timeline2 对象，再次引起了两个对象的状态变化。

9.5.3　时间约束

时间约束在本章 9.5.2 节已经使用过，如图 9-42 所示。但图 9-42 所描述的是使用确定的时间间隔，本小节所介绍的时间约束是对指定状态或事件设计一个持续范围，而不是确定的时间。

时间约束是有规定的格式和表达方式的，可以为这个时间间隔设计范围，如用户在登录系统后长时间没有操作，那么系统将自动关闭。这里需要为系统设计一个等待的时间间隔，在到达该时间之后改变状态。

时间图的核心元素就是时间，如每个状态都有开始时间、结束时间及持续时间属性。这里的持续时间，就是属于对时间的约束，时间约束的另一种情况是与信息相关的约束。

时间约束详细描述了时间图中的某个对象状态应该持续多长时间。时间约束可以根据正在建模的对象信息使用不同的方式来指定，常见的时间约束格式如表 9-2 所示。

表 9-2　时间约束常见的格式

格　　式	说　　明
{t...t+5s}或{<5s}	消息或状态持续时间小于 5 秒
{>5s,<9s}	消息或状态持续时间大于 5 秒，但小于 9 秒
{t}	持续时间为相对时间 t，在此 t 可以为任何时间值
{5*t}	持续时间为相对时间 t 的 5 倍

时间约束通常应用于系统对象处于特定状态的时间上，或者应该花多长时间调用及接收事件，即时间约束可以限制消息或对象的状态。除了使用状态转移来设置时间约束，在状态线位置双击，可打开时间约束对话框，如图 9-45 所示。

【例 9.9】

使用图 9-42 中的例子，修改其时间间隔和时间约束，要求在登录系统并显示首页之后 15 秒转移状态为搜索，并设置该阶段的时间间隔小于 30，其时间图如图 9-46 所示。

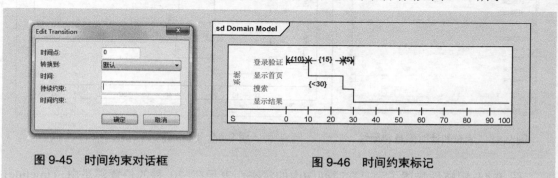

图 9-45　时间约束对话框　　　　图 9-46　时间约束标记

图 9-46 中，在时间图的上方有状态持续的时间，而在状态线的位置有对该状态的时间约束。

9.5.4 替代表示法

使用时间图为系统交互建模的代价是比较昂贵的，对于任何包含少数状态的小交互而言，这种代价还可以接受；而当系统对象的状态比较多时，创建时间图无疑是非常麻烦的。为此，UML 引用了一种简单的替代表示方法，可以在交互包含大量的状态时使用。如图 9-47 所示。

图 9-47 中，替代表示法将对象的状态按时间顺序排列，使用两条平行于时间轴，有交互的线描述状态持续时间。状态位于两条线内侧，线的交互点即状态交互点。对象的状态在线的交汇点发生改变，按顺序排列的状态清晰描绘了对象状态的时间变化。

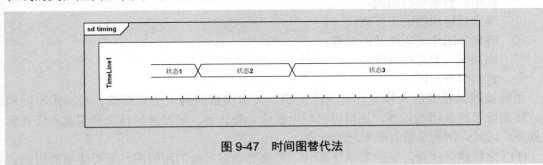

图 9-47　时间图替代法

图 9-48 和 9-49 分别给出了时间图的一般表示法和替代表示法。

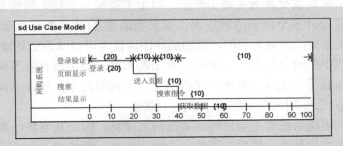

图 9-48　一般表示法

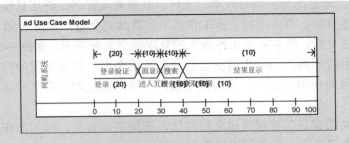

图 9-49　替代表示法

9.6 实战——团购系统顺序图

本节以团购系统为例，详述顺序图建模的步骤。建模顺序图的第一步是确定要建模的用例。系统的完整顺序图模型是为每一个需要建模的用例创建顺序图。

与 UML 中其他模型的创建一样，在建模顺序图时，首先要了解系统，并根据系统用例图找出需要建模顺序图的用例或子系统。顺序图以系统用例图为基础，描述用例的实施细节，具体可分为以下几步来建模。

① 确定系统用例图。
② 找出需要建模的用例。
③ 确定目标用例的工作流。
④ 确定各工作流所涉及的对象。
⑤ 添加交互消息和条件。
⑥ 组织组合片段。

团购被越来越多的人接受，是商家促销、买家实惠的网上交易系统。与网购不同的是，团购除了商品团购以外，还可以包括电影业、餐饮业、美发业这种需要买家入店兑现的业务，因此，网购系统有着不同的分支。

(1) 根据建模步骤，在绘制顺序图时，首先要确定系统的用例图、需要建模的用例、该用例的工作流以及各工作流所涉及的对象。

(2) 系统以买家完成交易为主要工作流，但由于商家与系统之间的某些用例是独立于买家的，因此需要设计多个用例的顺序图：买家完成交易(商品类和兑现类)，商家对交易的管理。本节以买家完成交易为用例，绘制顺序图。读者可尝试为交易管理绘制顺序图。

(3) 团购系统中的对象很多，由于商品类团购和兑现类团购有着不同的交互流程，因此可将团购系统与商品类团购、兑现类团购定义为不同的对象，设计不同的顺序图。系统对象有商品类团购/兑现类团购、买家、商家、系统。

(4) 买家进入团购系统的主要目的是实现网上交易，因此从系统的登录开始，到交易的完成结束。要做的只是商品信息的浏览、选购、支付、收货等。由此可以创建工作流的主路径：注册/登录、浏览、选定商品、填写订单、支付、验货、确认收货、评论；或者是注册/登录、浏览、选定商品、填写订单、支付、获取兑现密码、进店兑现、评价。

(5) 根据上述分析，首先绘制正常工作流下的商品类交易，如图 9-50 所示。

(6) 根据上述分析，绘制正常工作流下的兑现类交易顺序图，如图 9-51 所示。

(7) 与网购系统不同，团购中可交易的业务不够全面，买家需要的商品不一定有团购活动，因此买家可能在浏览之后，便终止交易。在团购的过程中有多种事件能改变原有工作流：

● 有商品类的交易在支付完成之后发货，等待买家收货，但买家在验货后发现商品错发或有瑕疵等，可返回或退货。

● 商品的交易，在订单支付之后，在商品到达买家手中之前，仍然可以选择取消订单。

- 实体店交易需要买家进入店铺完成交易，此时系统将发送密码至买家手机，买家在实体店内通过手机短信确认交易，完成交易。
- 实体店的交易通常会有交易期限，系统已将密码发送至手机，若在期限内没有完成交易，则自动作废，订单在支付过后无法撤消。

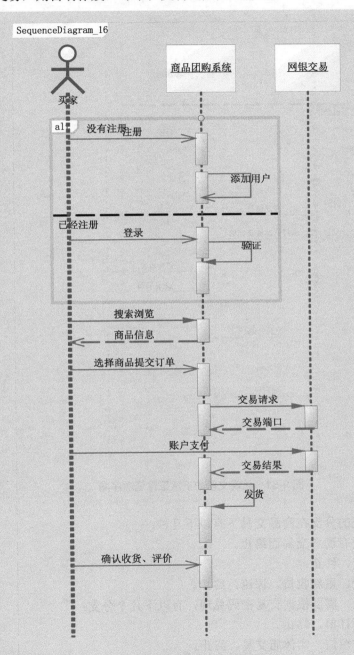

图 9-50　商品交易的正常工作流

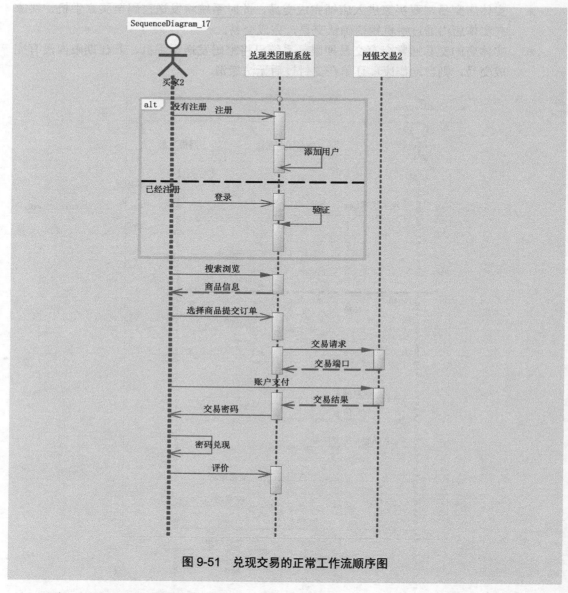

图 9-51 兑现交易的正常工作流顺序图

因此，团购系统的分支在商品交易下有以下几种：

- 浏览，因没有满意交易而终止。
- 验货，退货，终止。
- 验货，退货，重新收货，评论，终止。

兑现类没有收货，需要根据交易密码兑现，有以下几个分支：

- 支付，撤消订单，终止。
- 支付，接收短信，实体店交易，终止。
- 支付，接收短信，逾期没有兑现退还交易费，终止。

(8) 商品交易过程中，为图 9-50 添加分支，如图 9-52 所示。

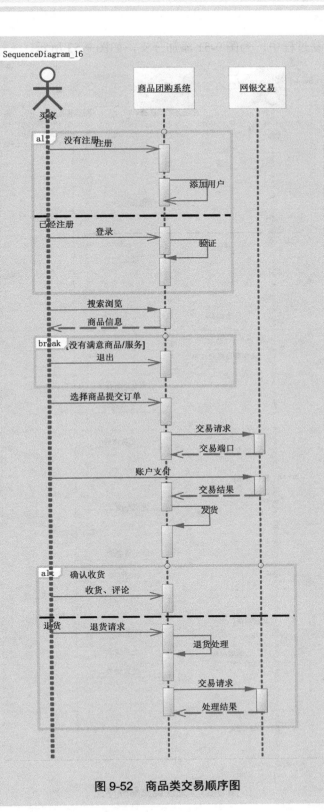

图 9-52　商品类交易顺序图

(9) 兑现类交易过程中，为图9-51添加分支，如图9-53所示。

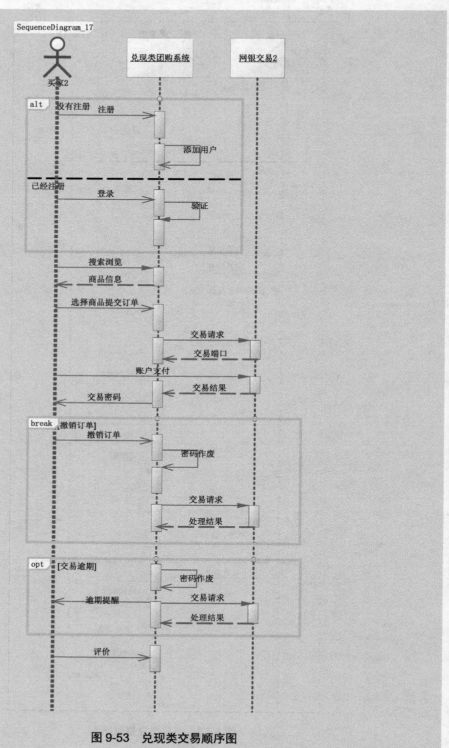

图 9-53　兑现类交易顺序图

(10) 若将上述图 9-52 和图 9-53 通过引用组合片段的方式合并为一个完整的团购交易顺序图，将图中相同名称的对象使用编号 3 表示，则结果如图 9-54 所示。

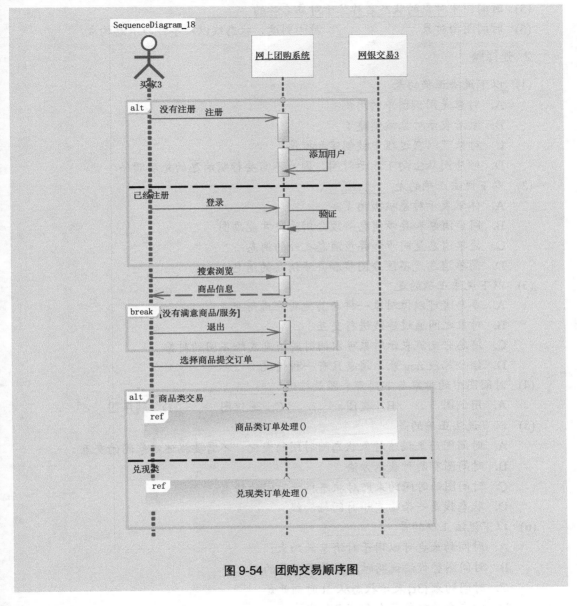

图 9-54 团购交易顺序图

9.7 思考与练习

1. 填空题

(1) 顺序图是一种_____图。

(2) 生命线有_____和休眠两种状态。

(3) 消息分为简单消息、同步消息、_____和返回消息。

(4) 顺序图由_____、生命线、消息和激活构成。

(5) 时间图中对象的状态名称位于对象名称的_____。

(6) 时间图由对象、_____、时间刻度、状态线以及事件与消息构成。

2. 选择题

(1) 以下说法正确的是_____。

    A. 对象是用例图中的用例

    B. 激活表示对象被创建了

    C. 对象可以在过程中被创建和撤消

    D. 顺序图从上向下表示时间，因此不需要标明消息的先后顺序

(2) 以下说法正确的是_____。

    A. 休眠表示对象被撤消了

    B. 同步消息和异步消息必须分辨清楚才能画图

    C. 简单消息是同步和异步消息之外的消息

    D. 简单消息是不区分同步和异步消息的消息

(3) 以下说法正确的是_____。

    A. 参与者可以像对象一样与其他对象进行交互

    B. 对象之间通过连线进行交互

    C. 消息分支流表示对象可以同时将消息发给不同的对象

    D. 组合片段 neg 表示消息只有一种情况

(4) 时间图中的对象与下列哪个图最接近_____。

    A. 用例图   B. 类图   C. 通信图   D. 顺序图

(5) 以下说法正确的是_____。

    A. 时间图用来描述对象状态随时间的变化，不需要描述对象间的交互

    B. 时间图有两种表示方法

    C. 时间图的时间约束即对状态持续时间的约束

    D. 状态线是一条垂直于时间轴的线

(6) 以下说法正确的是_____。

    A. 时间约束也可以用于对消息的约束

    B. 时间图替代法说明时间图是不必要的

    C. 时间约束{3t}表示状态从 3t 时刻开始

    D. 状态分为对象状态和消息状态

3. 上机练习

(1) 绘制顾客网购顺序图

网购是一个人们都很熟悉的系统，相关的用例很多，以顾客的一次网购为例，绘制顾客网购顺序图。

网购过程中要有商品信息的浏览、选购、支付、收货等交互，并有着退货、撤消订单

等交互。

(2) 网上报考系统顺序图

社会中的考试由于报考人员来自不同的地方、不同的单位，因此报考单位与考生无法很好地沟通考试相关事宜，网上报考系统很好地解决了这个问题，包括报名、资格审核、打印准考证等工作都可以在网上进行。以考生报考为例，尝试绘制考生网上报考顺序图。

(3) 网上报考系统时间图

根据上机练习(2)，为系统中参与交互的对象绘制网上报名系统的时间图。

第 10 章

通信图和交互概览图

通信图是交互图的一种，描述系统对象间的交互。顺序图同样是描述系统对象间的交互，不同的是，顺序图侧重于描述对象间交互的序列，而通信图侧重于描述对象间的组织结构、相互作用和联系。

通信图显示对象之间的关系，它更有利于理解对给定对象的所有影响，也更适合过程设计。本章详细介绍通信图与顺序图的区别、通信图的含义、构成和应用。

本章重点：

- ➔ 了解通信图的含义及构成
- ➔ 理解对象和类角色
- ➔ 理解连接和关联角色
- ➔ 掌握消息的含义及作用
- ➔ 熟练绘制通信图
- ➔ 理解顺序图与通信图的区别
- ➔ 能够转换顺序图与通信图
- ➔ 理解交互概览图的作用
- ➔ 能够绘制交互概览图

10.1 通信图简介

通信图从另一个角度描述系统对象之间的链接，强调的是发送和接收消息的对象之间的组织结构。本节介绍通信图的基础知识和构成元素。

10.1.1 通信图概述

通信图(Communication Diagram，也叫 Collaboration Diagram)显示了某组对象为了一个系统事件(用例)而与另一组对象进行协作的交互图，有以下几个特点：

- 通信图描述的是与对象结构相关的信息。
- 通信图的用途是描述一个类操作的实现。
- 通信图对交互中对象的链进行建模。

在 UML 中，通信图用几何排列来表示交互作用中的对象和链，通信图描述了对象间的联系以及对象间发送和接收的消息。

通信图中的对象通常是命名或匿名的类的实例，也可以代表其他事物的实例，例如协作、组件和节点。使用通信图来说明系统的动态情况，能够方便地描述复杂的程序逻辑和多个平行事务。

通信图作为表示对象间相关作用的图形描述，也可以有层次结构。可以把多个对象作为一个抽象对象，通过分解，用低层通信图表示出这多个对象间的协作关系，这样可缓解问题的复杂度。

通信图由参与者、对象、链接和消息构成，但这里的对象和链接在不同的建模工具中又有不同的分类。

例如在 Visio 工具下，通信图中的构成元素有以下几种：类角色、关联角色、对象(Object)、通信链接(Link)和消息(Message)。

其中，类角色和对象都是系统对象，而关联角色和通信链接都属于链接。这里对类角色、关联角色和对象的解释如下：

- 类角色和关联角色描述对象的配置和交互的实例执行的连接。
- 当交互被实例化时，对象受限于类角色，连接受限于关联角色。
- 关联角色可以被各种不同的临时连接所担当。虽然整个系统中可能有其他的对象，但只有涉及到交互的对象才会被表示出来。
- 类角色使用关联角色来连接，对象使用通信链接来连接。

通信图只对相互之间具有交互作用的对象和对象间的关联建模，而忽略其他对象和关联。通信图包含的是类角色和关联角色，而不仅仅是类和关联。

通信图使用长方形框表示对象。在 PowerDesigner 中，将参与者从对象的概念中分离开，使用人型符号来表示；而在 Visio 中统一使用长方形表示。

当两个对象间有消息传递时用没有箭头的直线连接，表示这两个对象之间的链接；关联角色和通信链接都是用没有箭头的直线表示。而两个对象间传递的消息使用带箭头的直线表示，由消息发出方指向接收方。

　　顺序图通过激活期的垂直位置描述交互的时间顺序，但通信图是没有代表时间轴的生命线的，因此为表示发送消息的时间顺序，通信图的每个消息前都需要附加数字编号。顺序图中的消息序号可以省略，通信图不能省略。

　　通信图中的对象是没有位置限制的，只需要使其简洁易懂即可。PowerDesigner 中的通信图如图 10-1 所示。

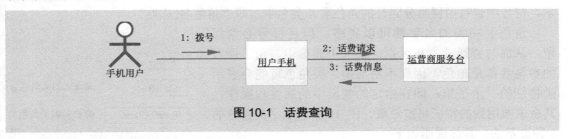

图 10-1　话费查询

　　图 10-1 中，用户首先向手机发出拨号指令，接着手机将话费请求发给运营商服务台，最后由服务台将话费信息发回手机。在 PowerDesigner 中消息的编号是根据用户的添加顺序递增的，图 10-1 中的消息编号是默认编号。

10.1.2　对象与类角色

　　通信图的作用是要建模系统对象的交互，对象和类角色是系统执行中参与协作的元素，通常表现为类的对象或实例。类在程序运行中并不直接参与系统行为的执行，由系统的实例化对象参与执行，因此，首要关心的问题是对象之间的交互。

　　顺序图中使用 3 种类型的对象实例，通信图中对象的概念与顺序图是一样的。但通信图为精确表达系统各元素间的协作关系，将对象的概念细化了。

　　通信图在具体描述时将对象分为 3 类：对象、对象实例角色和类角色。在 Visio 工具下有 4 种方法来标识对象实例角色，其分类和表示方式如图 10-2 所示。

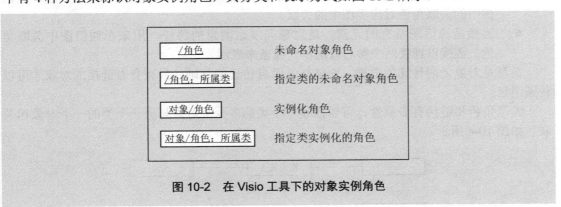

图 10-2　在 Visio 工具下的对象实例角色

　　对图 10-2 中的对象实例解释如下：

- 第一种表示方法显示了未命名的对象扮演的角色。
- 第二种表示方法显示指定类的未命名的对象角色。

- 第三种表示方法显示具体某个对象实例的具体的角色。
- 第四种表示方法则显示指定类的实例化对象的角色。

一个角色不是独立的对象，而是表示一个或一组对象在完成目标的过程中所起的部分作用。对象是角色所属类的直接或间接实例，在通信图中，一个类的对象可能充当多个角色。

类角色用于定义类的通用对象在通信图中所扮演的角色，类角色用类的符号(矩形)表示，符号中带有用冒号分隔开的角色名和类名字，即"角色名:基类"。

角色名和类的名字都可以省略，但是冒号必须保留，从而与普通的类相区别。在一个通信中，由于所有的参与者都是角色，因而不易混淆。类角色可能会表示类特征的一个子集，即在给定的情况中的属性和操作。其余未被用到的特征将被隐藏。图 10-3 展示了类角色的 3 种表示法。具体说明如下。

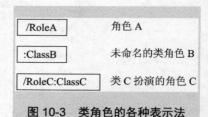

图 10-3　类角色的各种表示法

- 第一种：只用角色名，未指定角色代表的类。
- 第二种：与第一种相反，它指定了类名而未指定角色名。
- 第三种：完全限定了类名和角色名，方法是同时指定角色名和类名。

比较对象、对象实例角色与类角色，对象名与对象实例角色总是带有下划线，而类角色名则不带有下划线。

10.1.3　关联角色与链接

关联角色与链接用来连接对象或类角色，表示相连的两个元素间有交互或影响。它们在通信图中的表示法相同，是连接两个元素的实线。

关联角色和链接的解释如下：

- 关联角色代表类角色在通信图中的交互。类角色通过关联角色与其他类角色相连接。关联角色适用于在通信图中说明特定情况下的两个类角色之间的关联。通信图中的关联角色对应类图中的关联。
- 链接是通信图特有的元素，是对象间发送消息的路径，用来在通信图中关联角色。链接以连接两个参与者的单一线条来表示。

消息是对象之间传递的数据，而链接是消息传递的基础，只有有着链接的对象才可以传递消息。

关联角色和链接有多重性，可以描述一个类的多少个对象与另一个类的一个对象相关联，如图 10-4 所示。

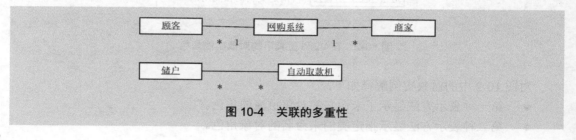

图 10-4　关联的多重性

图 10-4 中描述了两个系统中的部分链接，第一个是网购系统中，多个顾客对应一个网购系统，可同时在系统中实现交易，多个商家也可以同时使用一个网购系统，完成交易。而第二个系统中，一个储户可以使用多台自动取款机，一台自动取款机也可供多个人使用，是多对多的关系。

在 PowerDesigner 中没有一对多和多对多的描述，其参与者与对象之间的链接如图 10-5 所示。

图 10-5　PowerDesigner 中的链接

链接一般建立在两个对象或者两个对象之间，如同状态机中的自转移，对象之间也可以建立反身链接，如图 10-6 所示。

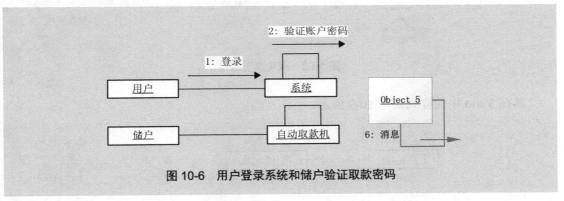

图 10-6　用户登录系统和储户验证取款密码

图 10-6 中描述了 Visio 下和 PowerDesigner 下的自链接，用户登录系统时，系统需要对用户输入的账户和密码进行验证，这个验证的过程是系统内部执行的，是系统与自身的交互，因此使用连接自身的链接。

储户取款输入密码后，自动取款机同样需要对密码进行验证，同属系统与自身的交互，需要使用连接自身的链接。

除此之外，通信图中的链接有着多种固化类型，如 parameter 固化类型和 local 固化类型，对其解释如下。

● parameter 固化类型：指示一个对象是另一个对象的参数。
● local 固化类型：指定一个对象像变量一样在其他对象中具有局部作用域。这样做可以指示关系和变量对象是临时的，会随着所有者对象一同销毁。

固化类型是链接的类型，可通过设置链接的属性来设置。在 PowerDesigner 下对链接进行双击，打开链接设置对话框，如图 10-7 所示，在 Stereotype 一栏填入 "parameter" 或 "local"，即可设置链接的类型为 parameter 或 local，其效果如图 10-8 所示。

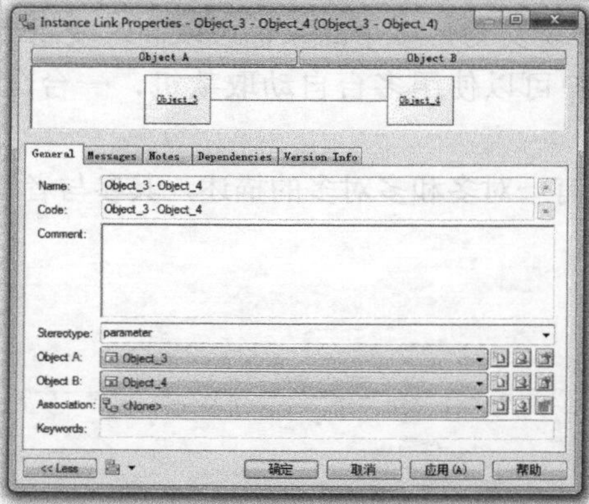

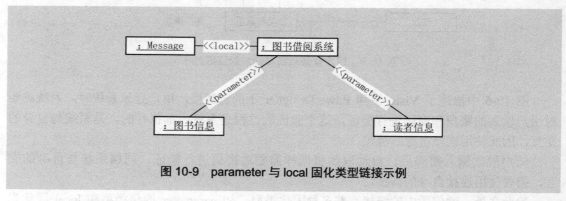

图 10-7　链接设置对话框

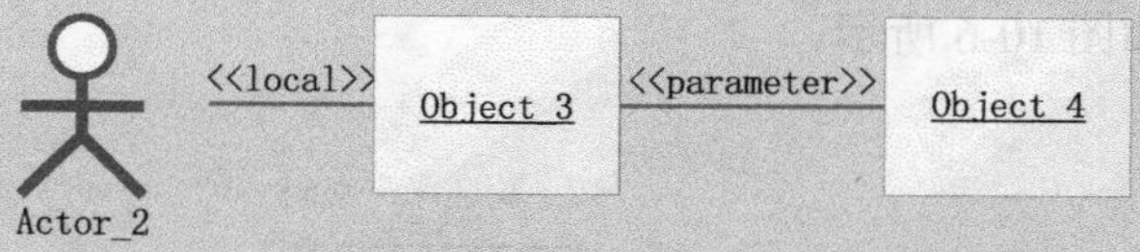

图 10-8　固化类型链接

其在 Visio 中的样式如图 10-9 所示。

图 10-9　parameter 与 local 固化类型链接示例

图 10-9 中，Message 对象是局部的，临时产生、临时销毁。图书信息和读者信息是借书过程中的参数，也是临时的。当对象销毁时，链接会随着销毁。

 提示：为了使通信图减少复杂度，链接的多重性通常省略不写。

10.1.4　消息

通信图中的消息与顺序图中的消息一样，用于描述元素间的交互明细。消息通常是类中的操作，在面向对象的程序开发中，类的操作是对象间交互消息的唯一来源。

消息是通信图中对象与对象或类角色与类角色之间交互的方式。通信图上的消息使用直线和实心箭头从消息发送者指向消息接收者，如图 10-10 所示。

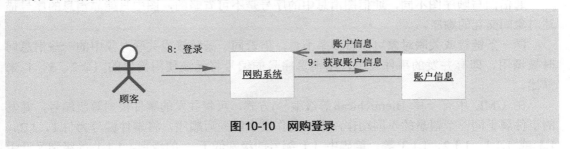

图 10-10　网购登录

图 10-10 中描述了用户登录的协作关系，同一个链接或关联角色中可以有多条消息，每一条消息通常与相关的链接或关联对象平行，与相关的链接或关联对象放在一起。

与顺序图一样，通信图上的系统元素也能发送传递给自身的消息。传递给自身的消息需要一个从对象到其本身的协作链接，以便能够调用消息，如图 10-11 所示。

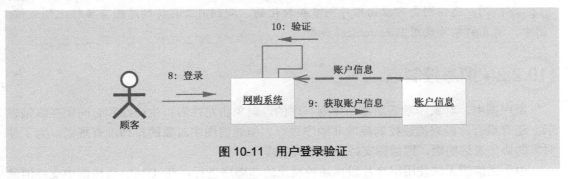

图 10-11　用户登录验证

图 10-11 中描述了顾客登录系统的通信过程，系统根据用户输入的账户和密码获取账户信息，并在其内部执行验证。对于在自身执行的消息，同样需要添加链接，并在链接的基础上添加消息。

在一个用例完整的执行过程中，相同的两个对象或类角色之间可能出现多条消息，甚至同一个对象或类角色内部的链接或关联对象中，也可能有多条消息。

> **提示：** 通信图中的消息也可以分为 3 种类型：同步消息、异步消息和简单消息。它们与顺序图中的同类型消息相同。

10.2　消息序号和控制点

通信图中的消息和顺序图中的消息是一样的，可以有消息序号，也可以有组合片段中同时执行或有条件限制执行的消息。但通信图中是没有组合片段的，而且消息没有垂直位置的差别，因此其消息序号很重要。本节介绍通信图中的消息序号和控制点。

10.2.1 消息序号

通信图与顺序图不同，通信图消息中的序号是不可省略的，图中只能靠消息的序号描述对象间交互的顺序。

同一条链接或关联对象可以有多条消息，但若同一条链接或关联对象中的一些消息同时被调用，即有并发的事件发生，则消息序号的编号将无法使用简单的 1、2、3、4 来描述。

在 UML 中有一种 Hierarchical(等级编号)方式，可将并发的事件根据等级编号，并发的事件属于同一个消息的不同动作，根据动作发生的先后顺序，将事件编号为 1.1、1.2、1.3 或 1.1.1、1.1.2、1.1.3 等。编码中 1.1 编号的级别低于 1 的级别，1.1.1 的级别又低于 1.1 的级别。

除了使用数字表示消息的序号，在其他建模工具中也有采用数字加字母的表示法，如 1.a、1.b，2.a、2.b 等。

技巧：通信图是可以由顺序图直接转化的，即利用工具将顺序图直接转化到通信图中，消息的编号使用 Hierarchical 类型。

10.2.2 消息控制点

顺序图中，对象和激活期都是排列有序的，对象由左往右；生命线和时间轴在纵轴表示；还有组合片段来描述控制流的非顺序进行。但通信图中对象的排列没有规则，为了使对象的协作表达明确，通信图支持任意方式的排列。

由于通信图无法使用组合片段描述控制流的非顺序进行，在 UML 通信图中支持消息控制点的使用。根据消息控制点，消息可仅在特定条件下被调用。在通信图中添加控制点，描述消息调用的条件。

控制点由一组逻辑判断语句组成，只有当逻辑判断语句为真时，才调用相关的消息。顺序图中的任何组合片段都将转化为消息的控制点。

控制点通常放在中括号[]内，用于区分控制点与消息名称，如图 10-12 所示。

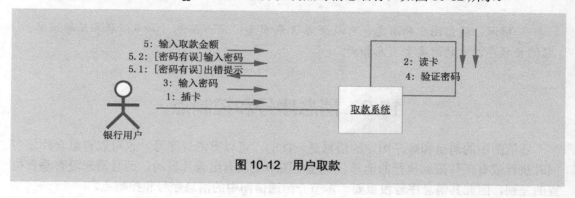

图 10-12　用户取款

图 10-12 中，在用户输入密码有误的情况下，取款系统将提示用户，并由用户再次输入密码。此时需要将密码有误这个判断条件写在消息中，并使用等级编号的方式通过 5.1、5.2 的序号将消息的顺序标注清楚。

10.3 创 建 对 象

与顺序图中的消息相同，消息也可以用来在通信图中创建对象。为此，一个消息将会发送到新创建的对象实例。

通信图中对象的创建与顺序图不同。顺序图中，新建对象不在顺序图顶部出现，而是在源对象发送消息箭头的末端。

链接有固化类型，但固化类型不止可以在链接中使用，还可在对象中使用，即在对象名称的后面添加类似于<<new>>的字样。

对象创建使用 new 作为对象的固化类型，链接使用 create 固化类型，以明确指示该对象是在运行过程中创建的，如图 10-13 所示。

在 PowerDesigner 中为对象添加类型时，需要对指定的对象进行双击，打开对象设置对话框，如图 10-14 所示。

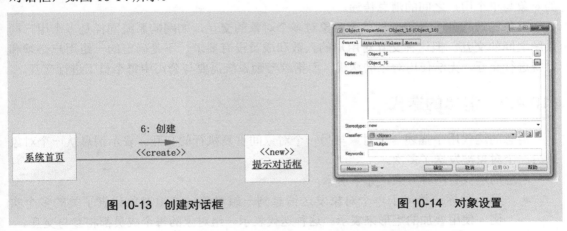

图 10-13　创建对话框　　　　　　图 10-14　对象设置

图 10-14 中，在 Stereotype 文本框中填写 new，即可将对象设置为新建对象。

技巧：若消息的发送足以直观地指示出接收的对象将会被创建，则没有必要使用固化类型。

10.4 消 息 迭 代

通信图中消息的迭代，用于表达顺序图中的循环组合片段。迭代对任何系统和组件都是一种非常基本和重要的控制流类型。消息迭代用来指示重复的处理过程。

通信图中的消息迭代有两种形式：对象的迭代和消息的迭代。

10.4.1 对象的迭代

对象的迭代用于描述单个对象与对象组件事件的交互，即同一个对象向一组对象中的每个元素发送消息。常见的是对象的个体和集体，如图 10-15 所示。

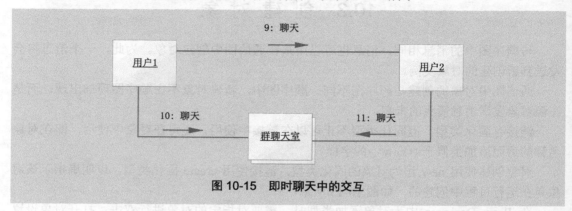

图 10-15　即时聊天中的交互

在图 10-15 所示的即时通信系统中，有用户与用户的消息传递，也有多个用户为集体的对象与单个用户之间的消息传递。

对象的迭代并不是每一种单个对象对多个对象的交互，如网购系统同样是多个用户同系统之间的交互。但这种交互对用户的人数和成员没有要求，不是确定的一组用户必须和系统进行交互，无法使用对象的迭代。而指纹考勤系统需要与公司中每个员工进行交互。

10.4.2 消息的迭代

消息的迭代用于描述一个对象与另一个对象间重复执行的交互。表示消息从一个对象到另一个对象被发送了多次。

消息的迭代有两种方式，如下所示：

- 第一种标记符用于单个对象发送消息到一组对象，这组对象代表了类的多个实例，使用叠加的矩形来表示。这种迭代表示一组对象的每个成员都将参与交互。
- 第二种类似的迭代标记符是指示消息从一个对象到另一个对象被发送多次。

如自动存款机在接收钱币之后，需要对钱币进行验证；为确保能鉴别钱币的真假和金额的准确性，需要重复执行一定的次数，这种迭代是第二种。

消息的迭代描述在对象间的消息上，通过使用迭代表达式，描述消息需要执行的次数。迭代通过在消息的序号后添加一个迭代符"*"或一个可选的迭代表达式来表示。如图 10-16 所示。

图 10-16 中描述了系统发送打印指令后，打印机循环打印 10 份文件的交互。重复打印 10 份文件是打印机与自身的交互，同样可以使用消息的迭代。

UML 没有强制规定迭代表达式语法，因此可以使用任何可读的、有意义的表达式来表示。常用的迭代表达式如表 10-1 所示。

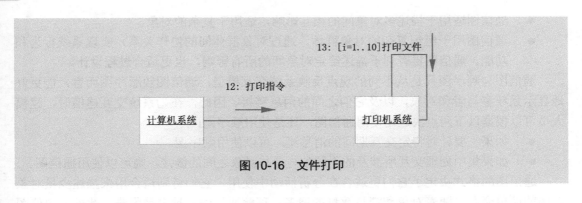

图 10-16　文件打印

表 10-1　常用的迭代表达式

迭代表达式	语　义
[i:=1..n]	迭代 n 次
[i=1..10]	迭代 10 次
[while(表达式)]	表达式为 true 时才进行迭代
[until(表达式)]	迭代到表达式为 true 时，才停止迭代
[for each(对象集合)]	在对象集合上迭代

消息的迭代和对象的迭代可以结合使用。如公司年终举行活动，为 200 名员工发放奖品，有通信图，如图 10-17 所示。

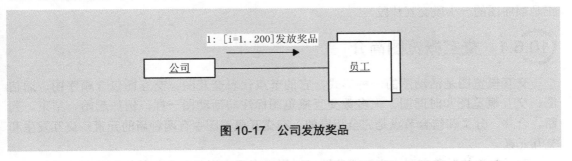

图 10-17　公司发放奖品

图 10-17 中是消息的迭代，也是对象的迭代，属于消息迭代的第一种方式。

10.5　交　互　图

顺序图和通信图在语义上是等价的，所以顺序图和通信图可以彼此转换而不会损失信息。通过对通信图相关知识的了解，将通信图和顺序图的联系和区别总结如下：

- 顺序图针对一个用例或子系统。
- 通信图描述对象间的协作关系及影响，针对的是整个过程中的对象。
- 顺序图侧重于描述对象交互序列，通常能够表达系统执行中的工作流。
- 通信图侧重于描述系统各对象间的关系。
- 顺序图适用于描述对象间复杂的交互。

- 通信图适用于描述多对象间的相互影响，适用于复杂的对象。
- 通信图用于组织复杂的对象群体，通过对象群体间的协作关系，实现系统行为和功能。通信图更有利于描述给定对象间的所有影响，也更适合过程设计。

通信图与顺序图只是从不同的观点反映系统交互模型，通信图较顺序图而言，能更好地显示系统参与者和对象，以及它们之间的消息链接。因此，在为系统交互建模时，建模人员可以根据以下两点决定是使用通信图，还是使用顺序图：

- 如果主要针对特定交互期间的消息流，可以使用顺序图。
- 如果集中处理交互所涉及的不同参与者与对象之间的链接，则可以使用通信图。

通信图的格式决定了它们更适合在分析活动中使用，它们特别适合用来描述少量对象之间的简单交互。随着对象和消息数量的增多，理解通信图将越来越困难。此外，通信图很难显示补充的说明性信息，例如时间、判定点或其他非结构化的信息，但可以使用顺序图中的注释。通信图与顺序图各有特色，在建模过程中应当扬长避短，相互配合。

在交互图中，除了顺序图、时间图和通信图以外，还有交互概览图，将在本章 10.6 节介绍。

10.6　交互概览图

交互概览图是活动图和顺序图的混合版，其主要结构像活动图，表示一个功能的实现流程。但是参与流程的节点不是一般的动作，取而代之的是交互。一个交互片段的内容，正是顺序图的一小段交互片段。

10.6.1　交互概览图简介

交互概览图是活动图的一种形式，它的节点代表交互图。交互图包含顺序图、通信图、交互概览图和时间图。大多数交互概览图标注与活动图一样，例如起始、结束、判断、合并、分叉和结合节点是完全相同的。在交互概览图中有两种新的元素：交互发生和交互元素。

对于复杂的对象交互，交互概览图可以用来表示交互片段之间的控制流程，通常可以弥补顺序图不易表示控制流程的缺点。

如果顺序图复杂到需要搭配交互概览图的话，这张顺序图可能需要拆解成两张图，或者进行重构，以降低复杂度。但是，若以控制流程为主要结构，以拆解的交互片段为节点的话，会导致另一个问题，即程序员可能无法直接按图施工，因而降低了这款图的实际作用。此时使用交互概览图是很方便的。

交互概览图将系统内单独的交互结合起来，并针对每个特定交互使用最合理的表示法，以显示出它们如何协同工作来实现系统的主要功能。

交互概览图将活动图中的动作改为交互概览图的交互关系。如果概览图内的一个交互涉及时间，则使用时间图；如果概览图中的另一个交互可能需要关注消息的次序，则可以使用顺序图。

10.6.2 绘制交互概览图

交互概览图的构成元素有初始状态、终止状态、工作流中的顺序图和通信图、交互以及判定决策点。

交互概览图将系统工作流中的每个过程使用顺序图或通信图来描述，并通过箭头和判定决策点将这些模型联系起来，构成一个完整的工作流。

交互概览图与活动图一样，都是从初始节点开始，并以最终节点结束。在这两个节点之间的控制流为两者之间的所有交互。

以交互概况图为用例建模时，首先必须将用例分解成单独的交互，并确定最有效表示交互的图类型。由于交互概览图的构成是其他图(顺序图、时间图和通信图)，因此在绘制交互概览图的时候需要使用 ref 组合片段。

在 PowerDesigner 的交互概览图中添加通信图或顺序图，使用□符号，单击该符号并向模型中添加，将出现如图 10-18 所示的对话框。该对话框列举了该项目中的所有交互图，供用户选择。在选择之后，当前绘制的模型中会有所选图形的缩版，以 ref 组合片段的形式在图中显示。

图 10-18　添加组合片段

10.7　实战——在线报考系统的交互图

社会中的考试由于报考人员来自不同的地方、不同的单位，因此报考单位与考生无法很好地沟通考试相关事宜，网上报考系统很好地解决了这个问题，包括报名、资格审核、打印准考证等工作都可以在网上进行。

本节以考生报考为例，绘制考生网上报考交互图。

考生在线报考，首先需要登录系统，提交报考资料。若资料有效，符合报考条件，可以报考；否则不能报考。接着需要从系统中下载报考申请表并填写打印。

文件打印是一个很简单的过程，由计算机指挥打印机打印文件。但这个过程中也有设交互和工作流的分支，如打印机缺少纸张或墨，会提醒系统并暂停打印；用户在发出打印指令之后又取消打印等。

本节将考生报考分为两个过程，一个是考生登录并获取报名表；另一个是用户在线填写报名表并打印。将这两个过程使用顺序图和通信图来绘制，并通过交互概览图联系在一起，为在线报考系统绘制交互图，步骤如下。

(1) 首先绘制考生登录并获取报名表的顺序图，如图 10-19 所示。

(2) 接着绘制考生打印申请表的顺序图，如图 10-20 所示。

(3) 将上述图 10-20 中的顺序图转换为通信图，如图 10-21 所示。

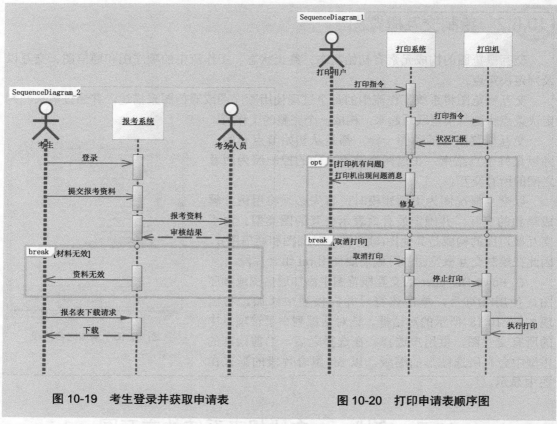

图 10-19　考生登录并获取申请表

图 10-20　打印申请表顺序图

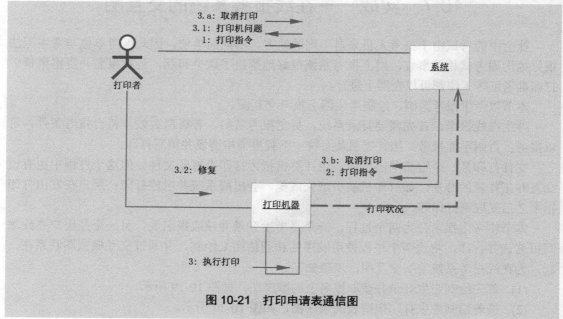

图 10-21　打印申请表通信图

(4) 将图 10-19 中的顺序图和图 10-21 中的通信图联系在一起，绘制成在线报考交互概览图，如图 10-22 所示。

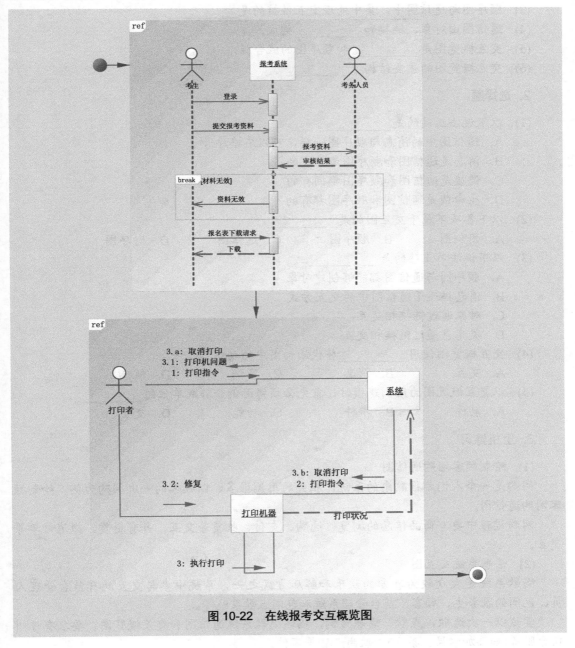

图 10-22　在线报考交互概览图

10.8　思考与练习

1. 填空题

(1) 通信图与顺序图都是_____的一种。

(2) 通信中创建对象的消息使用_____固化类型。

(3) 顺序图与通信图中，集中处理交互链接的是_____。

(4) 通信图由对象、链接和_____构成。

(5) 交互概览图是_____和顺序图的混合版。

(6) 交互概览图的主要结构像_____。

2. 选择题

(1) 以下说法正确的是_____。

    A. 通信图中的消息与顺序图一样，可以省略序号

    B. 消息是通信图和顺序图都拥有的

    C. 链接是通信图和顺序图都拥有的

    D. 生命线是通信图和顺序图都有的

(2) 以下各项不属于交互图的是_____。

    A. 用例图   B. 顺序图   C. 通信图   D. 时序图

(3) 以下说法不正确的是_____。

    A. 顺序图与通信图都能够创建对象

    B. 消息描述了通信图中的交互方式

    C. 对象通过链接相交互

    D. 类角色通过链接相交互

(4) 交互概览图使用_____替代活动图中的动作。

    A. 交互   B. 消息   C. 事件   D. 链接

(5) 以交互概况图为用例建模时，首先必须将用例分解成单独的_____。

    A. 动作   B. 事件   C. 功能   D. 交互

3. 上机练习

(1) 绘制顾客网购通信图

网购是一个人们都很熟悉的系统，相关的用例很多，以顾客的一次网购为例，绘制顾客网购通信图。

网购过程中要有商品信息的浏览、选购、支付、收货等交互，并有退货、撤消订单等交互。

(2) 唱歌系统交互图

唱歌系统是大众较为喜爱的娱乐和解压方式之一，系统中参与交互的有前台管理人员、包间的服务生、顾客、前台管理系统和包间点歌系统等。

尝试以一次选歌、点歌、唱歌为例，描述唱歌系统通信图和交互概览图。要求有呼叫前台服务(如添加水果、茶水)、歌曲点赞等事件。

第 **11** 章

绘制 UML 的实现图

在本章之前，已经向读者详细介绍过了 UML 中常用的用例图、类图、对象图、包图、状态机图、活动图、顺序和合作图的绘制。

实现阶段是软件开发的最后一个阶段，这时会涉及到实现图来描述实现方面的信息。实现图是从系统的层次来描述的，描述硬件的组成和布局，描述软件系统划分和功能实现。UML 的实现图包括两种，分别是组件图和部署图。

本章将向读者介绍 UML 的组件图和部署图。通过本章的学习，读者不仅可以了解组件图和部署图的组成元素和元素间的关系，还可以熟练地绘制这两种 UML 图并且使用它们进行建模。

本章重点：

- ➥ 掌握组件的符号和分类
- ➥ 熟悉组件的特点以及与类的区别
- ➥ 掌握组件图中包含的元素
- ➥ 了解组件图的作用和用途
- ➥ 掌握组件间的关系
- ➥ 熟悉组件图和类图的区别
- ➥ 掌握组件图的绘制步骤

➤ 熟悉组件图建模的 4 种方式

➤ 掌握节点的符号以及与组件的区别

➤ 熟悉部署图的目的和元素

➤ 掌握部署图的关系

➤ 掌握部署图的绘制步骤

➤ 熟悉部署图建模的 3 种方式

11.1　了解组件

组件图通常会被称为构件图，因此组件也会被称为构件。组件是 UML 组件图的重要构成元素，下面将详细介绍组件的基本知识。

11.1.1　组件概述

组件图的主要目的是显示系统组件间的结构关系。在 UML 1.1 中，一个组件表现了实施项目，例如文件和可运行的程序。随着时间的推移及 UML 的连续版本发布，UML 组件已经失去了最初的绝大部分含义。UML 2 正式改变了组件概念的本质。在 UML 2 中，组件被认为是独立的，是在一个系统或子系统的封装单位，提供一个或多个接口。虽然 UML 2 规范没有严格地声明它，但是组件是呈现事物的更大的设计单元，这些事物一般将使用可更换的组件来实现。

简单地说，组件是系统中遵从一组接口且提供实现的一个物理部件，通常指开发和运行时类的物理实现。可以将组件看作是一种容器，因此它没有自己的特征，但是它包含定义特征的类。组件的重点在于强调其重用性，重用性取决于组件是如何定义、如何实现以及如何使用的。

11.1.2　组件的符号

在 UML 图中，组件的符号与类很相似，也表示为矩形框。但是组件的符号是把组件画成带有两个大小矩形的大矩形框，每一个组件都必须有一个唯一的名称。

组件有两种表示方式：一种是组件图标中有标识接口；另一种是组件图标中没有标识接口，这种表示方式最经常使用。由于建模工具不同，因此可能导致组件的符号也会不相同，例如图 11-1 和图 11-2 分别显示了 PD 和 Visio 中的组件。

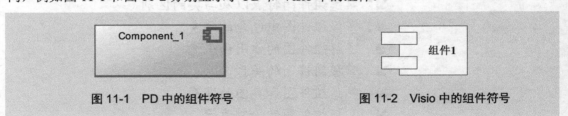

图 11-1　PD 中的组件符号　　　　　　　　　　图 11-2　Visio 中的组件符号

1. 组件的名称

组件的名称是一个字符串，位于组件图的内部，它可以使用名词或名词短语。组件的名称与类名一样，有两种：简单名称和路径名称。

通常，UML 图中的组件只显示其名称，但是也可以用标记值或表示组件细节的附加栏加以修饰。

2. 组件的分类

一般情况下，可以将组件分为 3 类，一类存在于开发时刻，两类存在于运行时刻，其具体说明如下。

(1) 配置组件(Deployment Component)

配置组件也会被称为发布组件或者实施组件，它是运行系统需要配置的组件，是形成可执行文件的基础。操作系统、Java 虚拟机和数据库管理系统都属于配置组件。还包括其他的一些动态网页、数据库文件以及使用特定通信机制的可执行对象等。

(2) 工作产品组件(Work Product Component)

工作产品组件有时会被称为开发用组件，这类组件主要是开发过程的产物，包括创建实施组件的源代码文件及数据文件，这些组件并不直接地参加可执行系统。而开发过程中的工作产品，用于产生可执行系统。

(3) 执行组件(Execution Component)

这类组件是作为一个正在执行系统的结果而被创建的，例如由 DLL 实例化而来的COM+对象、HTML 文档、XML 文档、Servlets 以及.NET 组件等。

3. 组件的构造型

UML 中的所有扩展机制都适用于组件，建模者可以使用标记值扩充组件的特性，也可以使用构造原型指定组件的类型。组件的构造原型向组件在体系结构中扮演的角色提供可视性的暗示，建模者可以根据组件的特征添加构造原型。例如，下面列出一些常用组件的构造型，并且对这些构造型进行了说明。

- <<executable>>：在过程机上运行的组件。
- <<library>>：运行时段可执行文件引用的一组源。
- <<table>>：可执行文件访问的数据库组件。
- <<file>>：一般表示数据和源代码。
- <<document>>：像 Web 页一样的文档。

4. 组件的特点

一个良好的组件应该具有以下几个特点：

- 从物理结构上对软件系统进行抽象。
- 提供一组小的、定义完整的接口实现。
- 组件应包含与其功能有关的一组类，以便满足接口要求。
- 与其他组件相对独立，组件之间一般只有依赖和实现的关系。

5. 向组件中添加内容

组件可以包含组件，但是它们包含其他组件的方式可能有所不同。通常情况下，为了模型的清晰易读，不应该过多地对组件进行嵌套。

例如 11-3 为一个简单的组件嵌套图。

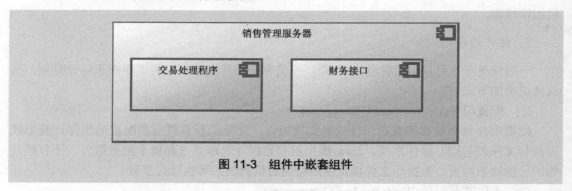

图 11-3　组件中嵌套组件

从图 11-3 中可以看出，销售管理服务器包括两个组件，它们分别是交易处理程序和财务接口。

组件除了可以包含组件外，也可以包含其他的内容(例如接口)。为组件添加组件和接口等内容的一般步骤如下。

(1) 从组件图中拖动组件到绘制页面。

(2) 直接双击组件进行操作，这时弹出如图 11-4 所示的对话框，在默认的选项卡中可以选择或输入构造型等基本信息。

(3) 在图 11-4 中单击 Interfaces 选项卡，可以添加接口等操作，添加接口时的对话框效果如图 11-5 所示。

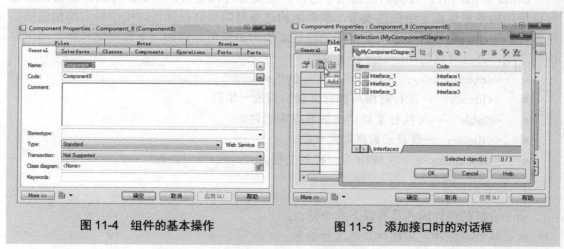

图 11-4　组件的基本操作　　　　图 11-5　添加接口时的对话框

另外，在图 11-4 中单击 Classes 选项卡可以添加类，单击 Components 选项卡可以进行添加组件等操作，单击 Operations 选项卡则可以选择操作等信息。

11.2　组　件　图

简单了解组件的知识后，下面将详细介绍组件图的基本知识，包括组件的用途、组件的元素、组件间的关系、组件图的绘制和注意事项等多个内容。

11.2.1　组件图概述

在对软件建模的过程中，可以使用用例图来表示系统的功能，使用类图来描述业务中的事物，使用活动图、交互图、状态图来对系统动态行为建模。在完成这些设计后，分析人员就需要将这些逻辑设计图转化为实际的事物，例如可执行文件、源代码和应用程序等。在这个过程中，有些组件必须重新建立，而有些组件可以重复使用。现代软件开发是基于组件的，这种开发方式对群组开发尤其重要。因此，可以使用组件图来可视化物理组件以及它们之间的关系，并描述其构造细节。

1. 组件图的作用

在 UML 2 中，组件被认为是独立的，在一个系统或子系统中的封装单位提供一个或多个接口。下面列出了组件图的 4 个作用：

- 组件图的主要目的是显示系统组件之间的结构关系。
- 在以组件为基础的开发中，组件图为系统架构师提供一个开始为解决方案建模的自然形式。组件图允许系统架构师验证系统的必需功能是由组件实现的，这样确保了最终系统将会被接受。
- 组件图通常可以使项目发起人感到轻松，该图对于不同的小组是很有用的一种交流工具。
- 组件图为开发者提供了将要建立的系统的高层次的架构视图，这将帮助开发者建立实现的目标。

2. 组件图的元素

组件图中包含多种内容，包括包、组件、接口、依赖关系、实现关系、工件和端口，也可以包括子系统，还可以包含约束和注释等内容。但是组件图中常用的内容并不多。一般情况下，组件、接口和依赖关系这 3 种元素被经常使用到。

在 11.1 节中已经详细介绍过组件，这里简单了解一下接口。在 UML 组件图中，接口是一组用于描述类或组件的一个服务操作，是一个被命名的操作的集合。一般情况下，可以将组件的接口分为两种类型：导出接口和导入接口。

- 导出接口(Expert Interface)：为其他组件提供服务的接口，一个组件可以有多个导出接口。
- 导入接口(Import Interface)：在组件中所用到的其他组件所提供的接口，一个组件

可以使用多个导入接口。

在类图中介绍接口时已经提到过，接口的符号有两种：一种是构造型表示法，在这种接口中，接口和实现接口之间用一条带三角形箭头的虚线连接，箭头指向接口，如图 11-6 所示，组件实现了 IInterface 接口。

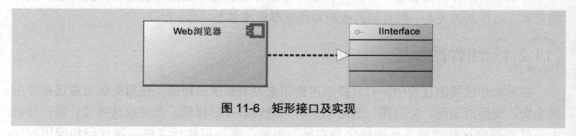

图 11-6　矩形接口及实现

接口的另一种形式是"棒棒糖"接口，可以使用一个小圆圈代表接口，用实线将接口和组件连接起来。在这种形式中，实线代表的是实现关系，例如，图 11-7 中显示了"棒棒糖"接口及其实现。

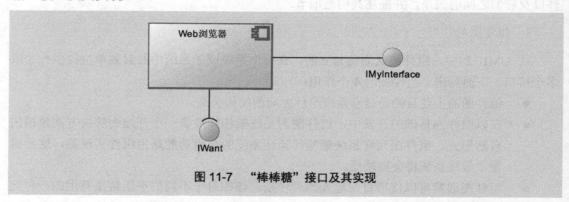

图 11-7　"棒棒糖"接口及其实现

在图 11-7 中，提供了名称是 Web 浏览器的组件，该组件向外提供了一个 IMyInterface 接口，并且要求实现一个 IWant 接口。

3. 组件图的用途

组件图是系统实现视图的图形表示，一个组件图表示了系统实现视图的一部分，系统中的所有组件结合起来才能表示出完整的系统实现视图。组件图的用途如下：

- 使系统人员和开发人员能够从整体上了解系统的所有物理组件。
- 组件图显示了被开发系统所包含的组件之间的依赖关系。
- 从宏观的角度上，组件图把软件看作多个独立组件组装而成的集合，每个组件可以被实现相同接口的其他组件替换。
- 从软件架构的角度来描述一个系统的主要功能，如系统分成几个子系统。
- 可以清楚地看出系统的结构和功能，方便项目组的成员制定工作目标以及了解工作情况。
- 有助于对系统感兴趣的人了解某个功能单元位于软件包的什么位置。

4. 组件图的特点

一个结构良好的组件图应该具有以下几个特点：

● 侧重于描述系统静态视图的某一侧面。

● 只包含那些对描述该侧面内容有关的模型元素。

● 提供与抽象层次一致的描述，只显示有助于理解该组件图的必要的修饰。

● 图形不要过于简化，以防产生误解。

11.2.2 组件间的关系

组件是组件图中最基本的组成元素，即组件图组成的基本单位是组件。组件之间的关系有依赖和泛化两种。

1. 依赖关系

依赖关系是指标识一个组件依赖于另外一个组件，如果被依赖组件无法正常运行，那么该组件也无法运行。例如，在图 11-8 中显示了表示计算机的 Computer 组件和 CPU 组件，Computer 组件依赖于 CPU 组件。

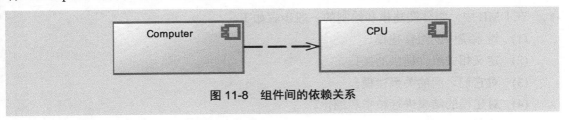

图 11-8　组件间的依赖关系

2. 泛化关系

泛化关系是指标识一个组件与其他多个组件之间的继承关系。例如，图 11-9 显示了 Computer、Notebook 和 Desktop 三个组件间的泛化关系。

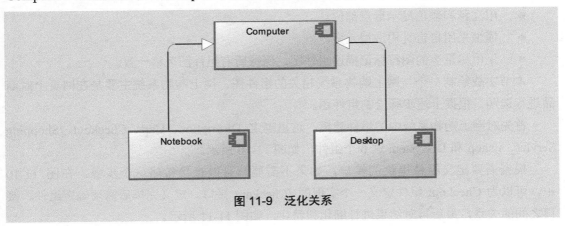

图 11-9　泛化关系

11.2.3　组件图和类图

组件和类是两个不同的概念，组件是组件图中的基本元素，类是类图中的基本元素。组件图和类图之间有一些共同点，例如组件和类之间都可以包含关系，都可以有实例，都可以参与不同的交互等。

但是它们也存在着一些不同点，下面从 3 个方面进行说明。

(1)　定义不同

组件可以位于节点之上，它表示物理抽象；而类则是表示逻辑的抽象。

(2)　抽象的级别不同

组件是对其他逻辑元素的物理实现；类仅仅表示逻辑上的概念。

(3)　是否包含属性和操作

组件中可以有属性的操作，但是通常情况下只有操作，这些操作只能通过组件的接口才能使用；类中不仅可以包含属性，也可以包含操作。

11.2.4　实战——绘制组件图

在 UML 中，组件图建模和绘制的一般步骤如下。

(1)　对系统中的组件建模。

(2)　定义相关组件提供的接口。

(3)　对它们之间的关系建模。

(4)　对建模的结果进行精华和细化。

虽然绘制组件图很简单，但是在绘制时还注意以下几个问题：

● 为组件图标识一个能准确表达其意义的名字。

● 将各个组件的位置放好，尽量避免连接线的交叉。

● 语义相近的模型元素尽量靠近。

● 用注释和颜色提示重点部位。

● 谨慎采用自定义构造型元素。

● 采用尽量少的图符标记描述组件图，保持所有组件图风格一致。

本节实战绘制一个与网上购物系统相关的组件图，网上购物系统主要是在网页上对商品进行选购。根据上述步骤绘制组件图。

首先对网上购物系统中的组件建模，这里确定 Discription、Cart、Checkout、Shopping Servlet、Eshop 和 DBsystem 这 6 个组件，如图 11-10 所示。

根据需要定义组件提供的接口，如果不需要，可以直接省略这个步骤。在图 11-10 中，可以为 Checkout 组件定义一个实现的 ICheckout 接口。定义完毕后需要确定组件、接口之间的关系，最后再对结果进行细化和精化，如图 11-11 所示。

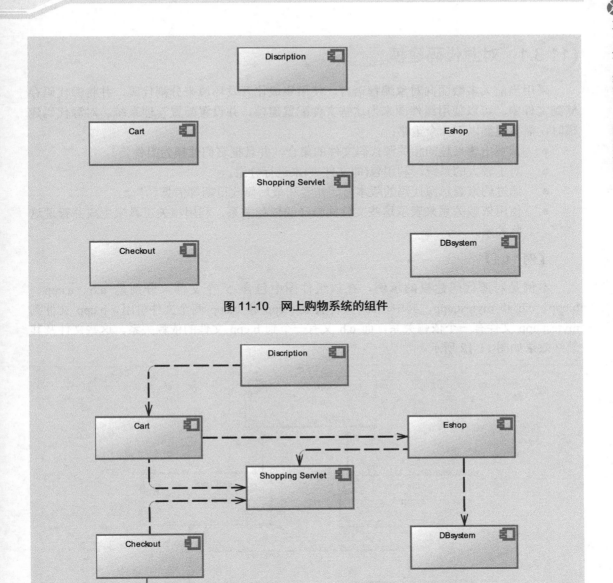

图 11-10　网上购物系统的组件

图 11-11　组件图

11.3　使用组件图建模

组件图用于对系统的静态实现视图建模，这种视图主要支持系统部件的配置管理。一般情况下，有 4 种方式来使用组件图建模，下面对这 4 种方式简单进行说明。

11.3.1 对源代码建模

采用当前大多数面向对象编程语言，使用集成化开发环境来分割代码，并将源代码存储到文件中。可以使用组件图来为这些文件配置建模，并设置配置管理系统。对源代码建模时，需要遵循以下 4 个策略：

- 识别出感兴趣的相关源代码文件的集合，并且把它们建模为组件。
- 对于较大的系统，利用包(即文件夹)来进行分组。
- 通过约束表示源代码的版本号、作者和最后修改日期等信息。
- 使用依赖关系来表示这些文件间编译的依赖关系，利用相关工具来生成并管理这些关系。

【例 11.1】

本例是对源代码建模的示例，在该组件图中包含 5 个文件，分别是 a.h、a.cpp、b.cpp、c.h 和 mytest.app。其中，a.h 文件会被 a.cpp 和 b.cpp 两个文件引用，b.cpp 文件到 mytest.app 文件有一个依赖关系，而 c.h 又有一个到 b.cpp 文件的依赖关系。这些文件及其最终效果如图 11-12 所示。

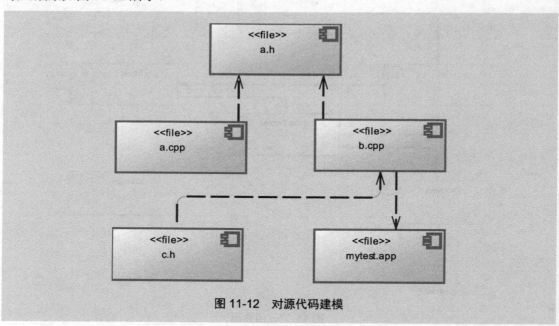

图 11-12 对源代码建模

在图 11-12 中，为各个文件都添加了依赖关系，如果 a.h 源代码文件发生了变化，那么需要重新编译 a.cpp、b.cpp 和 c.h 这 3 个文件，而 mytest.app 文件不会受到任何影响。

11.3.2 对可执行体的发布建模

软件的发布是交给内部或者外部用户的相对完整而且一致的组件系列。在组件的语义中，一个发布注重交付一个运行系统所必须的部分。当用组件图对发布建模时，其实是在对构成软件的物理部分(即部署组件)所做的决策进行可视化、详述和文档化。

【例 11.2】

本例演示了如何使用组件图对可执行体的发布建模，在该组件图中，包括一个可执行文件和两个库文件，如图 11-13 所示。

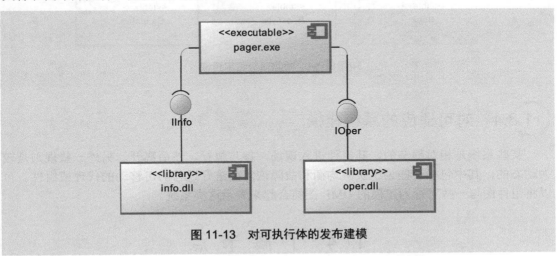

图 11-13　对可执行体的发布建模

从图 11-13 可以看出，可执行文件需要实现 IInfo 和 IOper 两个接口，而两个库文件分别对应了这两个接口的实现。

对可执行程序的结构建模时也要遵循一定的策略，如下所示：

● 首先识别想要建模的构建组合。

● 考虑集合中各组件的不同类型。

● 对这个集合中的每个组件，分析它们之间的关系。

11.3.3　对物理数据库建模

模式提供了对永久信息的应用程序编程接口(API)，物理数据库模型表示了这些信息在关系型数据库的表中或者在面向对象数据库的页中的存储。

【例 11.3】

可以使用组件图表示这些以及其他种类的物理数据库，例如，本例使用组件图对物理数据库建模，如图 11-14 所示。在图 11-14 中，包含一个库文件和 3 个表文件，库文件依赖于 3 个表文件。

虽然对物理数据库建模很简单，但是建模时还需要遵循以下策略：

● 需要识别出代表逻辑数据库模型的所有相关类。

● 需要确定识别出的类如何映射为表。

● 将数据库中的表建模为带有 table 构造原型的组件。

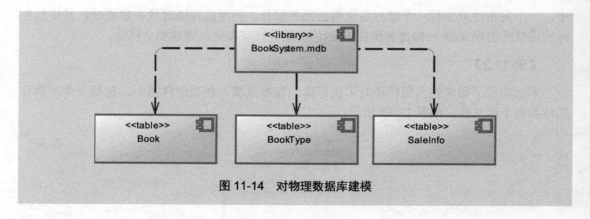

图 11-14　对物理数据库建模

11.3.4　对可适应的系统建模

某些系统是相对静态的，其组件进入现场，参与执行，然后离开。另外一些规则是较为动态的，其中包括一些为了负载均衡和故障恢复而进行迁移的可移动的代理或组件。可以将组件图与一些对行为建模的 UML 图结合起来表示这类系统。

11.4　了　解　节　点

部署图描述了系统硬件的物理结构及这些结构上运行的软件，它的构成元素有很多，节点便是其中之一，它是构成部署图的基本元素。

11.4.1　节点的符号

节点是存在于运行时并代表一项计算资源的物理元素，一般至少拥有一些内容，而且通常具有处理能力。它一般用于对执行处理或计算的资源建模，通常具有两方面内容，即能力(例如基本内存、计算能力和二级存储器)和位置(在所有必需的地方均可得到)。

1. 节点的两种类型

在建模过程中，可以把节点分为两种类型。

(1) 处理器(Processor)

处理器是能够执行软件组件且具有计算能力的节点，例如服务器。处理器与设备是一个相反的概念。

(2) 设备(Device)

设备是不能执行软件组件的外围硬件且是没有计算能力的节点，通常通过其接口为外界提供某种服务，例如打印机和扫描仪等都是设备。

2. 节点的符号

节点可以是硬件，也可以是运行于其上的软件系统，例如 64 位主机、Windows Server 2008 操作系统和防火墙等都是节点。UML 2.0 中，使用立方体来表示一个节点，UML 2.0

正式把一个设备定义为一个执行工件(Artifact)节点，并添加 device 关键字来指定节点类型，但是一般不需要这样做。

在不同工具中，节点的符号稍微会有差异，例如，在图 11-15 和图 11-16 中，分别显示了 PD 和 Visio 中的节点符号。

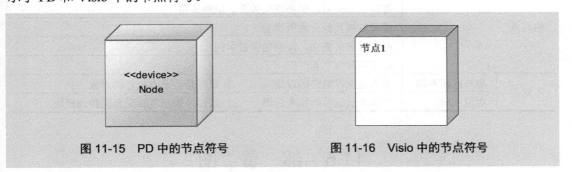

图 11-15　PD 中的节点符号　　　　　图 11-16　Visio 中的节点符号

使用节点时，需要为其指定一个唯一的名称，该名称能够区分其他节点。为节点命名的方式有两种：一种是直接使用名词或名词短语来表示，即简单命名；另一种是在节点名称前面通过添加路径名来表示，即路径名称。

3. 节点实例

节点可以为某种硬件提供通用的形式，例如 Web 服务器；也可以通过节点名称为某种硬件提供特定的实例对象。节点实例与节点的区别在于名称有下划线和节点类型前面有冒号，冒号前面可以有示例名称，也可以没有示例名称。例如，图 11-17 是 Visio 中的一个节点实例对象。

4. 节点容器

一个节点可以包括其他的节点，例如组件或者物件，则称此节点为节点容器(Node as Container)。例如，图 11-18 显示了一个节点容器，节点中包含了一个组件。

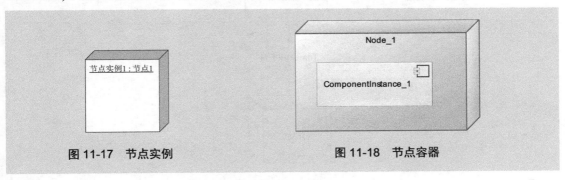

图 11-17　节点实例　　　　　　　图 11-18　节点容器

11.4.2　节点和组件的区别

组件是系统可以替换的物理部件，节点中可以包含组件，它与组件有许多相似之处。例如都可以包含名称，都存在着一定的关系，都可以被其他元素所嵌套等。它们之间也存在着不同。表 11-1 列出了节点和组件间的相同点和不同点。

表 11-1 节点和组件间的相同点和不同点

		节 点	组 件
相同点		都可以包含名称	
		都存在着关系，例如泛化关系、依赖关系	
		都可以被其他元素所嵌套	
		都可以被实例化，即都包含着实例	
		都可以参与交互	
不同点	参与过程不同	节点是执行组件的设施	组件是被节点执行的对象
	实现不同	节点表示组件的物理部署	组件是表示逻辑元素的物理模块

11.5 部 署 图

部署图通常会被称为配置图，它是用来显示系统中软件和硬件的物理架构。一个 UML 部署图描述了一个运行时的硬件节点，以及这些节点运行的软件组件的静态视图。本节将简单介绍部署图的基本知识，包括其作用、节点间的关系和如何绘制等。

11.5.1 部署图概述

部署图(Deployment Diagram)描述处理器、设备、软件组件在运行时的架构。它是系统拓扑的最终物理描述，即描述硬件单元和运行在硬件单元上的软件的结构。

例如，图 11-19 给出了一个常见的部署图。

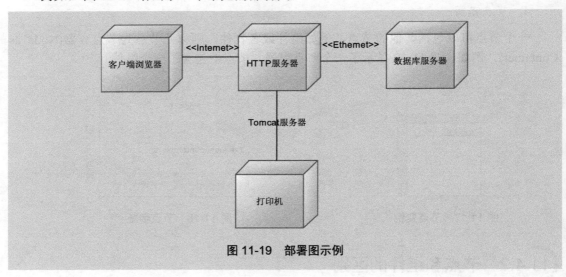

图 11-19 部署图示例

1. 部署图的目的

一个 UML 部署图描述了一个运行时的硬件节点，以及在这些节点上运行时的软件的静态视图。

创建部署图的目的包括以下几点：

- 描述系统投产的相关问题。
- 描述系统与生产环境中的其他系统间的依赖关系，这些系统可能是已经存在，或者是将要引入的。
- 描述一个商业应用主要的部署结构。
- 设计一个嵌入系统的硬件和软件结构。
- 描述一个组织的硬件/网络基础结构。

2. 部署图的元素

部署图的组成元素包括节点和节点之间的连接，连接把多个节点关联在一起，从而构成了一个部署图。部署图中除了包含基本的节点、组件和关系等元素外，还可以包含其他的元素，例如子系统、包、设备、执行环境以及工作(制品)等。

3. 部署图的读取

绘制部署图完毕后，如何读取部署图成了一个问题，建模者在读取部署图时，需要根据一定的顺序。读取部署图的一般步骤如下。

(1) 首先从部署图中查看该图中的所有节点。

(2) 查看这些节点的所有约束，从而理解这些节点的用途和作用。

(3) 查看这些节点之间的所有连接，从而理解这些连接之间的协作。

(4) 查看这些节点的详细内容，深入理解节点的内容，从而了解需要部署什么。

11.5.2 部署图的关系

部署图中可以包含依赖、泛化、关联及实现关系。下面介绍常用的两种关系，即依赖关系和关联关系。

1. 依赖关系

部署图中的依赖关系使用虚线箭头来表示，它通常用在部署图中的组件和组件之间，组件依赖外部提供的服务(由组件到接口)。例如，图11-20给出了一个依赖关系。

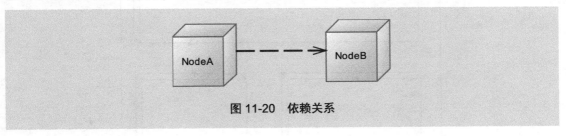

图11-20 依赖关系

2. 实现和关联关系

实现关系是节点内组件向外提供服务，其符号是一条实线。关联关系体现节点间的通信关联，其符号也是一条实线。例如，图11-21中给出了实现关系和关联关系的符号。

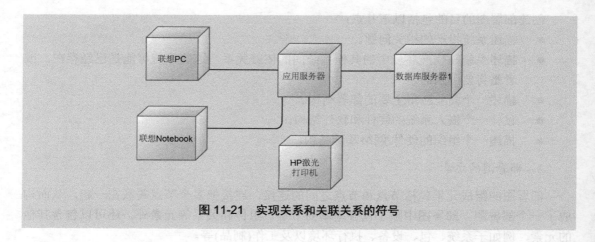

图 11-21　实现关系和关联关系的符号

11.5.3　实战——绘制部署图

绘制系统部署图可以根据以下几个步骤进行。

① 对系统中的节点建模(处理器或者设备)。

② 对节点间的关系建模,例如依赖关系、泛化关系、关联关系以及实现关系。

③ 对节点中的组件建模,这些组件来自组件图。

④ 对组件间的关系建模。

⑤ 对建模的结果进行精化和细化。

根据上述步骤绘制一个顾客购票时的描述层部署图,图中表示了系统中各个组件和每个节点包含的组件。实现的主要步骤如下。

(1) 分析顾客购票时的功能,首先确定系统中的 3 个节点,它们分别是售票服务器(TicketServer)、售票终端(SalesTerminal)和信息厅(Kiosk)。在 EA 工具中添加的节点效果如图 11-22 所示。

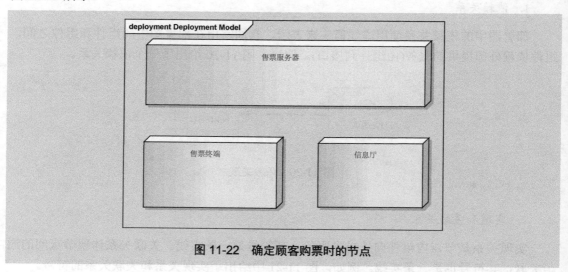

图 11-22　确定顾客购票时的节点

(2) 为图 11-22 中的节点确定关系：售票服务器与信息厅之间存在一对多的通信关联，与售票终端也存在着一对多的通信关联。

确定节点之间的通信关联关系，效果如图 11-23 所示。

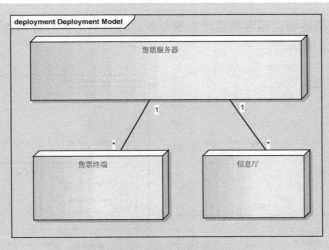

图 11-23　确定节点间的通信关联

(3) 对节点中的来自于组件图中的组件建模。其中，售票服务器节点上的组件包括 CreditCardChargers(信用卡付款)、ManagerInterface(管理接口)、TicketSeller(售票)和 TicketDB(票数据库)；售票终端节点上的组件包括 ClerkInterface(售票员接口)；信息厅的组件包括 CustomerInterface(顾客接口)。向各个节点中添加组件，添加完毕后的效果如图 11-24 所示。

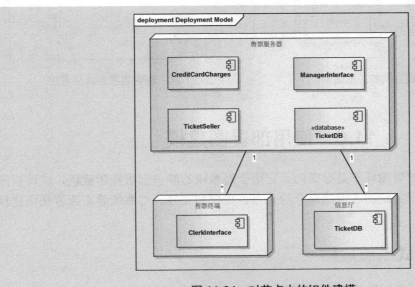

图 11-24　对节点中的组件建模

(4) 顾客通过信息厅的顾客接口组件进行购票操作，该顾客接口的购票操作依赖于处于售票服务器节点上的售票组件提供的服务，售票组件要完成售票操作，还要依赖同一节点上信用卡付款组件提供的付款服务和票数据库结构。对组件间的关系建模，完成后的效果如图 11-25 所示。

(5) 根据上述描述确定顾客购票时的参与者，并且确定参与者与各个组件间的关系，最终效果如图 11-26 所示。

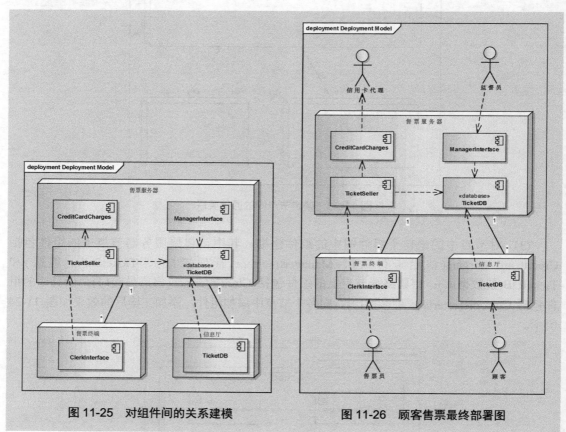

图 11-25　对组件间的关系建模　　　　图 11-26　顾客售票最终部署图

11.6　使用部署图建模

对于系统来说，部署图并不是必需的。它用于对系统的静态部署视图建模，这种视图主要用来解决构成物理系统的各组成部分的分布、提交和安装。对系统静态部署视图建模时，通常有 3 种方式。

11.6.1　对嵌入式系统建模

嵌入式系统既包括控制设备(例如显示器)，又包括由外部的激励(例如传感器)所控制的软件。它是软件密集的硬件集合，其硬件与物理世界相互作用。部署图可以用来对组成一个嵌入式系统的设备和处理器建模。

一般而言，在对嵌入式系统建模时，建模者可以采用以下策略：

- 识别出嵌入式系统中的设备和节点。
- 使用 UML 的扩充机制为系统中的处理器和设备建模。
- 在部署图中对处理器和设备之间的关系建模。
- 在必要时，可以把任何智能设备展开，用更详细的部署图对它的结构进行建模。
  即精化和细化部署图。

【例 11.4】

这里给出了一个对嵌入式系统的建模示例，其中包含一个处理器节点和 3 个设备，如图 11-27 所示。

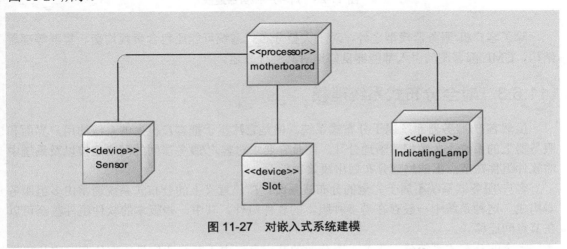

图 11-27　对嵌入式系统建模

11.6.2　对客户/服务器建模

当开发的软件要运行在多台计算机上时，就必须决定如何将软件组件以合理的方式部署在各个节点。其中客户机/服务器结构就是一种典型的分布式系统模型，它包含三层 B/S 结构、两层 C/S 结构。

客户/服务器系统是一种典型的分布式系统，其中的用户接口(通常由客户机管理)和数据(通常由服务器管理)之间有明显的职责划分。在将系统划分为客户部分和服务器部分时，通常要考虑将组件放在何处以及如何将职责平衡地分配到这些组件。

一般而言，建模者在对客户-服务器系统建模时，应遵循以下几个策略：

- 识别出代表系统中的客户和服务器的节点。
- 标识出与系统行为有密切关系的设备。
- 利用 UML 机制为处理器和设备提供可视化表示。
- 在部署图中为节点和拓扑结构建模，并阐明实现模型中的组件与环境模型视图中节点的关系。

【例 11.5】

图 11-28 描述了为客户/服务器系统部署图的示例，在该图中，Client 和 Server 包分别用来描述客户和服务器的划分，每个包中都包含一种节点，并且为它们添加了关联。

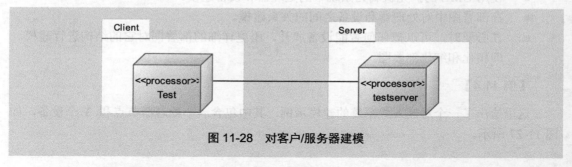

图 11-28　对客户/服务器建模

除了客户机/服务器模型之外，对于大型分布式系统可能还包含负载均衡、集群等部署结构，UML 部署图的引入都能够良好地对其进行表述。

11.6.3　对全分布式系统建模

虽然客户/服务器系统属于分布式系统，但是它注重于把客户机上的系统的用户界面和服务器上的系统永久数据清晰地分开，而且它要求对客户/服务器间的网络连接以及系统中的软件组件在节点上的物理分布做出决策。

客户/服务器系统不属于完全的分布式系统。广泛意义上的分布式系统通常由多组服务器构成，这种系统中一般存在着多种版本的软件组件，其中一些版本的软件组件甚至可以在节点间迁移。

完全的分布式系统分布于若干个分散的节点上，由于网络通信量的变化和网络故障等原因，系统是在动态变化着的，节点的数量和软件组件的分布可以不断变化。

【例 11.6】

如图 11-29 所示是一个对全分布式系统建模的示例，WebServer 和 FileServer 表示服务器，Example1 和 Example2 表示示例，服务器与示例之间通过局域网进行连接。

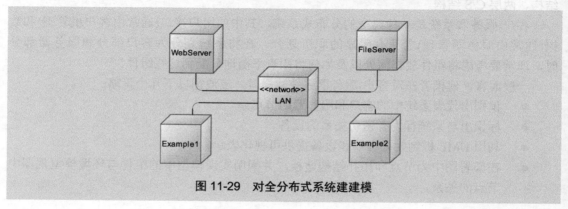

图 11-29　对全分布式系统建建模

11.7　思考与练习

1. 填空题

(1)　_____和部署图是 UML 的实现图。

(2)　组件通常分为_____、工作产品组件和执行组件。

(3)　组件图中可以包含接口，一般情况下将接口分为导入接口和_____。

(4)　组件被划分为_____和设备两种类型。

2. 选择题

(1)　在如图 11-30 所示的组件图中，带箭头的虚线表示组件间的_____。

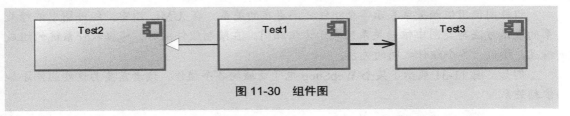

图 11-30　组件图

A.　泛化关系　　　B.　依赖关系　　　C.　通信关系　　　D.　关联关系

(2)　绘制组件图的一般步骤是_____。

①　对建模的结果进行精华和细化

②　定义相关组件提供的接口

③　对组件和接口之间的关系建模

④　对系统中的组件建模

A.　②、④、①、③　　　　　　　　B.　③、②、④、①

C.　④、②、③、①　　　　　　　　D.　④、②、①、③

(3)　组件图用于对系统的静态实现视图建模，这种视图主要支持系统部件的配置管理，通常可以分为 4 种方式来完成。在下面选项中，_____是组件图建模的方式。

A.　对全分布式系统建模　　　　　　B.　对源代码建模

C.　对嵌入式系统建模　　　　　　　D.　对客户/服务器建模

(4)　绘制部署图的一般步骤是_____。

①　对节点中的组件建模，这些组件来自组件图

②　对系统中的节点建模

③　对节点间的关系建模

④　对建模的结果进行精化和细化

⑤　对组件间的关系建模

A.　②、③、①、⑤、④　　　　　　B.　①、⑤、②、⑤、④

C.　④、②、③、①、⑤　　　　　　D.　④、①、⑤、②、③

(5) _____是存在于运行时并代表一项计算资源的物理元素，而且通常具有处理能力。

    A. 设备   B. 类   C. 组件   D. 节点

(6) 可执行程序的结构建模时也要遵循一定的策略，下面选项_____不属于这些策略。

    A. 识别想要建模的构建组合

    B. 考虑集合中各个组件的不同类型

    C. 对于集合中的每个组件，分析它们之间的关系

    D. 识别出建模的类如何映射为表

3. 上机练习

(1) 绘制组件图的关系

组件图使用依赖关系表示各个组件之间存在的关系，在 UML 图中，组件图中依赖关系的表示方法与类图中依赖关系的表示方法相同。在绘制组件图时，根据软件系统的组成情况，绘制出各个组件之间的关系。

例如，图 11-31 展示了某个 WebShop 电子商城的各个组件，读者需要为这些组件添加依赖关系。

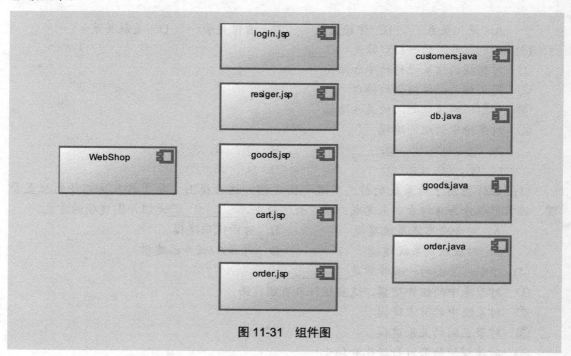

图 11-31　组件图

(2) 阅读组件图

在图 11-32 中展示了一个组件图，根据步骤阅读该组件图：首先标记出组件，接着标识出包含组件，然后标识出依赖关系，最后标识出固化类型。

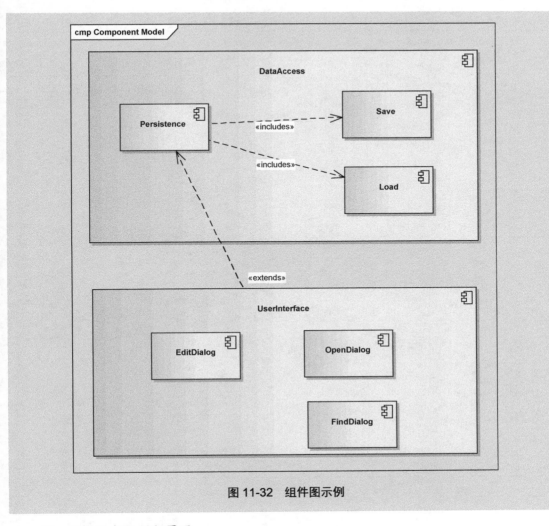

图 11-32　组件图示例

(3)　根据要求绘制部署图

根据下面对企业进销存管理系统的要求和部署图的绘制步骤完成部署图的绘制。建模一个企业进销存管理系统，该系统的需求如下。

①　仓库管理员、销售员、采购员和会计可以在客户端的 PC 机上通过浏览器(例如 IE 7.0 等)查看系统页面，与 Web 服务器通信。

②　Web 服务器安装 Web 服务器软件(例如 Tomcat 等)，通过 JDBC 与数据库服务器连接。

③　数据库服务器中安装 Oracle 9i，提供数据服务功能。

第12章

UML 到关系型数据库的映射

  关系型数据库是建立在关系模型基础上的数据库,借助于集合代数等数学概念和方法来处理数据库中的数据。现实世界中的各种实体以及实体之间的各种联系均用关系模型来表示。关系模型是由关系数据结构、关系操作集合和关系完整性约束 3 部分组成的。现如今虽然对此模型有一些批评意见,但是它还是数据存储的传统标准。UML 是目前面向对象程序设计中的一种标准的建模技术,在关系数据库系统的设计过程中,读者可以先利用 UML 建立商业模型,然后将其映射成表。

  本章介绍如何将 UML 类图中的类映射到关系型数据库的表。通过本章的学习,读者不仅可以了解关系型数据库的基础知识,还可以熟练掌握如何将 UML 类图映射到关系型数据库表,以及映射时的关系转换。

本章重点:

- ➥ 了解关系型数据库管理系统的特点
- ➥ 掌握使用 UML 模型建模的好处
- ➥ 掌握主键生成的两种方法
- ➥ 熟悉属性和属性类型的映射
- ➥ 掌握泛化关系映射的 4 种方式

➡ 掌握一对一关联的映射

➡ 了解零或一对一关联的映射

➡ 掌握一对多和多对多关联的映射

➡ 了解聚集和组合关系的映射

➡ 熟悉关联关系映射时应避免的情况

➡ 了解父类约束和子类约束

12.1 关系型数据库与 UML 模型

本节介绍关系型数据库管理系统和 UML 模型两个部分的内容，首先从关系型数据库管理系统开始介绍，然后再介绍 UML 模型。

12.1.1 关系型数据库管理系统

关系型数据库管理系统(Relational Database Management System，RDMS)通过数据、关系和对数据的约束三者组成的数据模型来存放和管理数据。这些年来，随着关系型数据库的发展，目前许多企业的在线交易处理系统、内部财务系统和客户管理系统等大多采用了这类数据库。目前业界普遍使用的关系型数据库管理系统产品有 IBM DB2 通用数据库、Oracle 数据库、MySQL 数据库以及 SQL Server 数据库等。

关系型数据库管理系统是 SQL 的基础，同样也是所有现代数据库系统(如 SQL Server、Access 以及 Oracle 等)的基础。它的数据存储在被称为表的数据库对象中，其特点的说明如下：

● 数据以表格的形式出现。

● 每行为各种记录名称。

● 每列为记录名称所对应的数据域。

● 许多的行和列组成一张表单。

● 若干的表单组成数据库。

关系型数据库采用"实体-关系"模型，即 E-R 模型。该模型利用图形的方式来表示数据库的概念设计，有助于设计过程中的构思及沟通讨论。

12.1.2 UML 模型

UML 模型是在面向对象技术中的 3 种分析与设计方法的基础上发展起来的，目前已经成为面向对象技术中的标准建模语言。

在关系型数据库设计中，用来创建数据库逻辑模型的标准方法是使用传统的实体-关系模型。实体-关系模型的思想是：可以仅通过实体和它们之间的关系合理地体现一个组织的数据模型。但是这样做似乎对描述一个组织的信息过于简单化，并且词汇量也远远不足。因此，迫切需要使用更加灵活、健壮的模型来代替实体-关系模型。

标准建模语言 UML 是由世界著名的面向对象技术专家发起的，在综合了著名的 Booch 方法、OMT 方法和 OOSE 方法的基础上而形成的一种建模技术，它通过用例图、类图、交互图和活动图等模型来描述复杂系统的全貌及其相关部件之间的关系。UML 可以完成实体-关系模型的所有建模工作，而且可以描述实体-关系模型所不能表示的关系。以下通过 3 点对 UML 模型进行说明：

- 与实体-关系模型相比，UML 是一种更新、更丰富的模型语言，使用 UML 可以获取实体-关系模型能够获得的一切信息。
- UML 模型比实体-关系模型更加丰富了语义上的表达，例如可以表达继承关系、聚合和行为特征等。
- UML 模型可以描述方法和操作，因此可以通过此信息获取触发器、索引和其他约束。

在 UML 中，类图主要用于描述系统中各种类及其对象之间的静态结构。在关系数据库领域中，类与表相对应。本章介绍的就是如何将 UML 类图中的类及其对象映射成关系型数据库中的表。

12.2　基本结构映射

在设计数据应用程序时，人们通常采用实体-关系模型，但是也可以采用 UML 对象模型以类似的方式设计数据库应用程序。

与实体-关系模型相比，UML 对象模型具有更强的表达能力。实际上，UML 对象模型是一种扩展的实体-关系模型。

12.2.1　主键的生成

主键用来标识数据库表中的记录，本节在介绍主键之前，首先介绍一下常用的几个术语。

- 候选键：候选键是由表中某些属性构成的属性集，它能惟一地标识表中的记录。组成候选键的属性集是最小的，即从中去掉任何一个属性都将破坏其惟一性。在候选键中，任何属性的值都不能为空。
- 主键：主键是任选一个候选键，它用来标识数据库表中的记录。
- 外键：外键是对候选键的引用，它要么是空值，要么包含每个属性的相应值。外键经常用来实现关联关系和泛化关系。

> 提示：一般情况下，需要为每张表定义一个主键，所有的外键最好都设计为对主键的引用，而不是设计为对其他候选键的引用。

设计数据库模型时，合理选择主键是一个关键的问题。一般情况下，在将 UML 对象模型中的类映射成数据库中的表时，有两种方法来定义其对应的主键。

1. 将对象标识符映射为主键

在将 UML 中的类映射为关系型数据库中的表时，每张表都增加了一个对象标识列。该对象标识符列作为表的主键，对象标识符简化了关系数据库的主键方案。使用这种方法时有两种好处，第一种好处是主键只由表中的一个属性构成，各个表的主键具有相同的大小。尽管对象标识符并未完全解决对象间的浏览问题，但是它确实简化了操作。另一种好处是在开发时就考虑到了对象间关系的可维护性。

虽然使用这种方法有很大的好处，但是它存在着缺点。最大的缺点是在数据库维护时很难看出基于对象标识符的主键具有什么内在的含义。

提示： 在将 UML 模型中的关联关系映射为关系数据库中的关联表时，关联表的主键由与该关联关系相关的类的标识符组成。

2. 将对象的某些属性映射为主键

将对象的某些属性映射为主键，即把类的某些属性映射为关系型数据库中表的主键。这种方法使主键具有一定的内在含义，从而为数据库的调试和维护提供了方便。它的缺点在于修改主键时比较困难，它们的修改可能要涉及到许多外键的修改。

一般情况下，对于比较小的数据库应用而言，使用以上两种映射方法都可以。但是如果一个数据库应用程序的 UML 模型中包含 30 个以上的类，那么最好使用第一种解决方法，通过这种方法来得到关系型数据库表中的主键。

12.2.2 属性类型到域的映射

类的属性描述了其所有对象共有的特性，属性类型可以是基本的数据类型，例如整数、实数和布尔型等，也可以是用户自定义类型。UML 对象模型中类的属性类型可以映射到数据库中的表的"域"，域的使用可使数据库设计更具有一致性，而且优化了数据库应用的可移植性。一般来说，实现简单域比较方便，只需要定义相应的数据类型和空间大小即可。同时，对于使用域的属性，在映射时可能需要使用 SQL 的 Check 子句来表示在域上的约束。

枚举域限定了域所能取值的范围，它的实现相对复杂一些，下面列出各种实现方法。

1. 枚举字符串

枚举字符串是一种常用的实现方法，它通过定义 SQL 约束来限定取值。这种方法的优点是简单，缺点是不适用于数量较大的集合。

2. 为每个枚举值定义标识

为每个枚举值定义标识时，可以将每个枚举值指定为布尔字段，多个枚举值可以同时出现。这种方法解决了命名的问题，但是会出现冗余，这是因为每个取值都需要一个布尔类型的字段。

3. 枚举表

这种方法是在表中存放枚举值，可以采用为每个枚举定义表或共用单个表的方法，适用于枚举值较多的情况。通过枚举表，可以有效地控制数量大的枚举值，可以在不改变应用代码的前提下扩充枚举值。但这种方法较笨拙，因为必须为枚举值的读取定义代码。

4. 对枚举值进行编码

这种方法是将每一个枚举值都编码为数值，它仅在处理多语言应用程序时使用。使用这种方法不仅节省了磁盘空间，而且易于在多种语言中进行处理，但是它也使维护和调试变得复杂。

12.2.3　属性到列的映射

在 UML 模型中，类的属性映射为关系数据库表中的 0 列或几列，但是这并不表示所有的属性都需要映射。当 UML 类的一个属性本身就是对象时，就需要将它映射为数据库表中多个列。另外，也可以将 UML 图中的多个属性映射成数据库表中的一个列，下面分别通过以下 3 点进行介绍。

例如，在表示购物车的 UML 类中，包含 goodNo(商品编号)、goodNumber(购买数量)、goodPrice(商品价格)以及 goodTotalPrice(商品总价格)等多个属性，实际上，goodTotalPrice 属性的值是在实例计算时使用的，因此，不需要将它映射为数据库表中的列。

又如，在 UML 的 Good 类中，包含一个 goodType 属性，该属性的类型是一个 GoodType 对象。GoodType 类实际上有可能映射为一张或多张表，这时就需要将它映射为数据库表中的多个列。

再如，用户在购买商品时，需要输入或者选择收货地址，地址一般由省份、城市、小区和详细住址这 4 部分组成。每一部分都是收货地址中的一部分，因此，可以将收货地址作为单独的列进行存储。

12.3　泛化关系的映射

在将类映射为关系型数据库的表时，需要对类之间的关系(例如泛化关系和关联关系)进行处理。本节将详细介绍 UML 中类泛化关系的映射，其方式包括所有类的映射、除无属性外类的映射、父类属性下移和子类属性上移。

12.3.1　所有类的映射

泛化关系的处理方法取决于在数据库中怎样组织类中被继承的属性，不同的处理方式对系统的设计有着不同的影响。除了非常简单的数据库外，一般不会把类一一对应地映射到数据库表。在将类映射到数据库表时，一般有 4 种方法来处理类之间的继承关系。本节将介绍第一种方式，即把所有的类都映射为数据库中的表。

【例 12.1】

图 12-1 给出了一个基本的类图，Animal 类中包含两个共有的 eyes 属性和 nose 属性，这两个属性都属于 int 类型。Bird、Fish 和 Poultry 分别表示鸟类、鱼类和家禽类，它们都继承自 Animal 类，即它们与 Animal 类属于泛化关系。

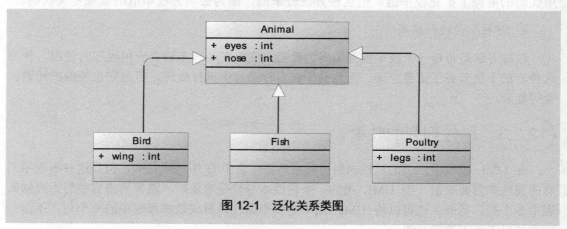

图 12-1　泛化关系类图

从图 12-1 中可以看出，Fish 类只继承 Animal 类的属性，Bird 类和 Poultry 类除了继承 Animal 类的属性外，它们还都包含各自的属性。例如 Bird 包含了 wing 属性，Poultry 则包含了 legs 属性。

根据图 12-1 中的 UML 类图，将图中的类映射为数据库的表。在将所有的类都映射为数据库中的表时，可以为每个父类和子类都创建一个表，这些表共享一个公共的主键。

【例 12.2】

根据上述的说明，将图 12-1 中的类名、类属性和属性类型映射为数据库表(SQL Server 数据库)，如表 12-1 是将类映射到表之后的内容。

表 12-1　所有的类都映射为数据库的表

表　名	字段名称	类　型	说　明
Animal	animalId	int	主键，表示动物 ID
	eyes	int	眼睛
	nose	int	嘴巴
Bird	birdId	int	外键，表示鸟的 ID，引用 animalId
	wing	int	翅膀
Fish	fishId	int	外键，鱼 ID
Poultry	poultryId	int	外键，家禽的 ID，引用 animalId 的值
	legs	int	腿

在表 12-1 中，animalId 是 Animal、Brid、Fish 和 Poultry 这 4 个表所共享的主键，birdId、fishId 和 poultryId 是外键，它们是对 animalId 主键的引用。

将 UML 类图中的所有类都映射为数据库中的表很好地体现了面向对象的概念，它能很好地支持多态性。针对对象可能充当每个角色，只需要在合适的表中保存相应的记录即可。使用这种方法修改父类和子类也很容易，因为只需要修改或者添加一张表。但是这种方法也存在着明显的缺陷：

- 每个类都需要映射为数据库中的表，因此导致数据库中存在着大量的表。
- 由于数据库中存在大量的表，因此会导致数据读取和写入的时间过长。
- 除非添加一些视图来模拟所需要的表，否则数据库的报表生成会相当困难。

12.3.2 除无属性外类的映射

在 12.3.1 小节所示的方法中，将 UML 类图中的所有的类都映射到数据库表，包括没有任何属性的类。但是在本节中，除无属性外类的映射的含义是指将具有属性的类才映射为数据库表，无属性的类不进行映射。

【例 12.3】

根据本节的方法重新分析图 12-1，从图中可以看出，Bird、Fish 和 Poultry 三个子类中，只有 Fish 类没有任何的属性，它只是继承了 Animal 父类。因此，将 Animal、Bird 和 Poultry 三个类映射到对应的数据库表，Fish 类未进行映射。将具有属性的类映射到数据库的内容如表 12-2 所示。

表 12-2 除无属性外类的映射

表　名	字段名称	类　型	说　明
Animal	animalId	int	主键，动物 ID
	eyes	int	眼睛
	nose	int	嘴巴
Bird	birdId	int	外键，鸟 ID
	wing	int	翅膀
Poultry	poultryId	int	外键，家禽 ID
	legs	int	腿

比较表 12-1 和表 12-2 的效果，可以看出，只将具有属性的类映射为数据库表时的方法减少了数据库表的数量。但是，使用这种方法也具有缺陷，这些缺陷与 12.3.1 小节中说明的缺陷一致，这里不再详细介绍。

12.3.3 父类属性下移

父类属性下移是指不将父类映射为数据库表，只映射子类。这时，每个子类对应的数据库表中不仅包含子类特有的属性，还要包含该子类所继承的父类的属性。

父类不映射为数据库表，这样可以减少数据库表的数量。而且使用这种方法可以很容易地生成报表，这是因为所需要的有关类的所有数据都存储在同一张表中。但是，使用这种方法时也存在缺陷，说明如下：

- 当修改某个类时，必须修改与它对应的表和所有子类对应的表。例如，如果要向 Animal 类中添加一个 type 属性，那么就需要同时更新 3 张表，分别将该属性添加到 Bird、Fish 和 Poultry 数据库表中。
- 很难在支持多个角色的同时仍维护数据完整性，这种情况可能存在，只是比原来的要复杂一点。

【例 12.4】

重新分析图 12-1 中的内容，分别将 Bird、Fish 和 Poultry 类映射到数据库表，这些表中不仅要包含类自身的属性，还要包含继承自 Animal 类中的属性。例如，表 12-3 中显示了使用父类属性下移的方法映射数据库表后的数据。

表 12-3　父类属性下移的映射

表　名	字段名称	类　型	说　明
Bird	birdId	int	主键，鸟 ID
	eyes	int	眼睛
	nose	int	嘴巴
	wing	int	翅膀
Fish	fishId	int	主键，鱼 ID
	eyes	int	眼睛
	nose	int	嘴巴
Poultry	poultryId	int	主键，家禽 ID
	eyes	int	眼睛
	nose	int	嘴巴
	legs	int	腿

比较图 12-1 和表 12-3 可以看出，有与 Bird 类、Fish 类和 Poultry 类相对应的数据库表，但是由于 Animal 类是父类，因此并没有与该类相对应的数据库表。另外，birdId、fishId 和 pultryId 分别表示自己的主键，而不再是外键。

12.3.4　子类属性上移

子类属性上移的方法与父类属性下移相似，在使用子类属性上移的方法时，需要将所有子类的属性都存放在父类所对应的数据库表中。简单地说，一个完整的类层次结构只映射为一张数据库表，而层次结构中所有类的属性都存放在这张表中。

【例 12.5】

分析图 12-1 中的类，将图中的类映射到数据库表时，将 Bird 类、Fish 类和 Poultry 类中的所有属性都放到父类中。例如，表 12-4 是将子类属性上移后映射到数据库表 Animal 时的内容，分析表中的内容可以发现，使用这种方法很简单，所需要的所有数据都可以在一张表中找到，避免了将多个子类映射为数据库表，这样就减少了数据库表的数量。另外，使用方法生成报表也很简单。

表 12-4　子类属性上移的映射

表　名	字段名称	类　型	说　明
Animal	animalId	int	主键，动物 ID
	eyes	int	眼睛
	nose	int	嘴巴
	type	nvarchar(50)	对象类型(例如 bird、fish 或 poultry)
	wing	int	翅膀
	legs	int	腿

将子类属性上移映射到数据库表中时存在着一定的缺陷，最常见的两个缺陷如下。

(1) 增加类层次结构中的耦合性

每次在类层次结构的任何地方添加一个新属性时，都必须将一个新属性添加到表中，因此，这种映射方法会增加类层次结构中的耦合性。如果在添加一个属性时出现了错误，那么除获得新属性的类的子类外，还可能会影响到层次结构中的所有类。

(2) 浪费数据库中的许多空间

将子类属性上移映射到数据库表时，对具有单一角色时的对象很有效，否则可能会浪费数据库中的许多空间。例如，在表 12-4 中，将图 12-1 的类通过子类属性上移的方法映射到数据库表时，必须为其添加 type 属性表示类型(例如 Bird、Fish 或者其他种类)。但是，如果它们同时充当多个角色(例如，"鸡"属于 Poultry 类，也属于 Bird 类)时，那么就会带来一定的麻烦。

12.3.5　映射方法比较

在将类映射到数据库表时，一般有 4 种方法来处理类之间的继承关系。截止到这里，所有的映射方法已经介绍完毕，这 4 种方法都有各自的优点和缺陷。下面分别从报表、实现、数据访问和耦合性等多个因素来考虑，对这 4 种方法进行比较分析，详细的比较内容如表 12-5 所示。

表 12-5　泛化关系的映射方法比较

比较因素	所有类的映射	除无属性外类的映射	父类属性下移	子类属性上移
报表	中等/困难	中等/困难	中等	容易
实现	困难	中等/困难	中等	容易
数据访问	中等/容易	中等/容易	容易	容易
耦合性	低	低	高	非常高
访问速度	中等/快	中等/快	快	快
对多态性的支持	高	高	低	低

12.4 关联关系的映射

在将 UML 模型向关系数据库映射时，不仅需要将对象映射到数据库，而且还要将对象之间的关系(例如关联关系)映射至数据库。上一节已经详细介绍了泛化关系的映射，本节将介绍 UML 类图中关联关系的映射。

12.4.1 一对一关联的映射

关系型数据库中的关系是通过外键来维护的，外键是在一张表中出现的一个或多个数据属性，它可以是另一张表的键的一部分，或者是另一张表的键。外键可以让一张表中的一行与另一张表中的一行相关起来。

如果要实现一对一和一对多的关联，那么只需要将一张表包含另一张表的键。在现实生活中一对一关联的例子有很多，例如公民与身份证号，学生与学生档案，丈夫和妻子等。举例来说，假如一个人只能有一间办公室，那这个人与办公室之间就存在着一对一的关联。例如，图 12-2 为表示一对一单向关联的 UML 模型图。

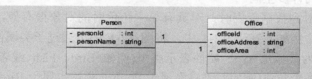

图 12-2 一对一的单向关联

在图 12-2 中，Person 类的一个对象与 Office 类的一个对象相关联。在这种情况下，可以在两个类中任意选择一方，在其所对应的类表中添加一个外键，指向另一方所对应类表中的主键，从而实现两张类表之间的连接，将关联关系成功映射到数据库中。

【例 12.6】

在图 12-2 中，Person 与 Office 之间存在着一对一关联，因此在对 Person 类进行映射时，可以为其中的一个类表添加一个外键，该外键引用另一个类表的主键。例如，表 12-6 中显示了映射后的数据库表以及表中的字段。

表 12-6 一对一关联的映射

表 名	字段名称	类 型	说 明
Person	personId	int	主键，人 ID
	personName	nvarchar(50)	姓名
	personOfficeId	int	外键，办公室 ID
Office	officeId	int	主键，办公室 ID
	officeAddress	nvarchar(50)	办公室地址
	officeArea	int	办公室面积

从表 12-6 中可以看出，类进行关联映射时，为 Person 表中添加了一个 personOfficeId 外键，它引用了 Office 表中的 officeId 主键。

12.4.2　零或一对一关联的映射

在 UML 模型类图中，存在着一种"零或一对一关联"。假设部门与负责人之间的关系中，一个部门只能有一个负责人，而一个负责人要么只管理一个部门，要么一个部门也不管理，这种关联如图 12-3 所示。

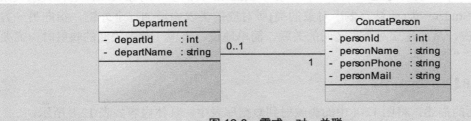

图 12-3　零或一对一关联

在图 12-3 中，表示 ConcatPerson 的一个对象可与 0 个或 1 个 Department 对象发生关联，一般在 Department(即对象个数为 0 或 1 的那一方)所对应的表中添加一个外键，指向另一方 ConcatPerson 类所对应的类表中的主键，建立两表之间的连接。

【例 12.7】

根据上述内容将图 12-3 的类映射到数据库表中，其内容如表 12-7 所示。

表 12-7　零或一对一关联的映射

表　名	字段名称	类　型	说　明
Department	departed	int	主键，部门 ID
	departName	nvarchar(50)	部门名称
	departConcatPersonId	int	外键，部门负责人 ID
ConcatPerson	personId	int	主键，负责人 ID
	personName	nvarchar(50)	负责人名称
	personPhone	nvarchar(50)	负责人电话
	personMail	nvarchar(50)	负责人邮箱

表 12-7 中，Department 表的 departConcatPersonId 字段是外键，它引用 ConcatPerson 表中的 personId 主键。

12.4.3　一对多关联的映射

一对多关联是比较常见的一种关联，例如班级与学生、公司和员工、省份和城市都属于一对多关联。以班级和学生为例，一个班级中可以包含多名学生，而一名学生只能属于一个班级，如图 12-4 所示。

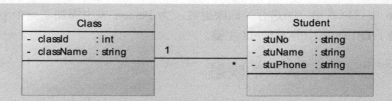

图 12-4　一对多关联

在图 12-4 中，表示 Class 类的一个对象与 Student 类的多个对象关联，这种关联关系可以通过在 Student 类(即具有多个对象的类)所对应的类表中增加一个外键，指向另一方 Class 类的主键，从而建立两个表之间的关联。简单地说，实现一对多关联的映射时，需要将外键放置在"多"的一方。

【例 12.8】

根据上面的描述，将图 12-4 中的类映射到数据库表中，具体内容如表 12-8 所示。

表 12-8　一对多关联的映射

表　名	字段名称	类　型	说　明
Class	classId	int	主键，班级 ID
	className	nvarchar(50)	班级名称
Student	stuNo	nvarchar(10)	主键，学生编号
	stuName	nvarchar(50)	学生姓名
	stuPhone	nvarchar(50)	学生联系电话
	stuInClassId	int	外键，学生所在班级

从表 12-8 中可以看出，Student 表中多了一个 stuInClassId 字段，该字段是一个外键，它引用 Class 类中 classId 主键。

在实现一对多关联时，可以将外键放置在"多"的一方，角色作为外键属性名的一部分，外键的空与非空由对 1 的强制性决定。

除了上述方法外，还可以使用关联表的方法实现。关联表是一张独立的表，它用于在关系数据库中维护两张或多张表之间的关联。在关系型数据库中，关联表中包含的属性通常是关系中涉及到的表中的键的组合。关联表的名字通常是它所关联的表的名字的组合，或者是它实现的关联的名字。

使用关联表可使数据库应用程序具有更好的扩展性，但是另一方面，关联表增加了关系型数据库中表的数量，并且它不能使一方的最小多重性强制为 1。

【例 12.9】

本例通过关联表的方式实现图 12-4 中的一对多关联，表 12-9 为通过关联表的方法映射后的内容。

表 12-9　通过关联类实现一对多映射

表　名	字段名称	类　型	说　明
Class	classId	int	主键，班级 ID
	className	nvarchar(50)	班级名称
Student	stuNo	nvarchar(10)	主键，学生编号
	stuName	nvarchar(50)	学生姓名
	stuPhone	nvarchar(50)	学生联系电话
StudentInClass	classId	int	外键，班级 ID
	stuNo	nvarchar(50)	外键，学生编号

12.4.4　多对多关联的映射

与一对一、一对多的关联相比，多到多的关系要复杂一些。例如教师和课程、学生和教师之间都属于多对多关联。

以教师和学生为例，一名教师可以教多名学生，一名学生可以有多个教师，多对多关联如图 12-5 所示。

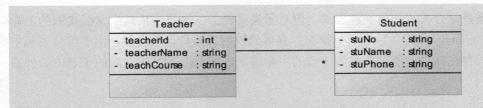

图 12-5　多对多关联

在实现多对多关联时，通常需要引入一个关联表，映射关联对象，从而将多对多关联转化为两个一对多关联。在实现多对多关联的映射时，需要在新建的关联表中设置一个对象标识符，即主键，同时增加两个外键，它们分别指向初始关联的两个类对应表的主键。如果不增加主键，那么只引用表的两个外键时，会将这两个外键作为联合主键。

【例 12.10】

针对上面的内容，将图 12-5 中的多对多关联映射为数据库表，数据库表中的内容如表 12-10 所示。

表 12-10　多对多关联的映射

表　名	字段名称	类　型	说　明
Teacher	teacherId	int	主键，教师 ID
	teacherName	nvarchar(50)	教师姓名
	teacherCourse	nvarchar(50)	所教课程

续表

表　名	字段名称	类　型	说　明
Student	stuNo	nvarchar(10)	主键，学生编号
	stuName	nvarchar(50)	学生姓名
	stuPhone	nvarchar(50)	学生联系电话
TeacherStudent	tsId	int	主键
	teacherId	int	外键，教师 ID
	stuNo	nvarchar(10)	外键，学生编号

12.4.5　聚合和组合关系的映射

聚合是一种特殊的关联，用于描述"总体到局部"的关系。在基本的聚合关系中，部分类的生命周期独立于整体类的生命周期，属于"has a"关系较弱的情况。将聚合关系映射到关系数据库中时，可以分为以下两种情况：

- 一种是聚集关系较为紧密的情况下，可以将其映射在一张表中。
- 另一种是聚集关系较为松散的情况下，可以用一对多关联的映射方法实现，需要在子类的类表中增加一个外键，指向父类的类表的主键。

组合关系是聚合关系的另一种形式，但是子类实例的生命周期依赖于父类实例的生命周期，属于"contains a"关系较弱的情况。具体的映射策略与聚集类似，由于组合关系中整体和部分间存在很强的所有关系和一致的生命周期，因此，子类所对应的子表中的外键不能为空。

12.4.6　映射时应避免的情况

在关系型数据库中实现关联关系的映射时，开发者可能会做出错误的映射，下面列出了 3 种错误映射，并且这些映射进行说明。

1. 合并

数据库有三大范式：第一范式是确保每列的原子性；第二范式是在第一范式的基础上更进一层，其目标是确保表中的每列都与主键相关；第三范式是在第二范式的基础上更进一层，其目标是确保每列都与主键列直接相关，而不是间接相关。

在进行关联类的映射时，不要将多个类和相应的关联合并在一起，合成一张表。虽然通过合并减少了数据库表的数量，但是这样做违背了数据库的第三范式。

【例 12.11】

顾客在进行网购时，一名顾客可以对应多张订单表，但是反过来说，一张订单表只能对应一名顾客。

例如，在图 12-6 中列出了顾客类和 Order 类的一对多关联关系。

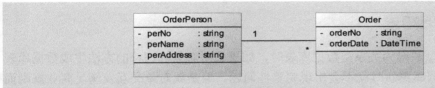

图 12-6　顾客和订单的一对多关联

将图 12-6 中的类合并到一张表，其表如表 12-11 所示。

表 12-11　合并类到一张表

表　名	字段名称	类　型	说　明
Order_Person	orderNo	nvarchar(20)	主键，订单编号
	orderDate	DateTime	订单日期
	perNo	nvarchar(20)	顾客编号
	perName	nvarchar(50)	顾客姓名
	perAddress	nvarchar(50)	顾客收货地址

　　查看表 12-11 中的内容，初看发现满足第二范式，每一列都与主键列 orderNo(即订单编号)相关，但是细看会发现，perNo(顾客编号)与 perName(顾客姓名)相关，perNo 与 orderNo 又相关，最后又经过传递依赖，perName 与 perNo 也相关。因此，这违背了第三范式，为了满足第三范式，应去掉 perName 列，将其放在 OrderPerson 表中。

　　2．在实现一对一关联时将外键放置在两张表中

　　开发者在实现一对一关联时，应该避免将外键放在两张表中，使两张表中都包含外键，即外键出现两次。

　　例如，针对图 12-2 的一对一关联来说，在实现时，需要将外键放在两张表的任意一方，该外键指向另一个类表中的主键。不能在实现的 Person 表中添加引用 Office 表的主键外，再向 Office 表中添加引用 Person 表的主键，多余的外键并不会改善数据库的性能。

　　3．并行属性

　　并行属性是指关系平等的属性，例如，在某个类中包含星期属性，在另一个类中是关联的内容，在映射到数据库表时不要将周一、周二、周三、周四等属性一一列出，这些属性就是并行属性。并行属性不仅增加程序设计的复杂性，也会阻碍数据库应用程序的扩展性。因此，不要在数据表中实现具有并行属性的关联的多个角色。

12.5　完整性与约束检查

　　对象之间的关系(例如关联关系)反映了具体的商业规则，因此，在将类映射到数据库表时，必须保证对象之间的关系——定义并确保数据库上数据的约束。

12.5.1 父表的约束

在将 UML 模型映射为关系型数据库表时，如果采用对象标识符的方法生成数据库表的主键，那么在数据库更新时就不会出现完整性问题。但是就对象交互及满足商业规则而言，对约束的检查具有一定的意义。本小节和下一小节分别介绍父表的约束和子表的约束，其中的示例都是一对多的关系。

关联是一种较弱的关系，它体现了实体之间的联系。如果关系松散，那么可能不需要映射，具体表现为不需要保存对方的引用，而仅仅在方法上有交互，如果在数据上有耦合关系存在，那么就可能需要映射。例如，图 12-4 中显示了一对多的关联关系，将其映射到数据库表时，在 Student 表中添加了一个引用 Class 表主键的外键，该外键不能为空值。重新更改图 12-4 中的关系，更改后的效果如图 12-7 所示。

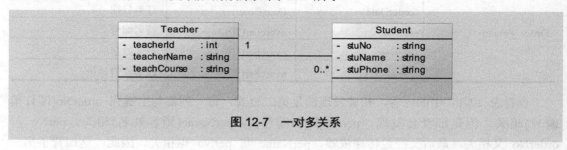

图 12-7　一对多关系

针对图 12-7 而言，这是一个强制对可选的约束，一名教师可以不教学生，也可以教多名学生。

1．父表的插入操作

针对强制和可选约束，父表中的记录可以不受任何约束地添加到表中，这是因为这种约束中的父亲不一定必须有子女。

2．父表的键值修改操作

只有在子表中所有子女的对应值都做出修改后，父表的键值才能修改。一般情况下，会采用级联更新的方法。其实现步骤有两步：第一步是插入新的父记录，将子表中原来对应记录的外键更新，删除原父记录，对该操作进行封装；第二步是采用数据库提供的级联更新的方法。

3．父表的删除操作

只有在其所有子女都被删除或重新分配之后，该父亲才能被删除。在如图 12-7 所示的强制对可选的一对多关系中，所有的学生都可以重新进行分配。第一步是删除子记录，再删除父记录；第二步是先将子记录的外键更改，再删除父记录；第三步是采用数据库提供的级联删除操作。

聚合关系是一种特殊的关联关系，而组合关系又是一种特殊的聚合关系。因此，在实现聚合关系和组合关系时，也对父表的约束有所说明。例如，在表 12-12 中对关联关系、聚合关系和组合关系之间父表的约束进行了详细说明。

表 12-12　父表的约束

关　系	关系类型	插　入	修　改	删　除
关联	数据无耦合关系则不映射			
	强制对可选	无限制	修改所有子女(如果存在)相匹配的键值	删除所有子女或对所有的子女进行重新分配
	可选对可选	无限制	无限制，子表中的外键可能需要附加的处理	无限制，一般将子女的外键设为空
聚合	可选对强制	插入新的子女或合适的子女已存在	至少修改一个子女的键值或合适的子女已存在	无限制，一般将子女的外键设为空
组合	强制对强制	对插入进行封装，插入父记录的同时至少能生成一个子女	修改所有子女相匹配的键值	删除所有子女或对所有的子女进行重新匹配

试一试：在表 12-12 中分别介绍了关联关系、聚合关系和组合的关系类型，以及针对插入、修改和删除等操作的父表约束。本节只对关联关系的强制对可选类型的父表约束进行了详细说明，其他关系及其类型的约束这里不再详细说明，感兴趣的读者可以自己试一试。

12.5.2　子表的约束

为子表添加约束是为了防止碎片的产生。在有些情况下，一个子表中的记录只有在当其"兄弟"存在时才能被删除或被修改。在子表的约束中，通常会通过在数据库中加入触发器来实现，更合理、可行的方法是在业务层中实现对子表一方的约束。

在上一小节的表 12-12 中列出了不同关系、不同关系类型的父表的约束，下面表 12-13 中列出了子表的约束。

表 12-13　子表的约束

关　系	关系类型	插　入	修　改	删　除
关联	数据无耦合关系则不映射			
	强制对可选	父亲存在或者创建一个父亲	具有新值的父亲存在或创建父亲	无限制
	可选对可选	无限制	无限制	无限制
聚合	可选对强制	无限制	兄弟存在	兄弟存在
组合	强制对强制	父亲存在或者创建一个父亲	具有新值的父亲存在(或创建父亲)并且兄弟存在	兄弟存在

12.6　其他相关问题

在关系型数据库中包含多种技术，除了上节介绍的约束外，还可以包含触发器、存储过程和索引等，下面将介绍这 3 个内容。

12.6.1　存储过程

存储过程(Stored Procedure)是在大型数据库系统中，一组为了完成特定功能的 SQL 语句集，经过编译后存储在数据库中。用户通过指定存储过程的名字并且给出参数(如果该存储过程带有参数)来执行它。在将 UML 对象模型映射为关系型数据库时，如果没有使用持久层并且遇到以下两种情况，那么就有必要使用存储过程：

- 需要建立快速的、简陋的、随后将遗弃的原型，存储过程看上去是建立原型最快速的方法。
- 必须使用已有的数据库，而且不适合用面向对象方法设计该数据库。在这种情况下，就可以使用存储过程用类似于对象的方法来读写记录。

另外，在将 UML 对象映射到关系型数据库时，也有许多理由不使用存储过程，下面列出了 3 点理由：

- 如果使用存储过程，那么服务器端会成为性能的瓶颈。当某个简单的存储过程被频繁地调用时，它会极大地降低数据库的性能。
- 存储过程一般采用特定厂商的程序设计语言进行编写。如果在不同的数据库之间进行移植操作(甚至可以是对相同数据库的不同版本移植)，都会出现许多不可预见的问题。
- 使用存储过程会增加与数据库之间的耦合性，因此，这样会降低数据库管理的灵活性。

12.6.2　触发器

触发器(Trigger)是 SQL Server 提供给程序员和数据分析员来保证数据完整性的一种方法，它是与表事件相关的特殊的存储过程，它的执行不是由程序调用，也不是手工启动，而是由事件来触发，例如当对一个表进行操作时就会激活它执行。触发器经常用于加强数据的完整性约束和业务规则等。

在大型数据库系统中，存储过程和触发器具有很重要的作用。无论是存储过程还是触发器，都是 SQL 语句和流程控制语句的集合。就本质而言，触发器也是一种存储过程。它与存储过程一样，通常使用特定厂商的程序设计语言进行编写，因此，其移植性较差。

虽然触发器的移植性较差，但是许多建模工具都能利用数据模型中定义的关系信息自动生成触发器，因此在不修改所生成的代码的前提下，只要从数据模型中重新生成触发器就可实现跨厂商移植。

12.6.3　索引

索引是对数据库表中一列或多列的值进行排序的一种结构，例如 Employee 表的姓名 (name)列。如果要按姓查找特定职员，与必须搜索表中的所有行相比，索引会帮助使用者更快地获得该信息。

在关系型数据库中，索引是一种与表有关的数据库结构，它可以使对应于表的 SQL 语句执行得更快。索引的作用相当于图书的目录，可以根据目录中的页码快速找到所需要的内容。当表中存在着大量记录时，如果要对表进行查询，第一种搜索信息方式是全表搜索，这种方式将所有记录一一取出，与查询条件进行一一对比，然后返回满足条件的记录，这样做会消耗大量数据库系统时间，并且造成大量磁盘 I/O 操作；第二种就是在表中建立索引，然后在索引中找到符合查询条件的索引值，最后通过保存在索引中的 ROWID(相当于页码)快速找到表中对应的记录。

在 UML 模型映射到数据库表中时，添加索引以优化数据库的性能是最后一步。一般情况下，需要为每一个主键和候选键定义惟一性的索引，同时，还需要为主键和候选键约束未包容的外键定义索引。主键和外键上的索引能加速对象模型中的访问，数据库实现必须添加索引，否则，用户将因不良的性能感到沮丧。

12.7　实战——软件公司 UML 模型的映射

在本节实战之前，已经通过大量的图形和示例介绍了如何将 UML 模型映射为关系型数据库表，本节实战通过一个综合的例子，分别讨论将类映射成表的过程中这些关系是如何实现的。

假设郑州某家电脑公司专门从事软件开发，其项目主要由项目开发部门承担，它们之间构成多对多的关联，即一个项目可以由多个部门承担，而一个部门又可以承担多个项目的开发工作。项目开发部门由经理和一般职工组成，项目开发部门和组成人员之间构成了聚合关系，而人又可以进一步和一般职员及经理两个子类之间构成继承关系，每个项目具有一定的属性，它们之间构成组合关系。根据上述描述的内容确定了 UML 类图中的类，以及这些类之间的关系，效果如图 12-8 所示。

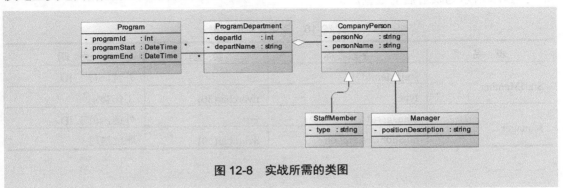

图 12-8　实战所需的类图

分析图 12-8 中的类、类的属性、属性、属性类型以及关系，分别将这些内容进行映射。首先来看一下关联关系，在该图中，Progarm 与 ProgramDepartment 之间存在着多对多关联。在实现多对多关联时，需要使用关联类，如表 12-14 所示为多对多关联关系映射后的数据库表。

表 12-14　多对多关联关系的映射

表　名	字段名称	类　型	说　明
Program	programId	int	主键，项目 ID
	programStart	datetime	开始日期和时间
	programEnd	datetime	结束日期和时间
ProgramDepartment	departed	int	主键，部门 ID
	departName	nvarchar(50)	部门名称
DepartDoPro	ddId	int	关联表的主键
	proId	int	外键，项目 ID
	depId	int	外键，部门 ID

接着来看一下聚合关系。

ProgramDepartment 类与 CompanyPerson 类之间存在着聚合关系，本节实现聚合关系的映射时，可以将它们看作是一对多关联的实现，因此需要在子类的类表中增加一个外键，指向父类的类表的主键。根据图 12-8 的描述，如表 12-15 所示为聚合关系映射后的数据库表，表中只显示 CompanyPerson 表的内容。

表 12-15　聚合关系的映射

表　名	字段名称	类　型	说　明
CompanyPerson	personNo	nvarchar(20)	主键，员工 ID
	personName	nvarchar(50)	员工姓名
	perInDepId	int	外键，所在的部门 ID

最后分析图 12-8 中的泛化关系。

在该图中，StaffMember 和 Manager 类继承自 CompanyPerson 类，实现泛化关系的映射有 4 种方式，这里将所有的类都映射为数据库表(CompanyPerson 类的映射见表 12-15)，如表 12-16 所示为映射后的数据库。

表 12-16　泛化关系的映射

表　名	字段名称	类　型	说　明
StaffMember	staffMemId	int	外键，员工 ID
	type	nvarchar(30)	工作类别
Manager	managerId	int	外键，员工 ID
	positionDescription	nvarchar(50)	职位描述

12.8 思考与练习

1．填空题

(1) 将 UML 模型中的类映射成数据库中的表时，有两种方法生成主键：一种是将_____映射为主键，另一种是将对象的某些属性映射为主键。

(2) UML 模型图中泛化关系的映射有 4 种方式，它们分别是所有类的映射、除无属性外类的映射、父类属性下移和_____。

(3) 在进行关联映射时，应该避免出现_____的情况。虽然这样能够减少数据库表的数量，但是这样违背了数据库的第三范式。

(4) 父表和子表的约束都包含关联关系、_____和组合关系。

2．选择题

(1) 在将 UML 模型图中的泛化关系映射到数据库表时，_____这两种方式有利于报表的生成。

    A．所有类的映射和除无属性外类的映射

    B．所有类的映射和父类属性下移

    C．父类属性下移和子类属性上移

    D．子类属性上移和除属性外类的映射

(2) 下面关于关联关系的映射，说法不正确的是_____。

    A．在完成一对一的关联映射时，可以在两个类中的任意一方添加外键，该外键指向另一方对应类表中的主键

    B．在实现一对多的关联映射时，需要为“多”的一方添加外键，该外键指向另一方对应类表中的主键

    C．聚合关系和组合关系都是特殊的关联关系，映射这两个关系时可以分别参考一对一和一对多的关联

    D．在实现多对多关联时，通常需要引入一个关联表映射关联对象，从而将多对多关联转化为两个一对多关联

(3) 关于不使用存储过程的理由，下面选项_____是错误的。

    A．当某个简单的存储过程被频繁地调用时，它会极大地降低数据库的性能

    B．使用存储过程必须要有已经存在的数据库，并且需要建立快速的、简陋的、随后将遗弃的原型

    C．使用存储过程会增加与数据库之间的耦合性，这样会降低数据库管理的灵活性

    D．如果在不同的数据库之间进行移植操作(甚至可以是对相同数据库的不同版本移植)，都会出现许多不可预见的问题

(4) 在 UML 模型的关联关系映射时，_____选项不是应该避免的情况。

    A．合并

B. 并行属性

C. 实现一对一关联时将外键放在两张表中

D. 聚合关系

(5) 图 12-9 给出了一个零或一对一关联的类图，将该图中的类和关系映射到数据库表时，一般会在 _____ 对应的表中添加一个外键，指向另一方类所对应的类表中的主键。

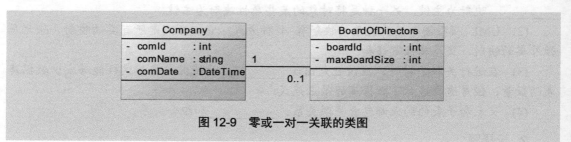

图 12-9　零或一对一关联的类图

A. 对象个数为零或一的那一方，即 BoardOfDirectors

B. 对象个数为一的那一方，即 Company

C. 其中一个类，即 BoardOfDirectors 和 Company 都可以

D. A 或 B 都可以

3. 上机练习

(1) 根据要求将 UML 模型映射到关系型数据库

考虑类图 12-10 所给出的类和类之间的关系，根据以下要求将类图映射为关系型数据库中的表。

① 按照每个类对应一张表的方法，将该图映射为关系型数据库表。

② 按照每个具体类(除无属性外的类)对应一张表的方法，将该图映射为关系型数据库表。

③ 按照整个类层次只对应一张表(即子类属性上移)的方法，将该图映射为关系型数据库表。

④ 按照父类属性下移的方法，将该图映射为关系型数据库表。

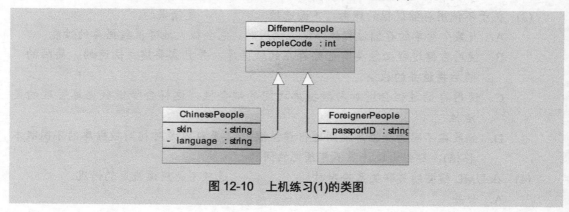

图 12-10　上机练习(1)的类图

(2) 将类图映射到数据库表

根据本章介绍的关系的映射方法，分析类图 12-11 中的类和类之间的关系，将其映射到数据库的表中。

在该图中，StudentMessage 表示学生类，Course 表示课程类，TeacherInfo 表示教师类，CourseArrangement 表示开课安排类。学生与课程之间是多对多关联，教师与课程之间是一对多关联，课程与开课安排之间也是一对多关联。

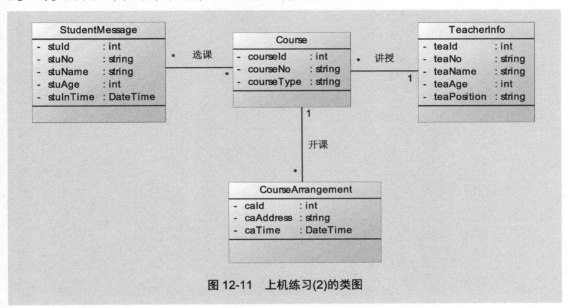

图 12-11　上机练习(2)的类图

第 13 章

UML 与统一过程

UML 的表示和规则能够用来为系统进行面向对象的建模，但并没有指定应用 UML 的过程和方法。因为它的设计初衷是为了能在尽可能多的领域内得到广泛的应用。尽管如此，要想成功地使用 UML，科学的过程也是必要的，尤其在设计一些需要团队合作的大型系统时。此时必须协调所有人的工作，确保向同一目标努力。合同的程序能够有效地度量工作进程、控制和改进工作效果。尤其是软件工程领域的过程更需要加强对可重用性的支持，包括过程本身及其部分的重用。

本章首先从一般意义上讨论软件开发过程和成熟标准，然后详细介绍一种使用 UML 的过程：统一过程(Unified Process)。因为 RUP 是由 UML 创始人提出的，所以与 UML 能最好地结合。最后将简单介绍使用 UML 过程的一般特征。

本章重点：

- 了解软件开发过程的概念
- 理解软件工程的过程
- 了解 CMM 的 5 个等级及其意义
- 了解 CMM 的框架和结构
- 了解 RUP 的概念
- 熟悉 RUP 的特点和开发经验

➥ 熟悉 RUP 的二维开发模型
➥ 熟悉 RUP 的核心工作流
➥ 熟悉在过程中使用 UML 的方法

13.1 软件开发过程简介

软件开发过程是指应用于软件开发和维护当中的阶段、方法、技术、实践和相关产物 (计划、文档、模型、代码、测试用例和手册等)的集合。它是开发高质量软件所需完成的任务的框架。

软件工程是一种层次化的技术，图 13-1 为软件工程的层次结构图。

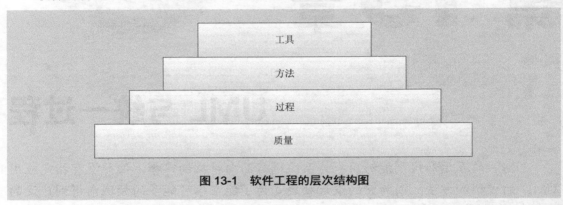

图 13-1 软件工程的层次结构图

所有工程方法都以有组织的质量保证为基础，软件工程也不例外。软件工程的方法层在技术层面上描述了应如何有效地进行软件开发，包括进行需求分析、系统设计、编码、测试和维护。

软件工程的工具层为软件过程和方法提供了自动或者半自动的支持。软件开发过程为软件开发提供了一个框架，该框架包含如下内容：

- 适用于任何软件项目的框架活动。
- 不同任务的集合。每个集合都由工作任务、阶段里程碑、产品以及质量保证点组成，它们使得框架活动适应于不同软件项目的特征和项目组的需求。
- 验证性的活动。例如，软件质量保证、软件配置管理、测试和评估，它们独立于任何一个框架活动，并贯穿于整个软件开发过程之中。

当前，软件的规模越来越大，复杂程度也越来越高，而且用户常常要求软件是具有交互性的、国际化的、界面友好的、具有高处理效率和高可靠性的，这都要求软件公司能够提供高质量的软件并尽可能地提高软件的可重用性，以及降低软件开发成本，提高软件开发效率。使用有效的软件开发过程可以为实现这些目标奠定基础。

当前，比较流行的软件开发过程主要包括 Rational Unified Process(RUP)、OPEN Process、Object-Oriented Software Process(OOSP)、Extreme Programming(XP)、Catalysis。

13.2 定义和理解软件工程的过程

为软件工程定义一个过程并不容易，需要对软件开发的机制和方法有深入的了解。简单地说，过程描述做什么，怎么做，什么时候做以及为什么要做，描述了一组以某种顺序完成的活动。过程的结果是一组有关系统的文档(模型及其描述)，以及对最初问题的解决方案。因为建模语言需要工具的支持，所以过程也需要工具的支持。不过目前支持过程的工具不如支持建模的那么广泛。目前市场上的一些面向对象方法如 OMT、Objectory、Booch 等都被看成是软件开发的过程。

过程描述的一个重要部分是定义如何使用人力、机器、工具和信息等资源的一些规则来完成某个确定的目标，为用户的问题提供解决方案。过程通常被划分成一些嵌套的子过程，在最底层，过程是不可分的原子成份。过程是软件工程的一种结构化的工作和思考方法，可以从以下几个方面来理解过程的概念。

(1) 过程的情景

描述使用过程的问题领域。过程必须给出它的使用环境，应用它的问题领域。有时人们并不愿意(甚至不可能)开发或者选择一个能够处理所有可能问题的过于通用的过程。最重要的是，过程能够恰当地解决特定问题领域内的某个特定问题。

(2) 过程的用户

由用户确定如何应用过程。软件工程的过程必须有它的使用指南。指南不仅涉及过程本身，还要涉及潜在的问题解决人员——使用过程的人员。

(3) 过程的步骤

确定在过程中要采取的步骤，大多数软件开发的过程至少包含三大内容：问题描述、方案设计和实现设计。问题描述发现和描述问题；方案设计给出问题的解决方案，而实现设计面向对象系统设计的软件工程和步骤，包括分析、设计和实现。

(4) 过程的评估

如何评估结果。这主要包括三大内容：文档、产品和经验。

13.3 软件成熟标准：CMM

与在开始一个项目时需要首先定义它的需求一样，在开始定义过程之前，也要定义对它的需求。这就是 CMM(Capability Maturity Modeling，软件成熟度建模)所要完成的任务。下面详细介绍 CMM 包含的 5 个等级，以及 CMM 的细节内容。

13.3.1 使用 CMM 的意义

软件开发的风险之所以大，是由于软件过程能力问题，其中最关键的问题在于软件开发组织不能很好地管理其软件过程，从而使一些好的开发方法和技术起不到预期的作用。

而且项目的成功也是通过工作组的杰出努力，所以仅仅建立在可得到特定人员上的成功不能为全组织的生产和质量的长期提高打下基础，必须在建立有效的软件如管理工程实践和管理实践的基础设施方面，坚持不懈地努力，才能不断改进，才能持续地成功。

软件质量是模糊的、捉摸不定的概念。我们常常听说：某某软件好用，某某软件不好用；某某某软件功能全、结构合理，某某某软件功能单一、操作困难……这些模模糊糊的语言不能算作是软件质量评价，更不能算作是软件质量科学的定量的评价。软件质量，乃至于任何产品质量，都是一个很复杂的事物性质和行为。产品质量，包括软件质量，是人们实践产物的属性和行为，是可以认识，可以科学地描述的。可以通过一些方法和人类活动，来改进质量。

实施 CMM 是改进软件质量的有效方法，是控制软件生产过程、提高软件生产者组织性和软件生产者个人能力的有效、合理的方法。

软件工程与很多研究领域及实际问题有关，主要的相关领域和因素有：

- 需求工程(Requirements Engineering)。理论上，需求工程是应用已被证明的原理、技术和工具，帮助系统分析人员理解问题或描述产品的外在行为。
- 软件复用(Software Reuse)。定义为利用工程知识或方法，由一已存在的系统，来建造一新系统。这种技术，可改进软件产品的质量和提高生产率。

还有软件检查、软件计量、软件可靠性、软件可维修性、软件工具评估和选择等。

13.3.2 CMM 等级

1984 年，美国国防部资助建立了卡内基梅隆大学软件研究所(SEI)；1987 年，SEI 发布第一份技术报告，介绍软件能力成熟度模型(CMM)及作为评价国防合同承包方过程成熟度的方法论；1991 年，SEI 发表 1.0 版软件 CMM(SW-CMM)。

CMM 自 1987 年开始实施认证，现已成为软件业权威的评估认证体系。CMM 包括 5 个等级，共计 18 个过程域，52 个目标，300 多个关键实践。如图 13-2 所示为等级结构图。

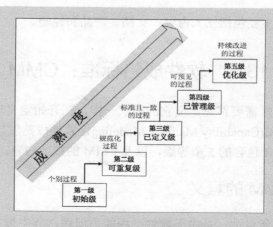

图 13-2　CMM 等级结构

1. 初始级(最低级)

软件工程管理制度缺乏，过程缺乏定义、混乱无序。成功依靠的是个人的才能和经验，经常由于缺乏管理和计划导致时间、费用超支。管理方式属于反应式，主要用来应付危机。过程不可预测，难以重复。

等级特征如下：

- 机构缺乏明文管理办法，软件工作没有稳定的环境，制订了计划又不执行。
- 紧急情况下将已制定的规程丢在一边，急于编码和测试。规定的过程无法克服由于缺乏有效管理带来的不稳定性。
- 成功依赖于某个有经验的管理人员。
- 软件过程对于用户来说是一个黑箱。

2. 可重复级

基于类似项目中的经验，建立了基本的项目管理制度，采取了一定的措施控制费用和时间。管理人员可及时发现问题，采取措施。一定程度上可重复类似项目的软件开发。

等级特征如下：

- 新项目的规划和管理是根据以往类似项目的成功经验。
- 通过建立基于过程的管理技术，在项目级提高了项目的能力。
- 软件的需求和可提交的产品都有基线的控制。
- 不同的项目有不同的过程，减少了团队合作和重用的机会。
- 在某些场合向用户提供项目的可见性，通常表现在对主要项目产品的评审和接受上。

3. 已定义级

已将软件过程文档化、标准化，可按需要改进开发过程，采用评审方法保证软件质量。可借助 CASE 工具提高质量和效率。

等级特征如下：

- 使用标准过程，不同的项目进行不周的剪裁。
- 管理者了解项目的技术进展。
- 定义的过程使用户对项目有更多的可见性，能够准确而快速了解项目最新状态。
- 建立了机构的软件工程过程组，负责软件过程活动。

4. 已管理级

针对质量制定效率目标，并收集、测量相应指标。利用统计工具分析并采取改进措施。对软件过程和产品质量有定量的理解和控制。

等级特征如下：

- 在所有项目中，对重要的软件过程活动的生产率和质量进行度量。
- 用户在项目开始之前，就对机构/团队的软件过程能力以及项目的风险建立了准确和量化的了解。

● 对新应用领域的风险是可预知和控制的，可预知产品的质量。

5. 优化级(最高级)

基于统计质量和过程控制工具，持续改进软件过程。质量和效率稳步改进。

等级特征如下:

● 集中注意过程的持续改进。

● 重视探索创新活动，并将成功的创新推广。

● 通过不断查找导致低效的原因，持续地改进软件过程。

● 用户和软件开发人员相互合作，建立有力而成功的关系。

注意: 软件过程的改善不可能在一夜之间完成，CMM 是以增量方式逐步引入变化的。使用 CMM 定义的 5 个不同成熟度等级，一个组织可按一系列小的改良性步骤向更高的成熟度等级前进。

13.3.3 CMM 框架

CMM 为软件企业的过程能力提供了一个阶梯式的进化框架，阶梯共有五级。第一级实际上是一个起点，任何准备按 CMM 体系进化的企业都自然处于这个起点上，并通过这个起点向第二级迈进。除第一级外，每一级都设定了一组目标，如果达到了这组目标，则表明达到了这个成熟级别，可以向下一个级别迈进。CMM 体系不主张跨越级别的进化，因为从第二级起，每一个低的级别实现均是高的级别实现的基础。

1. 初始级

初始级的软件过程是未加定义的随意过程，项目的执行是随意甚至是混乱的。也许，有些企业制定了一些软件工程规范，但若这些规范未能覆盖基本的关键过程要求，且执行没有政策、资源等方面的保证时，那么它仍然被视为初始级。

2. 可重复级

根据多年的经验和教训，人们总结出软件开发的首要问题不是技术问题而是管理问题。因此，第二级的焦点集中在软件管理过程上。一个可管理的过程则是一个可重复的过程，一个可重复的过程则能逐渐进化和成熟。第二级的管理过程包括了需求管理、项目管理、质量管理、配置管理和子合同管理五个方面。其中项目管理分为计划过程和跟踪与监控过程两个过程。通过实施这些过程，从管理角度可以看到一个按计划执行的且阶段可控的软件开发过程。

3. 定义级

在第二级仅定义了管理的基本过程，而没有定义执行的步骤标准，而且无论是管理还是工程开发都需要一套文档化的标准，并将这些标准集成到企业软件开发标准过程中去。所有开发的项目需根据这个标准过程，剪裁出与项目适宜的过程，并执行这些过程。过程的剪裁不是随意的，在使用前需经过企业有关人员的批准。

4. 管理级

第四级的管理是量化的管理。所有过程需建立相应的度量方式，所有产品的质量(包括工作产品和提交给用户的产品)需有明确的度量指标。这些度量应是详尽的，且可用于理解和控制软件过程和产品。量化控制将使软件开发真正变成一种工业生产活动。

5. 优化级

第五级的目标是达到一个持续改善的境界。所谓持续改善，是指可根据过程执行的反馈信息来改善下一步的执行过程，即优化执行步骤。如果一个企业达到了这一级，那么表明该企业能够根据实际的项目性质、技术等因素，不断调整软件生产过程以求达到最佳。

13.3.4 CMM 结构

除第一级外，CMM 的每一级是按完全相同的结构构成的。每一级包含了实现这一级目标的若干关键过程域(KPA)，每个 KPA 进一步包含若干关键实施活动(KP)，无论哪个 KPA，它们的实施活动都统一按公共属性进行组织。

- 目标：每一个 KPA 都确定了一组目标。若这组目标在每一个项目都能实现，则说明企业满足了该 KPA 的要求。若满足了一个级别的所有 KPA 要求，则表明达到了这个级别所要求的能力。
- 实施保证：是企业为了建立和实施相应 KPA 所必须采取的活动，这些活动主要包括制定企业范围的政策和高层管理的责任。
- 实施能力：是企业实施 KPA 的前提条件。企业必须采取措施，在满足了这些条件后，才有可能执行 KPA 的执行活动。实施能力一般包括资源保证、人员培训等内容。
- 执行活动：执行过程描述了执行 KPA 所需求的必要角色和步骤。在 5 个公共属性中，执行活动是唯一与项目执行相关的属性，其余 4 个属性涉及企业 CMM 能力基础设施的建立。执行活动一般包括计划、执行的任务、任务执行的跟踪等。
- 度量分析：描述了过程的度量和度量分析要求。典型的度量和度量分析的要求是确定执行活动的状态和执行活动的有效性。
- 实施验证：是验证执行活动是否与所建立的过程一致。实施验证涉及到管理方面的评审和审计以及质量保证活动。在实施 CMM 时，可以根据企业软件过程存在问题的不同程度确定实现 KPA 的次序，然后按所确定的次序逐步建立、实施相应的过程。在执行某一个 KPA 时，对其目标组也可采用逐步满足的方式。过程进化和逐步走向成熟是 CMM 体系的宗旨。

应注意的是，并非实施了 CMM 软件项目的质量就能有所保障。CMM 是一种资质认证，它可以证明一个软件企业对整个软件开发过程的控制能力。按照 CMM 的思想进行管理与通过 CMM 认证并不能划等号。CMM 认证并不仅仅是在评估软件企业的生产能力，整个评估过程同时还在帮助企业完善已经按照 CMM 建立的科学工作流程，发现企业在软

件质量、生产进度以及成本控制等方面可能存在的问题，并且及时予以纠正。

13.4　RUP 简介

虽然 RUP 与 UML 无直接关系，但人们往往同时谈论两者。因为 UML 仅仅是一种系统建模语言，它并没有告诉建模人员应该如何使用它。为了使用 UML，需要一种方法应用它。

目前比较流行的方法有：Rational 统一过程(Unified Process)、OPEN 过程和面向对象软件过程(OOSP)。本书以 Rational 统一过程为例进行讲解，因为它是由提出 UML 的三位方法学家 Booch、Jabson 以及 Rational 的 Objectory 为核心提出，而且在这个过程中使用 UML 是非常自然的。

13.4.1　使用 RUP 的意义

与其他软件开发过程相比，使用 RUP 可以更好地进行 UML 建模，而且 RUP 能够为软件开发团队提供指南、文档模板和工具，从而使软件开发团队能够最有效地利用当前软件开发实践中所获得的六大经验。

(1) 迭代式开发软件

迭代式开发允许在每次迭代过程中需求可能有变化，通过不断细化来加深对问题的理解。RUP 在生命周期的每个阶段都强调风险最高的问题，从而有效地降低了项目的风险系数。使用迭代的方法开发软件好处在于：

- 便于系统用户的参与和反馈，从而能够有效地降低系统开发过程中的风险。
- 在每一次迭代过程结束时都能生成一个可执行的系统版本，这能使开发团队始终将注意力放在软件产品上。
- 迭代式开发软件有利于开发团队根据系统需求、设计的改变而方便地调整软件产品。

(2) 管理需求

确定系统的需求是一个连续的过程，开发人员在开发系统之前不可能完全详细地说明一个系统的真正需求。RUP 描述了如何启发和组织系统所需要的功能和约束，以及如何为它们建档，如何跟踪和建档权衡与决策，并有利于表达商业需求和交流。

(3) 使用基于软件的架构

使用基于组件的架构技术能够设计出直观、能适应变化、有利于系统重用的灵活的架构。RUP 支持基于组件的软件开发，它提供了使用旧组件和新组件定义架构的系统方法。

(4) 可视化模型

RUP 往往与 UML 联系在一起，对软件系统建立可视化模型，帮助人们提供管理软件复杂性的能力。RUP 告诉我们如何可视化地对软件系统建模，获取有关体系结构和组件结构及行为信息。有助于软件开发过程中不同层次、不同方面的人的沟通，并能保证系统各部件与代码相一致，维护设计与实现的一致性。

(5) 验证软件质量

软件性能和可靠性的低下是影响软件使用的最重要的因素,因此,应根据基于软件性能和软件可靠性的需求对软件质量进行评估。RUP 有助于进行软件质量评估,在 RUP 的每个活动中,都存在软件质量评估,并可以让与系统有关的所有人员都参与进来,这样可以及早发现软件中的缺陷。

(6) 控制软件变更

迭代式开发中,如果没有严格的控制和协调,整个软件开发过程很快就陷入混乱之中,RUP 描述了如何控制、跟踪和监视软件修改,从而保证了迭代开发过程的成功;RUP 还可以指导人们如何通过控制所有对软件制品(例如模型、代码、文档等)的修改来为所有开发人员建立安全的工作空间。

13.4.2 什么是 RUP

RUP 是一套软件工程方法,也是文档化的软件工程产品,所有 RUP 的实施细节及方法导引都以 Web 文档的方式集成在一张光盘上,由 Rational 公司开发、维护并销售,这是一套软件工程方法的框架,各个组织可以根据自身的实际情况和项目规模对 RUP 进行裁剪或者修改,以制定出合乎要求的软件工程过程。

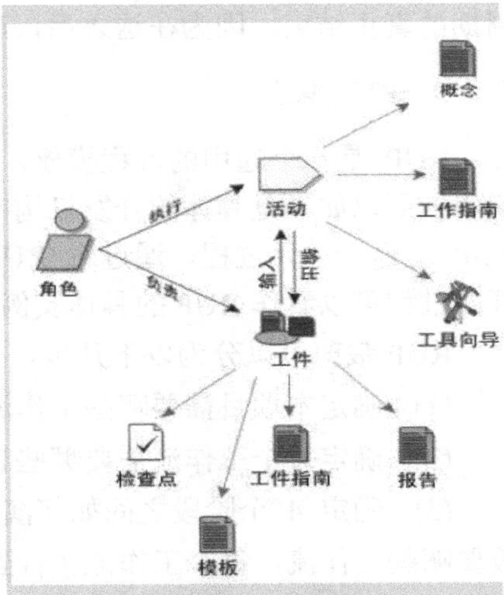

1. RUP 的核心概念

RUP 中定义了一些核心概念,如图 13-3 所示,从图中可以看出,RUP 的核心概念包括角色、活动和工件。

它们的具体说明如下。

- 角色:描述某个人或者一个小组的行为与职责。RUP 预先定义了很多角色。
- 活动:是一个有明确目的的独立工作单元。
- 工件:是活动生成、创建或修改的一段信息。

图 13-3 RUP 的核心概念

2. RUP 的开发过程

RUP 中的软件生命周期在时间上被分解为 4 个顺序的阶段,每个阶段结束于一个主要的里程碑(Major Milestones),而且每个阶段本质上是两个里程碑之间的时间跨度。在每个阶段的结尾执行一次评估,以确定这个阶段的目标是否已经满足。如果评估结果令人满意,则允许项目进入下一个阶段。

(1) 初始阶段(Inception)

RUP 的初始阶段用于确定要开发的系统,包括内容和业务,它是进行最初分析的阶段。在该阶段中,应当针对要设计的系统所能完成的工作与相关领域的专家以及最终用户进行讨论;应该确定并完善系统的业务需求,并建立系统的用例图模型。

(2) 筹划阶段(Elaboration)

RUP 的筹划阶段用于确定系统的功能，该阶段是进行详细设计的阶段。设计人员应从在初始阶段建立的系统用例模型出发进行设计，以获得对如何构建系统的统一认识，然后应把系统分割为若干子系统，每个子系统都可以被独立建模。在该阶段中，应把在初始阶段中确定的用例发展成为对域、子系统以及相关的业务对象的设计。筹划阶段的工作是需要反复进行的，在这一阶段的最后，将会建立系统中的类以及类成员的模型。

(3) 构造阶段(Construction)

RUP 的构造阶段是一个根据系统设计的结果进行实际的软件产品构建的过程，该过程是一个增量过程，代码在每个可管理的部分进行编写。在构建阶段可能会发现筹划阶段或者初始阶段工作中的错误或者不足，因而可能需要对系统进行再分析和再设计，以修正错误或者完善系统。总之在该阶段中，可能需要多次返回到构建阶段以前的阶段，尤其是筹划阶段，以进一步完善系统。

(4) 转换阶段(Transition)

转换阶段将会处理将软件系统交付给用户的事务。该阶段的完成并非意味着软件生命周期的真正结束，因为在这之后，还将需要对软件进行必要的维护和升级。

3．RUP 裁剪

RUP 是一个通用的过程模板，它包含很多开发指南、制品、开发过程所涉及到的角色说明，所以如果是具体的开发机构或项目，还可以使用 RUP 裁剪，即对 RUP 进行配置。RUP 就像一个元过程，通过对 RUP 进行裁剪，可以得到很多不同的开发过程，这些软件开发过程可以看作 RUP 的具体实例。

RUP 裁剪可以分为以下几步。

(1) 确定本项目需要哪些工作流。RUP 的 9 个核心工作流并不是必需的，可以取舍。

(2) 确定每个工作流需要哪些制品。

(3) 确定 4 个阶段之间如何演进。确定阶段间演进要以风险控制为原则，决定每个阶段要哪些工作流，每个工作流执行到什么程度，制品有哪些，每个制品完成到什么程度。

(4) 确定每个阶段内的迭代计划，规划 RUP 的 4 个阶段中每次迭代开发的内容。

(5) 规划工作流的内部结构，它通常用活动图的形式给出。工作流涉及角色、活动及制品，其复杂程度与项目规模即角色多少有关。

13.4.3　RUP 的特点

RUP 有许多优点，如提高了团队生产力和确保全体成员共享相同的知识基础，下面将简单介绍 RUP 的一些显著性的特点。

1．软件过程模型

不同的软件过程建模对软件开发过程有着不同的理解和认识，在了解 RUP 特点之前，先了解一下各个软件过程模型的特点及适用的软件项目类型，具体如表 13-1 所示。

表 13-1　各个软件过程模型

模型名称	技术特点	适用范围
瀑布模型	简单、分阶段，且阶段间存在着因果关系，各个阶段完成后都有评审	需求易于完善定义且不容易变更的软件系统
快速原型模型	不要求需求预先完备定义，支持用户和需求的渐进式完善和确认以能够适应用户需求的变化	需求复杂、难以确定和动态变化的软件系统
增量模型	软件产品是被增量式地一块块开发的，它允许开发活动并行和重叠	技术风险比较大、用户需求比较稳定的软件系统
迭代模型	不要求一次性地开发出完整的软件系统，将系统开发视为一个逐步获取用户需求、完善软件产品的过程	需求难以确定和不断变更的软件系统
螺旋模型	结合瀑布模型、快速原型模型和迭代模型的思想，并引进了风险分析活动	需求难以获取和确定，软件开发风险较大的软件系统
RUP	可以改造、扩展和裁剪；可以对它进行设计、开发、维护和发布；强调了迭代式开发	复杂和需求难以获取和确定的软件系统；软件开发项目有丰富的软件开发和管理经验

2. 二维开发模型

RUP 的软件开发生命周期是一个二维的软件开发模型，在坐标轴中，横轴表示时间组织，体现开发过程的动态结构；纵轴则以内容组织表示逻辑活动，体现开发过程的静态结构，图 13-4 给出了 RUP 软件的生命周期，即二维软件开发模型。

从图 13-4 中可以看出，横轴的生命周期特征包括初始、筹划、构造和转换 4 个阶段；而纵轴的内容组织包括 6 个核心过程工作流和核心支持工作流。另外，在二维模型图中，常用的术语包括周期、迭代、阶段、里程碑、活动、产物、工作者以及工作流等。

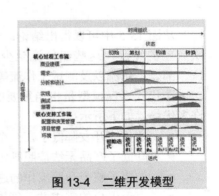

图 13-4　二维开发模型

3. 迭代式开发

软件系统在规模上、复杂性上、分布式以及重要性上的要求都在不断地提高，采用一般的线性开发方式已经无法完成对系统的完整定义，因此出现了迭代式开发。

通过多次不同的开发工作流，逐步确定一部分需求分析和风险，在设计、实现并确认这部分后，再去做下一部分的需求分析、设计、实现和确认工作，依次进行下去，直至整个项目完成。这样才能在逐步集成中更好地理解需求，构造一个健壮的体系结构，这个过程可以称为迭代的生命周期，即上一节所说的二维开发模型。

RUP 中的每一个阶段都可以进一步分解为迭代，一个迭代是一个完整的开发循环，产生一个可执行的产品版本是最终产品的一个子集，它增量式地发展，从一个迭代过程到另一个迭代过程到最终的系统。迭代过程有以下优点：

- 减小风险。
- 更加容易对变更进行控制。
- 高度的可重用性。
- 项目小组可以在开发中不断地学习。
- 整个项目的总体质量较佳。

在迭代的生命周期中，每一次顺序地通过都会被称为一次迭代，软件生命周期是迭代的连续。一次迭代包括了生成一个可执行版本的开发活动，还有使用这个版本所必需的其他辅助成分，如版本描述和用户文档等。图 13-5 给出了迭代式开发模型。

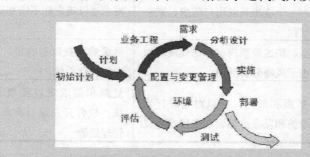

图 13-5　迭代式开发模型

从图 13-5 中可以得出结论：一次开发迭代在某种意义上来说，是在所有工作流中的一次完整的经过，这些工作流至少包括需求工作流、分析设计工作流、实施(即实现)工作流、部署工作流以及测试工作流等。

迭代式开发模型是相当重要的一个模型，与传统的开发模型(如瀑布模型)相比，它有许多优势。如下所示：

- 迭代式开发降低了在一个增量上的开支风险。
- 降低了产品无法按照既定进度进入市场的风险。
- 加快了整个开发工作的进度。
- 由于用户的需求并不能够在一开始就做出完全的节点，它们通常是在后续节点中不断变化的，因此，迭代式开发更加容易适应需求的变化。

13.4.4　RUP 六大开发经验

RUP 是以一种能够被大多数项目和开发组织适应的形式建立整个过程，它包含了六大开发经验：迭代式软件开发、需求管理、基于组件的架构应用、建立可视化的软件模型、软件质量验证以及软件变更控制。

(1) 迭代式软件开发

迭代式软件开发能够通过一系列细化和若干个渐进的反复过程形成有效解决方案，

RUP 专注于处理软件生命周期中每个阶段的最高风险，通过一系列的迭代过程和风险控制极大地减少了项目的风险。

(2) 需求管理

确定系统的需求是一个连续的过程，开发人员在开发系统之前不可能完全详细地说明一个系统的真正需求。RUP 通过一系列系统化的方式对各种软件密集型系统或应用程序的需求进行提出、组织、交流和管理。包含的主要内容如下：

- RUP 描述了如何提取、组织和文档化所需要的功能以及对这些功能的限制因素。
- 能跟踪和文档化项目的解决方案并对项目做出决策，有时候需要对方案和决策进行折中。
- 能够对商业需求进行捕获并且进行交流。

(3) 基于组件的架构应用

RUP 是以架构为中心的，该过程在开发之前关注开发和产生健壮的可执行体系结构的基线，描述如何设计灵活的、可替换的、方便直观理解的并且能够促进有效软件重用的弹性结构。

RUP 还为组件的架构提供了一个设计、开发以及验证的系统性方法，这些内容包括模板、架构风格、设计规则、设计规约以及管理过程等。

(4) 建立可视化的软件模型

RUP 常常与 UML 联系在一起，对软件系统建立可视化模型，帮助人们提供管理软件复杂性的能力。RUP 的可视化建模基础是 UML，RUP 指导了如何有效地使用 UML 进行建模，并且 RUP 在开发过程中开发和维护模型，帮助读者理解和找到解决方案。

(5) 软件质量验证

RUP 中软件质量评估不再是事后进行或单独小组进行的分离活动，而是内建于过程中的所有活动，这样可以提前发现软件中的缺陷。

软件质量关注两个方面的质量：产品质量和过程质量。产品质量应关注于可靠性、功能性、应用和系统性等方面并且根据需求进行验证；RUP 帮助开发人员计划、设计、实现、执行和评估，将软件产品质量评估内置于所有过程和活动中；另外，RUP 还针对如何验证和客观评价软件产品能否达到预期质量提出一系列的标准。

(6) 软件变更控制

RUP 通过软件开发过程中的制品，隔离来自其他工作空间的变更，以此为每个开发人员建立安全的工作空间。RUP 变更管理关注软件开发组织的需求变化，这是针对需求、设计和实现中的变更进行管理的一种系统性方法。而变更管理能力确定了每一个修改是可以接受的且能够跟踪，RUP 描述了如何控制、跟踪和监控修改，确保成功的迭代开发。

13.5 RUP 二维开发模型

从 RUP 的特点可以知道，RUP 软件开发生命周期是一个二维软件开发模型，并且它是沿着横轴和纵轴两个方向发展的。本节将详细介绍它们的相关知识。

13.5.1 时间维

时间维是 RUP 随着时间的动态组织。RUP 将软件生命周期划分为初始阶段、筹划阶段、构造阶段和转换阶段，每个阶段的结果都是一个里程碑，都要达到特定的目标。这里仍然参考如图 13-6 所示的 RUP 二维开发模型。

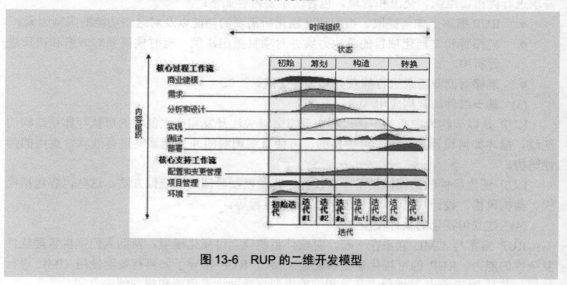

图 13-6　RUP 的二维开发模型

1．初始阶段

RUP 初始阶段需要为软件系统建立商业模型，并确定系统的边界。为此，需要识别出所有与系统交互的外部实体，包括识别出所有用例、描述一些关键用例，除此之外，还需要在较高层次上定义这些交互。商业系统将包括系统验收标准、风险评估报告、所需资源计划和系统开发规划。

(1) 初始阶段的输出如下所示：

● 系统蓝图文档，包括对系统核心需求、关键特性、主要约束等的纲领性描述。

● 初始的用例模型(占完整模型的 10%~20%)。

● 初始的项目词汇表。

● 初始的商业案例，包括商业环境、验收标准(例如税收预测等)和金融预测。

● 初始的风险评估。

● 确定阶段和迭代的项目规划。

● 可选的商业模型。

● 若干个原型。

(2) 初始阶段结束之前需要使用如下评估准则对初始阶段的成果进行认真评估，只有达到了这些标准，初始阶段才算完成，否则就应修正项目甚至取消项目：

● 风险承担人是否赞成项目的范围定义、成本/进度估计。

● 主要用例能够无歧义地表达系统需求。

- 成本/进度估计、优先级、风险和开发过程的可信度。
- 开发出的架构原型的深度和广度。
- 实际支出与计划支出的比较。

2. 筹划阶段

筹划阶段的主要任务是：分析问题域，建立合理的架构基础，制定项目规划，并消除项目中风险较高的因素。因此，应当对系统范围、主要功能需求和非功能需求有一个很好的理解。筹划阶段的活动必须保证架构、需求和规划有足够的稳定性，充分降低风险，进而估计出系统的开发成本/进度。

(1) 该阶段的输出是：

- 用例模型(占完整模型的 80%以上)，已识别出所有用例和角色，并完成了大多数用例的描述。
- 补充性需求，包括非功能性需求以及与特定用例无关的需求。
- 系统架构描述。
- 可执行的架构原型。
- 修正过的风险清单和商业案例。
- 整个项目的开发规划，包含了迭代过程和每次迭代的评价准则。
- 更新过的开发案例。
- 可选的用户手册(初步的)。

(2) 在筹划阶段结束之前，也需要使用包含如下问题的评价准则进行评价：

- 软件的前景是否稳定。
- 系统架构是否稳定。
- 当前的可执行版本是否强调了主要风险元素并已有效解决。
- 构建阶段的规划是否足够详细和准确，并有可靠的基础。
- 如果根据当前的规划来开发整个系统，并使用当前的架构，是否所有的风险承担者都认为系统达到了当前的需求。
- 实际资源支出与计划支出是否都是可接受的。

3. 构造阶段

构建阶段的主要工作是管理资源，控制运作，优化成本、进度和质量。在该阶段，组件和应用程序的其余性能被开发、测试并被集成到系统中。

(1) 构建阶段的输出是可以交付给用户使用的软件产品，它应该包括：

- 集成到适当平台上的软件产品。
- 用户手册。
- 对当前版本的描述。

(2) 在构建阶段结束以前，需要使用包含如下问题的评价准则进行评价：

- 当前的软件版本是否足够稳定和成熟，并可以发布给用户。
- 是否所有风险承担者都做好了将软件交付给用户的准备。
- 实际支出和计划支出的对比是否仍可被接受。

4. 转换阶段

RUP 的转换阶段需要将软件产品交付给用户。将产品交付给用户后，通常会产生一些新的要求，例如开发新版本、修正某些问题和完成被推迟的功能部件等。

(1) 转换阶段需要系统的一些可用子集达到一定的质量要求，并有用户文档，包括：

- 进行"beta 测试"，确认新系统已达到用户的预期要求。
- 将新、旧系统同时运行。
- 对运行的数据库进行转换。
- 训练系统用户和系统维护人员。
- 进行新产品展示。

(2) 评价 RUP 的转换阶段需要回答如下两个问题：

- 用户对系统是否满意。
- 开发系统的实际支出和计划支出的对比是否仍可被接受。

5. 迭代

RUP 中的每一个阶段都可以进一步细分为迭代，每个迭代都是一个完整的开发循环，在每一次迭代过程的末尾都会生成系统的可执行版本，每一个这样的版本都是最终版本的一个子集。系统开发增量式地向前推进，不断地迭代，直至完成最终的系统。

采用迭代的方法进行软件开发具有更灵活、风险更小的特点。通过不断地迭代，实现了软件的增量式开发。采用迭代方法开发的软件更易于根据用户需求的不断变化而做出调整，从而能够开发出充分满足用户需要的软件。

13.5.2 RUP 的静态结构

RUP 的静态结构是用工作人员、活动、产品和工作流等描述的，这些建模元素描述了什么人需要做什么、如何做，以及应该在什么时候做。

1. 工作人员、活动和产品

在 RUP 中，工作人员是指个体或者工作团队的行为和责任，分配给工作人员的责任包括完成某项活动，以及是一组产品的负责人。

某个工作人员的活动是承担这一角色的人必须完成的一组工作，活动通常用创建或者更新某些产品来表示，包括模型、类和规划等，诸如规划一个迭代、找出用例和角色、审查设计、执行性能测试等都是活动的例子。

产品是一个过程所生产、修改或者使用的一组信息，是工作人员参与活动时的输入和完成活动时的输出。产品的形式主要包括：

- 模型。例如用例模型。
- 模型元素。例如类、用例和子系统等。
- 文档。例如软件架构文档。
- 源代码。

2. 核心过程工作流

RUP 中的工作流程是由活动构成的活动序列，它包括 9 个核心工作流。其中有 6 个核心过程工作流(Core Process Workflows)和 3 个核心支持工作流(Core Supporting Workflows)。

(1) 商业建模(Business Modeling)

商业建模工作流程描述了如何为新的目标组织开发模型，并以此为基础在商业用例模型和商业对象模型中定义组织的过程、角色和责任。它是为了确定系统功能和用户需要。在商业建模工作流中需要建立如下模型：

● 上下文模型，该模型描述了系统在整个环境中所发挥的作用。

● 系统的高层需求模型，例如用例模型。

● 系统的核心术语表。

● 域模型，例如类图。

● 商业过程模型，例如活动图。

(2) 需求分析(Requirement)

需求工作流的目标是描述系统应该做什么，并使开发人员和用户就这一描述达成共识。为了达到这个目标，要对需要的功能和约束进行提取、组织、文档化；重要的是理解系统所解决问题的定义和范围。该工作流的主要结果是软件需求说明(SRS)。

(3) 分析和设计(Analysis and Design)

分析和设计工作流将需求转化成未来系统的设计，为系统开发一个健壮的结构并调整设计，使其与实现环境相匹配，优化其性能。分析设计工作的结果是一个设计模型和一个可选的分析模型。设计模型是源代码的抽象，由设计类和一些描述组成。设计类被组织成具有良好接口的包和子系统，而描述则体现了类的对象如何协同工作，实现用例的功能。

(4) 实现(Implementation)

实现工作流的内容有 4 个，其具体说明如下：

● 用层次化的子系统形式描述程序的组织结构。

● 用组件的形式实现系统中的类和对象，例如源文件、可执行文件、二进制文件等。

● 将系统以组件为单元进行测试。

● 将所有已开发的组件组装成可执行的系统。

(5) 测试(Test)

RUP 提出了迭代的方法，意味着在整个项目中进行测试，从而尽可能早地发现缺陷，从根本上降低了修改缺陷的成本。测试类似于三维模型，分别从可靠性、功能性和系统性能来进行。而测试工作流的作用就是要验证对象间的交互作用，验证软件中所有组件的正确集成，检验所有的需求已被正确地实现，识别并确认缺陷在软件部署之前被提出并处理。

(6) 部署(Deployment)

部署工作流的目的是成功地生成版本，将软件分发给最终用户。它描述了与确保软件产品对最终用户具有可用性相关的活动，包含软件打包、生成软件本身以外的产品、安装软件、为用户提供帮助。在某些情况下，还可能包含有计划地进行测试、移植现有的软件和数据以及正式验收。部署工作流的内容包括 3 部分，如下所示：

- 打包、发布、安装软件、升级旧系统。
- 培训用户及销售人员并提供技术。
- 制定并实施测试。

注意：虽然核心过程工作流看似瀑布模型中的几个阶段，但是在迭代过程中这些工作流是一次又一次地重复出现的，这些工作流在项目中被轮流执行，在不同的迭代中以不同的侧重点被重复。

3．核心支持工作流

核心支持工作流配置和变更管理、项目管理和环境 3 个部分。

(1) 配置和变更管理(Configuration and Change Management)

跟踪并维护系统所有产品的完整性和一致性。配置和变更管理工作流描绘了如何在多个成员组成的项目中控制大量的产物，同时提供准则来管理演化系统中的多个变体，跟踪软件创建过程中的版本。工作流描述了如何管理并行开发、分布式开发，如何自动化创建工程。同时也阐述了对产品修改的原因、时间、相关人员的审计记录。

(2) 项目管理(Project Management)

项目管理工作流为计划、执行和监控软件开发项目提供可行性的指导；为风险管理提供框架。软件项目管理平衡各种可能产生冲突的目标，管理风险，克服各种约束并成功交付使用户满意的产品。其目标包括以下两个方面：

- 为项目的管理提供框架。
- 为计划、人员配备、执行和监控项目提供实用的准则。

(3) 环境(Environment)

环境工作流为组织提供过程管理和工具的支持，其目的是向软件开发组织提供软件开发环境。环境工作流集中于配置项目过程中所需的活动，同样也支持开发项目规范的活动，提供了逐步的指导手册并介绍了如何在组织中实现过程。

13.6 RUP 工作流程

为了对迭代的特定短期目标进行分割并组织迭代开发秩序，将迭代过程划分为 4 个连续阶段：初始阶段、细化阶段、构造阶段和交付阶段。每一个阶段本质上是两个里程碑之间的时间跨度，在每个阶段的结尾执行一次评估，以确定这个阶段的目标是否已经满足。如果评估结果令人满意的话，可以允许项目进入下一个阶段。

13.6.1 初始阶段

初始(Inception)阶段的目标是为系统建立商业案例并确定项目的边界，为了达到项目的目的，必须识别所有与系统交互的外部实体，在较高层次上定义交互的特性。该阶段主要进行的活动如下。

(1) 明确说明项目规模，了解环境以及最重要的需求和约束，以便可以得出最终产品的验收标准。

(2) 计划和准备商业理由。评估风险管理、人员配备、项目计划以及成本、进度、收益折中的备选方案。

(3) 明确区分系统的关键用例和主要的功能场景。

(4) 展现或演示至少一种符合主要场景要求的候选软件体系结构。

(5) 对整个项目做出最初的项目成本和日程估计。

(6) 估计潜在的风险。

(7) 准备项目的环境。

在初始阶段输出的产品有 6 种：总体蓝图、原始用例模型、原始项目术语表、原始商业案例、原始的风险评估以及一个或者多个原型等。生命周期目标(Lifecycle Objective)里程碑评价项目基本的生存能力，它是初始阶段结束时的最重要里程碑。

初始阶段完成后，需要对该阶段进行评审，确定该阶段是否达到目标。其评估标准如下所示：

● 出资人同意系统范围定义以及费用和进度评估。

● 主要用例是否符合要求。

● 费用和进度评估、优先级、风险以及开发过程的可信性。

● 任何已开发的原型的深度和广度。

● 实际开销与计划开销。

13.6.2　细化阶段

细化(Elaboration)阶段决定了是否将项目提交到构造和交付阶段，该阶段的目标是一个由产品质量级别构件组成可进化的原型。其主要目标是：分析问题领域、建立体系结构基础、编制项目计划、淘汰项目中最高风险的元素。

(1) 细化阶段主要进行的活动有 6 个，如下所示：

● 确保软件结构、需求、计划足够稳定，并且确保项目的风险已经降低到能够预计完成整个项目的成本和日程的程度。

● 针对项目的软件结构上的主要风险已经解决或处理完成。

● 通过完成软件结构上的主要场景，建立软件体系结构的基线。

● 建立一个包含高质量组件的可演化的产品原型。

● 说明基线化的软件体系结构可以保障系统的需求，可以控制在合理的成本和时间范围内。

● 建立好产品的支持环境。

(2) 与初始阶段一样，细化阶段也输出多个产品，这些产品如下所示：

● 所有的用例都被识别，而且大多数用例描述被开发。

● 补充捕获非功能性要求和非关联于特定用例要求的需求。

- 软件体系结构描述可执行的软件原型。
- 经过修订的风险清单和商业案例。
- 总体项目的开发计划,包括纹理较粗的项目计划、显示迭代过程和对应的审核标准。
- 指明被使用过程中更新过的开发用例。
- 用户手册的初始版本,该内容是可选的。

(3) 细化阶段的工作量,至少处理初始阶段中识别的关键用例,生命周期的结构里程碑是细化阶段结束的里程碑,细化阶段完成后,也需要进行评估预测。其评估标准如下:

- 标明用例模型中的用户和参与者,并且建立用例的描述文档,用例模型需完成 80%。
- 创建软件系统开发过程中的软件结构的描述文档。
- 创建可执行的系统原型。
- 细化商业案例和风险列表。
- 创建整个项目的开发计划。

初始阶段的焦点是需求和分析工作流,而细化阶段的焦点是需求、分析和设计工作流,该阶段确保了结构、需求、计划是足够稳定的,风险被充分减轻的,可以为开发结果预先决定成本和日程安排。

13.6.3　构造阶段

在构造(Construction)阶段,所有剩余的组件和应用程序功能被开发,并集成为产品,所有的功能被详细测试。从某种意义上来讲,构造阶段是一个制造过程,其重点放在管理资源以及控制运作以优化成本、进度和质量。

在该阶段中的活动目标包括 7 点,如下所示:

- 通过优化资源和避免不必要的返工,达到开发成本的最小化。
- 根据实际需要形成各个版本。
- 对所有必需的功能完成分析、设计、开发和测试工作。
- 采用循序渐进的方式开发出一个可以提交给最终用户的完整产品。
- 确定软件站点用户都为产品的最终部署做好了准备。
- 实现一定程度上的并行开发制度。

构造阶段的焦点是实现工作流,该阶段的输出产品非常简单,主要包括:交付给最终用户的产品、最小包括特定平台上的集成产品、用户手册以及当前版本描述。

构造阶段结束时是第三个重要的里程碑:初始功能(Initial Operational)里程碑。初始功能里程碑决定了产品是否可以在测试环境中进行部署。在该阶段,评审预估时的标准如下所示:

- 当前的软件版本是否稳定和成熟,并且可以发布给用户。
- 是否所有风险承担者都做好了将软件交付给用户的准备。
- 实际支出和计划支出的对比是否仍可以被接受。

13.6.4 交付阶段

顾名思义，交付(Transition)阶段确保了软件对最终用户是可用的，简单地说，就是需要将软件产品交付给用户。交付阶段可以跨越几次迭代，包括为发布做准备的产品测试，基于用户反馈的少量的调整。交付阶段进行的主要活动如下：

- 进行 Beta 版测试，按用户的要求验证新系统。
- 替换旧的系统。
- 对用户和维护人员进行培训。
- 开始调整活动，例如调试、性能或可用性的增强。
- 与用户达成共识，配置基线与评估标准一致。

交付阶段的焦点是实现和测试工作流，在交付阶段的终点是第四个里程碑：产品发布(Product Release)里程碑。此时，要确定目标是否实现，是否应该开始另一个开发周期。在一些情况下，这个里程碑可能与下一个周期的初始阶段的结束重合。

相关人员在评价 RUP 的交付阶段时，需要回答两个问题。如下所示：

- 用户对系统是否满意。
- 开发系统的实际支出和计划支出的对比是否仍可被接受。

13.7 RUP 的核心工作流

工作流描述了能够产生若干个有价值、有意义结果的活动序列，显示了角色之间的交互作用。RUP 中包含了 9 个核心工作流，其中又分为 6 个核心过程工作流和 3 个核心支持工作流。RUP 中的 9 个核心工作流在项目中轮流被使用，而且在每一次迭代中以不同的重点和强度重复。

13.7.1 商业建模

商业建模(Business Modeling)工作流描述了如何为新的目标组织开发一个构想，并且基于这个构想在商业用例模型和商业对象模型中定义组织的过程、角色和责任。

商业建模工作流也被称为业务建模工作流，在该工作流中提供了一些文档与模型。它们主要包括：商业逻辑建模(Use Case)、业务需求说明书、专业词汇表、风险说明和复审说明书等。

13.7.2 需求

需求(Requirement)工作流的目标是描述系统应该做什么，并使开发人员和用户就这一描述达成共识。该工作流的主要目的如下：

- 了解目标组织(将要在其中部署系统的组织)的结构和机制。
- 了解目标组织中当前存在的问题并确定改进的可能性。

● 确保客户、最终用户和开发人员就目标组织所达成的共识。

● 导出支持目标组织所需的系统需求。

为了达到这些目的，要对需要的功能和约束进行提取、组织、文档化；最重要的是理解系统所解决问题的定义和范围。

在需求工作流中主要包含 5 个活动，这些活动如下所示。

(1) 确定参与者和用例

在该活动中需要进行 4 个步骤：确定参与者、确定用例、简要描述每个用例和构造用例模型，根据这 4 个步骤，可以确定参与者和用例的工作流程，其工作流程的最终效果如图 13-7 所示。

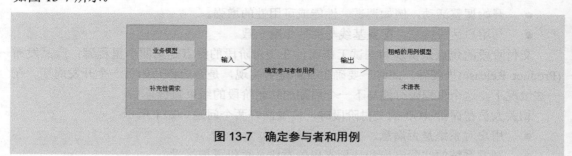

图 13-7　确定参与者和用例

(2) 区分用例优先级

需求工作流中区分优先级时，需要确定用例模型中用例开发的先后顺序。例如有些用例模型可能会在早期迭代进行中进行开发，而另一些用例模型可能会在后期迭代进行中进行开发。如图 13-8 给出了区分用例优先级时的工作流程图。

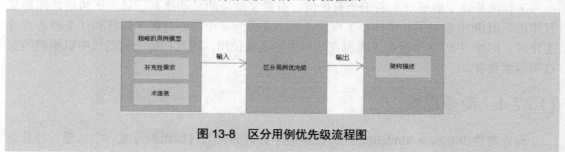

图 13-8　区分用例优先级流程图

(3) 详细描述用例

详细描述用例包含建立用例说明、确定用例说明中的内容以及对用例行形式化描述 3 个步骤，图 13-9 给出了该活动的流程图。

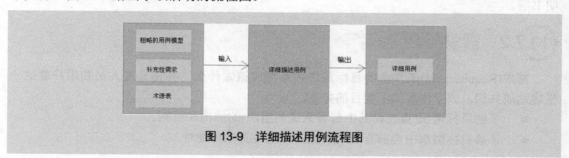

图 13-9　详细描述用例流程图

(4)　构造 GUI 和用例原型

　　构造 GUI 原型也可以说用来构造用户界面，该活动由逻辑 GUI 设计、实际 GUI 界面设计和构造原型组成；而用例模型则是为了描述通用的用例功能说明。图 13-10 和图 13-11 分别给出了这两个活动的流程图。

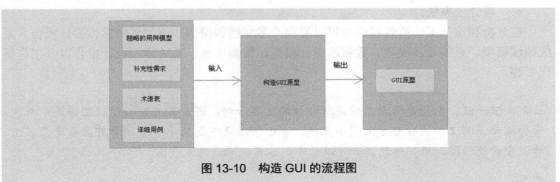

图 13-10　构造 GUI 的流程图

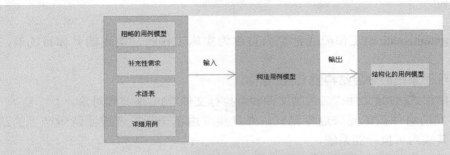

图 13-11　构造用例原型的流程图

13.7.3　分析和设计

　　分析和设计(Analysis and Design)工作流的目的是将业务需求转换为未来系统的设计，逐步开发健壮的系统框架，使设计适合于实施环境，并且为提高性能而进行设计。

　　分析的主要工作是从初始阶段的末尾开始进行的，但是大部分时间都是在细化阶段进行的。通常情况下，在对系统进行需求获取的同时，也需要进行分析。

　　(1)　分析工作流程中包含以下 4 个活动：

● 进行架构分析，确定分析包、粗略的分析类和公用的需求，粗略地勾画系统的分析模型和架构。

● 分析用例活动中所需要进行的工作。

● 根据分析类在用例实现中的角色确定其职责，确定其属性和参与者的关系，获取对应的特殊需求。

● 为了保证分析包的独立性，需要对包进行分析。

　　获取系统的需求和分析工作完成后，接下来就是设计工作了。

　　(2)　在设计工作流中，也包括以下 4 个活动：

● 通过架构设计识别节点、子系统、接口以及网络配置。

● 通过用例活动识别设计类或子系统，把用例的行为分配到有交互作用的设计对象或者所参与的子系统中。

● 通过设计类实现在用例实现中以及非功能性需求中所需要的角色。

● 设计子系统。

在分析和设计工作流过程中也可以提供许多文档和模型，例如系统总体设计报告、系统领域模型、系统设计模型、数据库设计模型、数据字典、系统详细设计报告以及工作量化书等。

试一试：无论是需求工作流所包含的主要活动，还是其他核心过程工作流中所包含的活动，其工作流程都是大同小异的。本小节以及下面的小节中，都可以参考需求工作流中的流程图，感兴趣的读者可以动手创建其他活动的流程图。

13.7.4 实现

(1) 实现(Implementation)工作流通常也会被称为实施工作流，实现的具体目的有 3 个。如下所示：

● 对照实现子系统的分层结构定义代码结构。

● 以组件的形式(如源文件、二进制文件和可执行文件等)实现类和对象。

● 对已开发的组件按单元来进行测试，并且集成由单个开发者或团队所产生的结果，使其成为可执行的系统。

实现工作流是细化阶段的重要内容，它的范围仅限于如何对各个类进行单元测试，系统测试和集成测试将在测试工作流程中进行说明。

(2) 在实现工作流中包含了 5 个活动，这些活动的说明如下：

● 架构实现，其主要过程包括识别架构的关键组件，并且将相关的网络配置映射到节点上。

● 创建集成的构造计划，描述迭代中需要的内容，在集成测试前集成每一个构造。

● 实现一个子系统，其目的是为了保证子系统扮演它在每一个构造中的角色。

● 在一个文件组件中实现一个设计类。

● 把已经实现的组件作为个体单元进行测试，即执行单元测试。

另外，与分析和设计工作流一样，在实现工作流过程中也提供了一些文档与模型，例如实现总结书、实现模型、系统集成书、代码审核意见书、源代码、用户使用手册、错误解决记录手册以及组件和说明等内容。

13.7.5 测试

测试(Test)工作流也是核心工作流中很重要的一个内容，它找到了软件产品过程中的漏洞和缺陷。测试工作流贯穿于整个系统开发，通常占到系统开发总工作量的 40%以上。其目的如下：

- 验证对象之间的交互作用。
- 验证软件的所有组件是否正确集成。
- 检验所有的需求是否已经正确实现。
- 认识并确定缺陷，并且在软件部署之前将缺陷提出并进行处理。

与前几个核心工作流相比，测试工作包含的活动产品比较多，如测试模型、测试组件、测试用例、测试计划、测试规程以及评估测试等。这些产品的主要说明如下。

(1) 测试模型

该产品是测试用例、测试规格和测试组件的集合。测试模型主要描述如何通过集成测试和系统测试对实现模型中的可执行组件进行测试。测试模型也可以管理将要在测试中使用的测试用例、测试规格和测试组件。

(2) 测试组件

该产品自动执行一个或者多个测试规程，通常是由脚本语言或者编程语言开发的。

(3) 测试用例

该产品详细描述了使用输入或者结构测试什么以及能够进行测试的条件。

(4) 测试计划

测试计划对测试策略、所用资源和测试进度进行了详细规定。

(5) 测试规程

测试规程描述了应如何执行一个或者多个测试用例。可以使用测试规则来对测试用例进行说明，也可使用同样的测试规则说明不同的测试用例。

(6) 评估测试

评估测试是对系统测试工作所做的评估。

RUP 中已经提出了迭代开发模型，这将意味着从整个项目中进行测试，可能会尽早地发现缺陷，从而降低了修改缺陷时的成本信息。

从某种意义上来讲，测试工作流类似于三维模型，分别从可靠性、功能性和系统性进行不同的说明。

13.7.6 部署

部署(Deployment)工作流描述了那些与软件产品对最终用户具有可用性相关的活动，其主要内容包括软件打包、生成软件本身以外的产品、安装软件以及为用户提供相应的帮助等。

部署工作流的目的在于成功地生成版本，且将软件分发给最终的用户。在某些情况下，部署工作流中可能包括计划、移植现有的软件、进行测试和数据正式验证等内容。

13.7.7 配置和变更管理

配置和变更管理(Configuration and Change Management)工作流提供了一些准则，来管理演化系统中的多个变体，并且跟踪软件创建过程中的版本。

该工作流所包含的主要内容如下：

- 描述如何管理和并行开发。
- 描述如何进行分布式开发。
- 描述如何自动化地创建工程。
- 阐述对产品修改的原因、时间和人员保持审计记录。

13.7.8 项目管理

项目管理(Project Management)工作流中平衡各种可能产生冲突的目标、管理风险，克服各种约束并成功交付使用户满意的产品。该工作流的目标如下：

- 为项目的管理提供框架。
- 为计划、人员配备、执行和监控项目提供实用的准则。
- 为管理风险提供框架。

13.7.9 环境

与配置和变更管理、项目管理工作流一样，环境(Environment)工作流也属于核心支持工作流，其目的是向软件开发组织提供软件开发的环境，开发环境包括开发工具和过程。

环境工作流集中配置了项目活动过程中所需要的活动，也支持开发项目规范的活动，此外，环境工作流中也提供逐步的指导手册，并介绍如何在组织中实现过程。

13.8   如何在过程中使用 UML

由于 UML 只是一种建模语言，没有过程。所以在本节之前对 UML 统一过程进行了详细的讲解。过程的结果是一组有关系统的文档(模型、图和其他描述)，以及对最初问题的解决方案。

最后我们讨论一下使用 UML 的过程必须要具备的特征，这就是以架构为中心、用例驱动，支持迭代和递增的开发过程。

13.8.1 以架构为中心

使用 UML 的过程是以架构为中心的一个过程。也就是说，一个确定的基本系统架构是非常重要的，并且在过程的早期就要建立这个架构。系统架构是由不同模型的一组视图表达的，一般包括组件视图、逻辑视图、并发视图和部署视图，而用例视图则把这 4 种视图联系在一起，如图 13-12 所示。

架构是系统的映射，它定义了系统的不同组件部分、它们之间的关系和交互/通信机制，以及一些整体规则。

图 13-12   UML 视图的系统架构

13.8.2　用例驱动

在使用面向对象开发一个项目时，最典型的步骤是从收集需求的用例技术开始，然后分析和设计类图，最后主要的工作是编写代码。整个过程的每个小步骤都是迭代进行的，但总体来看又遵循需求、分析、设计和编码这几个主要步骤。由于 UML 包含了对系统功能的描述，所以它们影响了所有的阶段和视图，如图 13-13 所示。通过用例把需求、分析、设计、实现和测试这些工作流程绑定在一起。

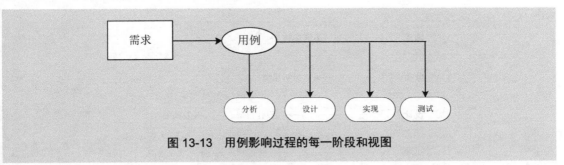

图 13-13　用例影响过程的每一阶段和视图

在分析阶段，使用用例来描述所要求的功能，并由客户确定这些功能；在设计和实现阶段，必须实现用例；最后在测试阶段，由用例对系统进行验证。它们是测试用例的基础。

13.8.3　UML 对迭代开发的支持

在图 13-14 中，表示了 UML 主要的图之间的关系，箭头表示"输入"关系。该图从更深一层表示了面向对象建模的基础，UML 不同模型之间的关系反映了面向对象建模的迭代特性。

图 13-15 从另一种略微不同的角度展示了 UML 的建模技术，是一种顺序的过程。其中，矩形之间的线代表"由某某某建档"关系。例如，活动图是用来为类图和对象建档的。

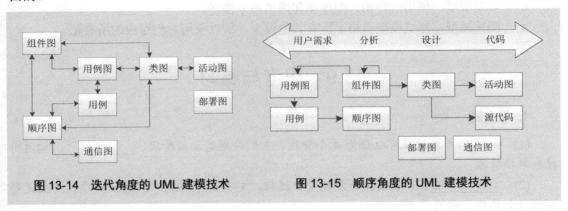

图 13-14　迭代角度的 UML 建模技术　　**图 13-15　顺序角度的 UML 建模技术**

无论是图 13-14 还是图 13-15，都显示了面向对象建模过程的一个性质：从大的角度来看是一个顺序过程，而从小的角度来看是一个迭代开发的过程。

13.8.4 UML 图与工作流程之间的关系

模型是对系统进行可视化、指定、构造和编制文档的手段和工具。在统一过程中的每个工作流程都有相应的模型来描述，对应每个流程可以有一个或者多个模型。而这些就是用 UML 图来表达的，UML 的图为模型图提供了视图，如图 13-16 所示。

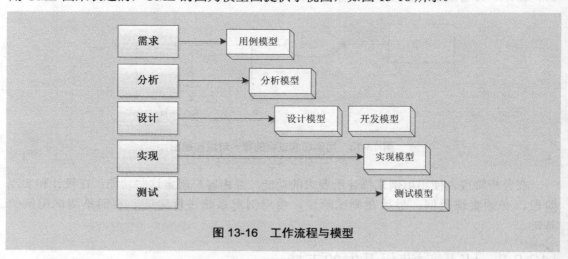

图 13-16　工作流程与模型

每个模型都是用一种或者多种 UML 图来描述的，它们之间的对应如下。

- 用例模型：使用用例图、顺序图、通信图、活动图和状态图来描述。
- 分析模型：使用类图和对象图(包括子系统和包)、顺序图、通信图、状态图和活动图来描述。
- 设计模型：使用类图和对象图(包括子系统和包)、顺序图、通信图、状态图和活动图来描述。
- 开发模型：使用部署图(包括活动类和组件)、顺序图和通信图来描述。
- 实现模型：使用组件图、顺序图和通信图来描述。
- 测试模型：测试模型引用了所有其他模型，所以使用它们对应的所有图。

13.9　思考与练习

1. 填空题

(1) RUP 的开发过程可以分为 4 个阶段，它们分别是初始阶段、_____、构造阶段和转换阶段。

(2) _____贯穿于系统开发的整个过程，它开始于 RUP 的初始阶段，并且是筹划阶段和构建阶段的重点。

(3) _____通常被划分成一些嵌套的子过程，在最底层的过程是不可分的原子成份。

(4) 针对质量制定效率目标，并收集、测量相应指标，这属于 CMM 的_____级。

(5) 将最终产品转交给用户使用，这是属于 RUP 工作流程的_____阶段。

(6) 系统架构的各个视图使用_____把它们联系在一起。

2. 选择题

(1) 下列不属于软件开发过程的是_____。

    A. RUP   B. OOP   C. OOSP   D. XP

(2) 通过不断查找导致低效的原因，持续地改进软件过程，这属于哪个等级的工作。

    A. 优化级   B. 已管理级   C. 已定义级   D. 可重复级

(3) 关于 RUP 二维空间，下面说法错误的是_____。

    A. RUP 不仅仅是一个简单的过程，而且它是一个通用的过程

    B. RUP 将软件生命周期划分为初始阶段、筹划阶段、构造阶段和转换阶段

    C. RUP 软件开发生命周期是一个二维软件开发模型，且它仅仅沿着横轴发展

    D. RUP 软件开发生命周期是一个二维软件开发模型，且它沿着横轴和纵轴两个方向发展

(4) RUP 裁剪的过程分为以下几个步骤，下面选项_____是正确的。

① 确定 4 个阶段之间如何演进。

② 确定每个阶段内的迭代计划，规划 RUP 的 4 个阶段中每次迭代开发的内容。

③ 确定本项目需要哪些工作流。

④ 确定每个工作流需要哪些制品。

⑤ 规划工作流的内部结构，它通常用活动图的形式给出。

    A. ①、②、③、④、⑤   B. ⑤、①、②、③、④

    C. ⑤、④、①、②、③   D. ③、④、①、②、⑤

(5) RUP 开发周期分为 4 个阶段，初始阶段的任务是_____。

    A. RUP 初始阶段需要为软件系统建立商业模型并确定系统的边界

    B. 将软件产品交付给用户

    C. 管理资源，控制运作，优化成本、进度和质量

    D. 分析问题域，建立合理的架构基础，制定项目规划，并消除项目中风险较高的因素

(6) RUP 是迭代式的开发模型，与传统的瀑布模型相比，它的好处不包括_____。

    A. 降低了整个开发工作的进度

    B. 降低了产品无法按照既定进度进入市场的风险

    C. 降低了在一个增量上的开发风险

    D. 更加容易适应需求的变化

第14章

UML 与 Java 语言映射

开发 Java 应用程序时，开发者要想有效地利用统一建模语言(UML)，必须全面理解 UML 元素以及这些元素如何映射到 Java。

类图是最常用的 UML 图，它用于描述系统的结构化设计。其中包括类关系以及与每个类关联的属性及行为。类图能出色地表示继承与合成关系。为了将类图作为一种高效的沟通工具使用，开发者必须理解如何将类图上出现的元素转换到 Java 中。这也是本章重点介绍的内容，包括转换 Java 类的方法和原则，实现类间关联的方法，泛化的转换以及特殊模型的映射等。

本章重点：

- 掌握将模型元素转换为 Java 类的步骤
- 熟悉模型到 Java 类的转换原则
- 掌握基本关联的映射
- 熟悉可选对多、可选对可选、关联类的实现
- 熟悉聚合和组合关联的实现
- 熟悉包、接口和枚举的 Java 实现

14.1   模型映射为 Java 的实现

UML 模型图中的很多元素可以用面向对象程序设计语言直接实现。例如，可以将 UML 类图中的类作为 Java 类实现，将泛化使用继承实现等。

为了方便描述，下面将 UML 类图中的类称为 UML 类，将 Java 中的类称为 Java 类。在 Java 中，一个类一般由数据成员集合、成员函数声明集合、可见性与类名 4 部分组成。各部分含义如下。

- 数据成员集合：即属性集合，一个类可以没有或者包含多个数据成员。
- 成员函数声明集合：即 Java 类中声明的函数原型的集合，实际上描述了一个类的对象所能提供的服务。一个类可以没有或者包含多个函数原型。
- 可见性：成员的可见性分为私有(private)、受保护(protected)和公有(public)三种类型。其中私有成员仅在本类中可见，受保护成员在本类及子类中可见，公有成员在所有类中可见。
- 类名：Java 中的类等同于类型，类名实际上是类型声明符，可用它来声明对象。

14.1.1   转换为 Java 类

Java 类的定义如下：

```
修饰符 class 类名 {
    //类成员
}
```

Java 区分字母的大小写，因此 I 和 i 是不同的两个内容。Java 类必须以"类名.java"为文件名进行保存。

【例 14.1】

如图 14-1 所示为 UML 模型中的学生类，该类有学号 (sid)、姓名(name)、性别(sex)和出生日期(birthday)这 4 个属性，以及学习(study)和吃饭(eat)两个操作，其中属性为私有的，操作为公有的。

Student	
− sid	: int
− name	: java.lang.String
− sex	: java.lang.Boolean
− birthday	: java.util.Date
+ study ()	: int
+ eat ()	: int

图 14-1   学生类 Student

要将 Student 类转换为 Java 类，首先需要创建一个 Student.java 文件。其中应该包含如下所示转换后的 Java 代码：

```
import java.util.*;

public class Student {
    private int sid;                    //学号
    private java.lang.String Name;      //姓名
    private java.lang.Boolean Sex;      //性别
    private java.util.Date Birthday;    //出生日期

    public int Study() {                //学习
```

```
    return 0;
  }

  public int Eat() {                    //吃饭
    return 0;
  }

}
```

14.1.2 转换原则

上面给出的示例只是非常简单的情况，关于 UML 类(UML 模型中的类)向 Java 类(用 Java 语言定义和实现的类)的转换，还有一些较复杂的细节，本节将详细介绍。

在 UML 模型中，符号"+"可以表示类中的特性和操作对外部可见，符号"–"表示只在本类中可见，符号"#"表示只在本类以及本类的派生类中可见。相应地，在 Java 语言中，关键字 public、private 和 protected 可用来表示类中数据成员或者成员函数的可见性。

在 UML 模型中，如果属性带有下划线，则表示该属性为静态属性。这一类静态属性拥有单独的存储空间，类的所有对象都共享该空间。

静态属性的定义必须出现在类的外部，并且只能定义一次。类似地，如果 UML 类中的操作带有下划线，则表示该操作为静态操作。这一种操作是为类的所有对象而非某些对象服务的。静态操作将转换为 Java 类中的静态成员函数，它们不能访问一般的数据成员，只能访问静态数据成员或者调用其他的静态成员函数。在 Java 中，关键字 static 可用来说明静态数据成员或者静态成员函数的作用域。

在 UML 模型中，如果类的操作名以斜体表示，或者操作名后面的特性表中有关键字 abstract，则表示该操作为抽象操作。该类操作在基类中没有对应的实现，其实现是由派生类去完成的。包含抽象操作的类是不能被实例化的抽象类。在 Java 中，与抽象操作对应的机制为虚函数。

如果 UML 类的名字以斜体表示，或者类名之后的特性表中具有关键字 abstract，则该类就是抽象类。这时，如果该类中不包含抽象方法，在用 Java 实现时应将构造函数的可见性设为 protected 类型。

UML 类中，操作名后的特性表中可能具有关键字 query 或者 update，如果 query 为真，则表明该操作不会修改对象中的任何属性，也就是说，该操作只对对象中的属性进行读操作；如果 update 为真，则表示该操作可对对象中的属性进行读访问和写访问。相应地，在 Java 中，如果一个成员函数被声明为 const 函数，那么该函数就只能对对象中的数据成员进行读操作。而如果成员函数没有被声明为 const 函数，则该函数将被看作要修改对象的数据成员。

在 Java 中，可使用关键字 const 来规定函数参数的可修改性。如果用 const 对某个函数形参进行限制，那么在函数体内就不能再对其进行写访问，否则，编译程序就会报错。

如果在 UML 类中没有使用<<constructor>>和<<destructor>>修饰操作，则通常会自动生成默认的构造函数和析构函数。在 Java 中，复制构造函数使用相同类型的对象引用作为它的参数，以用于根据已有类创建新类。如果 UML 类中具有抽象操作，也就是对应的 Java 类中包含抽象函数，则在转换时应自动生成抽象析构函数。

综上所述，在将 UML 类转换为 Java 类时，可遵循如下所示的规则：

- 可将 UML 类中的 "+"、"−" 和 "#" 修饰符分别转换为 Java 类中的 public、private 和 protected 关键字。
- 将 UML 类中带有下划线的特性或者操作转换为 Java 类中的静态数据成员或者静态成员函数。
- 从 UML 类转换而成的 Java 类中应该具有默认的构造函数和析构函数。
- 如果 UML 类中操作的特性表中具有关键字 abstract 或者操作名用斜体表示，那么就应将该操作转换为 Java 类中的抽象成员函数，相应的析构函数应为抽象析构函数。
- 如果 UML 类中操作的特性表中 query 特性为真，则应将该方法转换为 Java 类中的 const 成员函数。
- 如果 UML 类中操作的特性表中 update 属性为真，则应将该方法转换为 Java 类中的非 const 成员函数。
- 如果 UML 类的名字以斜体表示或者类名后的特性表中具有 abstract 关键字，则应将相应构造函数的可见性设置为 protected。

通常情况下，在 UML 模型中，不仅包含若干个类，而且类与类之间还存在这样那样的关系，例如关联关系、聚合关系、泛化关系等。这时，不仅需要将 UML 类转换为 Java 类，而且还需要转换类与类之间的关系。

14.2   实现常见关联

在 UML 中的关联可通过嵌入指针实现，也可通过语言提供的关联对象来实现。由于 Java 和大多数语言一样，没有提供指针，因此，在将 UML 类转换为 Java 类时，类之间的关联关系可以用关联对象来实现。

在转换时，关联端点上的角色名可实现为相关类的属性，可见性通常使用 private。关联角色在类中的具体实现受关联多重性的影响，可分为三种情况：

- 如果多重性为 1，则相应类中应包含一个指向关联对象的变量。
- 如果多重性大于 1，在相应类中应包含由关联对象指针构成的集合。
- 如果关联多重性大于 1 而且有序，则相应类中应包含有序的关联对象变量集合。

除此之外，相应的类中还应包含对变量进行读写的成员函数，以维护类之间的关联关系。

14.2.1   基本关联

这里的基本关联指的是单向关联和双向关联，下面详细介绍如何使用 Java 语言实现它们。

(1) 单向关联

在实现时，可将关联角色作为位于关联尾部的类属性，并且还应在相应类中包含对该属性进行读写的函数。

(2) 双向关联

在实现时，可将关联角色作为所有相关类的属性，并在每个类中都包含对这些属性进行读写的函数，还要将每个类都声明为其他类的内部类。

【例 14.2】

图 14-2 给出的顾客和商品之间的关系就是一个双向关联。

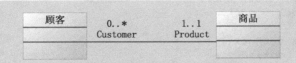

图 14-2　顾客与商品之间的关系

根据上面的描述，顾客类 Customer 和商品类 Product 的 Java 实现如下：

```java
class Customer {                              //顾客类
    private Product product;                  //关联商品类
    public Product getProduct() {             //读取函数
        return product;
    }
    public void setProduct(Product product) {  //写入函数
        this.product = product;
    }
}
class Product {                               //商品类
    private Customer customer;                 //关联顾客类
    public Customer getCustomer() {            //读取函数
        return customer;
    }
    public void setCustomer(Customer customer) { //写入函数
        this.customer = customer;
    }
}
```

14.2.2　强制对可选或者强制关联

图 14-3 给出了图书与借阅记录之间的强制对可选关联，表示一本图书可以没有借阅记录，有且最多只能有一条借阅记录。

在实现这种强制对可选关联时，需要在 Book 类添加一个指向 Record 类对象的变量，而在 Record 类中也应该添加一个指向 Book 类对象的变量。在该关联中，Book 类对 Record 类而言是强制的，因此在创建 Record 类对象时，应在其中设置指向 Book 类对象的变量，并且应当在 Record 类的构造函数中进行。

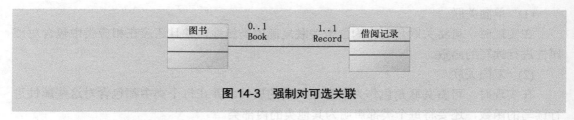

图 14-3　强制对可选关联

如下所示为用 Java 语言实现 Record 类的文件:

```
class Record {
    Book book;                        //指向 Book 类的变量
    public Record(Book book) {        //构造函数
        this.book = book;
    }
    public Book getBook() {
        return book;
    }
    public void setBook(Book book) {
        this.book = book;
    }
}
```

【例 14.3】

假设 Book 类的一个对象以强制对可选的方式与类 Record 的对象关联,那么在更新时,应先将类 Record 的对象和未与任何 Record 的对象关联的类 Book 的对象关联起来,然后将原类 Book 对象中指向类 Record 对象的变量清空。

图 14-4 给出了订单与收货人之间的强制对强制关联关系,表示一个订单有且只能有一个收货人。如果要实现如图 14-4 所示的强制对强制关联,Order 类和 Address 类中都应包含一个指向对方对象的变量。因为从 Order 类到 Address 类和从 Address 类到 Order 类的关联都是强制的,所以在这两个类中都应包含以对方的对象为参数的构造函数,以确保关联的语义。但是这在逻辑上又是行不通的,因此应当在其中一个类中包含一个不以另一个类的对象为参数的构造函数。此时,关联的语义将由开发人员来确保。

图 14-4　强制对强制关联

14.2.3　可选对可选关联

图 14-5 给出了 ClassA 类和 ClassB 类之间存在的可选对可选关联关系。在将这种关联关系使用 Java 实现时,这两个类中都应包含一个指向对方对象的变量;而如果要更新这种关联,则应先删除原有的关联。

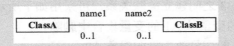

图 14-5 可选对可选关联

当更新这种关联关系时，首先应该删除原来的关联，然后才能建立新的关联。例如，在图 14-6 中，对象 A1 与 B1 之间、A2 与 B2 之间原来都具有可选对可选关联关系(图中的箭头表示变量的引用)。

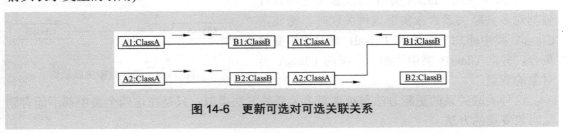

图 14-6 更新可选对可选关联关系

假设，现在要在对象 A2 和 B1 之间建立可选对可选关联关系，采取的步骤如下。

(1) 把对象 A1 中指向 B1 的变量置空。

(2) 把对象 B2 中指向 A2 的变量置空。

(3) 把对象 A2 中指向 B2 的变量修改为指向对象 B1。

(4) 把对象 B1 中指向 A1 的变量修改为指向对象 A2。

14.2.4 可选对多关联

图 14-7 给出了 ClassA 类和 ClassB 类之间具有的可选对多的关联关系。在将这种关联用 C++实现时，需要在类 ClassA 中添加指向类 ClassB 对象的变量集合，向类 ClassB 中添加一个指向类 ClassA 对象的变量。

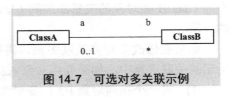

图 14-7 可选对多关联示例

如果要更新这种关联关系，应当先删除 ClassB 类的对象与 ClassA 类的旧对象之间的关联关系(假设它原来与 ClassA 类的其他对象之间具有关联关系)，然后将一个指向 ClassB 类对象的变量加入到 ClassA 类的某个对象的集合中。

图 14-8 表明，对象 A1 中包含了指向对象 B1、B2 和 B3 的变量集合，对象 A2 中的变量集合为空。

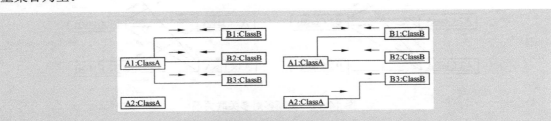

图 14-8 更新可选对多关联关系

假设要在对象 A2 和 B3 之间建立关联关系，可采用如下所示的步骤。

(1) 将指向对象 B3 的变量从 A1 的变量集合中删除。

(2) 将 B3 中指向 A1 的变量改为指向对象 A2。

(3) 将一个指向 B3 的变量添加到 A2 的变量集合中。

14.2.5 强制对多关联

图 14-9 表明 ClassA 类与 ClassB 类之间具有
强制对多关联关系。在实现这种关联时，需要在
ClassA 类中添加一个指向 ClassB 类对象的变量
集合，并向 ClassB 类中添加一个指向 ClassA 类
对象的变量。

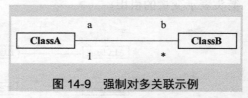

图 14-9 强制对多关联示例

这种关联关系的更新方法与可选对多关联的方法类似，只是在这两个类中都不能有删
除对象变量的方法。

14.2.6 多对多关联

图 14-10 中，ClassA 类与 ClassB 类之间具有
多对多关联关系。对这种关系，在 Java 实现时，
ClassA 类中应该添加一个指向 ClassB 类对象的集
合，ClassB 类中也应该添加一个指向 ClassA 类对
象的集合。除此之外，ClassA 类中还应包含能将

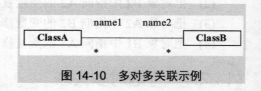

图 14-10 多对多关联示例

指向 ClassB 类对象的变量添加到 ClassA 类对象集合的方法，在 ClassB 类中也要包含类似
的方法。

如果要修改多对多关联关系，需要修改关联两端对象中的集合。例如，在如图 14-11
所示的关联关系中，如果要将对象 A2 和对象 B3 关联起来，可采用如下所示的步骤。

(1) 将一个指向对象 B3 的变量添加到对象 A2 的集合中。

(2) 将一个指向 A2 的变量添加到对象 B3 的集合中。

如果要删除关联关系，也应修改关联两端对象中的集合。

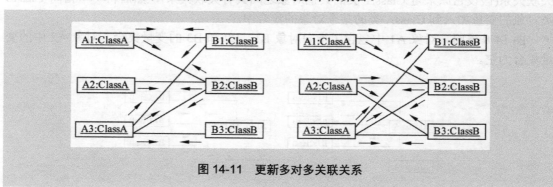

图 14-11 更新多对多关联关系

14.2.7 关联类的实现

图 14-12 中的 Buy 类就是关联类。在实现这种关联类时，可先将该结构转换为普通关联关系表示的结构，再用 Java 代码实现。图 14-12 的右侧为转换后的关联关系，可以看到，其中多了两个角色名 cust_buy 和 car_buy。

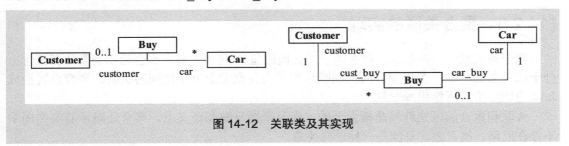

图 14-12 关联类及其实现

接下来根据前面介绍的转换规则，对 Customer 类、Buy 类和 Car 类进行实现，得出的 Java 代码如下：

```java
class Customer {                          //Customer 类
    Buy buy;
    List<Buy> cust_buy;
    public Buy getBuy() {
        return buy;
    }
    public void setBuy(Buy buy) {
        this.buy = buy;
    }
}
class Car {                               //Car 类
    Buy buy;
    List<Buy> car_buy;
    public Buy getBuy() {
        return buy;
    }
    public void setBuy(Buy buy) {
        this.buy = buy;
    }
}
class Buy {                               // Buy 类
    Customer customer;
    Car car;
    public Buy(Customer customer, Car car) {
        super();
        this.customer = customer;
        this.car = car;
    }
    public Customer getCustomer() {
        return customer;
    }
    public void setCustomer(Customer customer) {
        this.customer = customer;
    }
```

```
public Car getCar() {
    return car;
}
public void setCar(Car car) {
    this.car = car;
}
}
```

14.2.8 聚合关联的实现

聚合是关联的一种形式，代表两个类之间的整体/局部关系。聚合暗示着整体在概念上处于比局部更高的一个级别，而关联暗示两个类在概念上位于相同的级别。聚合也转换成 Java 中的一个实例作用域变量。

关联和聚合的区别纯粹是概念上的，而且严格反映在语义上。聚合还暗示着实例图中不存在回路。换言之，只能是一种单向关系。

【例 14.4】

如图 14-13 所示为 Employee 和 EmpType 之间的聚合关联。转换后，Employee 类的 Java 代码如下：

图 14-13　聚合关联示例

```
class Employee {
    private EmpType et;
    public EmpType getEmpType() {
        return this.et;
    }
}
```

14.2.9 组合关联的实现

组合是聚合的一种特殊形式，暗示"局部"在"整体"内部的生存期职责。组合也是非共享的。所以，虽然局部不一定要随整体的销毁而被销毁，但整体要么负责保持局部的存活状态，要么负责将其销毁。局部不可与其他整体共享。但是，整体可将所有权转交给另一个对象，后者随即将承担生存期职责。

【例 14.5】

如图 14-14 所示为 Employee 和 TimeCard 之间的组合关联。Employee 和 TimeCard 的关系或许更适合表示成"合成"，而不是表示成"关联"。转换后 Employee 类的 Java 代码如下：

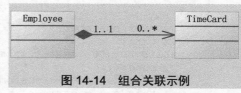

图 14-14　组合关联示例

```
class Employee {
    private TimeCard tc;
}
```

14.3 实 现 泛 化

UML 模型中的泛化关系在 Java 中是通过继承机制实现的。继承是一种代码共享、代码复用和代码扩展的机制。

通过使用继承，可以在父类(基类)的基础上定义子类(派生类)，子类继承了父类的数据成员和成员函数。

除此之外，子类还可以添加其特有的数据成员和成员函数。在子类中也可以对从父类继承的成员函数进行修改，也就是 Java 的继承机制。

子类继承父类的方式可以是公有的、私有的和受保护的，在用 Java 代码实现 UML 类图中的泛化关系时，通常使用公有继承方式。

【例 14.6】

如图 14-15 所示，根据人的角色或者身份的不同，可以将其分类，例如将人分为管理员、工程师和销售员等。利用泛化可以为角色建立分类，使一个人能同时扮演一个或者多个角色，从而使不同身份的人能具有相应的状态和行为。

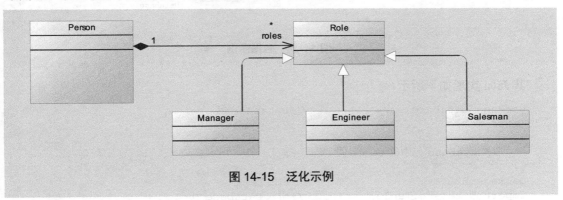

图 14-15　泛化示例

如下所示为上述 5 个类转换后的 Java 类代码：

```
public abstract class Person {
    //公共抽象基类表示人
}
abstract class Role extends Person {
    //继承人类的角色类
}
abstract class Engineer extends Role {
    //继承角色类的工程师类
}
abstract class Manager extends Role {
    //继承角色类的管理员类
}
abstract class Salesman extends Role {
    //继承角色类的销售员类
}
```

14.4　特殊模型的映射

前面介绍了大量有关类之间关联时的 Java 映射，在 UML 中的还有些模型元素可以作为特殊的类在 Java 中实现，像包、接口和枚举等，下面详细介绍。

14.4.1　包

在 UML 中，包用于将一个大系统分成若干子系统，它们之间可以有依赖关系。在 Java 中，当需要引用某包中的标识符时，可通过使用 import 声明语句，import 语句可用于实现包之间的依赖和引入关系。

【例 14.7】

包图模型如图 14-16 所示。

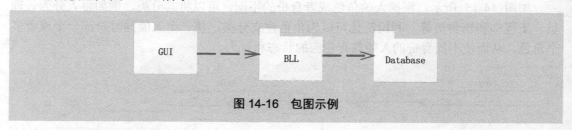

图 14-16　包图示例

其 Java 实现如下所示：

```
package Database              //Database 包
class Table
{
    //Database 包中的 table 类
};
package BLL                   //BLL 包
import Database.Table;        //引入 Database 包
class Transaction
{
    Table table;             //使用 Database 包下的 Table 类
    //BLL 包中的 Transaction 类
};
package GUI                   //GUI 包
import BLL.Transaction;       //引入 BLL 包
class Menu
{
    Transaction ts;          //使用 BLL 包下的 Transaction 类
    //GUI 包中的 Menu 类
};
```

14.4.2　接口

首先简单了解一下什么是接口。接口是操作规约的集合，当一个类实现了某接口中声明的所有操作时，就称该类实现了此接口。

接口类似于类，但接口的成员没有执行体，它只是方法、属性、事件和索引符的组合而已。接口不能被实例化，接口没有构造函数，没有字段。在应用程序中，接口就是一种规范，它封装了可能被多个类继承的公共部分。接口继承和实现继承的规则不同，一个类只有一个直接父类，但可以实现多个接口。Java 接口本身没有任何实现，只描述 public 行为，因此 Java 接口比 Java 抽象类更抽象化。Java 接口的方法只能是抽象的和公开的，Java 接口不能有构造方法，Java 接口可以有 public、静态的和 final 属性。

Java 接口的定义方式与类基本相同，不过接口定义使用的关键字是 interface，接口定义由接口声明和接口体两部分组成。语法格式如下：

```
[public] interface interface_name [extends interface1_name [,
  interface2_name, … ]] {
    // 接口体，其中可以包含定义常量和声明方法
    [public] [static] [final] type constant_name = value; //定义常量
    [public] [abstract] returnType method_name(parameter_list); //声明方法
}
```

【例 14.8】

在图 14-17 中，Airplane 类扩展了 Vehicle 接口，Car 类和 Vehicle 类之间存在单向关联关系。

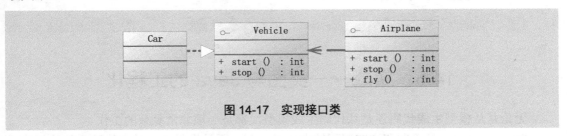

图 14-17　实现接口类

根据前面介绍的实现方法，这三个接口的 Java 实现如下所示：

```java
/* Vehicle 接口 */
public interface Vehicle {
    int start();
    int stop();
}
/* Airplane 接口继承 Vehicle 接口 */
public interface Airplane extends Vehicle {
    int fly();
}
/* Car 类实现 Vehicle 接口 */
class Car implements Vehicle {
    @Override
    public int stop() {            //实现接口中的 stop()方法
        return 0;
    }
    @Override
    public int start() {           //实现接口中的 start()方法
        return 0;
```

```
    }
}
```

14.4.3 枚举

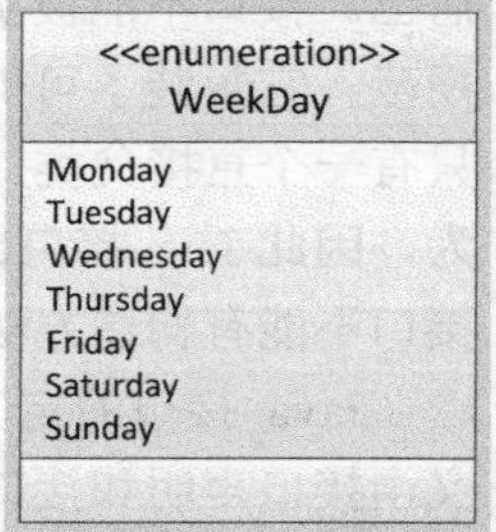

在 UML 中使用<<enumeration>>定义的枚举类型与 Java 中的枚举类型相对应，因此它们之间可以直接进行转换。

图 14-18 枚举类型

【例 14.9】

如图 14-18 所示为一个枚举类型 WeekDay，该枚举包括了 7 个值。

WeekDay 枚举类型转换为 Java 后的代码如下所示：

```
public enum WeekDay {
    Monday(0), Tuesday(1), Wednesday(2), Thursday(3),
      Friday(4), Saturday(5), Sunday(6);
    private int _value;
    private WeekDay(int value) {
        _value = value;
    }
    public int value() {
        return _value;
    }
}
```

14.5　实战——类图与 Java 的工程化

无论是从模型生成代码还是从代码生成模型，都是一项非常复杂的工作。

PowerDesigner 将正向和逆向工程结合在了一起，而且提供了一种在描述系统的架构或设计和代码的模型之间进行双向交换的机制。

14.5.1 正向工程

正向工程是指从模型直接产生一个代码框架，这将为程序节约很多用于编写类、属性、方法代码的琐碎时间。但是这不等于不用编写代码了，而是生成一个框架，方便开发人员进行修改。PowerDesigner 允许将模型中的一个或者多个类图转换为目标代码，如 C#、C++或者 Java。

本次练习将介绍 PowerDesigner 的正向工程，即将 UML 类图转换为 Java 代码。有关 PowerDesigner 中类图的创建过程就不再介绍，如图 14-19 所示为创建好的 UML 类图。

在图 14-19 中包含了一个 GUI 包和一个 Config 类，GUI 包中又包含了 Control 类和 Window 类，其中 Window 类继承了 Control 类。

(1) 选择 Language → Generate Java Code 命令打开 Generation 窗口，在这里默认会启用 WSDL 复选框，如图 14-20 所示。

(2) 切换到 Selection 选项卡，从列表框中启用要生成的类图，如图 14-21 所示。默认时 Packages 内容页用于选择包(包下面的所有类都被选中)，也可以进入 Classes 内容页选择具体的类。

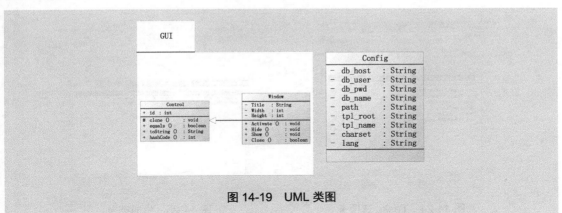

图 14-19　UML 类图

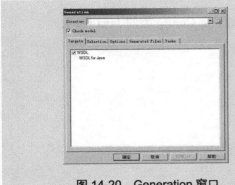

图 14-20　Generation 窗口

图 14-21　选择要生成的类图

(3) 进入 Options 选项卡，查看和更改生成的选项信息，如图 14-22 所示。

(4) 进入 Generated Files 选项卡，可以选择要生成的 Java 文件。在本示例中我们需要三个文件，分别是 Config.java、Control.java 和 Window.java，如图 14-23 所示。

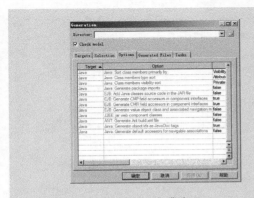

图 14-22　生成选项

图 14-23　生成的文件

(5) 进入 Tasks 选项卡，查看和调整任务的顺序，如图 14-24 所示。

(6) 最后单击"确定"按钮，开始生成过程，生成完成之后将看到生成的文件列表，如图 14-25 所示。

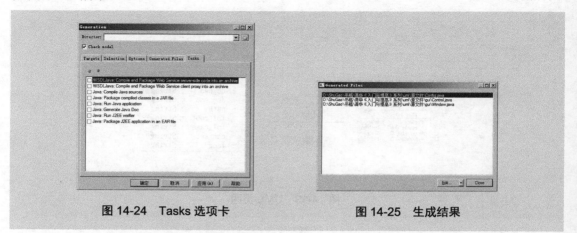

图 14-24　Tasks 选项卡　　　　　　　　图 14-25　生成结果

(7) 最后我们来看一下生成的 Java 文件内容。如下是 Config 类的 Java 代码：

```java
import java.util.*;
public class Config {
  private String dbHost;
  private String dbUser;
  private String dbPwd;
  private String dbName;
  private String path;
  private String tplRoot;
  private String tplName;
  private String charset;
  private String lang;
}
```

(8) Control.java 文件的代码如下：

```java
package gui;
import java.util.*;

public class Control {
  protected void clone() {
    // TODO: implement
  }

  public int id;

  public boolean equals() {
    // TODO: implement
    return false;
  }

  public String toString() {
    // TODO: implement
    return null;
  }
}
```

```
    public int hashCode() {
       // TODO: implement
       return 0;
    }
}
```

(9)　Window.java 文件的代码如下：

```
package gui;
import java.util.*;
public class Window extends Control {
   private String title;
   private int width;
   private int height;

   public void activate() {
      // TODO: implement
   }

   public void hide() {
      // TODO: implement
   }

   public void show() {
      // TODO: implement
   }

   public boolean close() {
      // TODO: implement
      return false;
   }
}
```

14.5.2　逆向工程

逆向工程是指对现有的代码进行分析，并转换到 UML 中类模型的过程。下面介绍一下在 PowerDesigner 中进行逆向工程的方法。

首先来看一下 Java 代码，其中包含两个类和一个接口。父类 Father 的代码如下：

```
public class Father {
   public int id;
   public void say() {
      ...
   }
}
```

继承 Father 类的 Child 子类的代码如下：

```
public class Child extends Father{
   public String name;
   public String toString() {
      ...
   }
}
```

最后来看一下 IMath 接口的代码：

```
public interface IMath {
    public int number1, number2;
    public int jia(int a, int b);
    public int jian(int a, int b);
    public int cheng(int a, int b);
    public int chu(int a, int b);
}
```

下面开始逆向工程的步骤。

（1）打开 PowerDesigner 软件，新建一个 Object-Oriented Model 分类下的 Class Diagram 图。

（2）选择 Language → Reverse Engineer Java 命令，打开逆向工程对话框。

（3）单击 Add 按钮，在弹出的对话框中选择要生成模型的 Java 文件，这里选择上面的三个文件，如图 14-26 所示。

（4）在 Options 选项卡下可查看和更改生成时的选项，如图 14-27 所示。

图 14-26　Reverse Engineer Java 对话框

图 14-27　查看和更改选项

（5）单击"确定"按钮，开始逆向生成过程，进度条显示完成之后会直接显示生成的类图。但是在生成过程中可能会弹出合并模型对话框，如图 14-28 所示。

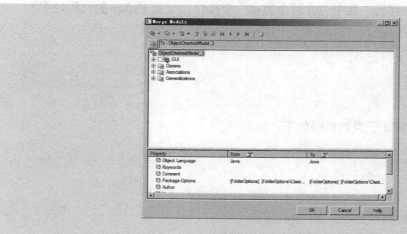

图 14-28　合并模型

(6) 直接单击 OK 按钮即可，如图 14-29 所示为最终生成的 UML 类图。

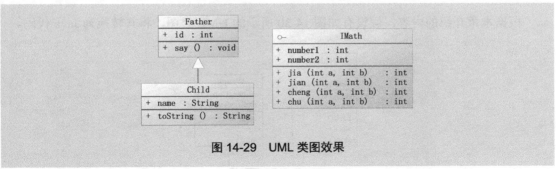

图 14-29　UML 类图效果

14.6　思考与练习

1. 填空题

(1) 假设有一个名为 System 的 UML 类，映射后 Java 类的文件名是_____。

(2) 在 UML 模型中，如果类名的操作显示为 "#" 符号，映射为 Java 时应使用_____作用域。

(3) 如果 UML 类的名字以斜体表示，则该类对应的 Java 作用域是_____。

(4) 在用 Java 代码实现 UML 类图中的泛化关系时，通常使用_____方式。

(5) 假设要引用 java.lang 包下的 String 类，应该使用代码_____。

(6) Java 中的一个类可以实现_____接口。

2. 选择题

(1) 在将 UML 类转换为 Java 类时，_____将转换为属性集合。

    A. 类名集合　　　　　　　　　　　B. 数据成员集合

    C. 可见性名称　　　　　　　　　　D. 成员集合

(2) 在 UML 模型中带有下划线的属性将转换为 Java 中的_____。

    A. 静态变量　　　　　　　　　　　B. 私有变量

    C. 实例变量　　　　　　　　　　　D. 全局变量

(3) 在转换类之间的关联时，下面哪一种情况需要在类中包含一个指向关联对象的变量_____。

    A. 单向关联　　　　　　　　　　　B. 多重性大于 1 的关联

    C. 可选对可选关联　　　　　　　　D. 聚合关联

(4) 在实现_____关联时，需要在 A 类中添加一个指向 B 类对象的变量集合，并向 B 类中添加一个指向 A 类对象的变量。

    A. 强制对多关联　　　　　　　　　B. 强制对可选关联

    C. 多对多关联　　　　　　　　　　D. 组合关联

3. 上机练习

根据本章介绍的内容，假设有如图 14-30 所示的 UML 类图，将其转换为 Java 代码。

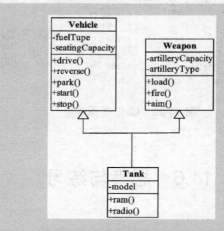

图 14-30　类图示例

第 15 章

UML 与设计模式

近几年来，在面向对象领域中的一个重要突破就是提出了设计模式的概念。设计模式由于实用而受欢迎。它们能够表达和重用专家技术经验，能进行系统框架设计，在表达上既经济又清楚，从而受到人们越来越多的重视。对模式的研究有许多方面，例如，有的讨论模式系统，希望能够识别出不同级别的模式，最终形成一个完整的模式系统；有的研究组织系统的架构模式。

本章首先介绍模式的一些基本概念，接着介绍 UML 对设计模式的支持，然后再通过具体的示例讨论如何使用设计模式进行系统设计。

本章重点：

- ➥ 了解使用设计模式的原因和好处
- ➥ 熟悉设计模式的诞生过程
- ➥ 熟悉设计模式遵循的原则
- ➥ 掌握设计模式的分类
- ➥ 熟悉设计模式的组成元素
- ➥ 掌握如何使用简单工厂模式
- ➥ 掌握如何使用工厂方法模式
- ➥ 掌握如何使用抽象工厂模式

➤ 掌握如何使用单例模式
➤ 熟悉适配器模式和外观模式
➤ 了解观察者模式

15.1 了解模式

模式，即 pattern，起源于建筑业而非软件业。它其实就是解决某一类问题的方法论，即把解决某类问题的方法总结归纳到理论高度，那就是模式。

模式概念是由建筑师 Christopher Alexander 提出的，他提出可以把现实中一些已经实现得较好的建筑和房屋的设计经验作为模式，在以后的设计中直接加以运用。他还定义了一种"模式语言"来描述建筑和城市中成功的架构。模式有不同的领域，建筑领域有建筑模式，软件设计领域也有设计模式。当一个领域逐渐成熟的时候，自然会出现很多模式。

关于模式的概念，Alexander 给出了详细的定义：每个模式都描述了一个在我们的环境中不断出现的问题，然后描述了该问题的解决方案的核心。通过这种方式，使用者可以无数次地使用那些已有的解决方案，无须再重复相同的工作。

模式作为现实世界中的一个元素，都是以下这三者之间的关系，它们分别是：特定的情景、在该情景下反复出现的特定压力系统和使这些压力能够自我释放的空间配置。

作为语言的一个元素，模式是一条指令，说明了如何重复地使用这个空间的配置，一旦给定的情景适当，就释放给定的压力系统。简单地说，模式是一种出现在现实世界中的事物，同时，它也是一条告诉使用者如何创建、何时创建该事物的规则。它既是一个过程，又是一种事物；既是对一个存在事物的描述，又是对生成该事物过程的描述。

模式具有双重性。它既是对重复生成的架构元素的描述，又是对如何以及何时创建该元素的规则的描述。从本体论的观点来讲，模式的"生成的"属性指模式的内容，即指反复出现的事物的自身；从认识论的观点来讲，"描述的"属性指模式的形式，是读者捕捉并表述这一事物的方式(通过"问题-情况-压力-解决"的形式)。

简单地说，设计模式的核心就是问题描述和解决方案。问题描述说明模式的最佳使用场合以及它将如何解决问题。解决方案是用一组类和对象及其结构和动态协作来描述的。

15.2 软件设计模式

软件设计模式通常会简称为设计模式(Design Pattern)。在软件业中，设计模式是面向对象系统使用的一些可重用的已经得到了很好证明的巧妙、通用、简单的设计解决方案。本节将向读者介绍软件设计模式的基础知识，包括它的特征、使用优势、发展历史以及设计原则等内容。

15.2.1 了解设计模式

设计模式是一套被反复使用、多数人知晓的、经过分类编目的、代码设计经验的总结。使用设计模式是为了可重用代码，让代码更容易被他人理解、保证代码可靠性。尽管软件的设计模式不一定要与面向对象有关，但是由于面向对象很容易描述抽象设计，因此许多设计模式都与面向对象开发有关。

1. 使用设计模式的原因

面向对象设计时要考虑许多因素，例如封装性、粒度大小、依赖关系、灵活性、性能和可重用性等。如何确定系统中的类以及类之间的关系？什么是好的设计和不好的设计？哪些是设计时要努力达到的目标？这些都是软件设计中不容易掌握的问题。

要真正掌握软件设计，必须研究其他软件设计大师的设计，这些设计中包含了许多设计模式。那么，为什么要使用模式呢？首先，使用设计模式可以准确地描述问题和它们的解决方案；其次，使用设计模式可以具有一致性，即如何对一些已知的问题有一类标准的解决方案，那么在遇到相同的问题时，可以采取一致的方法，这使代码更加容易理解；最后一个原因是，在遇到问题时，无须每次从底层做起，而是可以从标准解决方案——设计模式入手，并对它改变，使之适应特殊问题的需要。这样就节省了时间，并且提高了开发的质量。模式对面向对象软件开发者提供了以下机制：

- 根据实际系统的开发经验提供对共同问题的可重用的解决方案。
- 提供类和对象级之上抽象的名称。通过设计模式，开发者能够在更高的层次上讨论方案。
- 提供对开发的功能性和非功能性方面的处理方案。许多模式特别强调某些面向对象设计擅长的领域：区分接口和实现，放松各部分之间的依赖性，隔离硬件和软件平台，并且具有重用设计和代码的潜能。
- 提供了开发框架和工具的基础，在设计可重用框架时，设计模式是最基本的架构。
- 为编程与设计的学习提供教育和训练支持。

2. 使用设计模式的好处

简单地说，设计模式是对某特定环境下某类问题的解决方法。需要注意的是，这个解决方法要求是在特定环境下的，也就是说，只有在特定的环境下，这个解决方法才有效，如果是在不同的环境下，仍采用同样的解决方法，则可能会得到相反的效果。

在软件开发中使用设计模式有以下几个好处。

(1) 简化并加快设计

从设计模式入手使软件开发无须从底层做起，开发者可以重用成功的设计，这样不仅节省开发时间，同时有助于提高软件质量。

(2) 方便设计者之间的通信

利用设计模式可以更准确地描述问题以及问题的解决方案，使解决方案具有一致性，使代码更容易理解。开发者可以在更高的层次上思考问题和讨论方案。例如，如果所有人都理解 Visitor 设计模式的意思，那么开发者可以用"建议采用 Visitor 设计模式来解决这个问题"这样的话来表达。

(3) 降低风险

已经有很多人在使用设计模式，这就已经证明是有效的解决问题方法，因此，采用设

计模式可以降低失败的可能性。

(4) 有助于转到 OO 技术

一种新技术要在一个开发机构中得到应用，会经历两个阶段：技术获取阶段和技术迁移阶段。技术获取较容易，但在技术迁移阶段，由于开发者对新技术有抵触或排斥心理，对新技术可能带来的效果持怀疑态度，同时由于对新技术还是一知半解，所以要在一个开发机构中进行技术迁移并不是一件很容易的事。而设计模式是可重用的设计经验的总结，已在实际的系统中多次得到成功应用，因此用这些成功的例子有助于说服开发者采用新技术。

3. 使用设计模式的优点

设计模式是从许多优秀的软件系统中总结出的成功的、能够实现可维护性、可复用的设计方案，使用这些方案将可以避免开发者做一些重复性的工作，而且可以设计出高质量的软件系统，其优点如下所示：

- 设计模式融合了许多专家的经验，并以一种标准的形式提供给广大开发者使用。它提供了一套通用的设计词汇和一种通用的语言以方便开发者之间沟通和交流，使得设计方案更加通俗易懂。对于使用不同编程语言的开发和设计者，可以通过设计模式来交流系统设计方案，每一个模式都对应一个标准的解决方案，设计模式可以降低开发者理解系统的复杂度。
- 设计模式可以使开发者更加简单方便地复用成功的设计和体系结构，并避免那些导致不可重用的设计方案。
- 设计模式使设计方案更加灵活，并且易于修改。
- 设计模式的使用将提高软件系统的开发效率和软件质量，且在一定程度上节约设计成本。
- 设计模式有助于初学者更深入地理解面向对象思想，一方面可以帮助初学者更加方便地阅读和学习现有类库和其他系统中的源代码，另一方面还可以提高软件的设计水平和代码质量。

15.2.2 设计模式的诞生

软件模式与具体的应用领域无关，在模式发现过程中需要遵循大三律，即只有经过三个以上不同类型(或不同领域)的系统的校验，一个解决方案才能从候选模式升格为模式。设计模式是对面向对象设计中反复出现的问题的解决方案，它最早是由 Christopher Alexander 提出来的，其诞生和发展过程如下。

1987 年，Kent Bech 和 Ward Cunningham 借鉴 Alexander 的模式思想在程序开发中开始应用一些模式，在 OOPSLA 会议上发表了他们的成果。

1990 年，OOPSLA 与 ECCOP 联合举办，Erich Gamma 和 Richard Helm 等人开始讨论有关模式的话题(由 Bruch Anderson 主持)，"四人组"(成员包括 Erich Gamma、Richard Helm、Ralph Johnson 和 John Vlissides)正式成立，并且开始着手进行设计模式的分类整理工作。

1991 年，OOPSLA、Bruce Anderson 主持了首次针对设计模式的研讨会。

1992 年，OOPSLA、Bruce Anderson 再度主持研讨会，模式已经逐渐成为人们讨论的话题。

1993 年，Kent Beck 和 Grady Booch 赞助了第一次关于设计模式的会议，这个设计模式研究组织发展成为著名的 Hillside Group 研究组。

1994 年，由 Hillside Group 发起，在美国伊利诺伊州(Illinois)的 Allerton Pack 召开了第一届关于面向对象模式的世界性会议，名为 PLoP(Pattern Languages of Programs，编程语言模式会议)。

1995 年，PLoP 仍然在伊利诺伊州的 Allerton Pack 举行，"四人组"出版了《设计模式：可复用面向对象软件的基础》一书，该书成为 1995 年最畅销的面向对象书籍，也成为设计模式的经典书籍。

从 1995 年至今，设计模式在软件开发中得到广泛应用，在 Sun 的 Java SE/Java EE 平台和 Microsoft 的.NET 平台设计中就应用了大量的设计模式。

随着互联网的发展，如今已经诞生了越来越多与设计模式相关的书籍和网站，设计模式也作为一门独立的课程或作为体系结构等课程的重要组成部分出现在国内外研究生和大学教育的课堂上。

> **提示**：OOPSLA 是 Object-Oriented Programming，Systems，Languages & Applications 的缩写，中文翻译为"面向对象编程、系统、语言和应用"。在 2010 年更改为 SPLASH(Systems，Programming，Languages and Application)。

15.2.3 设计模式的原则

面向对象编程需要遵循几大原则，设计模式也实现了这些原则，从而达到了代码复用、增加可维护性的目的，下面简单了解这些原则。

(1) 开放封闭原则

开放封闭原则简称开闭原则(Open-Closed Principle，OCP)，该原则的定义如下：一个软件实体应当对扩展开放，对修改关闭。也就是说，在设计一个模块的时候，应当使这个模块可以在不被修改的前提下被扩展，即实现在不修改源代码的情况下改变这个模块的行为。即在不修改一个软件实体的基础上去扩展此功能。

(2) 依赖倒置原则

依赖倒置原则的英文是 Dependence Inversion Principle，简称为 DIP。该原则的定义如下：高层模块不应该依赖低层模块，它们都应该依赖抽象。抽象不应该依赖于细节，应该依赖于抽象。简单地说，依赖倒置原则就是指代码要依赖于抽象的类，而不要依赖于具体的类；要针对接口或抽象类编程，而不是针对具体类的编程。

实现开放封闭原则的关键是抽象化，并且从抽象化导出具体化实现，如果说开放封闭原则是面向对象设计的目标的话，那么依赖倒置原则就是面向对象设计的主要手段。

(3) 里氏替换原则

里氏替换原则(Liskov Substitution Principle，LSP)是实现开放封闭原则的重要方式之一。其定义是：所有引用基类(父类)的地方必须能透明地使用其子类的对象，或者把所有的父类全部替换为子类，则软件行为没有变化。

由于使用基类对象的地方都可以使用子类对象，因此在程序中尽量使用基类类型来对对象进行定义。

(4) 合成复用原则

合成复用原则(Composite Reuse Principle，CRP)经常又会被称为合成/聚合复用原则。该原则的定义是：在系统中应该尽量多使用组合和聚合关联关系，尽量少使用甚至不使用继承关系。

(5) 接口隔离原则

接口隔离原则(Interface Segregation Principle，ISP)就是指使用多个专门的接口来取代一个统一的接口。具体而言，接口隔离原则体现在：接口应该是内聚的，应该避免"胖"接口。一个类对另一个类的依赖应该建立在最小的接口上，不要强迫依赖不用的方法，这是一种接口污染。

(6) 迪米特法则

迪米特法则(Law of Demeter，LoD)又被称为最少知道原则(Least Knowledge Principle，LKP)，就是说，一个对象应当对其他对象有尽可能少的了解，不和陌生人说话。

(7) 单一职责原则

单一职责原则(Single Responsibility Principle，SRP)的定义是：一个对象应该只包含单一的职责，并且该职责被完整地封装在一个类中。该原则的另一种定义方式是：就一个类而言，应该仅有一个引起它变化的原因。

单一职责是实现高内聚、低耦合的指导方针，在很多代码重构手法中都能找到它的存在，它是最简单但又最难运用的原则，需要设计者发现类的不同职责并将其分离，而发现类的多重职责需要设计者具有较强的分析设计能力和相关的重构经验。

15.2.4 设计模式的分类

模式目的是指模式是用来完成什么工作的，根据模式目的，可以将其分为创建型、结构型和行为型 3 种。

(1) 创建型模式(Creational Pattern)

创建型模式主要用于创建对象，该模式对类的实例化过程进行了抽象，能够将软件模块中对象的创建和对象的使用分离。为了使软件的结构更加清晰，外界对于这些对象只需要知道它们共同的接口，而不清楚其具体的实现细节，使整个系统的设计更加符合单一职责原则。

(2) 结构型模式(Structural Pattern)

结构型模式主要用于处理类或对象的组合，它描述如何将类或者对象结合在一起形成更大的结构，就像搭积木，可以通过简单积木的组合形成复杂的、功能更为强大的结构。

(3) 行为型模式(Behavioral Pattern)

行为型模式主要用于描述对类或对象怎样交互和怎样分配职责，它是对在不同的对象之间划分责任和算法的抽象化。该模式不仅关注类和对象的结构，而且重点关注它们之间的相互作用。

通过行为型模式，可以更加清晰地划分类与对象的职责，并研究系统在运行时实例对象之间的交互。

在系统运行时，对象并不是孤立的，它们可以通过相互通信与协作完成某些复杂的功能，一个对象在运行时也将影响到其他对象的运行。

根据模式范围，即模式主要用于处理类之间关系还是处理对象之间的关系，可以分为类模式和对象模式：

● 类模式处理类和子类之间的关系，这些关系通过继承建立，是静态的，在编译时已经被确定。

● 对象模式处理对象间的关系，这些关系在运行时刻是可以变化的，更具有动态性。

从某种意义上来说，几乎所有模式都使用继承机制，因此，类模式只指那些集中于处理类间关系的格式，而大部分模式都属于对象模式的范畴。例如，表 15-1 根据上面介绍的分类列出了不同的设计模式。

表 15-1 设计模式

范围\目的	创建型模式	结构型模式	行为型模式
类模式	工厂方法模式	(类)适配器模式	解释器模式 模拟方法模式
对象模式	抽象工厂模式 建造者模式 原型模式 单例模式	(对象)适配器模式 桥接模式 组合模式 装饰模式 外观模式 享元模式 代理模式	职责链模式 命令模式 迭代器模式 中介者模式 备忘录模式 观察者模式 状态模式 策略模式 访问者模式

　　注意：对设计模式有所了解的读者可能会有疑问，为什么在上述表中并没有简单工厂模式？这是因为上述表中的模式都属于 GOF(Gang of Four，四人组)模式，而简单工厂模式则不属于 GOF 设计模式的一种。

15.3 设计模式的元素

设计模式使人们可以更加简单方便地复用成功的设计和体系结构，将已证实的技术表述成设计模式，也会使新系统开发者更加容易理解其设计思路。一般情况下，将设计模式的组成元素分为两类，一般是基本要素，另一类是其他的组成元素。

15.3.1 关键元素

设计模式一般包含多个元素，但是关键的元素是模式名称、问题、解决方案和效果这4个，下面对它们进行说明。

1．模式名称(Pattern name)

设计模式必须具有一个有意义的名称，这样就可以用一个词或短语来指代该模式，以及它所描述的知识和结构，好的模式名组成讨论概念抽象的词汇表。有时，一种模式可能有多个公认的名称，这种情况下最好把它的绰号以及同义词在"别名"或"也作为"中列出，有的模式格式还提供模式的分类。

模式名称可以帮助开发者思考，便于他们与其他人交流设计思想和设计结果。找到恰当的模式名也是开发者设计模式编目工作的难点之一。

2．问题(Problem)

问题描述了应该在何时使用模式，它解释了设计问题和问题存在的前因后果，它可能描述了特定的设计问题，例如怎样使用对象表示算法等，也可能描述了导致不灵活设计的类或对象结构。

有时候，问题部分会包括使用模式必须满足的一系列先决条件。

3．解决方案(Solution)

解决方案描述了设计的组成成分，它们之间的相互关系及各自的职责和协作方式。因为模式就像一个模板，可以应用于多种不同场合，所以解决方案并不描述一个特定而具体的设计或实现，而是提供设计问题的抽象描述和怎样用一个具有一般意义的元素组合(类或对象组合)来解决这个问题。

4．效果(Consequences)

效果描述了模式应用的效果及使用模式应权衡的问题。尽管我们描述设计决策时，并不总提到模式效果，但它们对于评价设计选择和理解使用模式的代价及好处具有重要意义。软件效果大多关注对时间和空间的衡量，它们也表述了语言和实现问题。因为复用是面向对象设计的要素之一，所以模式效果包括它对系统的灵活性、扩充性或可移植性的影响，显式地列出这些效果对理解和评价这些模式很有帮助。

15.3.2　其他元素

除了上一节介绍的关键元素外，设计模式还包括其他的一些元素，这些元素的说明如下所示。

(1)　情景

情景是问题以及它的解决方法重复发生的"前置条件"，它告诉开发者模式的可应用性，也可以把它看作应用模式前的系统初始配置。

(2)　压力

描述有关的压力和约束、它们之间以及和要达到的目标之间是如何交互/冲突的。一般情况下，经常使用一个具体的想法作为模式的动机。压力揭示了问题的错综复杂，好的模式描述应该完全封装所有对它们有影响的压力。

(3)　实例代码

一个或者多个应用模式的实例显示：特定的初始情景；如何应用模式；模式如何改变情景；以及结果的情景。实例帮助开发者理解模式的使用和可应用性，虚拟的例子和模拟尤其具有说服力。

(4)　结果情景

在应用模式之后，系统的状态或配置，包括应用模式所产生的结果(不论好的和坏的)和模式可能带来的其他问题，它描述模式的"后置条件"和"边际效应"。有时，会将其称为压力的释放，因为它描述了哪个压力已经被释放，哪个还没有释放，现在哪个模式是可应用的。为模式产生的最后情景编制文档有助于把其他模式的初始情景关联起来。

(5)　基本原理

基本原理是对模式中的步骤和规则的证明性解释，告诉开发者模式实际上的工作方式，以及为什么要采用这样的方式，为什么这样是最好的。模式的解决方案组件可能描述模式的外部可见的结构和行为，而基本原理组件说明了模式内在的结构和主要机制。

(6)　相关模式

在同一模式语言或者系统中，该模式与其他模式之间的静态和动态关系。相关模式通常会有相同的压力，并且会有与其他模式相容的初始或者结果情景。这样的模式可能是前任模式，其应用导致该模式的应用；也可能是后继模式，其应用紧跟在该模式之后；可能是其他可选模式，针对与该模式相同的问题，在不同的压力和约束下，提出不同的解决方案；还可能是互相关联的模式，与该模式同时应用。

15.4　创建型模式

在软件工程中，创建型模式是处理对象创建的设计模式，试图根据实际情况使用合适的方法创建对象。基本的对象创建方式可能会导致设计上的问题，或者增加设计的复杂度，创建型模式通过以某种方式控制对象的创建来解决问题。本节向读者介绍几种常用的创建型模式，并且通过 UML 进行绘图。

15.4.1 了解创建型模式

创建型模式旨在将系统与它的对象创建、结合、表示的方式分离。这些设计模式在对象创建的类型、主体、方式、时间等方面提高了系统的灵活性。创建型模式由两个主导思想构成：一是将系统使用的具体类封装起来；二是隐藏这些具体类的实例创建和结合的方式。

创建型模式在创建什么(What)、由谁创建(Who)、何时创建(When)等方面都为软件设计者提供了尽可能大的灵活性。创建型模式隐藏了类的实例的创建细节，通过隐藏对象如何被创建和组合在一起达到使整个系统独立的目的。

可以将创建型模式分为对象创建型模式和类创建型模式，对象创建型模式处理对象的创建，类创建型模式处理类的创建。详细地说，对象创建型模式把对象创建的一部分推迟到另一个对象中，而类创建型模式将它对象的创建推迟到子类中。

在表 15-1 中列出了 5 种创建型模式，其中有 1 种类创建型模式，4 种对象创建型模式。除了这 5 种创建型模式外，还包括一种简单的工厂模式，该模式也会经常被使用，但是它并不属于 GOF 模式的一种。下面对这 6 种设计模式进行简单说明。

- 简单工厂模式(Simple Factory Pattern)：通过专门定义一个类来负责创建其他类的实例，被创建的实例通常都具有共同的父类。
- 工厂方法模式(Factory Method Pattern)：定义一个用于创建对象的接口，让子类决定将哪一个类实例化，该模式使一个类的实例化延迟到其子类。
- 抽象工厂模式(Abstract Factory Pattern)：提供一个创建一系列或相互依赖对象的接口，而无须指定它们具体的类。
- 建造者模式(Builder Pattern)：将一个复杂对象的构建与它的表示分离，使同样的构建过程可以创建不同的表示。
- 原型模式(Prototype Pattern)：用原型实例指定创建对象的种类，并且通过复制这个原型来创建新的对象。
- 单例模式(Singleton Pattern)：保证一个类仅有一个实例，并提供一个访问它的全局访问点。

提示：创建型模式、结构型模式和行为型模式都包括多种设计模式，本小节及后面的小节不会对每一种设计模式都进行介绍，而是介绍一些常用的设计模式。

15.4.2 简单工厂模式

在一个简单的软件应用场景中，一个软件系统可以提供多个外观不同的按钮(例如圆形按钮、矩形按钮和菱形按钮等)，这些按钮都来自于同一个父类。但是在继承后不同的子类又修改了部分属性，从而使它们可以呈现不同的外观。使用者希望在使用这些按钮时，不需要知道这些具体按钮类的名字，只需要知道表示该按钮类的一个参数，并提供一个调用方便的方法，把该参数传入方法即可返回一个相应的按钮对象，这时就可以使用简单工厂模式。

简单工厂模式又被称为静态工厂方法模式(Static Factory Method Pattern)，它属于类创建型模式。简单工厂模式专门定义一个类来负责创建其他类的实例，被创建的实例通常都具有共同的父类。在简单工厂模式中，可以根据参数的不同，返回不同类的实例。例如，图 15-1 通过 UML 类图显示了简单工厂模式的结构。

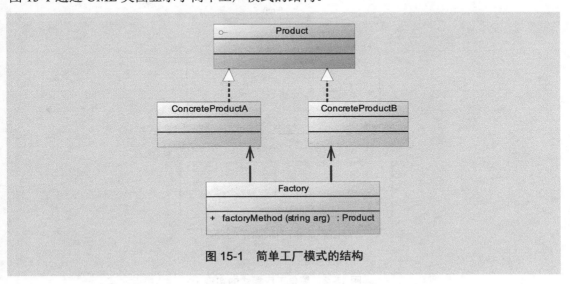

图 15-1　简单工厂模式的结构

1. 包含角色

分析图 15-1 中的结构，简单工厂模式包含 Factory、Product 和 ConcreteProduct 这三个角色。

● Factory：工厂角色，这是简单工厂模式的核心，它负责实现创建所有实例的内部逻辑。工厂类可以被外界直接调用，创建所需要的产品对象。

● Product：抽象产品角色，它是所创建的所有对象的父类，负责描述所有实例所共有的公共接口。

● ConcreteProduct：具体产品角色，这是简单工厂模式的创建目标，所有创建的对象都充当这个角色的某个具体类的实例。一般来讲，它是抽象产品类的子类，实现了抽象产品类中定义的所有接口方法。

2. 基本示例

简单了解简单工厂模式的内容后，下面通过一个示例演示简单工厂模式的实现，包括UML 模型图实现和编程实现。

【例 15.1】

假设当前有一家农场公司，该公司专门向市场销售各种水果，有香蕉(Banana)、苹果(Apple)和甘蔗(SugarCane)等。农场的园丁根据顾客的需求，提供相应的水果，如图 15-2所示使用简单工厂模式实现上述过程。

在图 15-2 中，FruitGardener 充当工厂角色，IFruit 接口充当抽象产品，Apple、Banana 和 SugarCane 充当具体产品。下面根据上述的简单工厂模式描述图，通过 Java 语言实现源码功能。水果与其他植物不同，最终可以采摘食用，那么一个自然的做法就是建立一个各种水果都适用的接口，以便与其他农场的植物区分开。完整的实现步骤如下。

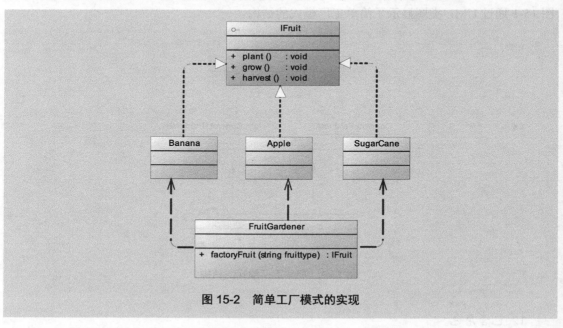

图 15-2　简单工厂模式的实现

(1) 为水果类声明一个接口(IFruit)，Java 语言创建的接口如下：

```java
public interface IFruit {
    public void plant();              // 种植
    public void grow();               // 生长
    public void harvest();            // 收获
}
```

(2) 定义 Banana 类、Apple 类和 SugarCane 类，这些类都实现了上面定义的 IFruit 接口，当然它们也可以定义自己的属性和方法。以 Banana 类为例，代码如下：

```java
public class Banana implements IFruit {
    @Override
    public void plant() {
        System.out.println("农场已经种植了香蕉。");
    }
    @Override
    public void grow() {
        System.out.println("香蕉正在生长。. . .");
    }
    @Override
    public void harvest() {
        System.out.println("香蕉已经收获。");
    }
}
```

(3)　园丁也是系统的一部分,他们用来培育各种水果。因此,由 **FruitGardener** 类来表示。代码如下:

```java
public class FruitGardener {
    public static IFruit factoryFruit(String fruittype) throws Exception {
        if (fruittype.equalsIgnoreCase("banana")) {
            return new Banana();
        } else if (fruittype.equalsIgnoreCase("apple")) {
            return new Apple();
        } else if (fruittype.equalsIgnoreCase("sugarcane")) {
            return new SugarCane();
        } else {
            throw new Exception("很抱歉,该农场暂时不生产该水果");
        }
    }
}
```

(4)　农场中已经种植了多种水果,这些水果成熟后,有顾客前来批发,需要查看这些水果的基本情况。创建 **FruitGardener** 类,代码如下:

```java
public class ClientOrder {
    public static void main(String[] args) throws Exception {
        FruitGardener fruitGardener = new FruitGardener();
        IFruit apple = fruitGardener.factoryFruit("apple");
        apple.grow();
        IFruit sugar = fruitGardener.factoryFruit("sugarcane");
        sugar.harvest();
        IFruit banana = fruitGardener.factoryFruit("banana");
        banana.plant();
    }
}
```

(5)　在控制台中运行上个步骤中的代码,查看输出结果,内容如下:

```
苹果正在生长....。
甘蔗已经收获。
农场已经种植了香蕉。
```

3. 模式优点

使用简单工厂模式有多个优点,这些优点如下所示。

- 工厂类含有必要的判断逻辑,可以决定在什么时候创建哪一个产品类的实例,客户端可以免除直接创建产品对象的责任,而仅仅"消费"产品;简单工厂模式通过这种做法实现了对责任的分割,它提供了专门的工厂类,用于创建对象。
- 客户端无须知道所创建的具体产品类的类名,只需要知道具体产品类所对应的参数即可,对于一些复杂的类名,通过简单工厂模式可以减少使用者的记忆量。
- 通过引入配置文件,可以在不修改任何客户端代码的情况下更换和增加新的具体产品类,在一定程度上提高了系统的灵活性。

4. 模式缺点

任何事物都是有两面性的,简单工厂模式也不例外,它除了包含优点外,还包含许多缺点，说明如下：

- 由于工厂类集中了所有产品的创建逻辑，一旦不能正常工作，整个系统都受到影响。
- 使用简单工厂模式将会增加系统中类的个数，在一定程度上增加了系统的复杂度和理解难度。
- 系统扩展困难，一旦添加新产品，就不得不修改工厂逻辑，在产品类型较多时，有可能造成工厂逻辑过于复杂，不利于系统的扩展和维护。
- 简单工厂模式由于使用了静态工厂方法，造成工厂角色无法形成基于继承的等级结构。

5. 使用场景

简单工厂模式有自己的优点和缺点，它通常在以下两种情况下使用：

- 工厂类负责创建的对象比较少。由于创建的结构较少，不会造成工厂方法中的业务逻辑太过复杂。
- 客户端只知道传入工厂类的参数，对于如何创建对象不关心。客户端不但不需要关心创建细节，甚至连类名都不需要记住，只需要知道类型所对应的参数。

15.4.3　工厂方法模式

简单工厂模式只提供了一个工厂类，该工厂类处于对产品类进行实例化的中心位置，它知道每一个产品对象的创建细节，并决定何时实例化哪一个产品类。简单工厂模式最大的缺点是当有新产品要加入到系统中时，必须修改工厂类，加入必要的处理逻辑，这就违背了"开放封闭原则"。在简单工厂模式中，所有的产品都是由同一个工厂创建的，工厂类职责较重，业务逻辑较为复杂，具体产品与工厂类之间的耦合度高，严重影响了系统的灵活性和扩展性，而工厂方法模式则可以很好地解决这一问题。

工厂方法模式又被称为工厂模式，也叫虚拟构造器(Virtual Constructor)模式或者多态工厂(Polymorphic Factory)模式，它属于类创建型模式。在工厂方法模式中，抽象工厂负责定义创建产品对象的公共接口，而具体工厂则负责生成具体的产品对象，这样做的目的是将产品类的实例化操作延迟到工厂子类中完成，即通过工厂子类来确定究竟应该实例化哪一个具体的产品类。工厂方法模式是简单工厂模式的扩展，解决了许多简单工厂模式的问题。首先完全实现了"开放封闭原则"，实现了可扩展；其次，更复杂的层次结构，可以应用于产品结果复杂的场合。

工厂方法模式是最典型的模板方法模式应用，图 15-3 显示了工厂方法模式的结构。

1. 包含角色

分析图 15-3 的结构，工厂方法模式包含 4 个角色：Product、ConcreteProduct、Factory 和 ConcreteFactory。

- Product：抽象产品，也称为产品父类。工厂方法模式所创建的对象的超类型，也就是产品对象的共同父类或共同拥有的接口。
- ConcreteProduct：具体产品，也称为产品子类。该角色实现了抽象产品角色所定义的接口。某具体产品由专门的具体工厂创建，它们之间往往一一对应。

- Factory：抽象工厂，也称为工厂父类。它是工厂方法模式的核心，与应用程序无关。任何在模式中创建的对象的工厂类必须实现这个接口。

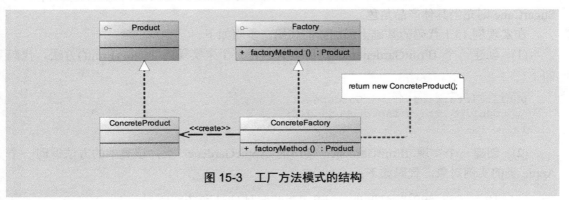

图 15-3　工厂方法模式的结构

- ConcreteFactory：具体工厂，也称为工厂子类。这是实现抽象工厂接口的具体工厂类，包含与应用程序密切相关的逻辑，并且受到应用程序调用以创建产品对象。

2.　基本示例

简单地了解工厂方法模式之后，下面通过一个示例来演示如何使用工厂方法模式实现例 15.1 的效果。

【例 15.2】

在前面示例的基础上添加或更改 UML 类图，例如，图 15-4 给出了以工厂方法模式实现的模型。

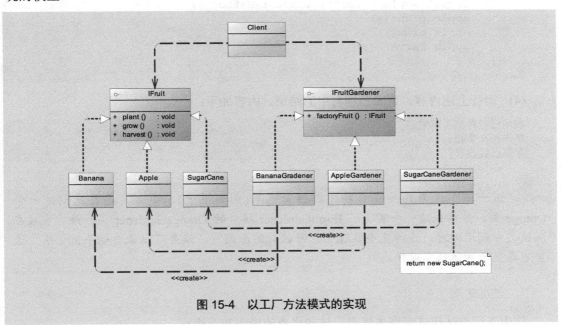

图 15-4　以工厂方法模式的实现

在图 15-4 中，IFruitGardener 充当抽象工厂角色；BananaGardener、AppleGardener 和 SugarCaneGardener 则充当具体工厂角色；IFruit 充当抽象产品角色；Banana、Apple 和 SugarCane 则充当具体产品角色。

在实现例 15.1 代码的基础上添加新的代码，步骤如下。

(1) 创建一个 IFruitGardener 类，该类只包含一个未实现的 factoryFruit()方法。代码如下：

```
public interface IFruitGardener {
    public IFruit factoryMethod();
}
```

(2) 创建一个实现 IFruitGardener 接口的 AppleGardener 类，该类中的方法返回一个 Apple 类的实例对象。代码如下：

```
public class AppleGardener implements IFruitGardener {
    @Override
    public IFruit factoryMethod() {
        return new Apple();
    }
}
```

(3) 创建一个用于测试的 ClientTest2 类，在该类中首先实例化 AppleGardener 对象 factory；然后调用该对象的 factoryMethod()方法创建具体产品，该方法返回一个抽象产品，即 IFruit 接口；最后分别调用 plant()、grow()和 harvest()方法。代码如下：

```
public class ClientTest2 {
    public static void main(String[] args) {
        IFruitGardener factory =
            new AppleGardener(); //实例化 AppleGardener 对象
        IFruit apple = factory.factoryMethod();
        apple.plant();
        apple.grow();
        apple.harvest();
    }
}
```

(4) 运行上述内容，查看控制台中的结果，内容如下：

```
农场已经种植了苹果。
苹果正在生长...。
苹果已经收获。
```

试一试：如果想要在农场中种植新水果(例如橘子)，那么需要首先创建一个 Orange 类，然后创建一个实现了 IFruitGardener 接口的 OrangeGardener 类，最后直接在测试类中调用即可，这样完全实现了"开放封闭原则"。读者可以亲自动手试一试，这里不再显示具体的实现代码。

3. 使用优点

使用工厂方法模式有许多优点，这些优点的说明如下所示。

(1)　良好的封装性，代码结构清晰

一个对象的创建是有条件约束的。例如，一个调用者需要一个具体的产品对象，只要知道这个产品的类名(或约束字符串)就可以了，不用知道创建对象的过程，从而减少了模块之间的耦合。

(2)　工厂方法模式的扩展性非常优秀

在增加产品类的情况下，只要适当地修改具体的工厂类或者扩展一个工厂类，就可以完成"拥抱变化"。

(3)　屏蔽产品类

这一特点非常重要，产品类的实现如何变化，调用者都不需要关心，它只需要关心产品的接口，只要接口保持不变，系统中的上层模块就不需要发生变化，这是因为产品类的实例化工作是由工厂类负责的，一个产品对象具体由哪个产品生成，是由工厂类决定的。

(4)　工厂方法模式是典型的解耦框架

高层模块只需要知道产品的抽象类，其他的实现类都不用关心，符合迪米特原则，即不需要的就不要去交流；也符合依赖倒转原则，只依赖产品类的抽象；当然也符合里氏替换原则，使用产品子类替换产品父类，没问题。

4. 使用场景

在以下几种情况下可以使用工厂方法模式。

(1)　一个类不知道它所需要的对象的类

在工厂方法模式中，客户端不需要知道具体产品类的类名，只需要知道所对应的工厂即可，具体的产品对象由具体工厂类创建，客户端需要知道创建具体产品的工厂类。

(2)　一个类通过其子类来指定创建哪个对象

在工厂方法模式中，对于抽象工厂类，只需要提供一个创建产品的接口，而由其子类来确定具体要创建的对象，利用面向对象的多态性和里氏替换原则，在程序运行时，子类对象将覆盖父类对象，从而使系统容易扩展。

(3)　将创建对象的任务委托给多个工厂子类中的某一个

在这种情况下，客户端在使用时可以无须关心是哪一个工厂子类创建了产品子类，需要时再动态指定，可将具体工厂类的类名存储在配置文件或数据库中。

15.4.4　抽象工厂模式

在工厂方法模式中，具体工厂负责生产具体的产品，每一个具体工厂对应一种具体产品，工厂方法也具有唯一性。一般情况下，一个具体工厂中只有一个工厂方法或者一组重载的工厂方法，但有时候需要一个工厂可以提供多个产品对象，而不是单一对象，这时可以使用抽象工厂模式。

抽象工厂模式提供一个创建一系列相关或相互依赖对象的接口，而无须指定它们的具体类。抽象工厂模式的目的是将若干抽象产品的接口与不同主题产品的具体实现分离开。这样就能在增加新的具体工厂的时候，不用修改引用抽象工厂的客户端代码。

抽象工厂模式是所有形态的工厂模式中最为抽象和最具一般性的一种形态，图 15-5 给

出了该模式的结构。

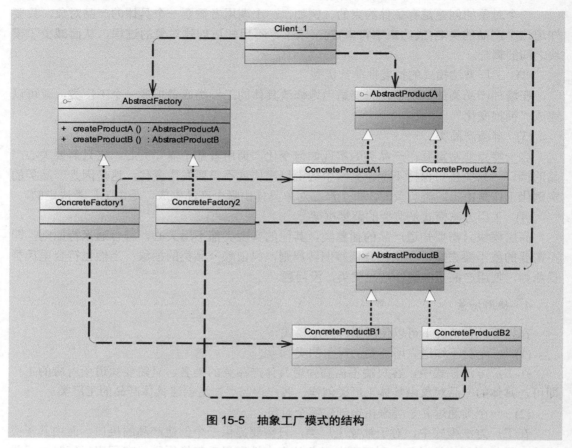

图 15-5　抽象工厂模式的结构

1. 包含角色

分析图 15-5 的模式结构，包含 4 个角色，分别是 AbstractFactory、ConcreteFactory、AbstractProduct 和 ConcreteProduct。

- AbstractFactory：抽象工厂，用于声明生成抽象产品的方法。
- ConcreteFactory：具体工厂，实现了抽象工厂声明的生成抽象产品的方法，生成一组具体产品。
- AbstractProduct：抽象产品，为每种产品声明接口，在抽象产品中定义了产品的抽象业务方法。
- ConcreteProduct：具体产品，定义具体工厂生产的具体产品对象，实现抽象产品接口中定义的业务方法。

2. 基本示例

为了更好地理解抽象工厂模式，需要先了解两个概念：产品等级结构和产品族。

- 产品等级结构：产品等级结构即产品的继承结构，例如一个抽象类是水果，其子类有苹果、香蕉、甘蔗，则抽象水果与具体水果之间构成了一个产品等级结构，抽象水果是父类，而具体水果是子类。

● 产品族：在抽象工厂模式中，产品族是指由同一个工厂生产的，位于不同产品等级结构中的一组产品。例如，海尔电器厂生产的海尔电视、海尔空调和海尔冰箱位于海尔电器的产品族中，海尔冰箱位于电冰箱产品的等级结构中。

对于每一个产品族，都有一个具体工厂，而每一个具体工厂都创建属于同一个产品族，但是分属于不同等级结构的产品。了解过抽象工厂模式的相关概念和结构之后，下面通过一个示例，来详细介绍抽象工厂模式的实现。

【例 15.3】

本例继续在前面的基础上进行更改，但是这次与前面有所不同。该农场公司引进了塑料大棚技术，在大棚里种植一些热带水果和蔬菜。因此，该农场中不仅种植北方的水果和蔬菜，还会种植热带水果和蔬菜，如图 15-6 所示为抽象工厂的例子。

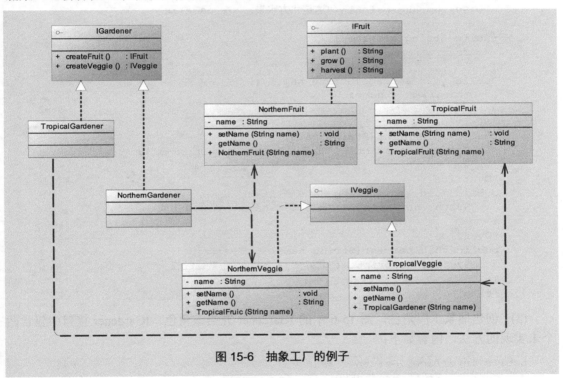

图 15-6　抽象工厂的例子

从图 15-6 中可以看出：TropicalGardener 和 NorthernGardener 实现了 IGardener 接口；NorthernFruit 和 TropicalFruic 实现了 IFruit 接口；NortherVeggie 和 TropicalVeggie 实现了 IVeggie 接口。另外，TropicalGardener 和 NorthernGardener 是两个不同的等级结构；TropicalFruic 和 NorthernFruit 是相同的产品族，它们都可以放到水果家族；TropicalVeggie 和 NortherVeggie 也是相同的产品族，它们都可以放到蔬菜家族；但是 NorthernFruit 和 NorthernGardener、TropicalFruic 和 TropicalGardener 则不是相同的产品族。

根据图 15-6 所示的内容，通过编程代码演示该模式的实现，步骤如下。

(1) 创建水果和蔬菜这两种抽象产品，通过 interface 关键字声明接口。表示水果的 IFruit 接口包含 3 个未实现的方法，而蔬菜接口 IVeggie 中不包含任何方法。以 IFruit 接口为例，内容如下：

```java
public interface IFruit {
    public void plant(String name);
    public void grow(String name);
    public void harvest(String name);
}
```

(2) 创建实现 IFruit 和 IVeggie 接口的 4 种具体产品，观察图中的 4 个类，它们这些类都包含一个私有属性和 3 个操作方法。以 NorthernFruit 类实例，该类的内容如下：

```java
public class NorthernFruit implements IFruit {
    private String name;
    public NorthernFruit(String name) {
        System.out.println("这是北方水果：" + name);
    }
    public String getName() {
        return name;
    }
    public void setName(String name) {
        this.name = name;
    }
    @Override
    public void plant(String name) {
        System.out.println("北方 " + name + " 正在种植");
    }
    @Override
    public void grow(String name) {
        System.out.println("北方 " + name + " 正在生成。。。");
    }
    @Override
    public void harvest(String name) {
        System.out.println("北方 " + name + " 已经收获");
    }
}
```

(3) 创建抽象工厂角色，图 15-6 中的 IGardener 充当该角色。IGardener 接口中包含两个未实现的方法，内容如下：

```java
public interface IGardener {
    public IFruit createFruit(String name);
    public IVeggie createVeggie(String name);
}
```

(4) 分别创建具体工厂角色，图 15-6 中的 NorthernGardener 和 TropicalGardener 充当该角色。在实现时，这两个类需要实现 IGardener 接口，在具体工厂中创建具体产品的实例对象。以 NorthernGardener 类为例，内容如下：

```java
public class NorthernGardener implements IGardener {
    @Override
    public IFruit createFruit(String name) {
```

```
        return new NorthernFruit(name);
    }
    @Override
    public IVeggie createVeggie(String name) {
        return new NorthernVeggie(name);
    }
}
```

（5）创建用户测试类，客户端只需要在该类中创建具体工厂的实例，然后调用工厂对象的工厂方法，就可以得到所需要的产品对象。测试代码如下：

```
public class FactoryTest {
    public static void main(String[] args) {
        // TODO Auto-generated method stub
        NorthernGardener north = new NorthernGardener();
        IFruit apple = north.createFruit("猕猴桃");
        apple.grow("猕猴桃");
    }
}
```

（6）运行上述代码进行测试，查看在控制台中输出的结果。输出内容如下：

```
这是北方水果：猕猴桃
北方 猕猴桃 正在生成。。。
```

3. 模式优点

抽象工厂模式与前两个模式一样，它有自己的优点。首先，抽象工厂模式隔离了具体类的生成，使客户并不需要知道什么被创建。由于这种隔离，更换一个具体工厂就变得相对容易，所有的具体工厂都实现了抽象工厂中定义的那些公共接口，因此只需要改变具体工厂的实例，就可以在某种程度上改变整个软件系统的行为。另外，应用抽象工厂模式可以实现高内聚低耦合的设计目的，因此，抽象工厂模式得到了广泛的应用。

其次，当一个产品族中的多个对象被设计成一起工作时，它能够保证客户端始终只使用同一个产品族中的对象。这对一些需要根据当前环境来决定其行为的软件系统来说，是一种非常实用的设计模式。

最后，这种模式对增加新的具体工厂和产品族很方便，无须修改已有系统，符合"开放封闭原则"。

4. 模式缺点

抽象工厂模式除了自身的优点外，还有一些缺点。第一点是开放封闭原则的倾斜性，虽然这种模式增加新的工厂和产品族容易，但是增加新的产品等级结构很麻烦。还有一点，在添加新的产品对象时，难以扩展抽象工厂来生产新种类的产品，这是因为在抽象工厂角色中规定了所有可能被创建的产品集合，要支持新种类的产品，就意味着要对该接口进行扩展，而这将涉及到对抽象工厂角色及其所有子类的修改，显然会带来很大的不便。

5. 使用场景

简单工厂模式并不适用于所有的情景，在以下几种情况下可以使用该模式：

- 一个系统不应当依赖于产品类实例如何被创建、组合和表达的细节，这对于所有类型的工厂模式都是很重要的。
- 系统中有多于一个的产品族，而每次只使用其中某一产品族。
- 属于同一个产品族的产品将在一起使用，这一约束必须在系统的设计中体现出来。
- 系统提供一个产品类的库，所有的产品以同样的接口出现，从而使客户端不依赖于具体实现。

6. 抽象工厂模式与工厂方法模式的区别

抽象工厂模式与工厂方法模式最大的区别在于，工厂方法模式针对的是一个产品等级结构，而抽象工厂模式则需要面向多个产品的等级结构。一个工厂等级结构可以负责多个不同产品等级结构中的产品对象的创建，当一个工厂等级结构可以创建出分属于不同产品等级结构的一个产品族中的所有对象时，抽象工厂模式比工厂方法模式更简单、更有效率。

15.4.5　单例模式

对于系统中的某些类来说，只有一个实例非常重要。例如，一个系统中可以存在多个打印任务，只能有一个正在工作的任务；一个系统只能有一个窗口管理器或文件系统；一个系统只能有一个计时工具或序号生成器等。如何保证一个类只有一个实例并且该实例易于被访问呢？最好的办法是让类自身负责保存它的唯一实例，这个类可以保证没有其他实例被创建，并且它可以提供一个访问该实例的方法，这就是单例模式的模式动机。

单例模式又称为单件模式、单子模式或者单态模式，该模式确保某一个类只能有一个实例，而且自行实例化并向整个系统提供这个实例，这个类称为单例类，它提供全局访问的方法。

单例模式是所有的模式中最简单的一种，它包含 3 个要素：私有的构造方法；指向自己实例的私有静态引用；以自己实例为返回值的静态的公有的方法。例如，图 15-7 描述了单例模式的结构。

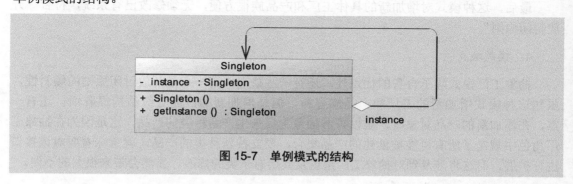

图 15-7　单例模式的结构

在单例模式中，该模式包含的角色只有一个——单例类(Singleton)。单例类拥有一个私有构造函数，确保用户无法通过 new 关键字直接实例化它。除此之外，该模式中包含一个静态私有成员变量与静态公有的工厂方法，该工厂方法负责检验实例的存在性并实例化自己，然后存储在静态成员变量中，以确保只有一个实例被创建。

1. 单例模式分类

单例模式根据实例化对象时机的不同分为两种，它们分别是饿汉式单例和懒汉式单例。

(1) 饿汉式单例

饿汉式单例在单例类被加载的时候，就实例化一个对象交给自己的引用。代码如下：

```
public class Singleton {
    //在内部定义自己的一个实例，供内部调用
    private static Singleton singleton = new Singleton();
    private Singleton(){}
    //提供一个供外部访问本 Class 的静态方法，可直接访问
    public static Singleton getInstance(){
        return singleton;
    }
}
```

(2) 懒汉式单例

懒汉式在调用取得实例方法的时候才会实例化对象。代码如下：

```
public class Singleton {
    private static Singleton singleton;
    private Singleton(){}
    public static synchronized Singleton getInstance(){
        if(singleton==null){
            singleton = new Singleton();
        }
        return singleton;
    }
}
```

2. 基本示例

实现单例模式的思路是：一个类能返回对象的一个引用(永远是同一个)和一个获得该实例的方法(必须是静态方法，名称通常使用 getInstance)；当调用这个方法时，如果类持有的引用不为空，就返回这个引用，如果类保持的引用为空，就创建该类的实例，并将实例的引用赋予该类保持的引用；同时我们还将该类的构造函数定义为私有方法，这样其他处的代码就无法通过调用该类的构造函数来实例化该类的对象，只有通过该类提供的静态方法来得到该类的唯一实例。

【例 15.4】

例如要产生一个随机数，整个应用程序中只需要一个类的实例来产生随机数，客户端从类中获取这个实例，调用这个实例的 nextInt()方法，公用的方法访问需要进行同步，这就是单例模式需要解决的同步问题。

首先，根据该例的说明绘制该例的单例结构图，如图 15-8 所示。

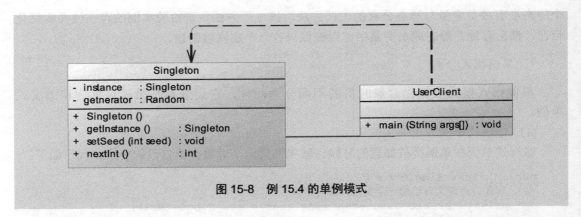

图 15-8 例 15.4 的单例模式

在图 15-8 中，Singleton 定义一个 Instance 操作，允许客户访问它的唯一实例，它是一个类操作，可能负责创建自己的唯一实例。通过 Java 语言实现例 15.4 的单例模式，实现步骤如下。

(1) 创建一个 Singleton 单例类，在该类中定义图 15-8 对应的操作。代码如下：

```java
package com.example.singletonpattern;
import java.util.Random;
public class Singleton {
    private Random generator;
    private static Singleton instance;
    private Singleton() {
        generator = new Random();
    }
    public void setSeed(int seed) {
        generator.setSeed(seed);
    }
    public int nextInt() {
        return generator.nextInt();
    }
    public static synchronized Singleton getInstance() {
        if (instance == null) {
            instance = new Singleton();
        }
        return instance;
    }
}
```

(2) 创建允许客户端访问的 UserClient 类，在该类中添加测试代码。在这段代码中分别创建两个单例类的对象，并且调用方法后输出结果。代码如下：

```java
package com.example.singletonpattern;
public class UserClient {
    public static void main(String[] args) {
        Singleton s1 = Singleton.getInstance();
        System.out.println(s1.toString());
        for (int i=0; i<5; i++) {
            Singleton s2 = Singleton.getInstance();
            System.out.println("The randomed number is " + s2.toString());
```

```
            }
        }
}
```

(3) 运行上述代码，查看输出结果，输出内容如下：

```
com.example.singletonpattern.Singleton@c3c749
The randomed number is com.example.singletonpattern.Singleton@c3c749
The randomed number is com.example.singletonpattern.Singleton@c3c749
The randomed number is com.example.singletonpattern.Singleton@c3c749
The randomed number is com.example.singletonpattern.Singleton@c3c749
The randomed number is com.example.singletonpattern.Singleton@c3c749
```

3. 模式缺点

单例模式包含多个优点和缺点，其优点包括以下 3 个方面。

(1) 提供了对唯一实例的受控访问

单例类封装了它唯一实例，因此，它可以严格控制客户怎样以及何时访问它，并为设计及开发团队提供共享的概念。

(2) 可以节约系统资源

由于在系统内存只存在一个对象，因此可以节约系统资源。对于一些需要频繁创建和销毁的对象，单例模式一定可以提高系统的性能。

(3) 允许可变数目的实例

开发者可以基于单例模式进行扩展，使用与单例控制相似的方法来获得指定个数的对象实例。

4. 模式缺点

除了前面介绍的优点外，该模式也有一些限制或者缺陷，说明如下：

● 只能使用单例类提供的方法得到单例对象，不要使用反射，否则将会实例化一个新对象。
● 由于单例模式中没有抽象层，因此单例类的扩展有很大的困难。
● 不要做断开单例类对象与类中静态引用的危险操作。
● 多线程使用单例共享资源时，需要注意安全问题。
● 单例类的职责过重，在一定程度上违背了"单一职责原则"。这是因为在单例模式中，单例类既充当了工厂角色，同时又充当了产品角色。
● 滥用单例将会带来一些负面问题。例如，为了节省资源，将数据库连接池对象设计为单例类，这样可能会导致共享连接池对象的程序过多而出现连接池溢出。

5. 使用场景

单例情况适用于多种环境，在以下几种情况下可以使用单例模式：

● 系统只需要一个实例对象。例如系统要求提供一个唯一的序列号生成器，或者需要考虑资源消耗太大而只允许创建一个对象。
● 客户调用类的单个实例，只允许使用一个公共访问，除了该公共访问点，不能通

过其他途径访问该实例。

- 在一个系统中，要求一个类只有一个实例时才应当使用单例模式。反过来说，如果一个类可以有几个实例共存，就需要对单例模式做改进，使之成为多例模式。

15.5 结构型模式

结构型模式描述如何将类或者对象结合在一起，形成更大的结构，就像搭积木，可以通过简单积木的组合形成复杂的、功能更为强大的结构。本节将向读者介绍结构型模式，并对常用的两种结构型模式进行说明。

15.5.1 了解结构型模式

结构型模式从程序的结构上解决模块之间的耦合问题。一般情况下，将结构型模式分为类结构模式和对角结构型模式两种。类结构型模式关系类的组合，由多个类可以组合成一个更大的系统，在类结构型模式中，一般只存在继承关系和实现关系。对象结构型模式关系类与对象的组合，通过关联关系使得在一个类中定义另一个类的实例对象，然后通过该对象调用其方法。

提示：根据"合成复用原则"，在系统中尽量使用关联关系来替代继承关系，因此大部分结构型模式都是对象结构型模式。

在 23 种 GOF 设计模式中，结构型模式包含了 7 种，它们分别是适配器模式、桥接模式、组合模式、装饰模式、外观模式、享元模式以及合理模式，简单说明如下。

- 适配器模式(Adapter Pattern)：该模式将一个类的接口转换成客户希望的另外一个接口，它使得原本由于接口不兼容而不能一起工作的那些类可以一起工作。
- 桥接模式(Bridge Pattern)：将抽象部分与它的实现部分分离，使它们都可以独立地变化。桥接模式的一个经典例子就是电灯开关，开关的目的是将设备打开或者关闭，产生的效果不同。
- 组合模式(Composite Pattern)：将对象组合成树形结构以表示"部分-整体"的层次结构，它使得客户对单个对象和复合对象的使用具有一致性。
- 装饰模式(Decorator Pattern)：动态地给一个对象添加一些额外的职责。就扩展功能而言，它比生成子类的方式更为灵活。例如一幅画，可以直接将其挂到墙上，也可以加上框架和镶上玻璃后，再挂到墙上。
- 外观模式(Facade Pattern)：为子系统中的一组接口提供一个一致的界面，该模式定义了一个高层接口，这个接口使得这一子系统更加容易使用。例如，客户经常会拨打 10086 电话办理手机报、彩铃和全球通等业务(子对象)，而 10086 则是为子对象所使用的一致界面。
- 享元模式(Flyweight Pattern)：运用共享技术有效地支持大量细粒度的对象。例如，公共交换电话网(PSTN)是享元的一个例子。有一些资源(例如拨号音发生器、振铃发生器和拨号接收器)是必须由所有用户共享的。当一个用户拿起听筒打电话时，他不需要知道使用了多少资源。对于用户而言，所有的事情就只有听拨号音、拨打号码和拨通电话。

● 代理模式(Proxy Pattern)：为其他对象提供一个代理，以控制对这个对象的访问。该模式解决了直接访问某些对象时出现的问题，例如，律师本身就是大家维权的一个代理。

15.5.2 适配器模式

适配器模式会被称为变压器模式，它将一个接口转换成客户希望的另一个接口，该模式使接口不兼容的那些类可以一起工作，其别名是包装器(Wrapper)。适配器既可以作为类结构型模式，也可以作为对象结构型模式。

在类适配器模式中，适配器继承自已实现的类(一般是多重继承)。例如，图 15-9 显示了类适配器的结构。

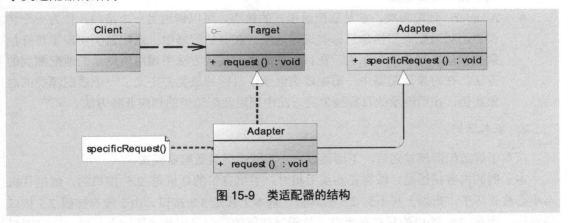

图 15-9   类适配器的结构

在对象适配器模式中，适配器容纳一个自我包裹的类的实例。在这种情况下，适配器调用被包裹对象的物理实体。例如，图 15-10 显示了对象适配器的结构。

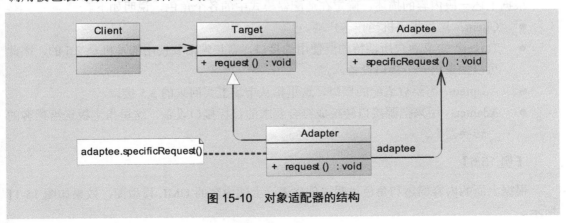

图 15-10   对象适配器的结构

提示：类适配器使用继承关系复用适配源，因此目标(Target)不能是类，只能是接口；对象适配器使用委派关系复用适配源，因此目标可能是类或接口，可以将多个适配源适配到一个目标接口。

1. 包含角色

分析比较图 15-9 和图 15-10 中的内容，从图中可以看出适配器包含 4 个角色：Client、Target、Adaptee 和 Adapter。

- Client：客户类，该类针对目标抽象类进行编程，调用在目标抽象类中定义的业务方法。
- Target：目标抽象类，它定义客户要用的特定领域的接口。
- Adaptee：适配源类，它是被适配的角色。Adaptee 定义了一个已经存在的接口，这个接口需要适配。
- Adapter：适配器类，它是适配器模式的核心，可以调用另一个接口，作为一个转换器，对适配源和抽象目标类进行适配。在类适配器中，适配器类实现了目标抽象类接口并继承适配源类，在目标抽象类的实现方法中调用所继承的适配源类的方法。在对象适配器中，适配器类继承了目标抽象类并定义了一个适配源类的对象实例，在所继承的目标抽象类方法中调用适配源类的相应业务方法。

2. 基本示例

简单了解适配器模式之后，下面通过一个示例实现类适配器模式。

本示例的内容描述是：顾客在购买手机时，手机自带的耳机是 2.5 接口的，但是耳机不小心被弄坏了，市场上买不到 2.5 的耳机，基本上都是 3.5 接口。由于没有按照 2.5 接口的设计，因此 3.5 接口的耳机在手机上是无法使用的，但又很想使用这个耳机，这时老板告诉这位顾客，可以给他一个"转换器"。

根据上述一段内容的描述，确定在适配器模式中的各个角色，说明如下。

- Client：这里将手机当作客户端。
- Target：定义客户所期待的要使用的接口，客户端需要使用的耳机是 2.5 的，因此可以抽象出一个接口设备。
- Adaptee：需要被适配的接口，这里指从市场上买回来的 3.5 接口。
- Adapter：用来把源接口转换成符合要求的目标接口设备，这里指老板送给顾客的"转换器"。

【例 15.5】

根据上面的内容描述和角色说明，创建表示上述内容的 UML 模型图，效果如图 15-11 所示。

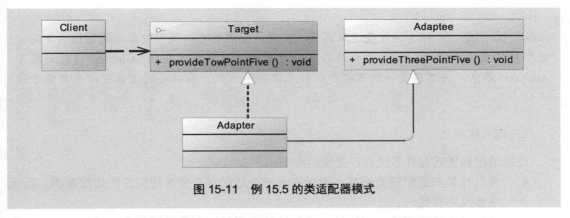

图 15-11 例 15.5 的类适配器模式

根据上述图形内容，通过编程语言来实现适配器模式。基本步骤如下。

(1) 创建 Target 接口，在该接口中定义一个方法。内容如下：

```
public interface  Target {
    public void provideTwoPointFive();
}
```

(2) 创建充当适配源角色的 Adaptee 类，在该类中添加 provideThreePointFive()方法，该方法输出一句话。内容如下：

```
public class Adaptee {
    public void provideThreePointFive() {
        System.out.println("我是一个 3.5 的接口啊，在这里充当适配源的角色。");
    }
}
```

(3) 创建 Adapter 类，该类既继承 Adaptee 类，又实现 Target 接口。内容如下：

```
public class Adapter extends Adaptee implements Target {
    @Override
    public void provideTwoPointFive() {
        this.provideThreePointFive();
    }
}
```

(4) 创建客户端进行测试的 ClientTest 类，在该类中调用 Adapter 类中的方法。代码如下：

```
public class ClientTest {
    public static void main(String[] args) {
        Target target = new Adapter();
        target.provideTwoPointFive();        // 该手机只支持 2.5 接口的耳机
    }
}
```

(5) 运行上述代码，查看输出结果，从输出结果中可以看出，2.5 接口的手机已经成功地使用 3.5 的耳机了。输出的内容如下：

我是一个 3.5 的接口啊，在这里充当适配源的角色。

试一试：例 15.5 通过类适配器模式实现，当然也可以使用对象适配器模式实现。它们的实现原理很相似，不同之处在于，对象的适配器模式中的 Adapter 角色封装了 Adaptee 角色，而不像类适配器模式那样采取继承方式。感兴趣的读者可以亲自动手试一试。

3．模式优缺点

使用适配器模式有许多优点，其说明如下：

● 将目标类和适配源类解耦。通过引入一个适配器类来重用现有的适配源类，而无须修改原有代码。

● 增加了类的透明性和复用性。将具体的实现封装在适配源类中，对于客户端类来说是透明的，而且提高了适配源的复用性。

● 灵活性和扩展性都非常好。

对于类适配器而言，由于适配器类是适配源类的子类，因此可以在适配器类中更换一些适配源的方法，使得适配器的灵活性更加强大。同时，类适配器模式还存在着缺陷：对于 Java 和 C#等不支持多重继承的语言来说，一次最多只能适配一个适配源类，而且目标抽象类只能为抽象类，不能为具体类，其使用有一定的局限性，不能将一个适配源类和它的子类都适配到目标接口。

对于对象适配器而言，一个对象适配器可以把多个不同的适配源适配到同一个目标，即同一个适配器可以把适配源类和它的子类都适配到目标接口。但是与类适配器模式相比，对象适配器要想更换适配源类的方法，就会显得不容易。

4．使用场景

适配器模式通常在两种情况下使用：系统需要使用现有的类，而这些类的接口不符合系统的需要；想要建立一个可以重复使用的类，用于与一些彼此之间没有太大关联的一些类一起工作。

15.5.3 外观模式

外观模式是软件工程中常用的一种软件设计模式，它为子系统中的一组接口提供一个统一的高层接口。这一接口使得子系统更加容易使用。在外观模式中，外部与一个子系统的通信必须通过一个统一的外观对象进行，为子系统中的一组接口提供一个一致的界面，外观模式定义了一个高层接口，这个接口使得这一子系统更加容易使用。

外观模式又称为门面模式，它是一种对象结构型模式，图 15-12 为该模式的结构。

外观模式包含两个角色，即 Facade(外观角色)和 Subsystem(子系统角色)。外观角色是在客户端直接调用的角色，在外观角色中，可以知道相关的(一个或者多个)子系统的功能和责任，它将所有从客户端发来的请求委派到相应的子系统中去，传递给相应的子系统对象处理。在软件系统中可以同时有一个或者多个子系统角色，每一个子系统可以不是一个单独的类，而是一个类的集合，它实现子系统的功能。

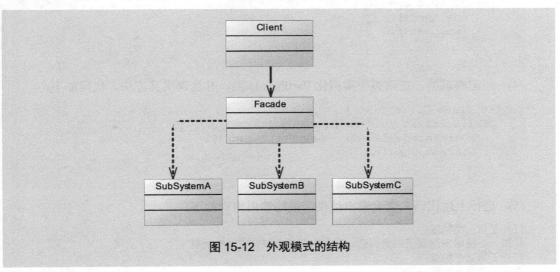

图 15-12 外观模式的结构

【例 15.6】

为了使读者更好的理解外观模式，本示例直接演示该模式的一个具体实现过程。实现步骤如下。

(1) 创建一个 PartOne 类，它表示一个子系统类。代码如下：

```java
public class PartOne {
    public void open() {
        System.out.println("打开了第一个抽屉");
        getKey();
    }
    public void getKey() {
        System.out.println(
         "从第一个抽屉中得到了一把钥匙，这个钥匙用于开启第二个抽屉");
    }
}
```

(2) 创建一个 PartTwo 类，该类也表示一个子系统。代码如下：

```java
public class PartTwo {
    public void open() {
        System.out.println("打开了第二个抽屉");
        getFile();
    }
    public void getFile() {
        System.out.println("拿到了我最喜欢的一张唱片");
    }
}
```

(3) 创建充当外观角色的 PartFacade 类，在该类中分别创建子系统的实例对象，并且调用其方法。代码如下：

```java
public class PartFacade {
    PartOne one = new PartOne();
```

```
    PartTwo two = new PartTwo();
    public void open() {
        one.open();
        two.open();
    }
}
```

(4) 创建测试类，在该类中实例化 **PartFacade** 类，并且调用其方法。代码如下：

```
public class ClientTest {
    public static void main(String[] args) {
        PartFacade facade = new PartFacade();
        facade.open();
    }
}
```

(5) 运行上述代码，查看输出结果，最终输出内容如下：

```
打开了第一个抽屉
从第一个抽屉中得到了一把钥匙，这个钥匙用于开启第二个抽屉
打开了第二个抽屉
拿到了我最喜欢的一张唱片
```

使用外观模式对客户屏蔽子系统组件，减少客户处理的对象数目并使得子系统使用起来很容易；它实现了子系统与客户之间的松耦合关系；降低了大型软件系统中的编译依赖性，并简化了系统在不同平台之间的移植过程；只是提供了一个访问子系统的统一接口，并不影响用户直接使用子系统类。但是，该模式在使用时也存在着缺陷：第一，不能很好地限制客户使用子系统类。另外，在不引入抽象外观类的情况下，增加新的子系统可能需要修改外观类或客户端的源代码，这会违背"开放封闭原则"。

一般情况下，需要在以下 3 种情况下使用外观模式：

● 要为一个复杂子系统提供一个简单的接口。
● 客户程序与多个子系统之间存在很大的依赖性。
● 在层次化结构中，需要定义系统中一层的入口，使得层与层之间不直接产生联系。

15.6　观察者模式

除了创建型模式和结构型模式外，还有一种行为型模式。行为型模式是对在不同的对象之间划分责任和算法的抽象化，它不仅仅关注类和对象的结构，而且重点关注它们之间的相互作用。通过行为型模式，可以更加清晰地划分类与对象的职责，并研究系统在运行时实例对象之间的交互。在 23 种设计模式中，行为型模式占据了 11 种，本节向读者介绍常用的一种行为型模式，即观察者模式。

15.6.1　了解观察者模式

观察者模式是对象的行为型模式，又叫作"发表-订阅"(Publish/Subscribe)模式、"模

型-视图"(Model/View)模式、"源-收听者"(Source/Listener)模式或者从属者(Dependents)模式。例如，在图 15-13 中显示了观察者模式的结构。

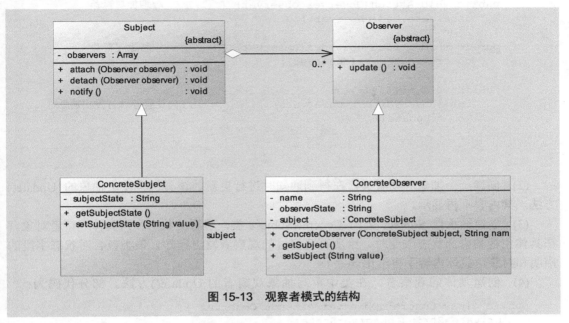

图 15-13　观察者模式的结构

在观察者模式中，包含 4 种角色：抽象主题(Subject)、具体主题(ConcreteSubject)、抽象观察者(Observer)、具体观察者(ConcreteObserver)。

- 抽象主题：它把所有观察者对象的引用保存到一个聚集里，每个主题都可以有任何数量的观察者。抽象主题提供一个接口，可以增加和删除观察者对象。
- 具体主题：将有关状态存入具体观察者对象；在具体主题内部状态改变时，给所有登记过的观察者发出通知。
- 抽象观察者：为所有的具体观察者定义一个接口，在得到主题通知时更新自己。
- 具体观察者：实现抽象观察者角色所要求的更新接口，以便使本身的状态与主题状态协调。

观察者模式解除了主题和具体观察者的耦合，让耦合的双方都依赖于抽象，而不依赖于具体，从而使得各自的变化都不会影响另一边的变化。

在以下两种情况下可以使用观察者模式。

- 当一个对象的改变需要其他对象而且不知道具体有多少个对象有待改变时。
- 一个抽象模型有两方面，当其中一方面依赖于另一方面时，用观察者模式可以将这两者封装在独立的对象中，使它们各自独立地改变和复用。

15.6.2　实战——自定义观察者模式

上一节简单了解了观察者模式，本节实战通过自定义观察者模式来演示其基本使用。实现步骤如下。

(1) 创建一个抽象主题类，该类包含 3 个方法。内容如下：

```
public abstract class Subject {
    private List<Observer> observers = new ArrayList<Observer>();
    public void Attach(Observer observer) {              //增加观察者
        observers.add(observer);
    }
    public void Detach(Observer observer) {              //移除观察者
        observers.remove(observer);
    }
    public void Notify() {
        for (Observer o : observers) {                   //向观察者(们)发出通知
            o.Update();
        }
    }
}
```

（2）创建一个抽象观察者类，在得到通知时进行更新。该类包含一个抽象的 Update() 方法，其内容不再显示。

（3）创建继承自 Subject 类的 ConcreteSubject 类，将有关状态存入具体观察者对象。在具体主题的内部状态改变时，给所有登记过的观察者发出通知。该类包含对状态字段的声明和封装，具体内容不再给出。

（4）创建具体的观察者，在类中重写抽象观察者的 Update() 方法。部分代码为：

```
public class ConcreteObserver extends Observer {
    private String observerState;
    private String name;
    private ConcreteSubject subject;
    /* 省略其他内容 */
    @Override
    public void Update() {
        observerState = subject.getSubjectState();
        System.out.println("The observer's state of "
          + name + " is " + observerState);
    }
}
```

（5）创建客户端测试类，该类的部分代码如下：

```
public class ClientTest {
    public static void main(String[] args) {
        ConcreteSubject subject = new ConcreteSubject();
        subject.Attach(new ConcreteObserver(subject, "Observer A"));
        /* 省略其他内容 */
        subject.setSubjectState("Ready");
        subject.Notify();
        System.out.println();
    }
}
```

（6）运行本次实战的代码，观察效果，控制台的输出内容如下：

```
The observer's state of Observer A is Ready
The observer's state of Observer B is Ready
The observer's state of Observer C is Ready
```

15.7 思考与练习

1. 填空题

(1) _____原则定义了高层模块不应该依赖低层模块，它们都应该依赖抽象。抽象不应该依赖于细节，应该依赖于抽象。

(2) 根据模式的目的，可以将其分为_____、结构型模式和行为型模式。

(3) 设计模式的关键元素包括模式名称、问题、_____和效果。

(4) 抽象工厂方法包含 4 个角色，它们分别是抽象产品、具体产品、抽象角色和_____。

(5) 外观模式包含两个角色，即_____和子系统角色。

(6) 单例模式根据实例化对象时机的不同分为两种，它们分别是饿汉式单例和_____。

2. 选择题

(1) 在下面的选项中，_____不属于 GOF 设计模式。

    A. 简单工厂模式　　　　　　　　B. 工厂方法模式

    C. 抽象工厂模式　　　　　　　　D. 单例模式

(2) _____确保某一个类只能有一个实例，而且自行实例化，并向整个系统提供这个实例。

    A. 抽象工厂模式　　　　　　　　B. 适配器模式

    C. 单例模式　　　　　　　　　　D. 观察者模式

(3) 适配器模式的核心是_____。

    A. Client(客户类)　　　　　　　　B. Target(目标抽象类)

    C. Adaptee(适配源类)　　　　　　D. Adapter(适配器类)

(4) _____模式不属于结构型模式。

    A. 桥接模式　　　B. 创建者模式　　　C. 组合模式　　　D. 代理模式

(5) 简单工厂模式的角色不包括_____。

    A. 工厂角色　　　　　　　　　　B. 抽象产品角色

    C. 具体主题角色　　　　　　　　D. 具体产品角色

3. 上机练习

(1) 通过简单工厂模式设计权限管理模块

在某 OA 系统中，系统根据对比用户在登录时输入的账号和密码以及在数据库中存储的账号和密码是否一致来进行省份验证。如果验证通过，则取出存储在数据库中的用户权限等级(以整数形式存储)，根据不同的权限等级创建不同等级的用户对象，不同等级的用户对象拥有不同的操作权限。

根据上面的描述使用简单工厂模式来设计该权限管理模块。

(2) 通过单例模式实现打印池

在操作系统中，打印池是一个用于管理打印任务的应用程序，通过打印池，用户可以删除、中止或者改变打印任务的优先级。在一个系统中只允许运行一个打印池对象，如果重复运行打印池，则会抛出异常。

根据上述描述使用单例模式来模拟实现打印池的设计，如果有必要，还可以通过编程代码来实现。

第 16 章

即时通信系统

在网络普及的当今社会，几乎每个人都是即时通信系统的用户，人们通过即时通信系统跟家人、朋友，甚至是跟陌生人聊天、写信、发微博等。

本章综合 UML 建模系统的各类模型，通过对即时通信系统的分析，绘制即时通信系统的 UML 模型图，包括用例图、静态图、行为图和交互图等。

本章重点：

➜ 了解即时通信系统的开发背景

➜ 了解即时通信系统的运行机制

➜ 理解即时通信系统的需求

➜ 掌握即时通信系统用例图的创建

➜ 掌握即时通信系统类的组织和类图的创建

➜ 掌握即时通信系统的顺序图和通信图的创建

➜ 理解即时通信系统的状态图和活动图

➜ 了解即时通信系统中的组件图

16.1　系统建模概述

对即时通信系统建模，首先要了解系统开发的背景和建模的基本步骤。即要了解为什么要开发系统和系统是在怎样的环境下实施的；要遵循怎样的步骤才能使系统的建模更加实际、有效，更加完善。

16.1.1　系统开发的背景

即时通信系统在很早就已经流行和完善，是全球性质的网上交友和通信系统。在通信系统高度发达的今日，虽然手机已经解决了家人、朋友之间的通信，但无声的网络通信能够解决另类的交流问题。

例如腼腆的人并不擅长通过电话来交流，但在无声的网络通信系统中，他们面对着电脑可以把想说的说出来；家人、朋友之间有了矛盾，一时半会解决不了，无声的网络通信可以让他们不必面对面，在电脑屏幕面前即可解决问题；有身体缺陷的人通常不善于跟正常人交朋友，但网络上的人彼此并不知道对方的长相和是否有残疾，大家可以在这个平台下中畅快倾诉、倾听、交友。

即时通信之所以成为当今社会通信中的一个佼佼者，有以下几个优点。

- 省钱：即时通信系统通过网络传递信息，不需要另外支付通信费用。
- 方便交友：网络上的人彼此并不知道对方的情况，无论是富有、贫穷、漂亮、丑陋、高大、低矮等，大家的地位都是一样的，每个人以同样的地位在网络上面交友，大家可以对着电脑说出自己想说的事情。
- 方便通信：手机虽然也是通信的主流，但手机的弊端也是无法避免的，如手机丢失造成的无法联系、更换手机号码造成的暂时联系不上等。而网络即时通信系统是不需要更换的，在安全度较高的网络即时通信系统中，账户是不容易被盗的。
- 方便文件传递：网络通信通常有着文件传递的功能，相互通信的两个人可以传递文件。

16.1.2　系统建模的基本步骤

对系统建模之前，首先要对系统做一个充分的了解，包括系统的结构、系统要实现的主要功能，即系统需求和用例等，再对系统进行建模。

系统建模需要涉及多种模型，包括用例图、类图、对象图、包图、顺序图、协作图、时间图、交互概览图、状态图、活动图、组件图、部署图等。

UML 中，不同的模型针对不同的侧重点来描述系统，但是实际建模中并不需要创建所有类型的图，而是根据系统开发的需要选取合适的图来辅助开发。

UML 建模针对系统开发过程中依次进行的分析、设计、实施几个阶段，分为以下几个步骤。

(1) 分析阶段的建模步骤。

- 用例图：根据需求、功能建模。
- 静态模型：包括类图、对象图和包图，概括系统结构和交互。
- 交互图：包括顺序图和通信图，初步分析对象的行为。

(2) 设计阶段的建模步骤。

- 活动图：针对控制流建模。
- 状态图：描述具体对象的状态变化。

(3) 实施阶段的建模步骤。

- 组件图：描述系统的所有物理组件及其关系。
- 部署图：描述系统模块的分布式部署。

16.2　系　统　分　析

系统分析是对系统建模的第一步。只有对系统的整体结构和需求有了认识，才能进一步地进行系统建模。系统分析又分为系统结构分析和需求分析，分别在系统结构和功能方面进行解析。

16.2.1　系统结构

即时通信系统目的是帮用户实现交友和通信，系统的主要用户是通信用户和管理员。即时通信系统的管理员除了维护系统的稳定性以外，还要实现对用户通信的实时监控，避免有害言论的扩散。

(1) 即时通信看起来是用户与用户之间的对话，但其过程并不仅仅是系统间信息的传递，从用户登录到实现通信，需要经过如下几个环节。

① 登录处理

用户登录时，要将所有的在线好友的状态从数据库中取出，通知所有的好友用户登录事件，同时更新自己在数据库中的登录信息。

② 消息处理

在向指定的用户发送信息的时候，需要用户的定位信息，这些信息可以在好友列表、本地缓存和数据库之中进行查询。同时需要对消息进行检查，避免敏感内容出现。消息发出后，其内容存储在通信用户的本地客户端。

(2) 上述两个环节只是用户登录并实现通信，除此之外，还有如下几个环节。

① 用户注册

用户注册时，需要根据数据库账户信息为用户提供一个不重复的账户，并将信息添加在数据库。

② 好友管理

用户添加好友，需要根据关键字查找好友；向数据库添加数据，关联用户和好友。删除用户时，需要更新数据库数据。黑名单管理中需要修改数据库数据。

③ 账户管理

用户可以对自己的基本信息进行管理，包括修改密码、修改基本信息等。

④ 管理员账户管理

系统管理员可管理自己的账户信息，如修改密码。

⑤ 言论监控

系统可监控用户言论，并将频繁发布敏感言论的用户及其言论提交给管理员，由管理员做出处理。

16.2.2　需求分析

需求分析是对系统的功能分析，系统是为聊天用户设计的，要确保用户聊天信息的传递。除此之外，还要有用户账户的控制、管理员账户的控制、消息监控等。

(1) 用户之间消息的传递有以下几个方面需要考虑：

● 对于同时在线的用户之间的消息传递，可以直接根据消息的目标用户发送到接收用户的客户端。

● 对于接收用户不在线的消息传递，需要将消息放在数据库中存储，并在用户登录时提取信息。

● 对于已经在用户上线时显示的离线消息，可以从数据库中删除。

(2) 即时通信系统并不只是单个用户和单个用户之间的消息传递，用户可自发组建用户群，在群里聊天是一个人与多个人的消息传递。群用户通信有以下几个方面：

● 用户在群中发送的消息将发送到群里每一个用户的客户端。

● 若该用户当时不在线，则需要将消息放在数据库中存储，并在用户登录时提取信息。

● 对于已经在用户上线时显示的离线消息，可以从数据库中删除。

(3) 即时通信系统实现了用户消息的即时传递，但正因为这种快捷的聊天工具的诞生，使得不法人员有可能利用系统传播敏感言论、造谣生事等，因此，为了维护系统的稳定和安全，需要对用户言论进行监控，包括以下几个方面：

● 在用户发表言论的同时对其进行监控，并在确定言论不合法的情况下对用户提出警告，同时取消消息的传递。

● 将言论内容、发布人、发布时间等信息存储起来。对不法言论进行统计分析，找出发布人的发布频率，判断对该发布人是否需要注销资格。

● 根据不法言论表的处理，注销发布人的账号信息，同时将发布人的常用信息记入黑名单。

● 对于没有恶意的掺杂着敏感词语的言论，需要屏蔽言论中的敏感词语，例如，使用"*"符号替代敏感词语，并正常发送消息。

16.3　用　例　图

用例图开始创建于系统开发的需求分析阶段，并一直在系统开发过程中被使用。用例图描述人们希望如何使用一个系统，包括用户希望系统实现什么功能，以及用户需要为系统提供哪些信息。用例图保证系统开发过程中实现所有功能。

由于用例图以用户的角度描述系统功能，因此用例图的创建首先是对系统参与者的确认。接着由参与者找出系统需要提供的功能用例，确认用例、参与者之间的关系，完成用例图。

16.3.1　确定参与者

参与者的确认有以下几个辅助问题：

- 系统的主要客户。
- 需要借助系统完成日常工作的人或事物。
- 安装、维护和管理系统，保证系统正常运行的人。
- 系统控制的硬件设备。
- 与系统进行交互的其他系统。
- 在预定的时刻，是否有事件自动发生。
- 系统是否需要定期产生事件或结果。
- 系统如何获取信息。

通过这些辅助问题，并不能保证系统参与者全部找到，但能尽可能多地确定参与者。

即时通信系统是一个功能简单的系统，系统的用户是聊天用户和系统管理员。管理员维护系统，确保其正常运行，系统没有其他事件需要与参与者交互。因此系统的参与者只有聊天用户和系统管理员。

16.3.2　确定用例

用例的确定步骤与参与者的确定步骤类似，但由于用例是自定义的系统功能，可大可小，因此在最终的确定方面需要注意。可通过下述问题找出系统用例：

- 参与者需要从系统中获取哪种功能。
- 参与者是否需要读取、产生、删除、修改或存储系统中的某种信息。
- 系统的状态改变时，是否通知参与者。
- 是否存在影响系统的外部事件。
- 系统需要什么样的输入/输出信息。

除此之外，还可根据系统结构和需求分析来确定用例。根据本章 16.2 节中的系统结构和需求分析，将用例分为以下几部分。

(1) 登录处理

用户登录所涉及的用例有：获取账户信息并验证、提取好友信息、通知好友用户的登录事件、用户本人的数据库登录信息、获取离线消息、删除已显示的离线消息。

管理员登录所涉及的用例有：获取账户信息并验证、提取监控记录。

(2) 消息处理

用户发送和接收消息所涉及的用例有：接收方定位信息、消息监控、敏感词语替代、判断接收用户是否在线、消息传递、离线消息存储、提取信息、查询离线消息、删除离线消息、获取群中所有的用户编号及在线情况、在线的发送消息到群里每一个用户的客户端、不在线的需要将消息放在数据库中存储。

(3) 用户注册

用户注册时所涉及的用例有：为用户提供一个不重复的账户、将信息添加在数据库。

(4) 好友管理

好友管理包括好友的添加、删除等，有用例：添加好友、根据关键字查找好友、删除好友。黑名单管理、特别好友管理。

(5) 账户管理

用户可以对自己的基本信息进行管理，有用例：修改密码、修改基本信息。

(6) 管理员账户管理

系统管理员可管理自己的账户信息，有用例：修改密码、修改基本信息。

(7) 言论监控

系统可监控用户言论，并将频繁发布敏感言论的用户及其言论提交给管理员，由管理员做出处理。所涉及的用例有：存储敏感言论信息、对不法言论进行统计分析、找出发布人的发布频率、找出需要注销的用户信息、注销不法账号信息、将发布人的常用信息记入黑名单、屏蔽言论中的敏感词语。

16.3.3 绘制系统用例图

通过简单问题确定的用例并不能作为系统的最终用例，它们可能重复，可能存在分解、包含，可能有着泛化、合并等。因此，只有在确定了所有用例和参与者的关系之后，才能确定系统的最终用例和用例图。

本章 16.3.2 小节将用例分成了 7 个类型，而这些用例属于小型用例，有些用例只是一个功能的分解步骤，因此需要对这些用例进行分析，合并小用例。

16.3.2 小节的用例分类中，各个分类的用例之间关联不大，因此可将每个分类中的用例作为一个大的用例，可定义系统用例有：登录处理、消息处理、用户注册、用户账户管理、管理员账户管理和言论监控。

如将用户登录和管理员登录合并为登录处理用例，而用户登录又包括验证用户账号、显示好友信息、通知在线好友登录信息、添加本人登录信息、获取离线信息和删除已显示的离线信息用例；管理员登录用例又包括验证管理员账号和显示监控记录两个用例。这些包含关系如图 16-1 所示。

除了登录处理中的用例包含，还有 5 种包含关系图，这里不再一一列举。在确定了用例、用例间的关系之后，即可以绘制用例图，如图 16-2 所示。

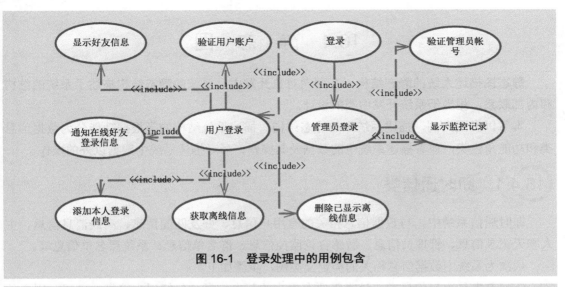

图 16-1 登录处理中的用例包含

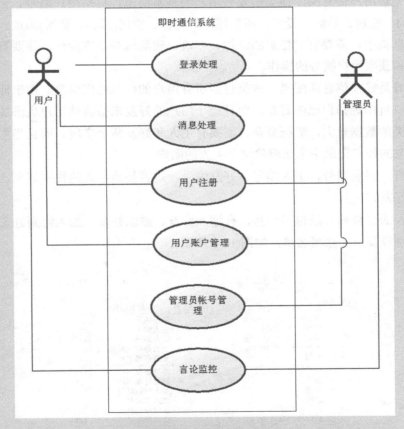

图 16-2 即时通信用例图

16.4 静 态 图

静态图描述系统的静态结构。在面向对象开发中，系统的静态结构描述了系统的结构和内部联系，相当于系统开发中类的设计。

本节以类图为例，描述系统中的静态结构。描述系统结构的类根据功能分为数据信息类和功能角色类，前者描述系统中的数据及其操作，后者描述系统中数据以外的操作。

16.4.1 即时通信类

即时通信系统中，与数据信息相关的有用户信息、好友匹配信息、离线消息信息、主人聊天记录信息、管理员信息、敏感言论监控信息、群名单信息、系统黑名单信息等。

依次为系统中数据信息相关的类定义类图，步骤如下。

(1) 首先是用户信息类，该类需要有用户的基本信息，包括用户编号、密码、用户的网名(用户名)、性别、年龄、爱好、所在城市、邮箱、空间(博客、微博)地址。

在该信息类中，需要有对信息的添加、修改、删除这些基本操作，还要有登录时验证密码的操作和获取用户编号的操作。

(2) 接着是好友信息匹配类，该类包括所有用户的好友匹配信息。由于即时通信系统中，双方可以自由选择自己的好友，而且一个用户的好友未必将该用户也添加为好友，因此好友匹配类的数据量大，数据复杂。需要有主人和好友两个字段。而且当主人删除该好友时，其好友的好友记录中未必删除这个主人的账户。

其字段有：记录编号、主人编号、好友编号、是否是该主人的特别好友、是否是该主人的黑名单好友。

该类涉及的事件和方法也多一些，有添加好友、删除好友、加入特别好友、加入黑名单、去除特别好友、去除黑名单，如图 16-3 所示。

用户信息	
− 用户编号	: int
− 密码	: string
− 用户名	: string
− 性别	: string
− 年龄	: int
− 爱好	: string
− 所在城市	: string
− 邮箱	: string
− 博客地址	: string
+ 添加 ()	: int
+ 修改 ()	: int
+ 删除 ()	: int
+ 验证账户密码 ()	: int
+ 获取用户编号 ()	: int

好友匹配	
− 记录编号	: int
− 主人编号	: int
− 好友编号	: int
− 是否是特别好友	: int
− 是否在黑名单	: int
+ 添加好友 ()	: int
+ 删除好友 ()	: int
+ 加入特别好友 ()	: int
+ 加入黑名单 ()	: int
+ 去除特别好友 ()	: int
+ 去除黑名单 ()	: int

图 16-3 用户信息类和好友匹配类

(3) 离线消息和主人聊天记录这两个信息类比较相似，都需要有消息的发送方和接收方、消息时间等字段。离线消息需要有传递情况这一字段，需要根据传递情况删除信息，这两个类的构成如图 16-4 所示。

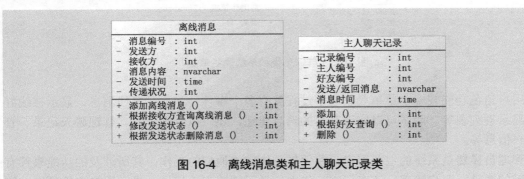

图 16-4 离线消息类和主人聊天记录类

(4) 管理员信息类，该类需要有管理员的信息，但不需要像用户的信息一样复杂，包括管理员编号、用户名和密码这 3 个。其相关操作也较为简单，有密码验证、修改密码、注销账户和添加新管理员这几个。

(5) 敏感言论监控类需要有消息的发送方、消息内容、发送时间字段，能够根据发送时间和发送方统计发送频率，管理员账号信息类和敏感言论监控类如图 16-5 所示。

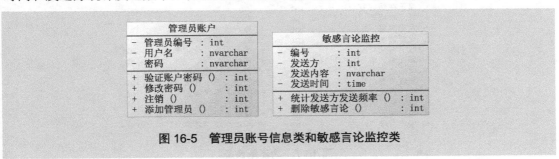

图 16-5 管理员账号信息类和敏感言论监控类

(6) 最后是群信息类和系统黑名单类。群信息类需要记录群编号、成员编号和成员个数。由于一个用户可以有不定的多个群，因此无法在用户信息类中定义群信息，但由于群中也可以有不定的多个用户，因此通常为群指定最多容纳的人数，这些人作为字段放在群信息类中，不足的人员使用未命名填充。

系统黑名单是根据敏感信息监控来确定的用户，这些用户发送敏感言论比较频繁，为了维护系统的稳定，而需要将这些用户加入系统黑名单，并避免其再次加入该系统。因此系统黑名单类要有人员编号、用户曾使用的用户编号、用户常用 IP 地址和用户常用计算机信息等数据。

群信息类和系统黑名单类的定义如图 16-6 所示。

除了数据类以外，还有着功能角色类，该系统的功能角色类可分为用户角色类和管理员角色类，根据系统参与者实现其各自的功能。

群信息	
− 群编号	: int
− 成员编号	: int
− 成员个数	: int
+ 添加 ()	: int
+ 删除 ()	: int
+ 注销 ()	: int

系统黑名单	
− 人员编号	: int
− 用户编号	: int
− 常用IP	: nvarchar
− 常用计算机	: nvarchar
+ 添加 ()	: int
+ 查询 ()	: int

图 16-6 群信息类和系统黑名单类

用户角色功能较多，单单登录这个过程就有多个事件，如显示离线消息、显示在线好友、显示群列表等。除了可以实现基本的消息传递，还可以管理好友、管理聊天记录、管理账户信息等。

管理员显然是系统的主要用户，并凭借系统完成他们的工作，其所涉及的功能事件有最基础的登录、账户管理，还有日常工作中的显示敏感言论记录、显示用户言论频率、管理系统黑名单和注销用户等。

用户角色和管理员角色类的定义如图 16-7 所示。

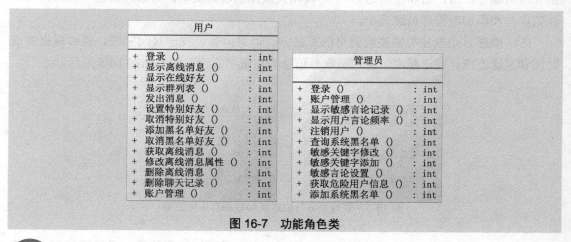

用户	
+ 登录 ()	: int
+ 显示离线消息 ()	: int
+ 显示在线好友 ()	: int
+ 显示群列表 ()	: int
+ 发出消息 ()	: int
+ 设置特别好友 ()	: int
+ 取消特别好友 ()	: int
+ 添加黑名单好友 ()	: int
+ 取消黑名单好友 ()	: int
+ 获取离线消息 ()	: int
+ 修改离线消息属性 ()	: int
+ 删除离线消息 ()	: int
+ 删除聊天记录 ()	: int
+ 账户管理 ()	: int

管理员	
+ 登录 ()	: int
+ 账户管理 ()	: int
+ 显示敏感言论记录 ()	: int
+ 显示用户言论频率 ()	: int
+ 注销用户 ()	: int
+ 查询系统黑名单 ()	: int
+ 敏感关键字修改 ()	: int
+ 敏感关键字添加 ()	: int
+ 敏感言论设置 ()	: int
+ 获取危险用户信息 ()	: int
+ 添加系统黑名单 ()	: int

图 16-7 功能角色类

16.4.2 即时通信类图

16.4.1 小节描述了系统中的数据信息类和功能角色类，分析它们之间的关系，即可实现即时通信系统的类图。

即时通信类中的角色是根据参与者来划分的，其中用户类泛化于用户信息类，关联好友匹配类、离线消息类等；而管理员类泛化于管理员账户类，关联敏感言论监控类、系统黑名单类等，其类之间的关系如图 16-8 所示。

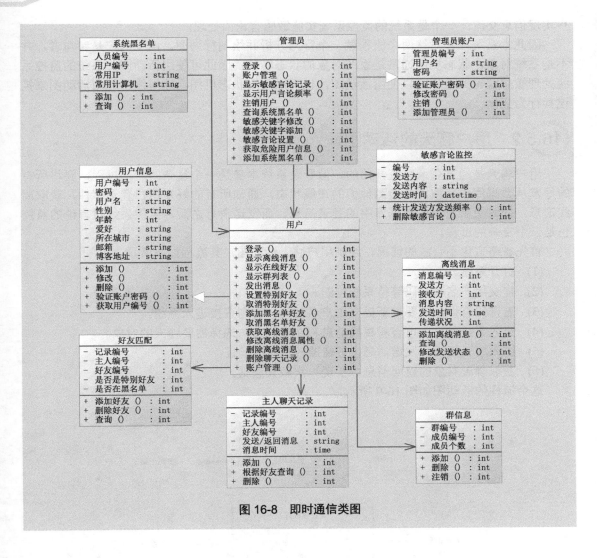

图 16-8　即时通信类图

16.5　行　为　图

系统用例图描述了系统的所有功能，静态图描述了系统的结构、数据和操作，接下来通过行为图，来描述系统行为状态的执行序列。

行为图模型包括活动图和状态机，描述系统中一个元素的行为状态。活动图侧重于描述系统元素的动作行为，状态机侧重于描述系统元素的状态变化。

16.5.1　行为分析

即时通信系统中，对系统元素进行行为图的建模，首先要确定系统中有哪些元素需要建模，适合建模活动图还是状态图。

即时通信主要为用户提供一个信息交流的平台，其主要执行的流程有两个，一个是用户实现信息交流；一个是系统的监控系统实施敏感言论的处理。

因此本系统可针对这两个流程做一个行为分析并绘制行为图。由于用户是参与者，并不是系统对象，状态机图通常是系统对象的状态转移，因此可使用活动图；系统的监控系统处理敏感言论的过程可以使用活动图，也可以使用状态机图，这里统一使用活动图来描述其行为变化。

16.5.2 用户聊天的活动图

用户聊天是通过登录系统开始的，但登录系统本身是一个复杂的启动过程，要将所有的好友从数据库中读取，并检测他们的在线状态，通知所有的好友用户登录事件，获取离线消息，同时更新自己在数据库中的登录信息。而发送消息之后，监控系统对言论的监控也是一个复杂的过程。

首先省略言论不合法的情况，绘制用户聊天活动图，其流程如下所示。

(1) 打开系统。

(2) 提交用户名和密码等待系统判断。

(3) 若密码有误，需要重新提交用户名密码；否则直接进入系统。

(4) 进入系统之后，可查看离线消息和在线好友，选择需要聊天的对象。

(5) 进入聊天活动，发送消息，等待监控系统的验证。

(6) 获取聊天对象的返回消息，实现一次聊天通话。

这个流程的活动图如图16-9所示。

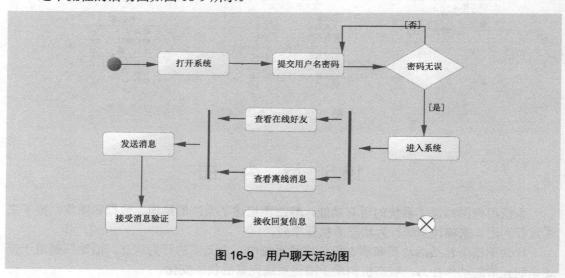

图16-9　用户聊天活动图

16.5.3 可疑言论处理活动图

本章16.5.2小节描述了用户实现一次聊天活动的活动图，其中的言论监控本身可以是一个独立的活动。若没有发现可疑言论，那么返回；否则需要对可疑言论做出处理，有如下几个步骤。

(1) 监控言论，若发现是可疑言论，则记录言论。

(2) 处理可疑言论表中的数据，获取当前言论发布人的可疑言论发布频率。

(3) 若当前发布人发布频率不足以定为黑名单，则终止处理；否则需要获取该用户的详细信息，并加入黑名单。

这个流程的活动图如图 16-10 所示。

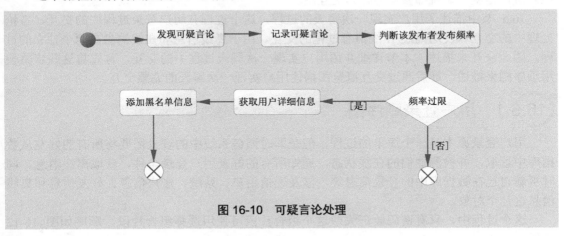

图 16-10 可疑言论处理

将图 16-9 和图 16-10 合并在一起，即可成为用户实现一次聊天的活动图，如图 16-11 所示。

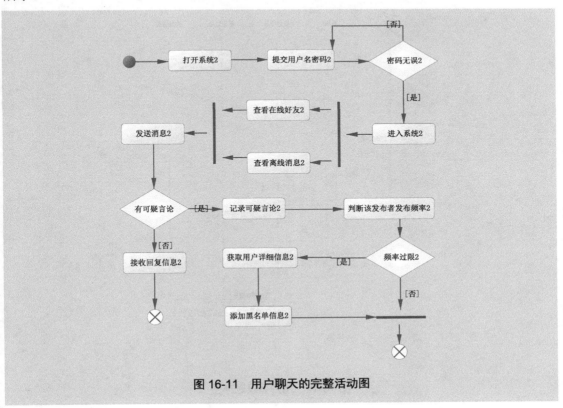

图 16-11 用户聊天的完整活动图

16.6 交　互　图

交互图描述系统内各成员之间的交互及交互次序。交互图从另一个角度描述了系统的控制流，是整个系统都参与的行为交互图。

16.5 节中描述了用户实现一次聊天的过程，这个过程有用户登录过程中的交互、言论处理中的交互和发送离线/在线消息过程的交互。由于离线消息和在线消息是两个独立的过程，因此分开来描述。本节详细介绍用户实现一次聊天过程中的交互，首先将这些步骤使用顺序图来描述，最后通过交互概览图描述用户实现一次聊天的完整交互。

16.6.1　用户登录顺序图

用户登录原本是一个简单的过程，但是即时通信系统中的登录需要将所有的好友从数据库中读取，并检测他们的在线状态，通知所有的好友用户登录事件，获取离线消息，同时更新自己在数据库中的登录信息等，涉及通信用户、系统、账户信息、好友信息和离线消息这几个对象。

这个过程中，只有密码验证失败这个组合片段可使用选择组合片段，顺序如图 16-12 所示。

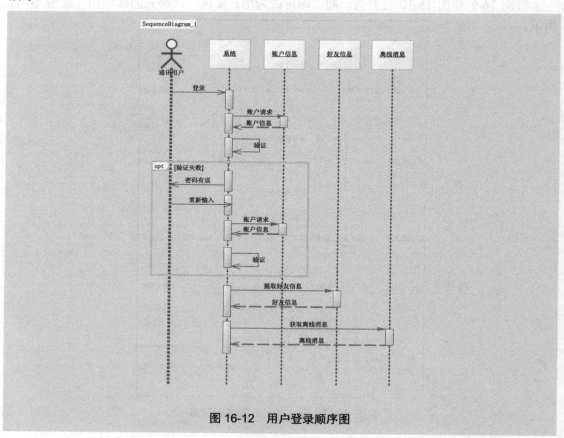

图 16-12　用户登录顺序图

16.6.2 离线消息顺序图

发送离线消息是一个简单的过程，却涉及了多个对象，其中有言论没有通过检测的组合片段，由于该过程是一个复杂过程，将在本章 16.6.3 小节中介绍，这里只绘制言论通过检测的顺序图，如图 16-13 所示。

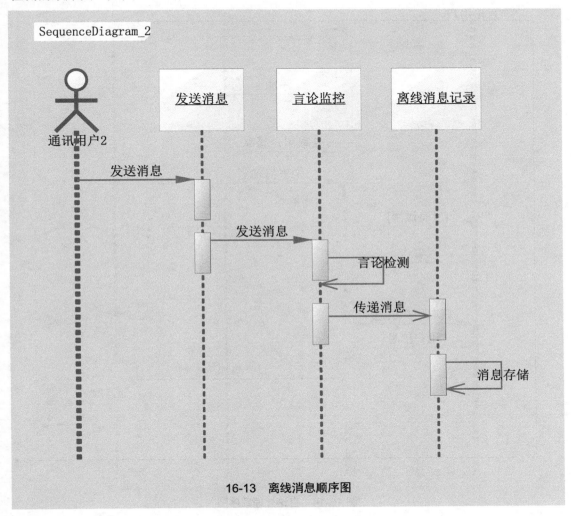

16-13　离线消息顺序图

16.6.3 言论处理顺序图

本章 16.5 节介绍了言论处理中的活动图，因此绘制顺序图将变得比较容易。

言论处理涉及了用户、监控系统、可疑言论记录和黑名单信息这几个对象，其顺序图如图 16-14 所示。

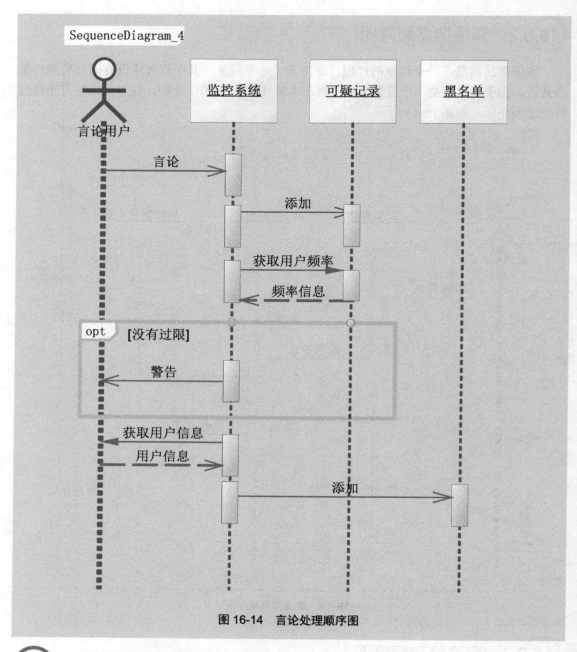

图 16-14 言论处理顺序图

16.6.4 在线通信顺序图

在线通信的过程也需要有言论的验证,可将上述图 16-14 中的过程作为一个子组合片段,通过引用组合片段的方式将言论的验证加入在线通信顺序图,如图 16-15 所示。

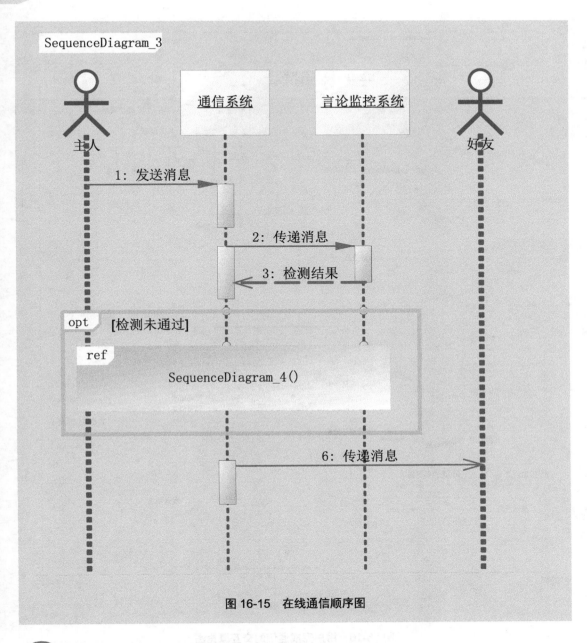

图 16-15　在线通信顺序图

16.6.5　交互概览图

结合上述这 4 个顺序图，将它们转换成通信图，并组合成为交互概览图。首先是用户的登录，在登录之后，可同时进行离线消息和在线消息通信，这样就实现了通信。其交互概览图如图 16-16 所示。

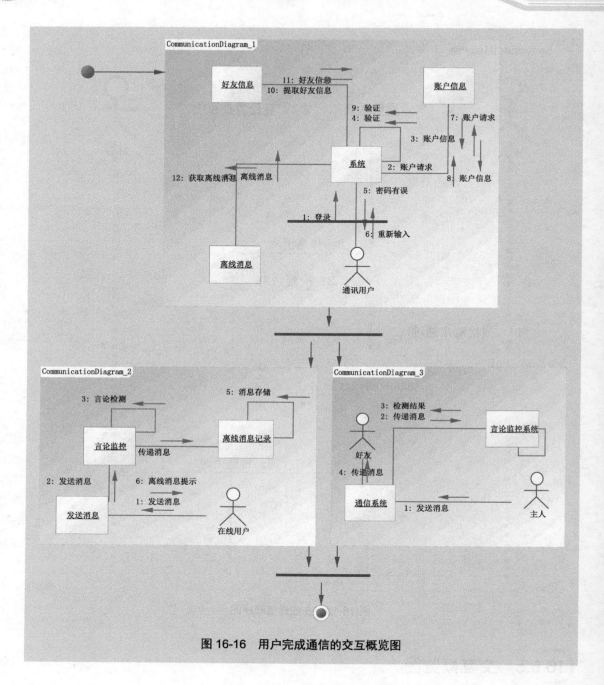

图 16-16　用户完成通信的交互概览图

16.7　组　件　图

　　本章讲述的即时通信系统属于面向对象的系统，面向对象的系统需要一个整体的物理架构，以供开发使用。这就是 UML 中的实现图。

　　实现图有两种，组件图和部署图，两种图分别从系统的组件结构和硬件部署来描述。

即时通信系统部署简单，本节介绍即时通信系统的组件图。

组件图描述系统的组件结构，类图描述系统的静态结构。组件图的创建可参考类图。组件可以是一个文件和产品，也可以是一个可执行的文件，还可以是脚本。

即时通信系统是 C/S 系统，需要有运行系统并管理大量数据，主要有客户端、服务器和数据库系统这 3 个大型组件。对这 3 个组件所包含的内容介绍如下：

● 服务器端需要对可疑言论的处理进行设置，需要查询可疑言论记录和黑名单，管理用户账号。

● 客户端需要有聊天对话框，有个人中心(包括好友设置、好友添加、个人信息管理、群管理等)。

● 数据库中需要有本章 16.4.1 小节中的所有信息类型的类数据。

即时通信系统的组件图如图 16-17 所示。

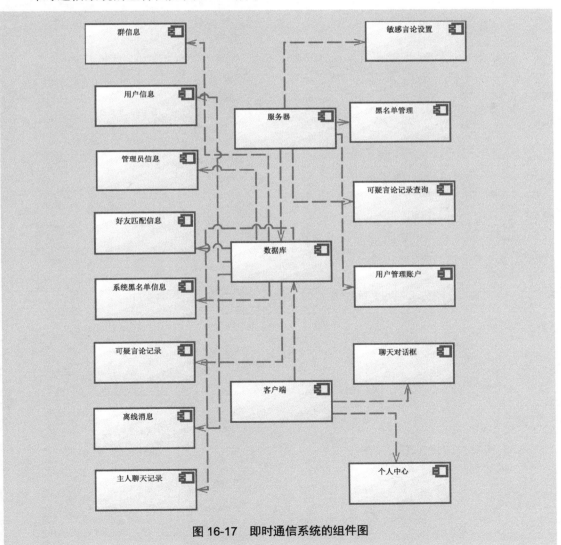

图 16-17　即时通信系统的组件图

附录　各章思考与练习答案

第 1 章

1. 填空题

(1) 继承　　　(2) Object Oriented Analysis

(3) 对象模型　(4) 建模对象　　(5) 应用程序建模

2. 选择题

(1) C　　　　(2) A　　　　(3) B　　　　(4) B

第 2 章

1. 填空题

(1) UML　　　(2) 分组元素　　(3) 依赖关系　　(4) 扩展机制

2. 选择题

(1) A　　　　(2) C　　　　(3) C　　　　(4) D

第 3 章

1. 填空题

(1) 专业版　　(2) 类　　　　(3) Sybase　　(4) 概念数据

2. 选择题

(1) D　　　　(2) B　　　　(3) D　　　　(4) A

第 4 章

1. 填空题

(1) 扩展关系　(2) 参与者　　(3) 椭圆　　　(4) 8

(5) 泛化　　　(6) 空心三角

2. 选择题

(1) C   (2) B   (3) C   (4) D
(5) A   (6) A

第 5 章

1. 填空题

(1) 对数据库模式   (2) 依赖
(3) 使用依赖   (4) 聚合关系

2. 选择题

(1) D   (2) B   (3) B   (4) C
(5) A   (6) C

第 6 章

1. 填空题

(1) 对象图   (2) 链   (3) 包   (4) 对体系结构建模

2. 选择题

(1) C   (2) B   (3) B   (4) D

第 7 章

1. 填空题

(1) 转移   (2) 动作   (3) 并发子状态
(4) event   (5) 星号   (6) 实心圆

2. 选择题

(1) C   (2) B   (3) D   (4) C   (5) A

第 8 章

1. 填空题

(1) 活动   (2) 控制   (3) 多

(4) 分叉　　　　(5) 异常类型

2. 选择题

(1) B　　　　(2) A　　　　(3) D　　　　(4) A

(5) C　　　　(6) A

第 9 章

1. 填空题

(1) 交互　　　(2) 激活　　　(3) 异步消息　　(4) 对象

(5) 右侧　　　(6) 状态线

2. 选择题

(1) C　　　　(2) D　　　　(3) A　　　　(4) D

(5) B　　　　(6) A

第 10 章

1. 填空题

(1) 交互图　　(2) Create　　(3) 通信图　　(4) 消息

(5) 活动图　　(6) 活动图

2. 选择题

(1) B　　　　(2) A　　　　(3) C

(4) A　　　　(5) D

第 11 章

1. 填空题

(1) 组件图　　(2) 配置组件　　(3) 导出接口　　(4) 处理器

2. 选择题

(1) B　　　　(2) C　　　　(3) B

(4) A　　　　(2) D

第 12 章

1. 填空题

(1) 对象标识符

(2) 子类属性上移

(3) 合并

(4) 聚合关系

2. 选择题

(1) C   (2) C   (3) B

(4) D   (5) A

第 13 章

1. 填空题

(1) 筹划阶段   (2) 测试工作流

(3) 过程   (4) 已管理   (5) 交付

2. 选择题

(1) B   (2) C   (3) D

(4) A   (5) A

第 14 章

1. 填空题

(1) System.java   (2) Protected   (3) Abstract   (4) 公有继承

(5) import java.lang.String   (6) 多个

2. 选择题

(1) B   (2) A   (3) A   (4) A

第 15 章

1. 填空题

(1) 依赖倒置   (2) 创建型模式   (3) 解决方案

(4) 具体角色   (5) 外观角色   (6) 懒汉式单例

2. 选择题

(1)　A　　　　(2)　C　　　　(3)　D

(4)　B　　　　(5)　C